机械加工实训

——车削加工

主　编　甘　婧　潘明志

副主编　赵以东　庄志安

参　编　陈　静　童　娟

　　　　张帅康　王德安

　　　　李小蕴

合肥工业大学出版社

前　言

职业教育是连接学校与社会的桥梁。传统的职业教育通常只注重理论知识教学，而忽视了实践技能的培养。职业教育强调实践与应用，目的在于使学生在学习基础知识的同时，掌握实际操作技能。本书依据车削加工职业岗位要求，参照车削加工国家职业标准，结合目前职业学校教育模式和学生特点，编写而成。

本书内容具有以下特点。一是针对性。本书综合考虑学校教学模式、学生自身的特点及社会需求，以加强学生的理论知识和操作技能的培养为宗旨，致力于帮助学生走入社会后尽快适应企业的需要。二是实践性。本书每章列出学习目标，并通过情景导入，以任务形式执行教学内容、完成教学目标。对于每个任务分别设置任务描述、知识链接、任务实施、分析评价、知识拓展等模块，从理论到实践全面指导学生。三是直观性。本书图文并茂、通俗易懂，内容直观。四是思政性。本书在每个任务知识拓展中，融入相关的思政元素，注重学生工程伦理教育，培养学生精益求精的大国工匠精神，激发学生科技报国的家国情怀和使命担当。

本书共有9个章节、37个任务，主要内容包括：车削加工入门、车削加工基础知识、轴类零件的车削加工、内外圆锥面的车削加工、螺纹的车削加工、套类零件的车削加工、成形面与滚花的车削加工、车槽与切断、复杂零件的装夹与车削加工。通过本书的学习，可使学生加强车削加工基础应用能力，增强车削加工实践操作技能，全面提高综合素质和职业能力，成为合格的车削加工技能型人才。

本书由合肥工业大学甘婧、灵璧县高级职业技术学校党委书记潘明志主编。本书第一、二章由合肥工业大学甘婧编写，第三、四章由合肥工业大学童娟、李小蕴编写，第五、六章由合肥工业大学陈静编写，第七章由灵璧县高级职业技术学校赵以东编写，第八章由灵璧县高级职业技术学校庄志安编写，第九章由灵璧县高级职业技术学校张帅康编写，附录由灵璧县高级职业技术学校王德安编写。

本书在编写过程中借鉴了国内外同行的资料与文献，并得到了合肥工业大学出版社的大力支持，在此一并致以衷心的感谢。

由于水平所限，书中难免有疏漏和不当之处，恳请广大读者批评指正。

编　者

2024年5月

目 录

第一章　车削加工入门

学习目标

1. 知识目标：
(1) 了解机械加工精度相关知识
(2) 了解车削作用及特点
(3) 了解车床的种类、结构、型号和主要技术参数
(4) 了解车床的润滑及日常保养工作
(5) 掌握车床自定心卡盘的拆装和保养工作
2. 能力目标：
(1) 具备车床启动的基本操作能力
(2) 具备车床空运转的操作能力
(3) 具备车床日常润滑和维护保养的操作能力
3. 素质目标：
(1) 培养学生对车削加工的兴趣
(2) 培养学生良好的职业行为规范
(3) 培养学生严格执行工作规范和安全文明操作规程的职业素养

情景导入

某厂最近出了2起生产安全事故，一起是厂里的工人见机床工作台上的铁屑太多，便用鼓风机进行清理，结果受了伤；另一起是厂里的工人觉得天冷，工作时戴围巾，结果围巾被绞入正在加工工件的机器中，险些造成重大事故。

任务一　机械加工精度

任务描述

1. 掌握加工精度的概念；
2. 掌握加工误差的概念；
3. 了解加工精度的获取方法。

知识链接

1. 加工精度

加工精度指零件加工后的实际几何参数（尺寸、形状和位置）与理想几何参数的符合程度。加工精度包括尺寸精度、形状精度和位置精度 3 个方面。

（1）尺寸精度

尺寸精度指加工后零件表面本身或表面之间的实际尺寸与理想尺寸之间的符合程度。这里所说的理想尺寸指零件图上所标注的有关尺寸的平均值。

（2）形状精度

形状精度指加工后零件各表面的实际形状与理想形状之间的符合程度。这里所说的表面理想形状指绝对准确的表面形状，如平面、圆柱面、球面、螺旋面等。

（3）位置精度

位置精度指加工后零件表面之间的实际位置与表面之间理想位置的符合程度。这里所说的表面之间理想位置是绝对准确的表面之间位置，如两平面平行、两平面垂直、两圆柱面同轴等。

对任何一个零件来说，其实际加工后的尺寸、形状和位置误差，若在零件图所规定的公差范围内，则该零件在机械加工精度这个质量要求方面能够达标，即是合格品；若其中任何一项超出公差范围，则是不合格品。

2. 加工误差

（1）加工误差

加工误差指零件加工后的实际几何参数与理想几何参数的偏离程度。无论是用试切法加工一个零件，还是用调整法加工一批零件，加工后的零件都可能在尺寸、形状或位置方面与理想零件有所不同，而两者之间的差值分别称为尺寸误差、形状误差或位置误差。

（2）原始误差

造成零件加工后在尺寸、形状或位置方面的加工误差的工艺因素称为原始误差。在零件加工中，造成加工误差的主要原始误差大致可分为 2 个方面。

1）工艺系统的原始误差。在工件未进行正式切削加工以前，加工方法本身存在加工原理误差，或由机床、夹具、刀具、量具和工件所组成的工艺系统本身就存在某些误差因素，它们在不同程度上以不同的形式反映到被加工的零件上，造成加工误差。工艺系统的原始误差主要有加工原理误差、机床误差、夹具和刀具误差、工件误差、测量误差及定位和安装调整误差。

2）加工过程中的其他因素。在零件的加工过程中，在力、热和磨损等因素的影响下，破坏了工艺系统的原始精度，使工艺系统有关组成部分产生新的原始误差，从而进一步造成加工误差。加工过程中其他造成原始误差的因素，主要有工艺系统的受力变形、工艺系统热变形、工艺系统磨损和工艺系统残余应力。

3. 加工精度的获取方法

在机械加工中，根据生产批量和生产条件的不同，可采用如下获得加工精度的方法。

（1）尺寸精度的获取方法

在机械加工中，获得尺寸精度的方法主要有下述 4 种。

1）试切法。它是获得零件尺寸精度最早采用的加工方法，同时也是目前常用的能获得高精度尺寸的主要方法之一。所谓试切法，是在工件加工过程中不断对已加工表面的尺寸进行测量，并相应调整刀具与工件加工表面的位置进行试切，直至达到尺寸精度要求的加工方法。工件上轴颈尺寸的试切车削加工、轴颈尺寸的在线测量磨削、箱体零件孔系的试镗加工及精密量块的手工精研等，都是采用试切法加工。

2）调整法。它是在成批生产条件下采用的一种加工方法。所谓调整法，即按试切好的工件尺寸、标准件或对刀块等调整确定刀具相对工件定位基准的准确位置，并在保持此准确位置不变的情况下，对一批工件进行加工的方法。其主要用于多刀车床或六角自动车床上加工轴类零件、铣床上铣槽、无心磨床上磨削外圆及在摇臂钻床上用钻床夹具加工孔系等。

3）定尺寸刀具法。它是在加工过程中采用具有一定尺寸的刀具或组合刀具，以保证被加工零件尺寸精度的一种方法。其主要用于方形拉刀拉方孔，钻头、扩孔钻、铰刀或镗刀块加工内孔及组合铣刀铣工件两个侧面和槽面的加工等。

4）自动控制法。在加工过程中，通过由尺寸测量装置、动力进给装置和控制机构等组成的自动控制系统，使加工过程中的尺寸测量、刀具的补偿调整和切削加工等一系列工作自动完成，而获得所要求尺寸精度的加工方法。例如，在无心磨床上磨削轴承圈外圆时，通过测量装置控制导轮架进行微量的补偿进给，保证工件的尺寸精度；在数控机床上，通过数控装置、测量装置及伺服驱动机构，控制刀具在加工时应具有的准确位置，保证零件的尺寸精度等。

（2）形状精度的获取方法

在机械加工中，获得形状精度的方法主要有下述 2 种。

1）成形运动法。以刀具的刀尖作为一个点对工件做有规律的切削成形运动，从而使加工表面获得所要求形状的加工方法。此时，刀具相对工件运动的切削成形面即是工件的加工表面。机器上的零件虽然种类很多，但它们的表面都是由几种简单的几何形面组成的。例如，常见的零件表面有圆柱面、圆锥面、平面、球面、螺旋面和渐开线面，这些几何形面均可通过成形运动法进行加工。

在生产中，为了提高效率，往往不是使用刀具刃口上的一个点，而是用刀具的整个切削刃口加工工件。例如，采用拉刀、成形车刀及宽砂轮对工件进行加工，这时由于制造刀具刃口的成形运动已在刀具的制造和刃磨过程中完成，故可明显简化零件加工过程中的成形运动。宽砂轮横进给磨削、成形车刀切削及螺纹表面的车削加工都是这方面的实例。

采用成形刀具对工件做展成啮合运动，还可以加工出形状更为复杂的几何形面，如各种花键表面和齿形表面的加工，就常常采用这种方法。此时，刀具对工件做展成啮合的成形运动，其加工后的几何形面即是刀刃在成形运动中的包络面。

2）非成形运动法。零件表面形状精度的获得不是靠刀具对工件的准确成形运动，而是靠在加工过程中对加工表面形状的不断检验和工人对其进行精细修整加工的方法。非成形运动法虽然是获得零件表面形状精度最原始的加工方法，但直到目前为止，在加工某些复杂的形状表面和形状精度要求很高的表面时仍然适用，如具有较复杂型面锻模的精加工，高精度测量平台和平尺的精密加工及精密丝杠的手工研磨加工等。

(3) 位置精度的获取方法

在机械加工中，获得位置精度的方法主要有下述2种。

1) 一次装夹获得法。零件有关表面间的位置精度是直接在工件的同一次装夹中，由各有关刀具对工件的成形运动之间的位置关系保证的。例如，轴类零件外圆与端面、轴肩的垂直度，箱体孔系加工中各孔之间的同轴度、平行度和垂直度等，均可采用一次装夹获得法。

2) 多次装夹获得法。零件有关表面间的位置精度是由刀具对工件的成形运动与工件定位基准面（亦是工件在前几次装夹时的加工面）的位置关系保证的，如轴类零件上键槽对外圆表面的对称度，箱体平面与平面的平行度、垂直度，箱体孔与平面之间的平行度和垂直度等，均可采用多次装夹获得法。多次装夹获得法又可根据工件的不同装夹方式划分为直接装夹法、找正装夹法和夹具装夹法。

4. 其他几何误差

(1) 原理误差

原理误差是由于采用了近似的成形运动或近似的刀刃轮廓所产生的误差。一般情况下，为了获得规定的加工表面，刀具对工件必须做准确的成形运动。例如，车削螺纹时，必须使刀具对工件完成准确的螺旋运动（成形运动）；滚切齿轮时，必须使滚刀和工件间有准确的展成运动。在机械加工中，这种刀具对工件的成形运动称为加工原理。当然也可以用成形刀具直接加工成形表面。从理论上讲，应该采用理想的加工原理和完全准确的成形运动以获得精确的零件表面，但在实践中，由于采用理论上完全准确的加工原理，有时会使机床或刀具的结构极为复杂，造成制造上的困难；或由于结构环节多，机床传动误差增加，反而得不到较高的加工精度。在这种情况下，常常采用近似的加工原理以获得较高的加工精度，同时还可以提高加工效率，使加工过程更为经济。

(2) 刀具误差

机械加工中常用的刀具包括一般刀具、定尺寸刀具和成形刀具。

一般刀具（如普通车刀、单刃镗刀和平面铣刀等）的制造误差，对加工精度没有直接影响。

定尺寸刀具（如钻头、铰刀、拉刀等）的尺寸误差直接影响加工工件的尺寸精度。刀具的安装不当与使用不当会使刀具在工作中极易产生跳动，进而影响加工精度。

成形刀具（如成形车刀、成形铣刀及齿轮刀具等）的制造误差和磨损，主要影响被加工表面的形状精度。

(3) 工件的装夹误差与夹具磨损

工件装夹误差指定位误差和夹紧误差。此外，夹具在长期使用过程中所形成的工作表面的磨损，也会直接影响工件的加工精度。

(4) 调整误差

在机械加工的每一道工序中，都需要对工艺系统进行调整。由于调整不可能绝对准确，因而会产生调整误差。工艺系统的调整有如下 2 种基本方式，而不同的调整方式有不同的误差来源。

1）试切法调整。在单件小批量生产中，通常采用试切法调整。方法：对工件进行试切—测量—调整—再试切，直到达到要求的精度为止。引起调整误差的因素如下。

① 测量误差。由于量具本身精度、测量方法不同及使用条件的差别（如温度、操作者的细心程度等），都会影响测量精度，因而产生加工的误差。

② 进给机构的位移误差。在试切中，需要微量调整刀具的位置。在低速微量进给中，常会出现进给机构的“爬行”现象，其结果是使刀具的实际位移与刻度盘上的数值不一致，从而造成加工误差。

③ 试切时与正式切削时切削层厚度不同的影响。精加工时，试切的最后一刀往往很薄，切削刃只起挤压作用而不起切削作用。但正式切削时的深度较大，切削刃不打滑，就会多切工件。因此，工件尺寸就与试切时不同，形成工件的尺寸误差。

2）调整法调整。采用调整法对工艺系统进行调整时，也要以试切为依据。因此，上述影响试切法调整精度的因素，同样对调整法也有影响。此外，影响调整精度的因素还有：用定程机构调整时，调整精度取决于行程挡块、靠模及凸轮等机构的制造精度和刚度，以及与其配合使用的离合器、控制阀等的灵敏度；用样件或样板调整时，调整精度取决于样件或样板的制造、安装和对刀精度。

工艺系统初调好以后，一般要试切几个工件，并以其平均尺寸作为判断调整是否准确的依据，由于试切加工的工件数（称为抽样件数）不可能太多，不能完全反映整批工件切削过程中的各种随机误差，故试切加工几个工件的平均尺寸与总体尺寸不能完全符合，也会造成加工误差。

任务实施

准备 10 张图纸，组织学生分组讨论，认识图纸上所标注的加工精度。

任务实施表见表 1-1 所列。

表 1-1　任务实施表

<table>
<tr><td>情境</td><td colspan="6">认识机械加工精度</td></tr>
<tr><td>学习任务</td><td colspan="4">学习机械加工精度概念</td><td>完成时间</td><td></td></tr>
<tr><td>任务完成人</td><td>学习小组</td><td></td><td>组长</td><td></td><td>成员</td><td></td></tr>
<tr><td>任务
实施
步骤
及
具体
内容</td><td colspan="6"></td></tr>
</table>

分析评价

每位学生完成任务后，填写任务评价表，见表 1-2 所列。

表 1-2 任务评价表

序号	评价类别	评价内容及要求	配分
1	价值观与素养达成	1. 课堂状态是否良好，是否有睡觉、游戏等行为。 2. 训练过程中着装是否规范，是否认真研究、实践，等待时间是否积极学习、思考，是否有睡觉、游戏、聊天、打闹行为。 3. 卫生、机床保养每单元保持状况。 4. 纪律遵守情况。 5. 团队协作情况。	30%
2	知识与技能	1. 课堂作业完成情况。 2. 实践学习情况：操作是否规范，程序是否正确，是否有刀具损伤、操作事故记录及量具损伤记录。 3. 团队任务完成情况。 4. 技能考核情况：完成时间、质量。	50%
3	创新与提高	1. 创新学习效果、创新设计情况：外形是否新颖、结构是否合理、工艺分析是否正确、加工效果是否良好。 2. 总结报告完成情况：是否详细、具体。 3. 个人进步情况：思想、知识、技能。	20%

知识拓展

各类机械加工精度的等级区分

机械加工精度指零件加工后的实际几何参数（尺寸、形状和位置）与理想几何参数的符合程度。机械加工精度主要用于表示加工工件的精细程度。机械加工精度用公差等级进行衡量，等级越小表示精度越高。公差等级从 IT01、IT0、IT1、IT2、IT3 至 IT18 共 20 个，其中 IT01 表示该零件加工精度是最高的，IT18 则表示该零件加工精度是最低的。在机械加工中，机械加工的方法及适用范围不同，其机械加工精度的等级也不同。各类机械加工精度的等级区分如下。

1. 车削加工的精度等级

（1）粗车采用大的切削深度和大进给量以提高车削效率，因此其加工精度只能达到 IT11，表面粗糙度为 20～10 μm。

（2）半精车和精车采用高速而较小的进给量和切削深度，因此加工精度可达 IT10—

IT7，表面粗糙度为 10～0.16 μm。

（3）高精车用精细修研的金刚石车刀高速精车有色金属件，因此可使加工精度达到IT7—IT5，表面粗糙度为 0.04～0.01 μm。

2. 铣削加工的精度等级

（1）粗铣的加工精度为 IT11－IT13，表面粗糙度为 5～20 μm。

（2）半精铣的加工精度为 IT8－IT11，表面粗糙度为 2.5～10 μm。

（3）精铣的加工精度为 IT6－IT8，表面粗糙度为 0.63～5 μm。

3. 刨削加工的精度等级

（1）粗刨加工精度可达 IT12－IT11，表面粗糙度为 25～12.5 μm。

（2）半精刨加工精度可达 IT10－IT9，表面粗糙度为 6.2～3.2 μm。

（3）精刨加工精度可达 IT8－IT7，表面粗糙度为 3.2～1.6 μm。

4. 磨削加工的精度等级

（1）精密磨削表面粗糙度为 0.2～0.025 μm。

（2）超精密磨削表面粗糙度为 0.025～0.01 μm。

（3）镜面磨削表面粗糙度为 0.01 μm 以下。

5. 钻削加工的精度等级

钻削的加工精度较低，一般只能达到 IT10，表面粗糙度一般为 12.5～6 μm，在钻削后常采用扩孔和铰孔来进行半精加工和精加工。

6. 镗削加工的精度等级

（1）钢铁材料的镗孔精度一般可达 IT9－IT7，表面粗糙度为 2.5～0.16 μm。

（2）精密镗削的加工精度能达到 IT7－IT6，表面粗糙度为 0.63～0.08 μm。

以上是 6 种常见机械加工方法的机械加工精度的等级区分。韵拓大型机械加工厂遵循提高机械加工精度的 5 个原则，采用先进的加工设备以及加工水平提高工件的加工质量。

任务二　车床型号

任务描述

1. 掌握车床的分类；

2. 掌握车床的结构代号。

知识链接

1. 车床型号

车床又称机床，使用车床的工人被称为车工。在机械加工行业中，车床被认为是所有设备的工作“母机”。车床主要用于加工轴、盘、套类工件和其他具有回转表面及圆柱体为主的工件，是机械制造企业和修配工厂使用最广泛的一类机床。

按结构和用途不同，常见的车床可分为卧式车床、立式车床、转塔车床、仿形及多刀车床、单轴自动车床、多轴自动车床、半自动车床及各种专用车床等。

2. 车床的结构代号

(1) CA6140 型卧式车床简介

CA6140 型卧式车床是机械设备制造企业所需的设备之一，应用非常广泛，具有通用性好、系列化程度较高、性能较优越、结构较先进、操作方便、外形美观、精度较高等优点。它是我国自行设计、制造的机床，适用于加工各种轴类、套筒类、轮盘类零件上的回转表面。

(2) CA6140 型卧式车床的型号说明

车床的型号不仅是一个代号，而且能表示车床的名称、主要技术参数、性能和结构特点。CA6140 型卧式车床的型号中各代号的含义如下。

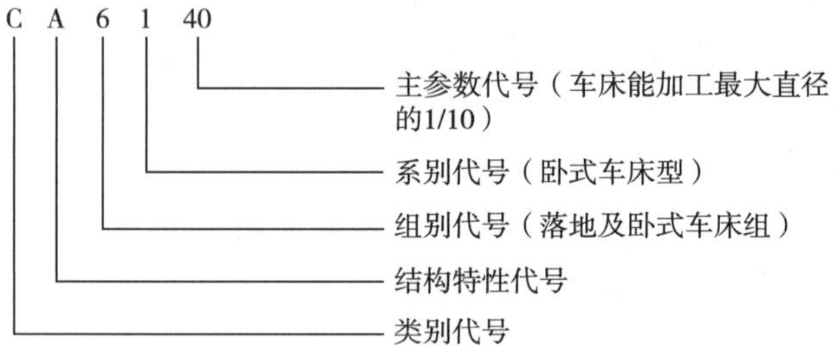

1) 类别代号

“CA6140”中的“C”称作机床的类别代号。类别代号是以机床名称的第一个字的汉语拼音的第一个字母的大写来表示的，如“C”代表车（chē）床、“Z”代表钻床等。

2) 结构特性代号

“CA6140”中的“A”称作机床的结构特性代号。机床特性代号包括通用特性代号和结构特性代号，都是用大写的汉语拼音字母来表示的。

通用特性代号。通用特性代号有统一固定的含义，无论在什么机床型号中，都表示相同的含义，当某些类型的机床除了有普通型机床的特性之外，还有某种通用特性时，则在类别代号后加上通用特性代号予以区分。如果没有通用特性代号，则不写。

结构特性代号。对于主参数值相同而结构性能不同的机床，在型号中加结构特性代号予以区分。结构特性代号在机床型号中没有统一的含义，只在同类机床中起区分机床机构、性能的作用。当机床型号中有通用特性代号时，结构特性代号应排在通用特性代号之后。结构特性代号用汉语拼音表示，但是通用特性代号已用的字母及“I”“O”两个字母不能用；当单个字母不够用时，可以将两个字母组合起来使用，如 AD、AF、DA、EA 等。

3) 组、系代号

“CA6140”中的“6”和“1”分别为机床的组、系代号。机床的组、系代号用数字表示。每类机床按用途、性能结构或派生关系分为若干组。每类机床分为 10 个组，每组又分为 10 个系。

机床的组：用 1 位阿拉伯数字表示，位于类别代号或通用特性代号、结构特性代号之后。

机床的系：用 1 位阿拉伯数字表示，位于组代号之后，如车床分为 10 组，用阿拉伯数字“0～9”表示，其中“6”代表落地及普通车床组，“5”代表立式车床组。

4）主参数代号

机床的主参数。“CA6140”中的“40”为机床的主要参数代号，分为主参数和第二主参数。机床的主参数是机床的重要技术规格，通常位于系代号之后。

第二主参数。第二主参数通常用于表示主轴数、最大工件长度、最大加工长度、最大模数等，标注在主参数之后，并用“X”和主参数分开。第二主参数（除多轴机床的主轴数外）均不予表示，如有特殊情况，需在车床型号中表示时，应按一定手续审批。

在车床型号中表示的第二主参数，一般折算成 2 位数，最多不应超过 3 位数。以长度、深度表示：折算系数为 1/100；以直径、宽度值表示：折算系数为 1/10；以厚度、最大模数值表示：折算系数为 1。

任务实施

组织学生进行一次参观活动；带领学生参观车床生产现场。

1. 参观前的安全准备工作：查阅资料，了解由于不遵守安全操作规程所引发的事故，引起学生的注意，做到文明参观。

2. 参观时学生应统一听从老师指挥，在加工现场，站在安全区域内仔细观察；不得随意触摸各种机床；在车间里不得大声喧哗和嬉戏打闹。

任务实施表见表 1－3 所列。

表 1－3　任务实施表

情境	认识车床					
学习任务	掌握车床结构代号				完成时间	
任务完成人	学习小组		组长		成员	
任务实施步骤及具体内容						

分析评价

每位学生完成任务后，填写任务评价表，见表 1－4 所列。

表 1-4 任务评价表

序号	评价类别	评价内容及要求	配分
1	价值观与素养达成	1. 课堂状态是否良好，是否有睡觉、游戏等行为。 2. 训练过程中着装是否规范，是否认真研究、实践，等待时间是否积极学习、思考，是否有睡觉、游戏、聊天、打闹行为。 3. 卫生、机床保养每单元保持状况。 4. 纪律遵守情况。 5. 团队协作情况。	30%
2	知识与技能	1. 课堂作业完成情况。 2. 实践学习情况：操作是否规范，程序是否正确，是否有刀具损伤、操作事故记录及量具损伤记录。 3. 团队任务完成情况。 4. 技能考核情况：完成时间、质量。	50%
3	创新与提高	1. 创新学习效果、创新设计情况：外形是否新颖、结构是否合理、工艺分析是否正确、加工效果是否良好。 2. 总结报告完成情况：是否详细、具体。 3. 个人进步情况：思想、知识、技能。	20%

知识拓展

有趣的机床发展史，就是一部人类文明进化史

【两千年前，机床的原型】

树木车床：用脚踩住绳子下方套圈，利用树枝的韧性带动工件旋转，以石片或者贝壳等物作为刀具，手持刀具对物品进行切割的操作。

【十三世纪，脚踏车床】

脚踏车床：也称为弹性杆棒车床，先用脚踏板旋转曲轴并带动飞轮，再传动到主轴使其旋转，操作原理跟树木车床一致。

我国明代出版的《天工开物》中就有磨床结构的记载。其利用类似欧洲中世纪脚踏车床的原理，用脚踏的方法使金属盘旋转，配合沙子和水来加工玉石；同时用扎砣（刀具）切割玉石，并根据玉料的大小选择合适型号的扎砣。

【蒸汽机的出现，让机床进入了一个全新的时代】

1774 年，钢铁大师威尔金森发明了炮筒镗床，这是世界上第一台真正意义上的镗床，最初用来铸造军火。

1775 年，威尔金森制造了一台水轮驱动的汽缸镗床。从此，机床开始用蒸汽机通过曲轴驱动。

【工业革命时期的机床发明】

1797 年，机床工业之父莫兹利制成了第一台螺纹切削车床。它带有丝杆和光杆，采用滑动刀架——莫氏刀架和导轨，可车削不同螺距的螺纹。

此后，莫兹利又不断地对车床加以改进。1800 年制造的车床，用坚实的铸铁床身代替了三角铁棒机架，以及用惰轮配合交换齿轮对，代替了更换不同螺距的丝杠来车削不同螺距的螺纹。这是现代车床的原型，对英国工业革命具有重要意义。

1817 年，罗伯茨发明了龙门车床；1818 年，惠特尼制造了卧式铣床。这两种机床可以分别应用于不同行业的零件制造。

机械技师惠特沃斯于 1834 年制成了测长机，可以测量长度，误差为万分之一英寸。1835 年，惠特沃斯发明滚齿机。

1845 年，菲奇为提高机械自动化程度，发明转塔式六角车床。

1873 年，斯潘塞制成了一台单轴自动车床，不久他又制成了三轴自动车床。

工业革命带来了爆发式的发展浪潮，这个时期的机床也在不断地更新换代，为了适应工业生产的更高效率要求而不断改进。随着电动机的发展，机床也由蒸汽动力升级到了电动机驱动。

【“给世界装上轮子”的人】

亨利·福特是一个对制造业产生巨大影响的人物，因为他采用了一种新的制造汽车的方法。福特曾提出，汽车应该是“轻巧的、结实的、可靠的和便宜的”。为实现这一目标，必须研制高效率的磨床。1900 年，美国人诺顿用金刚砂和刚玉石制成直径大而宽的砂轮，以及刚度大而牢固的重型磨床。磨床的发展，使机械制造技术进入了精密化的新阶段。

【数控机床的发展】

持续多年的二战结束后，制造业还停留在战前的发展水平。操作人员通过手工操作电动机床，按照设计图纸的要求制作加工零件。

1952 年，为解决美国空军飞机外形样板的加工问题，美国帕森斯公司和麻省理工学院合作，成功研制出第一台用一张硬卡控制机床的示范机。由于大量采用电子管元件，控制装置比机床本体还要大。

从 1960 年开始，各国陆续开发、生产及使用数控机床。1958 年，北京第一机床厂与清华大学共同研制出了我国第一台数控机床。

【智能化时代的百家争鸣】

从 2006 年开始，各国都在竞相发展高端的智能数控机床及系统。

任务三　车床的结构和传动系统

任务描述

1. 掌握车床的结构；
2. 掌握车床的传动系统。

知识链接

1. CA6140 型卧式车床的组成结构

CA6140 型卧式车床的外形结构，如图 1－1 所示。

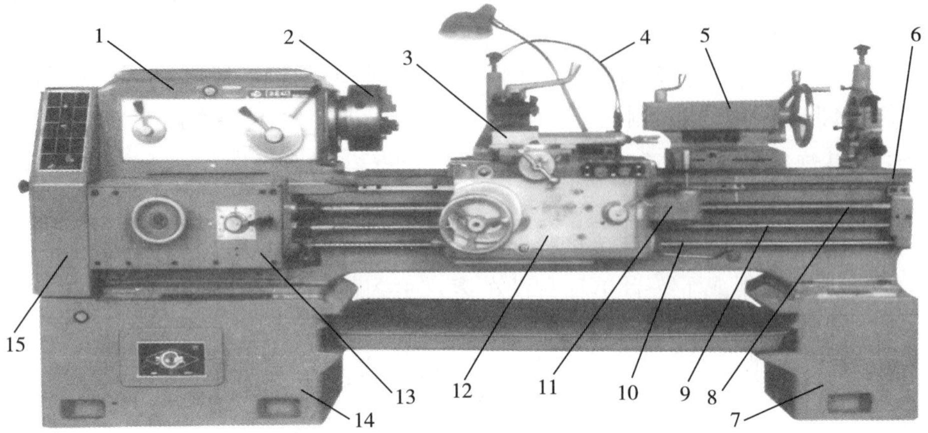

图 1－1　CA6140 型卧式车床的外形结构

1—主轴箱；2—卡盘；3—刀架；4—冷却装置；5—尾座；6—床身、导轨；7、14—床脚；8—丝杠；9—光杠；10—操纵杠；11—自动进给手柄；12—溜板箱；13—进给箱；15—交换齿轮箱

（1）主轴箱

主轴箱又称床头箱，主要用于支承主轴并带动工件做旋转运动。主轴箱内装有齿轮、轴等零件，以组成变速传动机构，如图 1－2 所示。变换主轴箱外的手柄位置，可使主轴获得多种转速，并带动装夹在卡盘上的工件一起旋转。

（2）床身

床身是车床的大型基础部件，包括一条 V 形导轨和一条矩形导轨，如图 1－3 所示。其主要用于支承和连接车床的各个部件，并保证各部件在工作时有准确的相对位置。

图 1－2　主轴箱

图 1－3　床身导轨

（3）交换齿轮箱

交换齿轮箱又称为挂轮箱，主要用于将主轴箱的运动传递给进给箱。交换齿轮箱内的齿轮，配合进给箱变速机构，可以车削各种导程的螺纹（或蜗杆），并可满足车削时对纵向和横向不同进给量的需求。

(4) 进给箱

进给箱又称走刀箱，是进给传动系统的变速机构，如图 1-4 所示。进给箱把交换齿轮箱传递来的运动，经过变速后传递给丝杠，以实现车削各种螺纹；传递给光杠，以实现机动进给。

(5) 溜板箱

溜板箱如图 1-5 所示。其由床鞍、中滑板、小滑板和刀架等组成。溜板箱接受光杠（或丝杠）传递来的运动。操纵箱外手柄，按下按钮，可通过快移机构驱动刀架部分，以实现车刀的纵向或横向运动。

图 1-4 进给箱

图 1-5 溜板箱

(6) 尾座

尾座如图 1-6 所示。其安装在床身导轨上，沿导轨纵向移动，以调整其工作位置。尾座主要用来安装后顶尖，以支顶较长的工件，也可装夹钻头或铰刀等，进行孔的加工。

(7) 床脚

床脚如图 1-7 所示，前后两个床脚分别与床身前后两端的下部连为一体，用以支承床身及安装床身上的各个部件。可以通过调整垫铁把床身调整到水平状态，并用地脚螺栓把整台车床固定在工作场地上。

图 1-6 尾座

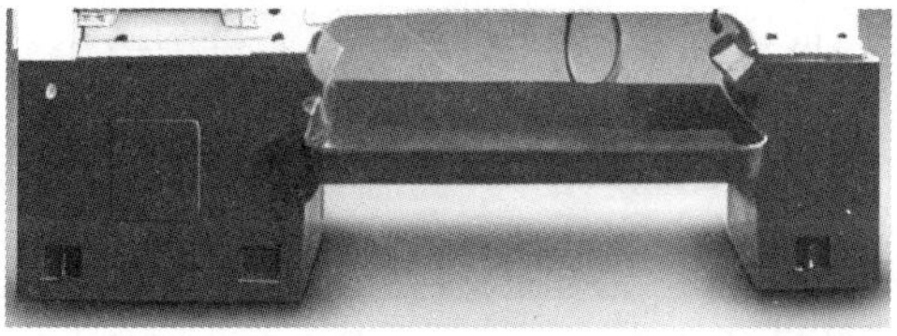
图 1-7 床脚

(8) 冷却装置

冷却装置主要通过冷却泵将切削液加压后，经冷却嘴喷射到切削区域。

2. 车床主要部件的传动关系

如图 1-8 所示，主运动是通过电动机驱动带轮，把运动输入到主轴箱。先通过主轴箱内的变速机构变速使主轴得到不同的转速，再经卡盘（或夹具）带动工件旋转。进给运动则是由主轴箱齿轮把旋转运动通过交换齿轮传给进给箱变速后，通过丝杠（或光杠）驱动溜板箱、床鞍、滑板、刀架，控制车刀的运动轨迹完成车削各种表面的工作。

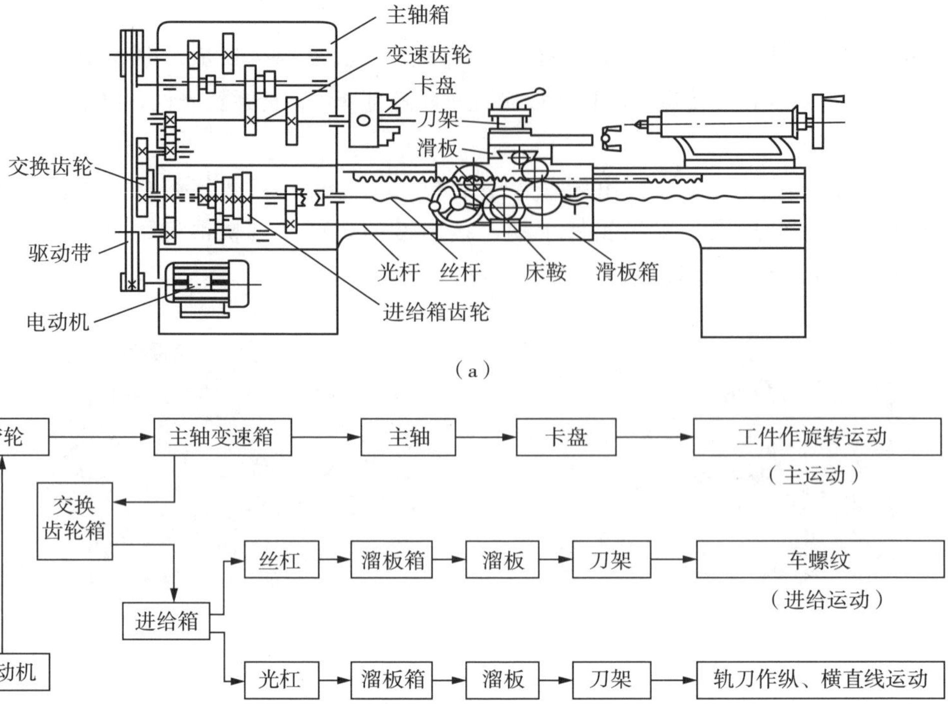

（a）（b）

图 1－8　CA6140 卧式车床传动示意图

任务实施

学生要掌握车床各个机构名称和用途，并进行一次车床内部结构的现场展示。

1. 参观前的安全准备工作：查阅资料，了解由于不遵守安全操作规程所引发的事故，引起学生的注意，做到文明参观。

2. 参观时学生应统一听从老师指挥，在加工现场，站在安全区域内仔细观察；不得随意触摸各种机床；在车间里不得大声喧哗和嬉戏打闹。

任务实施表见表 1－5 所列。

表 1－5　任务实施表

情境	认识车床结构					
学习任务	掌握车床结构及内部结构				完成时间	
任务完成人	学习小组		组长		成员	
任务实施步骤及具体内容						

分析评价

每位学生完成任务后，填写任务评价表，见表 1－6 所列。

表 1－6　任务评价表

序号	评价类别	评价内容及要求	配分
1	价值观与素养达成	1. 课堂状态是否良好，是否有睡觉、游戏等行为。 2. 训练过程中着装是否规范，是否认真研究、实践，等待时间是否积极学习、思考，是否有睡觉、游戏、聊天、打闹行为。 3. 卫生、机床保养每单元保持状况。 4. 纪律遵守情况。 5. 团队协作情况。	30%
2	知识与技能	1. 课堂作业完成情况。 2. 实践学习情况：操作是否规范，程序是否正确，是否有刀具损伤、操作事故记录及量具损伤记录。 3. 团队任务完成情况。 4. 技能考核情况：完成时间、质量。	50%
3	创新与提高	1. 创新学习效果、创新设计情况：外形是否新颖、结构是否合理、工艺分析是否正确、加工效果是否良好。 2. 总结报告完成情况：是否详细、具体。 3. 个人进步情况：思想、知识、技能。	20%

知识拓展

CA6140 型车床的主要技术性能

车床的技术性能是正确选择和合理使用车床的依据。它包括车床的工艺范围、技术规格、加工精度和表面粗糙度、生产率、自动化程度、效率和精度保持性等。CA6140 型卧式车床的主要技术性能介绍如下。

床身上工件最大回转直径　　400 mm
刀架上工件最大回转直径　　210 mm
最大工件长度（四种规格）　　750 mm、1000 mm、1500 mm、2000 mm
最大纵向行程　　650 mm、900 mm、1400 mm、1900 mm
主轴中心高（主轴中心到床身平面导轨距离）　　205 mm
主轴内孔直径　　48 mm
主轴中心孔前端锥度　　莫氏 6 号

主轴转速：	
正转（24级）	10～1400 r/min
反转（12级）	14～1580 r/min
车削螺纹范围：	
公制螺纹（44种）	1～192 mm
英制螺纹（20种）	2～24牙/寸
米制蜗杆（39种）	0.25～48 mm
径节螺纹（37种）	1～96牙/寸
机动进给量：	
纵向进给量（64种）	0.028～6.33 mm/r
横向进给量（64种）	0.014～3.16 mm/r
床鞍纵向快速移动速度	4 m/min
中溜板横向快速移动速度	2 m/min
主电动机功率、转速	7.5 kW、1500 r/min
快速移动电机功率、转速	0.25 kW、2800 r/min
机床轮廓尺寸（长×宽×高）	2668 mm×1000 mm×1190 mm
（工件最大长度为1000 mm的机床）	
机床工作精度和表面粗糙度：	
精车外圆的圆度	0.01 mm
精车外圆的圆柱度	0.01 mm/100 mm
精车端面的平面度	0.02 mm/400 mm
精车螺纹的螺距精度	0.04 mm/100 mm
	0.06 mm/300 mm
精车表面粗糙度	*Ra*（0.8～1.6）μm

任务四　车削加工常用的材料

任务描述

1. 了解常用的钢铁材料；
2. 了解钢的分类；
3. 熟悉金属材料的性质。

知识链接

1. 常用钢铁材料

（1）金属名称

金属材料指金属元素或以金属元素为主构成的具有金属特性的材料的统称。其包括黑色金属、合金、金属材料金属间化合物、有色金属和特种金属材料等。

黑色金属指铁和铁的合金，如钢、生铁合金、铸铁等。钢和生铁都是以铁为基础、以碳为主要添加元素的合金，统称为铁碳合金。

生铁指把铁矿石放到高炉中冶炼而成的产品，主要用来炼钢和制造铸件。把铸造生铁放在熔铁炉中熔炼，即得到液状铸铁。把液状铸铁浇铸成铸件，即铸铁件。

铁合金是由铁与硅、锰、铬、钛等元素组成的合金。铁合金是炼钢的原料之一，在炼钢时作为脱氧剂和合金元素添加剂使用。

把生铁放到炼钢炉内按一定工艺熔炼，即得到钢。钢的产品有钢锭、连铸坯和直接铸成各种钢铸件等。通常所讲的钢，指轧制成各种钢材的钢。钢属于黑色金属，但不完全等于黑色金属。

有色金属又称非铁金属，指除黑色金属外的金属和合金，如锡、铅、锌及黄铜、青铜、铝合金和轴承合金等。另外，在工业上还常采用铬、镍、锰、钼、钴、钒、钨、钛等金属，这些金属主要用作合金附加物，以改善金属的性能，其中钨、钛、钼等多用于生产制作刀具用的硬质合金。以上这些有色金属都称为工业用金属，此外还有贵重金属，如铂、金、银，以及稀有金属。

(2) 钢的分类

钢是含碳量在0.02%～2.11%的铁碳合金。为了保证其韧性和塑性，含碳量一般不超过1.7%。钢的主要元素除铁、碳外，还有硅、锰、硫、磷等。钢的分类方法多种多样，主要有如下7种。

1) 按钢的品质分类

按钢的品质可分为：①普通钢（P≤0.045%，S≤0.050%）；②优质钢（P、S均≤0.035%）；③高级优质钢（P≤0.035%，S≤0.030%）。

2) 按钢的化学成分分类

按钢的化学成分可分为碳素钢、合金钢。

碳素钢又可分为：①低碳钢（C<0.25%）；②中碳钢（C≤0.25%～0.60%）；③高碳钢（C>0.60%）。

合金钢又可分为：①低合金钢（合金元素总含量<5%）；②中合金钢（合金元素总含量>5%～10%）；③高合金钢（合金元素总含量>10%）。

3) 按钢的成形方法分类

按钢的成形方法可分为：①锻钢；②铸钢；③热轧钢；④冷拉钢。

4) 按钢的金相组织分类

退火状态：①亚共析钢（铁素体+珠光体）；②共析钢（珠光体）；③过共析钢（珠光体+渗碳体）；④莱氏体钢（珠光体+渗碳体）。

正火状态：①珠光体钢；②贝氏体钢；③马氏体钢；④奥氏体钢。

无相变或部分发生相变。

5) 按钢的用途分类

建筑及工程用钢可分为：①普通碳素结构钢；②低合金结构钢；③钢筋钢。

结构钢可分为：①机械制造用钢；②调质结构钢；③表面硬化结构钢（包括渗碳钢、

渗碳钢、表面淬火用钢)；④易切结构钢；⑤冷塑性成形用钢（包括冷冲压用钢、冷镦用钢，如弹簧钢和轴承钢等）。

工具钢包括：①碳素工具钢；②合金工具钢；③高速工具钢。

特殊性能钢包括：①不锈耐酸钢；②耐热钢（包括抗氧化钢、热强钢、气阀钢)；③电热合金钢；④耐磨钢；⑤低温用钢；⑥电工用钢。

专业用钢包括：①桥梁用钢；②船舶用钢；③锅炉用钢；④压力容器用钢；⑤农机用钢等。

6）按钢的综合分类

普通钢：①碳素结构钢［a. Q195，b. Q215（A、B)，c. Q235（A、B、C)，d. Q255（A、B)，e. Q275］；②低合金结构钢；③特定用途的普通结构钢。

优质钢（包括高级优质钢)：①结构钢（优质碳素结构钢、合金结构钢、弹簧钢、易切钢、轴承钢、特定用途优质结构钢)；②工具钢（碳素工具钢、合金工具钢、高速工具钢)；③特殊性能钢（不锈耐酸钢、耐热钢、电热合金钢、电工用钢、高锰耐磨钢)。

7）按钢的冶炼方法分类

按炉种分：①平炉钢（酸性平炉钢、碱性平炉钢)；②转炉钢（酸性转炉钢和碱性转炉钢，或底吹转炉钢、侧吹转炉钢和顶吹转炉钢)；③电炉钢（电弧炉钢、电渣炉钢、感应炉钢、真空自耗炉钢、电子束炉钢)。

按脱氧程度和浇注制度分：①沸腾钢；②半镇静钢；③镇静钢；④特殊镇静钢。

2. 机械性能

金属材料的性能一般分为工艺性能和使用性能两类。所谓工艺性能指在机械零件加工制造过程中，金属材料在特定的冷热加工条件下表现出来的性能。金属材料工艺性能的好坏，决定了它在制造过程中加工成形的适应能力。由于加工条件不同，要求的工艺性能也就不同，如铸造性能、可焊性可锻性、热处理性能、切削加工性等。所谓使用性能指机械零件在使用条件下，金属材料表现出来的性能。它包括机械性能、物理性能、化学性能等。金属材料使用性能的好坏，决定了它的使用范围与使用寿命。

在机械制造业中，一般机械零件都是在常温、常压和非强烈腐蚀性介质中使用的，且在使用过程中各机械零件都将承受不同载荷的作用。金属材料在载荷作用下抵抗破坏的性能，称为机械性能（或称为力学性能)。

金属材料的机械性能是零件设计和选材的主要依据。外加载荷性质不同（如拉伸、压缩、扭转、冲击、循环载荷等)，对金属材料要求的机械性能也不同。常用的机械性能包括强度、塑性、硬度、冲击韧性、多次冲击抗力和疲劳极限等。

(1）强度

强度指金属材料在静荷作用下抵抗破坏（过量塑性变形或断裂）的性能。由于载荷的作用方式有拉伸、压缩、弯曲、剪切等形式，所以强度也分为抗拉强度、抗压强度、抗弯强度、抗剪强度等。各种强度间常有一定的联系，使用中多以抗拉强度作为最基本的强度指标。

(2）塑性

塑性指金属材料在载荷作用下，产生塑性变形（永久变形）而不破坏的能力。

（3）硬度

硬度是衡量金属材料软硬程度的指标。目前生产中测定硬度最常用的方法是压入硬度法。它是用一定几何形状的压头在一定载荷下压入被测试的金属材料表面，并根据被压入程度来测定金属材料的硬度值。

（4）疲劳

前面所讨论的强度、塑性、硬度都是金属在静载荷作用下的机械性能指标。实际上，许多机器零件都是在循环载荷下工作的，在这种条件下零件会产生疲劳。

（5）冲击韧性

以很大速度作用于机件上的载荷称为冲击载荷，金属在冲击载荷作用下抵抗破坏的能力称为冲击韧性。

3. 金属材料的特殊性质

（1）疲劳

许多机械零件和工程构件，是承受交变载荷工作的。在交变载荷的作用下，虽然应力水平低于材料的屈服极限，但经过长时间的应力反复循环作用以后，也会发生突然脆性断裂，这种现象叫作金属材料的疲劳。

金属材料疲劳断裂的特点：载荷应力是交变的；载荷的作用时间较长；断裂是瞬时发生的；无论是塑性材料还是脆性材料，在疲劳断裂区都是脆性的。

疲劳断裂是工程上最常见、最危险的断裂形式。

金属材料的疲劳现象，按条件不同可分为下列几种。

1）高周疲劳：指在低应力（工作应力低于材料的屈服极限，甚至低于弹性极限）条件下，应力循环周数在100000以上的疲劳。它是最常见的一种疲劳破坏。高周疲劳一般简称为疲劳。

2）低周疲劳：指在高应力（工作应力接近材料的屈服极限）或高应变条件下，应力循环周数在10000～100000的疲劳。由于交变的塑性应变在低周疲劳破坏中起主要作用，因而，低周疲劳也被称为塑性疲劳或应变疲劳。

3）热疲劳：指由于温度变化所产生的热应力的反复作用所造成的疲劳破坏。

4）腐蚀疲劳：指机器部件在交变载荷和腐蚀介质（如酸、碱、海水、活性气体等）的共同作用下所产生的疲劳破坏。

5）接触疲劳：指机器零件的接触表面，在接触应力的反复作用下，出现麻点剥落或表面压碎剥落，从而造成机件失效破坏。

（2）塑性

塑性指金属材料在载荷外力的作用下，产生永久变形（塑性变形）而不被破坏的能力。金属材料在受到拉伸时，长度和横截面积都要发生变化，因此，金属的塑性可以用长度的伸长（延伸率）和断面的收缩（断面收缩率）2个指标来衡量。

金属材料的延伸率和断面收缩率愈大，表示该材料的塑性愈好，即材料能承受较大的塑性变形而不被破坏。一般把延伸率大于5％的金属材料称为塑性材料（如低碳钢等），而把延率小于5％的金属材料称为脆性材料（如灰口铸铁等）。塑性好的材料，能在较大的宏观范围内产生塑性变形，并在塑性变形的同时使金属材料因塑性变形而强化，从而提高材料的强度，保证零件的安全使用。此外，塑性好的材料可以顺利地进行某些成型工艺加工，如冲压、冷弯、冷拔、校直等。因此，选择金属材料制作机械零件时，必须满足一定的塑性指标。

（3）耐久性

建筑金属腐蚀的主要形态如下。

1）均匀腐蚀：指金属表面的腐蚀使断面均匀变薄。通常用年平均的厚度减损值作为腐蚀性能的指标（腐蚀率）。钢材在大气中一般呈均匀腐蚀。

2）孔蚀：指金属腐蚀呈点状并形成深坑。孔蚀的产生与金属的本性及其所处介质有关。在含有氯盐的介质中易发生孔蚀。孔蚀常用最大孔深作为评定指标。管道的腐蚀多考虑孔蚀问题。

3）电偶腐蚀：指不同金属的接触处，因所具不同电位而产生的腐蚀。

4）缝隙腐蚀：指金属表面在缝隙或其他隐蔽区域常发生的、由于不同部位间介质的组分和浓度的差异所引起的局部腐蚀。

5）应力腐蚀：指在腐蚀介质和较高拉应力共同作用下，金属表面产生腐蚀并向内扩展成微裂纹，常导致突然破断。混凝土中的高强度钢筋（钢丝）可能发生这种破坏。

（4）硬度

硬度表示材料抵抗硬物体压入其表面的能力。它是金属材料的重要性能指标之一。一般硬度越高，耐磨性越好。常用的硬度指标有布氏硬度（HB）、洛氏硬度（HR）和维氏硬度（HV）。

1）布氏硬度（HB）。以一定的载荷（一般为3000 kg）把一定大小（直径一般为10 mm）的淬硬钢球压入材料表面，保持一段时间，去载后负荷与其压痕面积之比值即为布氏硬度值，单位为力/mm^2（N/mm^2）。

2）洛氏硬度（HR）。当HB>450或者试样过小时，不能采用布氏硬度试验而改用洛氏硬度计量。它是用一个顶角120°的金刚石圆锥体或直径为1.59 mm、3.18 mm的钢球，在一定载荷下压入被测材料表面，由压痕的深度求出材料的硬度。根据试验材料硬度的不同，可采用不同的压头和总试验压力组成几种不同的洛氏硬度标尺，每一种标尺用一个字母在洛氏硬度符号HR后面加以注明。常用的洛氏硬度标尺有HRA、HRB和HRC。其中HRC标尺应用最为广泛。

HRA：采用60 kg载荷钻石锥压入器求得的硬度，用于硬度极高的材料（如硬质合金等）。

HRB：采用100 kg载荷和直径1.59 mm淬硬的钢球，求得的硬度，用于硬度较低的材料（如退火钢、铸铁等）。

HRC：采用150 kg载荷和钻石锥压入器求得的硬度，用于硬度很高的材料（如淬火钢等）。

3）维氏硬度（HV）。以120 kg以内的载荷和顶角为136°的金刚石方形锥压入器压入材料表面，用材料压痕凹坑的表面积除以载荷值，即为维氏硬度值（HV）。

硬度试验是机械性能试验中最简单易行的一种试验方法。为了能用硬度试验代替某些机械性能试验，生产上需要一个比较准确的硬度和强度的换算关系。实践证明，金属材料的各种硬度值之间，硬度值与强度值之间具有近似的相应关系。因为硬度值是由起始塑性变形抗力和继续塑性变形抗力决定的，所以材料的强度越高，塑性变形抗力越高，硬度值也就越高。

（5）材料的表示方法

按照国家标准《钢铁产品牌号表示方法》（GB/T 221—2008）规定，我国钢铁产品牌号采用汉语拼音字母、化学符号和阿拉伯数字相结合的表示方法。

1）牌号中化学元素采用国际化学元素表示。

2）产品名称、用途、特性和工艺方法等，通常采用代表该产品汉字的汉语拼音的缩写字母表示。

3）钢铁产品中的主要化学元素含量（%）采用阿拉伯数字表示。

合金结构钢的牌号按下列规则编制。数字表示含碳量的平均值。合金结构钢和弹簧钢用2位数字表示平均含碳量的万分之几，不锈耐酸钢和耐热钢含碳量用千分数表示。平均含碳量＜0.1%时，用“0”表示；平均含碳量100%时，不标含碳量；其他情况用千分数表示。高速工具钢和滚珠轴承钢不标含碳量，滚珠轴承钢标注用途符号“C”。平均合金含量＜1.5%者，在牌号中只标出元素符号，不标注其含量。

任务实施

组织学生分组讨论，熟悉车削加工常用的金属材料及材料的表示方法。任务实施表见表1-7所列。

表1-7　任务实施表

情境	认识车削加工常用的金属材料					
学习任务	掌握常用材料和材料表示方法				完成时间	
任务完成人	学习小组		组长		成员	
任务实施步骤及具体内容						

分析评价

每位学生完成任务后，填写任务评价表，见表1-8所列。

表 1-8 任务评价表

序号	评价类别	评价内容及要求	配分
1	价值观与素养达成	1. 课堂状态是否良好，是否有睡觉、游戏等行为。 2. 训练过程中着装是否规范，是否认真研究、实践，等待时间是否积极学习、思考，是否有睡觉、游戏、聊天、打闹行为。 3. 卫生、机床保养每单元保持状况。 4. 纪律遵守情况。 5. 团队协作情况。	30%
2	知识与技能	1. 课堂作业完成情况。 2. 实践学习情况：操作是否规范，程序是否正确，是否有刀具损伤、操作事故记录及量具损伤记录。 3. 团队任务完成情况。 4. 技能考核情况：完成时间、质量。	50%
3	创新与提高	1. 创新学习效果、创新设计情况：外形是否新颖、结构是否合理、工艺分析是否正确、加工效果是否良好。 2. 总结报告完成情况：是否详细、具体。 3. 个人进步情况：思想、知识、技能。	20%

知识拓展

刹车制动盘材质——灰铸铁

汽车刹车制动盘为盘式制动器的重要零部件，用来安装在汽车的车轮上。为保证汽车行驶过程中制动的舒适度，汽车的刹车制动盘性能一定是越稳定越好的，即要满足无噪声、无抖动及具备较高的厚度均匀性，同时对刹车面的跳动度、平行度和表面粗糙度有一定的要求。常见的刹车制动盘按结构可划分为单面与双面盘、轴承盘、轮毂盘及高性能刹车盘。刹车盘加工毛坯件多为灰铸铁材质，加工环境恶劣，粉尘多及切削量较大，因此加工刹车盘的机床应具有良好的润滑及防护功能，能完成长时间大扭矩的加工精度运转，还要保持良好的刚度和精度。

刹车制动盘材质——灰铸铁。

1. 化学成分

铸铁中碳、硅、锰是调节组织的元素，磷是控制使用的元素，硫是应限制的元素。目前生产中，灰铸铁的化学成分范围：$w\mathrm{C}=2.7\%\sim3.6\%$，$w\mathrm{Si}=1.0\%\sim2.5\%$，$w\mathrm{Mn}=0.5\%\sim1.3\%$，$w\mathrm{P}\leqslant0.3\%$，$w\mathrm{S}\leqslant0.15\%$。

2. 灰铸铁的性能特点

（1）力学性能：灰铸铁的抗拉强度、塑性、韧性和弹性模量远比相应基体的钢低，石墨片的数量愈多，尺寸愈粗大，分布愈不均匀，对基体的割裂作用和应力集中现象愈严重，则铸铁的强度、塑性与韧性就愈低。由于灰铸铁的抗压强度 σbc、硬度与耐磨性主要取决于基体，石墨的存在对其影响不大，故灰铸铁的抗压强度一般是其抗拉强度的 3～4 倍。同时，珠光体基体比其他两种基体的灰铸铁具有较高的强度、硬度与耐磨性。

(2) 其他性能：石墨虽然会降低铸铁的抗拉强度、塑性和韧性，但也正是由于石墨的存在，使铸铁具有一系列其他优良性能。

铸造性能良好：由于灰铸铁的碳当量接近共晶成分，与钢相比，其不仅熔点低、流动性好，而且铸铁在凝固过程中要析出比容较大的石墨，部分地补偿了基体的收缩，从而减小了灰铸铁的收缩率，所以灰铸铁能浇铸形状复杂与壁薄的铸件。

耐磨性强：灰铸铁中的石墨具有润滑作用，而且当它从铸铁表面掉落后，所遗留下的孔隙具有吸附和储存润滑油的能力，使摩擦面上的油膜易于保持且具有良好的耐磨性，所以承受摩擦的机床导轨、汽缸体等零件可用灰铸铁制造。

减震性强：铸铁在受震动时，石墨能阻止震动的传播，起缓冲作用，并把震动能量转变为热能。灰铸铁减震能力约比钢大 10 倍，故常用作承受压力和震动的机床底座、机架、机床床身和箱体等零件。

切削加工性良好：由于石墨割裂了基体的连续性，使铸铁切削时容易断屑和排屑；且石墨对刀具具有一定润滑作用，故可使刀具磨损减少。

缺口敏感性小：钢常因表面有缺口（如油孔、键槽、刀痕等）造成应力集中，使力学性能显著降低，故钢的缺口敏感性大。而灰铸铁中石墨本身已使金属基体形成了大量缺口，致使外加缺口的作用相对减弱，所以灰铸铁具有较小的缺口敏感性。

由于灰铸铁具有以上一系列的优良性能，而且价廉、易于获得，故在目前工业生产中，它仍然是应用最广泛的金属材料之一。

汽车刹车盘在汽车行驶过程中的重要作用和自身的表面精度和形位公差，以及各种理化性能的特殊要求，导致了刹车盘的材质必须满足刹车盘的使用性能要求。恰好属于珠光体类型的灰铸铁（HT250），强度、耐磨性、耐热性均较好，铸造性能优异，更重要的是作为汽车制动紧急刹车的刹车盘的减震性良好。故而，刹车盘的材质大多为灰铸铁（HT250）。

刹车盘在汽车行驶中起着刹车减速的作用，所以，刹车盘的灵敏与否关系重大。相应地，刹车盘的加工优劣就显得非常重要。所以，不仅要选择性能好的灰铸铁原料及正确的加工工艺，而且要选对车床及与之相匹配的刀具，这样才能够获得高质量、高性能的刹车盘。

任务五 车床的润滑和日常保养

任务描述

1. 了解车床润滑的方式；
2. 掌握常用的车床润滑方式；
3. 掌握车床一级保养的要求。

知识链接

1. 车床润滑的作用

为了保证车床的正常运转，减少磨损，延长使用寿命，应对车床所有的摩擦部位进行润滑，并注意日常的维护保养。

2. 常用车床的润滑方式

车床的润滑有多种方式，常用的有以下几种。

（1）浇油润滑

常用于外露的滑动表面，如床身导轨面及中、小滑板导轨面和丝杠等。即将这些部件擦拭干净后用油壶浇油润滑。

（2）溅油润滑

常用于密闭的箱体中，如利用车床主轴箱中的传动齿轮先将箱底的润滑油溅射到箱体上部的油槽中，然后经槽内油孔流到各润滑点进行润滑。注入新油时应使用滤网过滤，油面不得低于游标中心线。一般每3个月换一次油。

（3）油绳导油润滑

常用于进给箱与溜板箱的轴承和齿轮的润滑。利用毛线等既易吸油又易渗油的特性，通过毛线把油引至润滑点，间断地滴油润滑，如图1－9所示。在加注润滑油时，要注意给进给箱上部的储油槽加油。

（4）弹子油杯注油润滑

常用于尾座、中滑板摇手柄及三杠（丝杠、光杠、操纵杠）支架的轴承处。定期地用油枪端头油嘴压下油杯上的弹子，将油注入。油嘴撤去，弹子又恢复原位，封住注油口，以防尘屑入内，如图1－10所示。

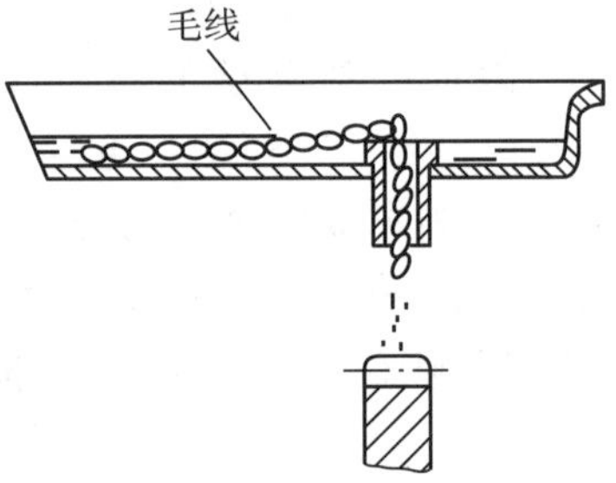

图1－9 油绳导油

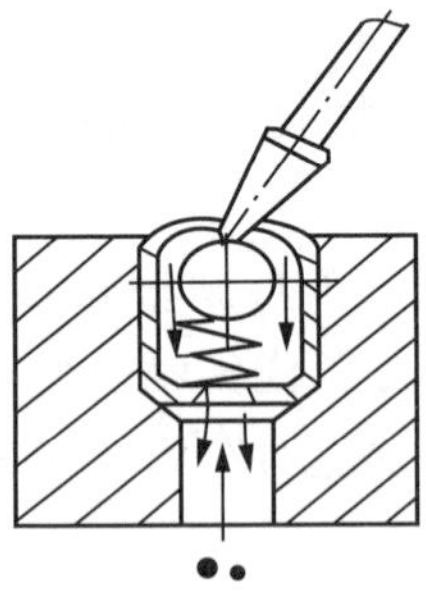

图1－10 弹子油杯注油

（5）黄油杯润滑

常用于交换齿轮箱挂轮架的中间轴或不便经常润滑处。事先在黄油杯中加满钙基润滑脂，需要润滑时，拧紧油杯盖，则杯中的油脂就被挤压到润滑点中去，如图1－11所示。

（6）油泵输油润滑

常用于转速高、需要大量润滑油连续强制润滑的机构。主轴箱内许多润滑点都是采用这种方式，如图1－12所示。

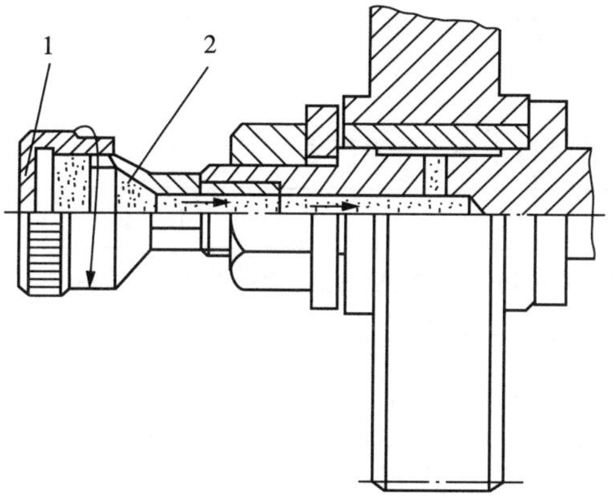

图 1－11　黄油杯润滑

1—黄油杯；2—润滑脂

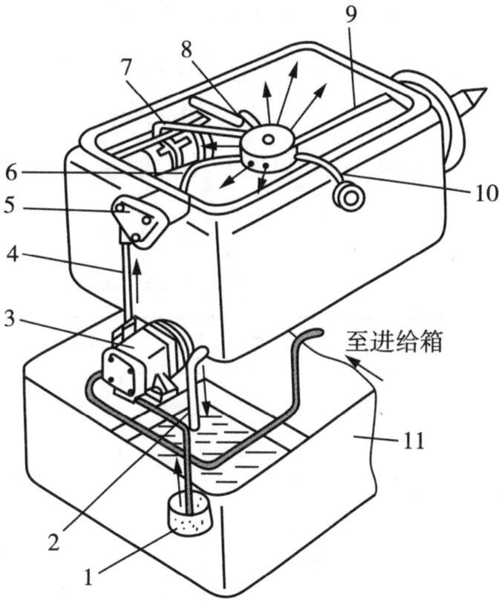

图 1－12　油泵循环润滑系统

1—网式滤油器；2—回油管；3—油泵；
4、6、7、9、10—油管；5—过滤器；
8—分油器；11—床腿

3. 常用车床的润滑要求

如图 1－13 所示，为 CA6140 型车床润滑系统润滑点的位置示意图（润滑部位用数字标出）。

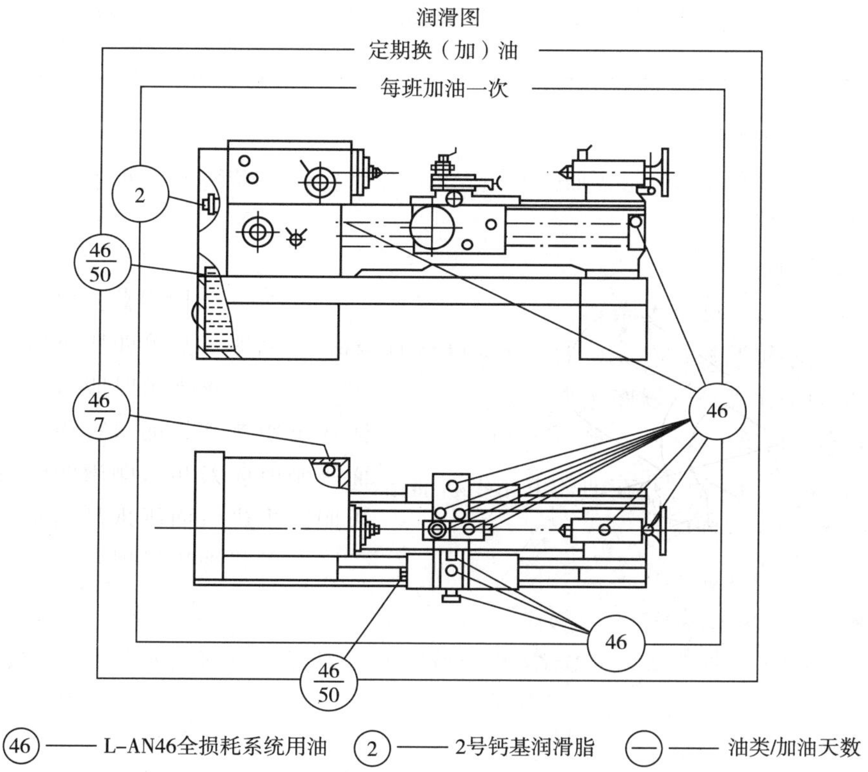

图 1－13　CA6140 型车床润滑系统

轴箱内的零件用油泵循环和溅油润滑，箱内润滑油一般 3 个月更换一次。主轴箱体上有一个油窗，若发现油窗内无油输出，说明油泵输油系统有故障，应立即停车检查原因，待修复后才能开动车床。进给箱内的齿轮和轴承，除了用齿轮飞溅润滑外，在进给箱上部还有用干油绳导油润滑的储油槽，每班应给储油槽加一次油，具体润滑要求，见表 1－9 所列。

表 1－9　CA6140 型卧式车床润滑系统的润滑要求

周期	数字	意义	符号	含义	润滑部位	数量
每班	整数形式	“○”中数字表示润滑油牌号，每班加油 1 次	2	用 2 号钙基润滑脂进行脂润滑，每班拧动油杯盖 1 次	交换齿传输线箱中的中间齿轮轴	1 处
			46	使用牌号为 L－AN46 的润滑油（相当于旧牌号的 30 号机械油），每班加油 1 次	多处	14 处
经常性	分数形式	“分子/分母”中分子表示润滑油牌号，分母表示两班制工作时换（添）油间隔的天数（每班工作时间为 8 h）	46/7	分子“46”表示使用牌号为 L－AN46 的润滑油，分母“7”表示加油间隔为 7 天	主轴箱后面的电器箱内的床身立轴套	1 处
			46/50	分子“46”表示使用牌号为 L－AN46 的润滑油，分母“50”表示换油间隔为 50～60 天	左床脚内的油箱和溜板箱	2 处

4. 车床一级保养的要求

通常当车床运行 500 h 后，须进行一级保养。保养时，必须先切断电源，然后按下述顺序和要求进行操作。

（1）主轴箱的保养

1）清洗滤油器，使其无杂物；

2）检查主轴锁紧螺母有无松动、紧定螺钉是否拧紧；

3）调整制动器及离合器摩擦片间隙。

（2）交换齿轮箱的保养

1）清洗齿轮、轴套，并在油杯中注入新油脂；

2）调整齿轮啮合间隙；

3）检查轴套有无晃动现象。

（3）滑板和刀架的保养

拆洗刀架和中、小滑板，先洗净擦干后再重新组装，并调整中、小滑板与镶条的间隙。

（4）尾座的保养

摇出尾座套筒，并擦净涂油，以保持内外清洁。

（5）润滑系统的保养

1）清洗冷却泵滤油器和盛液盘；

2）保证油路畅通，保证油孔、油绳、油毡清洁无铁屑；

3）检查油质，确保油质良好、油杯齐全、油标清晰。

（6）电器的保养

1）清扫电动机、电气箱上的尘屑；

2）电气装置固定整齐。

（7）外表的保养

1）清洗车床外表面及各罩盖，保持其内、外清洁，无锈蚀、油污；

2）清洗三杠；

3）检查并补齐各螺钉、手柄球和手柄；

4）各部件清洗擦净后，进行必要的润滑。

任务实施

组织学生进行一次车床保养实习，熟练掌握车床润滑要求。

1. 实习前的安全准备工作：查阅资料，了解由于不遵守安全操作规程所引发的事故，引起学生的注意，做到文明参观。

2. 实习时统一听从老师指挥，在加工现场，站在安全区域内仔细观察；不得随意触摸各种机床；在车间里不得大声喧哗和嬉戏打闹。

3. 在教师的指导下，对机床进行保养润滑。

任务实施表，见表 1－10 所列。

表 1－10　任务实施表

情境	车床的润滑和日常保养					
学习任务	学习车床的润滑和保养				完成时间	
任务完成人	学习小组		组长		成员	
任务实施步骤及具体内容						

分析评价

每位学生完成任务后，填写任务评价表，见表 1－11 所列。

表 1－11 任务评价表

序号	评价类别	评价内容及要求	配分
1	价值观与素养达成	1. 课堂状态是否良好，是否有睡觉、游戏等行为。 2. 训练过程中着装是否规范，是否认真研究、实践，等待时间是否积极学习、思考，是否有睡觉、游戏、聊天、打闹行为。 3. 卫生、机床保养每单元保持状况。 4. 纪律遵守情况。 5. 团队协作情况。	30%
2	知识与技能	1. 课堂作业完成情况。 2. 实践学习情况：操作是否规范，程序是否正确，是否有刀具损伤、操作事故记录及量具损伤记录。 3. 团队任务完成情况。 4. 技能考核情况：完成时间、质量。	50%
3	创新与提高	1. 创新学习效果、创新设计情况：外形是否新颖、结构是否合理、工艺分析是否正确、加工效果是否良好。 2. 总结报告完成情况：是否详细、具体。 3. 个人进步情况：思想、知识、技能。	20%

知识拓展

机床保养说明

1. 日保养

（1）检查各润滑机构润滑是否顺畅；对所有润滑机构注油，观察各油管有无漏油现象，如若发现漏油问题，应通知维修人员立即维修。

（2）检查电器柜门是否紧闭，如若柜门未紧闭，必须紧闭关好，防止灰尘进入电柜。

（3）机床工作前必须将机床空运转 3～10 分钟。

（4）检查切屑液冷却是否正常，有无堵塞或无水现象。

（5）操作机床时严禁戴手套或脏手操作面板，防止油污等脏物将面板按键腐蚀。

（6）交班前必须将机床所有表面擦拭干净，保持机床洁净。

2. 周保养

（1）检查紧急按钮、开关、电源、重要部分的螺丝螺帽是否松动，若发现问题应及时整修。

（2）检查液压系统油位是否正常、是否需要加油，并再次确认各油管接口是否拧紧。

（3）检查各轴软硬限位是否正常，将机床慢慢开至限位测试。

（4）检查机床配重钢丝绳或链条总长有无拉毛开口现象，若发现问题应及时报修。

（5）检查主轴润滑系统油路是否通畅。

（6）检查主轴内孔有无拉毛现象，若发现问题应及时修理。

3. 月保养

（1）检查所有电磁阀有无堵塞，并进行清洗。

（2）检查液压设备所有过滤网，进行清洗或更换。

（3）检查机床所有防护罩内部导轨丝杆等润滑油路是否畅通；清洗导轨丝杆并上油；清理内部污垢。

（4）检查冷却水箱过滤网并清洗，或更换。

（5）检查机床各主要部位轴承是否缺油，若发现缺油应及时添加。

4. 年保养

（1）半年更换一次机床主轴油、液压油。

（2）检查电柜内部灰尘，用无水器轻吹。

（3）机床几何精度复校，并重新检测定位精度。

（4）检查压力不正常的附件并进行更换。

任务六　自定心卡盘

任务描述

1. 了解三爪自定心卡盘的规格和结构；
2. 识别三爪自定心卡盘卡爪的号码；
3. 掌握三爪自定心卡盘保养。

知识链接

1. 三爪自定心卡盘

三爪自定心卡盘的类型和规格，分正爪和反爪两种，如图 1 - 14 所示。

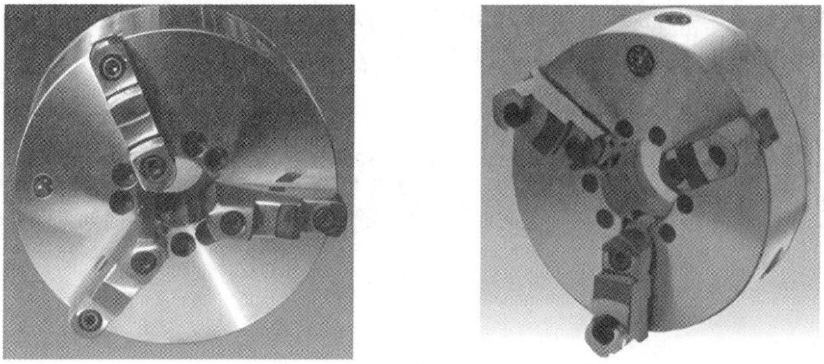

图 1 - 14　三爪自定心卡盘

在车床上常用的卡盘规格有 165 mm、200 mm、250 mm、320 mm 等。CA6140A 型车床上的卡盘标准配置是 250 mm 型号的卡盘。

2. 主轴前端连接卡盘体

CA6140 型车床主轴前端为短圆锥结构，如图 1-15 所示，是以短圆锥面和轴肩端面作定位面，卡盘体与连接盘通过止口靠合定位后，用内六角螺钉连接在一起。连接盘上拧有 4 个螺栓，在大孔位置穿过主轴和锁紧盘后，先转动锁紧盘，螺栓上的螺母已被锁紧盘挡住，然后用螺母将卡盘体与连接盘拧紧在主轴上。主轴轴肩端面有一圆柱端面键，起传递扭矩的作用。锁紧盘转过一个角度后，防止松动，用紧定螺钉将锁紧盘固定在主轴上。这种结构的定心精度高、连接刚度好，装卸卡盘方便。

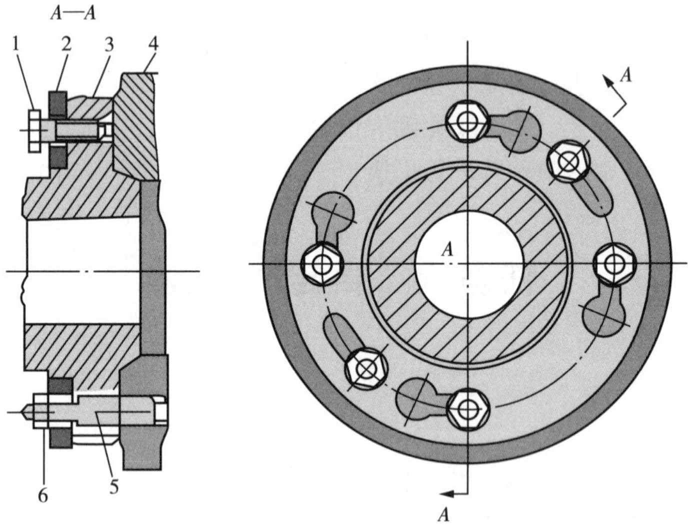

图 1-15　主轴前端连接卡盘体

1—紧定螺钉；2—锁紧盘；3—主轴；4—连接盘；5—螺栓；6—螺母

3. 三爪自定心卡盘体内的结构拆装

三爪自定心卡盘的结构如图 1-16 所示。安装时，将扳手方榫插入小锥齿轮的方孔中转动，小锥齿轮就带动大锥齿轮转动。大锥齿轮的背面是 1 个平面螺纹，3 个卡爪背面的螺纹与平面螺纹啮合，因此当平面螺纹转动时，就带动 3 个卡爪同时作向心或离心移动。当 3 个卡爪的张开度足以容纳工件时，先将工件装上，再用扳手锁紧。

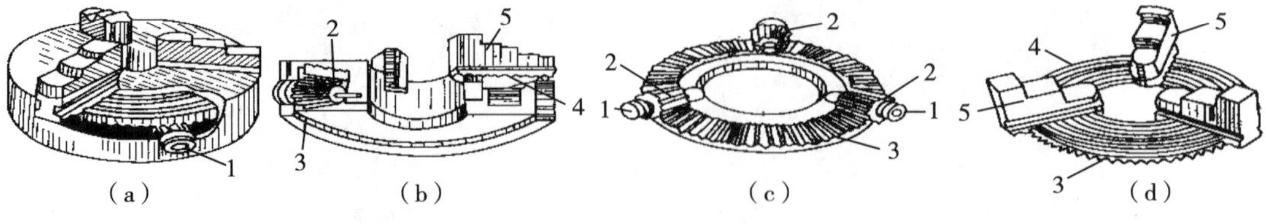

图 1-16　三爪自定心卡盘

1—方孔；2—小锥齿轮；3—大锥齿轮；4—平面螺纹；5—卡爪

三爪自定心卡盘的卡爪可以装成正爪，实现由外向内夹紧；也可以装成反爪，实现由内向外夹紧，即撑夹（反夹）。正爪夹持工件时，直径不能太大，卡爪伸出卡盘外圆的长度不应超过卡爪长度的1/3，以免发生事故。反爪可以夹持直径较大的工件，如图1－17所示。

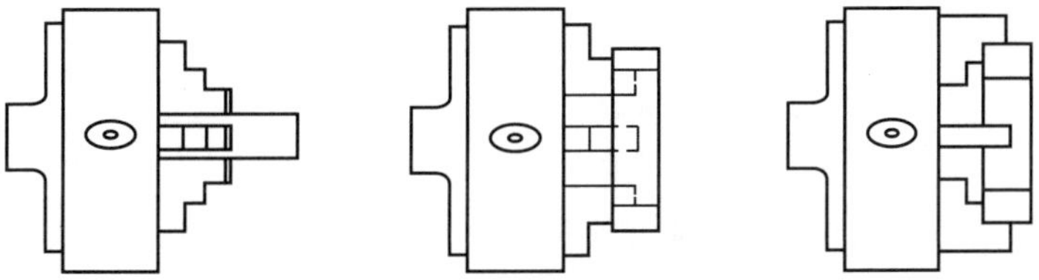

（a）正爪装夹圆柱面　（b）正爪装夹内圆柱面　（c）反爪装夹

图1－17　用三爪卡盘安装工件的方法

三爪卡盘能自动定心，装夹方便，但是定心精度不高。若因三爪卡盘使用太长时间，而失去了应有的精度，在加工高精度的工件时，也需要找正。三爪卡盘适于装夹截面为圆形、三角形、六方形的轴类和中小型盘类零件。

任务实施

组织学生进行三爪卡盘拆装实习。

1. 实习前的安全准备工作：查阅资料，了解由于不遵守安全操作规程所引发的事故，引起学生的注意，做到文明参观。

2. 实习时学生应统一听从老师指挥，在加工现场，站在安全区域内仔细观察；不得随意触摸各种机床；在车间里不得大声喧哗和嬉戏打闹。

任务实施表见表1－12所列。

表1－12　任务实施表

情境	认识三爪卡盘					
学习任务	拆装三爪卡盘				完成时间	
任务完成人	学习小组		组长		成员	
任务实施步骤及具体内容						

分析评价

每位学生完成任务后，填写任务评价表，见表1－13所列。

表 1-13 任务评价表

序号	评价类别	评价内容及要求	配分
1	价值观与素养达成	1. 课堂状态是否良好，是否有睡觉、打游戏等行为。 2. 训练过程中着装是否规范，是否认真研究、实践，等待时间是否积极学习、思考，是否有睡觉、游戏、聊天、打闹行为。 3. 卫生、机床保养每单元保持状况。 4. 纪律遵守情况。 5. 团队协作情况。	30%
2	知识与技能	1. 课堂作业完成情况。 2. 实践学习情况：操作是否规范，程序是否正确，是否有刀具损伤、操作事故记录及量具损伤记录。 3. 团队任务完成情况。 4. 技能考核情况：完成时间、质量。	50%
3	创新与提高	1. 创新学习效果、创新设计情况：外形是否新颖、结构是否合理、工艺分析是否正确、加工效果是否良好。 2. 总结报告完成情况：是否详细、具体。 3. 个人进步情况：思想、知识、技能。	20%

知识拓展

四爪卡盘安装工件

四爪卡盘的结构如图 1-18 所示。在四爪卡盘上安装工件，必须保证工件的几何中心与车床主轴的回转中心重合。找正方法如下。

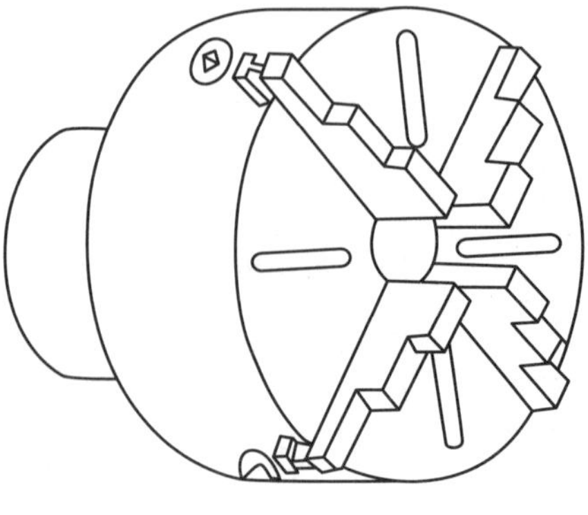

图 1-18 四爪单动卡盘

(1) 将卡爪张开，使相对的 2 个爪的距离稍大于工件的直径。装上工件，先用两个相对的爪夹紧，再用另两个相对的爪夹紧。这时可根据卡盘端面上的圆弧线来初步判定 4 个卡爪的相对位置。

(2) 用划针盘找正外圆。找正时，先使划针稍离工件外圆，如图 1-19 (a) 所示，慢慢地旋转卡盘，观察工件表面与针尖之间间隙的大小，然后根据间隙的差异来调整相对卡爪的位置，其调整量约为间隙差异值的 1/2。经过几次调整，直到工件旋转一周，针尖与工件表面距离均等为止。

用四爪单动卡盘装夹工件的特点：夹紧可靠、用途广泛，但不能自动定心，需要与划针盘、百分表配合进行找正安装工件。通过校正后的工件安装精度较高、夹紧可靠。其适于方形、长方形、椭圆形及各种不规则形状零件的装夹。

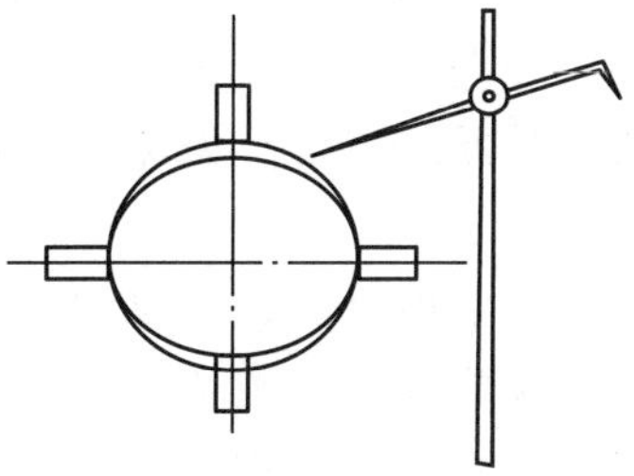

（a）校正外圆

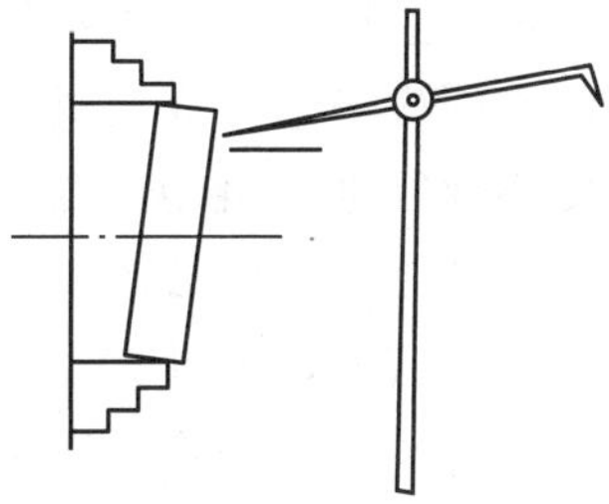

（b）校正平面

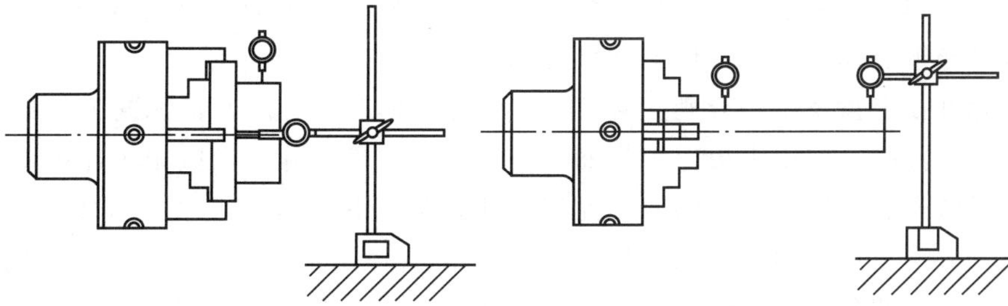

（c）用百分表校正工件

图 1－19　用划针盘校正工件

任务七　车工安全生产训练

任务描述

1. 熟知安全生产相关知识；
2. 培养安全文明生产习惯；
3. 理解安全文明生产的重要性和必要性；
4. 培养安全意识、协作能力和交流能力。

知识链接

安全生产是一切活动的根基，是我们在生产经营中需要坚持贯彻的理念。坚持安全、文明生产是保障生产工人和设备的安全、防止工伤和设备事故的根本保证，同时也是工厂科学管理的重要手段。其直接影响人身安全、产品质量和生产效率的提高，影响设备和各种器具的使用寿命及操作工人技术水平。安全、文明生产的具体要求是长期生产活动中的实践经验的总结，生产者必须严格执行。

1. 安全生产操作须知

（1）开车前检查车床各部分机构及防护设备是否完好，各手柄是否灵活、位置是否正确；检查各注油孔，并进行润滑。使主轴空运转1～2 min，待车床运转正常后才能工作。若发现车床有故障，应立即停车、申报检修。

(2) 主轴变速必须先停车，变换进给箱手柄要在低速进行。为保持丝杠的精度，除车削螺纹外，不得使用丝杠进行机动进给。

(3) 刀具、量具及工具等的放置要稳妥、整齐、合理，要有固定的位置，便于操作时取用，同时，注意用后应放回原处。主轴箱盖上不应放置任何物品。

(4) 工具箱内应分类摆放物件。精度高的应放置稳妥，重物放下层、轻物放上层，不可随意乱放，以免损坏和丢失。

(5) 正确使用和爱护量具。经常保持清洁、用后擦净、涂油，放入盒内，并及时归还工具室。量具必须定期校验，以保证度量准确。

(6) 不允许在卡盘及床身导轨上敲击或校直工件，床面上不准放置工具或工件；装夹、找正较重工件时，应用木板保护床面；下班时若工件不卸下，应用千斤顶支撑。

(7) 车刀磨损后，应及时刃磨。不允许用钝刃车刀继续车削，以免增加车床负荷，进而损坏车床，影响工件表面的加工质量和生产效率。

(8) 批量生产的零件，首件应送检。在确认合格后，方可继续加工。精车工件要注意防锈处理。

(9) 毛坯、半成品和成品应分开放置。半成品和成品应堆放整齐、轻拿轻放，严防碰伤已加工表面。

(10) 图样、工艺卡片应放置在便于阅读的位置，并注意保持其清洁和完整。

(11) 使用切削液前，应在床身导轨上涂润滑油。若车削铸铁或气割下料的工件，应擦去导轨上的润滑油。铸件上的型砂、杂质应尽量去除干净，以免损坏床身导轨面。切削液应定期更换。

(12) 工作场地周围应保持清洁整齐，避免杂物堆放，防止绊倒。

(13) 工作完毕后，将所用过的物件擦净归位，清理机床、刷去切屑、擦净机床各部位的油污；按规定加注润滑油，把机床周围打扫干净；将床鞍摇至床尾一端，各转动手柄放到空挡位置，关闭电源。

2. 安全生产注意事项

(1) 工作时应穿工作服、戴袖套。女性应戴工作帽，将头发塞入帽子；夏季禁止穿裙子、短裤和凉鞋上机操作。

(2) 工作时必须戴防护眼镜，头部不能离工件太近，以防切屑飞入眼中。

(3) 工作时必须集中精力，注意手、身体和衣服不能靠近正在旋转的机件，如工件、带轮、传动带、齿轮等。

(4) 工件和车刀必须装夹牢固，否则会飞出伤人。卡盘必须装有保险装置。装夹好工件后，卡盘扳手必须立即从卡盘上取下。

(5) 装卸工件、更换刀具、测量加工表面及变换速度时，必须先停车。

(6) 车床运转时，不得用手触摸工件表面；尤其是加工螺纹时，严禁用手抚摸螺纹面，以免伤手。严禁用棉纱擦抹转动的工件。

(7) 应用专用铁钩清除切屑，严禁用手直接清除。

(8) 在车床上操作严禁戴手套。

(9) 毛坯棒料从主轴孔尾端伸出不得太长，并应使用料架或挡板，防止甩弯后伤人。

(10) 严禁用手刹住转动着的卡盘。

3. 安全用电常识

(1) 如果电动机、电气箱等没有安装在机床上，则必须另行单独接地，方法如图 1-20 所示。

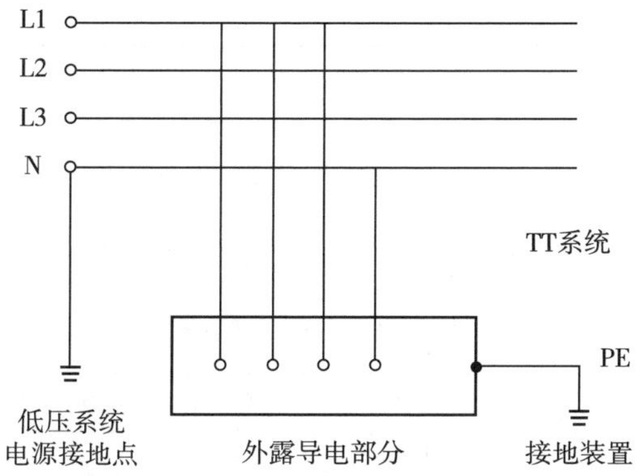

图 1-20　单独接地

(2) 确保电气设备的开关、手柄、按钮等操作元件完好无损，电气箱的门、盖应关严；严禁在电线和电器上搭挂物品。

(3) 使用车间内的移动电器（如电钻、灯、电扇等）时，须确保插头、插座、电线管、金属软管等完好无损坏，如发现损坏及时处理。

(4) 严禁使用额定电流大的熔丝保护小电流电路，以免造成电路发热，引起火灾。

(5) 严禁自行任意装拆电气设备。工作中如发现电气设备有故障，应及时联系专业电工修理。修理时应关掉开关、断开电源，安全操作。

4. 安全用电常识

(1) 车床主轴箱变速需停车进行。

(2) 进给箱变换进给速度可在低速开车情况下进行。

(3) 初学者车削螺纹时不可以使用高速挡位。

任务实施

组织学生进入车间，实际感受车间安全文明生产。

1. 做好实习准备工作：根据所学知识，了解由于不遵守安全操作规程所引发的事故，引起学生的注意。

2. 在车间，统一听从老师指挥，在加工现场，站在安全区域内仔细观察，不得随意触摸各种机床，在车间里不得大声喧哗和嬉戏打闹。

3. 在教师的指导下，做好实习过程中安全文明生产。

任务实施表见表 1-14 所列。

表 1-14 任务实施表

情境	车工安全生产训练					
学习任务	学习安全生产				完成时间	
任务完成人	学习小组		组长		成员	
任务实施步骤及具体内容						

分析评价

每位学生完成任务后，填写任务评价表，见表 1-15 所列。

表 1-15 任务评价表

序号	评价类别	评价内容及要求	配分
1	价值观与素养达成	1. 课堂状态是否良好，是否有睡觉、游戏等行为。 2. 训练过程中着装是否规范，是否认真研究、实践，等待时间是否积极学习、思考，是否有睡觉、游戏、聊天、打闹行为。 3. 卫生、机床保养每单元保持状况。 4. 纪律遵守情况。 5. 团队协作情况。	30%
2	知识与技能	1. 课堂作业完成情况。 2. 实践学习情况：操作是否规范，程序是否正确，是否有刀具损伤、操作事故记录及量具损伤记录。 3. 团队任务完成情况。 4. 技能考核情况：完成时间、质量。	50%
3	创新与提高	1. 创新学习效果、创新设计情况：外形是否新颖、结构是否合理、工艺分析是否正确、加工效果是否良好。 2. 总结报告完成情况：是否详细、具体。 3. 个人进步情况：思想、知识、技能。	20%

知识拓展

车间 7S 管理制度

1. 整理—车间整理

（1）车间 7S 管理由部门负责人负责，主要职责是负责 7S 的组织落实和开展工作。负责人应按照 7S 整理、整顿的要求，结合车间的实际情况，对物品进行定置，确定现场物品贮存位置及贮存量的限额，并坚决执行。日后如需变动，应经车间领导小组批准，同时要及时更改定置标识。

(2) 上班前，车间员工应及时清理本岗责任区通道（有用的物品不能长时间堆放，垃圾要及时清理），摆放的物品不能超出通道，确保通道畅通整洁。

(3) 设备保持清洁；材料堆放整齐。

(4) 近期使用的物品摆放到料架上，长期不用的物品存放到仓库中。

(5) 工作台面物品摆放整齐，便于取用。各工序要按照定置标识，整齐地摆放物件，包括工具、半成品、原材料和报表等，不能随意摆放。

2. 整顿一车间整顿

(1) 设备、机器、仪器定期保养，摆放整齐、保持干净，使其处于最佳状态。

(2) 工具有保养、有定位放置，采用目视管理。结合车间的实际情况，对工具进行定置，确定现场物品贮存位置及贮存量的限额，并坚决执行。日后如需变动，应经车间领导小组批准，同时要及时更改定置标识。

(3) 良品与不良品不能杂放在一起，保管有定位，任何人均需清楚。

(4) 所有公共通道、走廊、楼梯都应保持地面整洁，墙壁、天花板、窗户、照明灯、门、窗户无蜘蛛网、无积尘。

(5) 管理看板应保持整洁。

(6) 车间垃圾、废品清理（各部门按划分规定处理）。

3. 清扫一车间清扫

(1) 公共通道要保持地面干净、光亮。

(2) 作业场所物品放置归位，整齐有序。

(3) 窗、墙、地板保持干净亮丽；垃圾或废旧设备应及时处理，不得随处堆放。

(4) 设备、工具、仪器使用中有防止不干净措施，并随时清理。

(5) 车间员工要及时清扫划分区域卫生，确保干净、整洁。

4. 清洁

彻底落实前面的整理、整顿、清扫工作，通过定期及不定期的检查及利用文化宣传活动，保持公司整体 7S 意识。

5. 素养

(1) 7S 活动每日坚持且效果明显。

(2) 遵守管理规定，发扬主动精神和团队精神。

(3) 时间观念强，下达的任务能够在约定时间内完成。

6. 节约

合理利用时间、空间、能源等，以发挥其最大效能，从而创造一个高效率的、物尽其用的工作场所。

实施时应该秉持三个观念：能用的东西尽可能利用；以自己就是主人的心态对待企业的资源；切勿随意丢弃，丢弃前要思考其剩余的使用价值。

7. 安全

维护人身与财产不受侵害，创造一个零故障、无意外事故发生的工作场所。实施的要点：不要因小失大，应建立健全各项安全管理制度；对操作人员的操作技能进行训练；勿以善小而不为、勿以恶小而为之，全员参与，排除隐患，重视预防。

课后习题

一、填空题

（1）车床的型号反映车床的________、________、________及________。

（2）CA6140 中的 C 表示__________、A 表示__________、6 表示________、1 表示__________、40 表示__________。

（3）CA6140 型车床的主参数是以________折算系数来表示的。

（4）床身导轨面、中滑板、小滑板导轨面采用________方式润滑。

（5）车床齿轮箱内零件采用________方式润滑。

（6）尾座和中滑板、小滑板摇手柄转动轴承处采用________方式润滑。

二、判断题

（1）CA6140 车床能加工直径为 ϕ60 mm 的工件。（　　）

（2）一台车床上可以加工任意长短的工件。（　　）

（3）操作车床时为了防止手被刮伤，可以戴手套。（　　）

（4）在进行车床主轴变速时，必须先停下机床再变速。（　　）

（5）车床应由操作工人独立维护和保养。（　　）

（6）加工工件时，为了加工方便，应将毛坯放到床面上。（　　）

（7）加工后，工件应先涂上防锈漆，以防生锈，然后送到检验室进行检验。（　　）

（8）工人操作前应检查各部件机构是否完好、各部件传动手柄是否放在空挡位置。（　　）

三、简答题

（1）车床由哪些部分组成，各部分的作用是什么？

（2）简述车床的传动系统构成。

（3）车床上常用的润滑方式有哪些？

（4）车床的日常保养应怎样进行？

（5）简述车床安全生产操作规程。

车床的组成及手柄的使用实操教学

第二章　车削加工基础知识

学习目标

1. 知识目标：
(1) 了解车刀的材料、种类、用途及刃磨
(2) 了解车削液
(3) 掌握车床的运动
(4) 掌握工件找装夹和找正
2. 能力目标：
(1) 掌握 90°车刀和 45°车刀刃磨方法
(2) 掌握砂轮机的正确操作
(3) 熟练掌握量具的正确使用方法
3. 素质目标：
(1) 培养学生对车削加工的兴趣
(2) 培养学生良好的职业行为规范
(3) 培养学生严格执行工作规范和安全文明操作规程的职业素养

情景导入

某工厂承接了科技公司轧辊加工的订单，轧辊材质是 35 铬钼，硬度黏性较大。现准备用 CA6140 车床进行加工，车刀采用硬质合金刀片 YW2 的焊接车刀加工。根据轧辊的形状，你能确定车刀类型吗？如果车刀在加工中急剧磨损，那么应该如何刃磨？

任务一　车刀的简介

任务描述

1. 按规定的几何形状要求，手工刃磨 90°外圆车刀；
2. 按规定的几何形状要求，手工刃磨 45°车刀。

知识链接

1. 常用车刀的材料、种类和用途

(1) 常用的车刀材料

常用的车刀材料一般有高速钢和硬质合金两个大类。

(2) 常用车刀的种类和用途

常用的车刀有90°车刀、45°车刀、内孔车刀、螺纹车刀、切断刀、圆头车刀等，如图2-1所示。车刀的用途如图2-2所示。

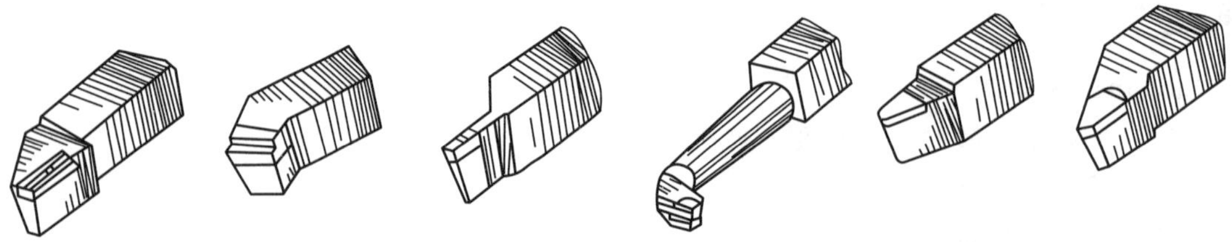

(a) 90°外圆车刀 (b) 45°端面车刀 (c) 切断（切槽）刀 (d) 内孔车刀 (e) 圆头车刀 (f) 螺纹车刀

图2-1 车刀种类

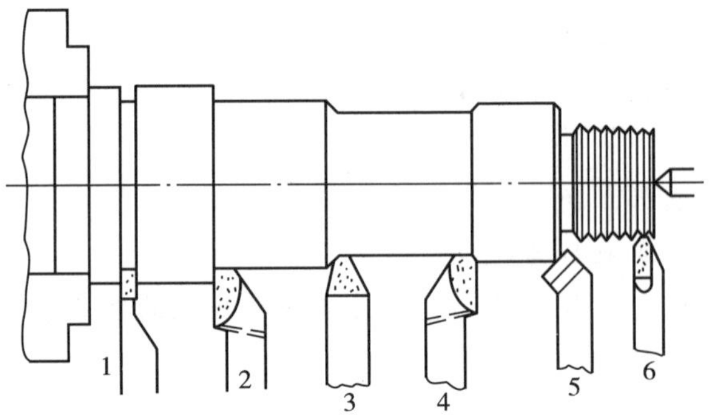

图2-2 常用车刀用途

1—车槽；2—车右台阶；3—车圆角；4—车左台阶；5—车倒角；6—车螺纹

2. 车刀组成

(1) 组成部分

车刀由刀柄和刀体组成，如图2-3所示。刀柄是刀具的夹持部分；刀体是刀具上夹持或焊接刀片的部分，或由它形成切削刃的部分。

刀头是车刀的切削部分，由“三面二刃一尖”（即前刀面、主后面、副后面、主切削刃、副切削刃、刀尖）组成，如图2-4所示。

1) 前刀面：车刀上切屑流经的表面。

2) 主后面：车刀上与工件过渡表面相对的表面。

3) 副后面：车刀上与工件已加工表面相对的表面。

4) 主切削刃：前面与主后面的交线，担负主要的切削工作。

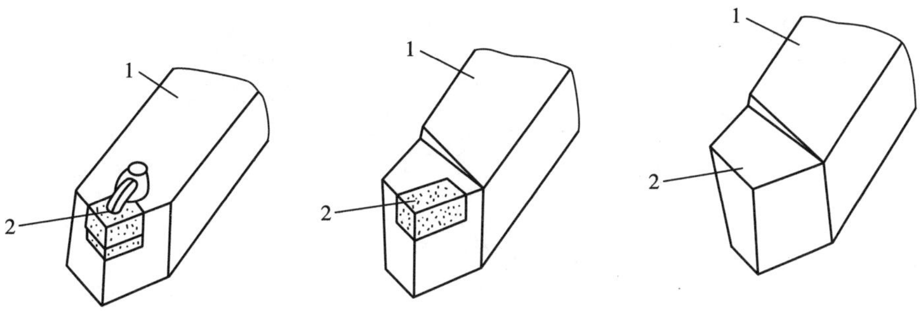

（a）可转位　（b）焊接式　（c）整体式

图 2-3　车刀组成

1—刀柄；2—刀体

5）副切削刃：前面与副后面的交线，担负少量的切削工作，起一定的修光作用。

6）刀尖：主切削刃与副切削刃的相交部分，一般为一小段过渡圆弧。

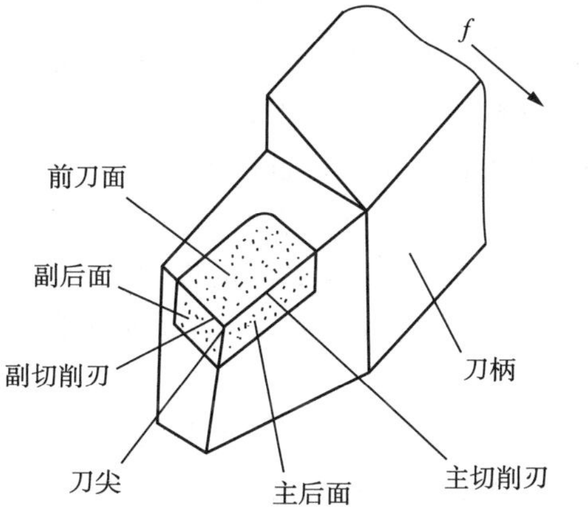

图 2-4　刀头的结构组成

（2）主要角度及作用

为了确定车刀的角度，要建立 3 个辅助坐标平面，即切削平面、基面和主剖面。对车削而言，如果不考虑车刀安装和切削运动的影响，可认为切削平面是铅垂面、基面是水平面；当主切削刃水平时，垂直于主切削刃所做的剖面为主剖面，如图 2-5 所示。

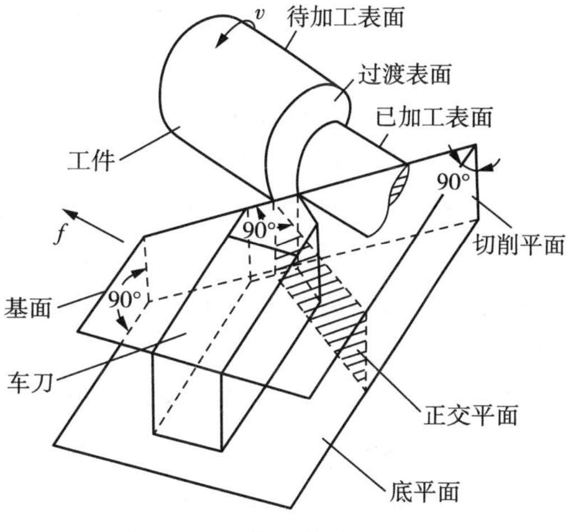

图 2-5　刀具角度的辅助平面

如图 2-6 所示，车刀的主要角度有前角（γ_0）、后角（α_0）、主偏角（k_r）、副偏角（k_r'）和刃倾角（λ_s）。

在主剖面中测量的角度如下。

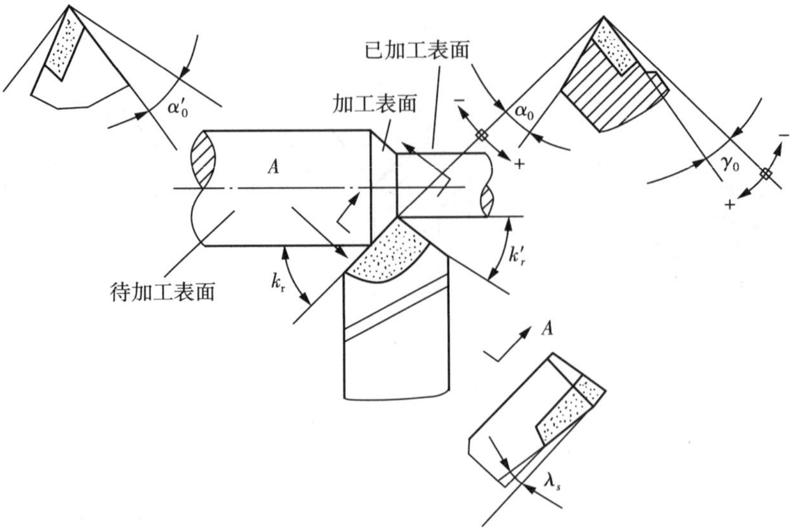

图 2-6 车刀角度

前角（γ_0）。前角是前刀面与基面之间的夹角，主要作用是使刀刃锋利，便于切削。车刀的前角不能太大，否则会削弱刀刃的强度，容易磨损甚至崩刃。加工塑性材料时，前角可选大些，若用硬质合金车刀切削钢件，可取 $\gamma_0=10°\sim20°$；精加工时，车刀的前角应比粗加工大，这样刀刃锋利，可降低工件的表面粗糙度。

后角（α_0）。后角是主后面与切削平面之间的夹角，主要作用是减小车削时主后面与工件的摩擦，一般取 6°～12°。粗车时取小值，精车时取大值。

在基面中测量的角度如下。

主偏角（k_r）。主偏角是主切削刃在基面的投影与进给方向的夹角，主要作用是可改变主切削刃、增加切削刃的长度，影响径向切削力的大小及刀具使用寿命。车刀常用的主偏角有 45°、60°、75°、90°等。

副偏角（k_r'）。副偏角是副切削刃在基面上的投影与进给反方向的夹角，主要作用是减小副切削刃与已加工表面之间的摩擦，以改善已加工表面的表面粗糙度。k_r'一般取 5°～15°。

在切削平面中测量的角度是刃倾角（λ_s）。

刃倾角是主切削刃与基面的夹角，主要作用是控制切屑的流出方向。主切削刃与基面平行时，$\lambda_s=0$；刀尖处于主切削刃的最低点时，λ_s为负值，刀尖强度增大，切屑流向已加工表面，用于粗加工；刀尖处于主切削刃的最高点时，λ_s为正值，刀尖强度减小、切屑流向待加工表面，用于精加工。车刀刃倾角λ_s一般取－5°～5°。

（3）车刀安装说明

1）车刀安装在刀架上，伸出部分不宜太长；伸出量一般为刀杆高度的 1～1.5 倍。伸出过长会使刀杆刚性变差，切削时易产生振动，影响工件的表面粗糙度。

2）车刀垫铁要平整，数量要少，垫铁应与刀架对齐。车刀至少要用 2 个螺钉在刀架上压紧，并逐个拧紧，如图 2-7 所示。

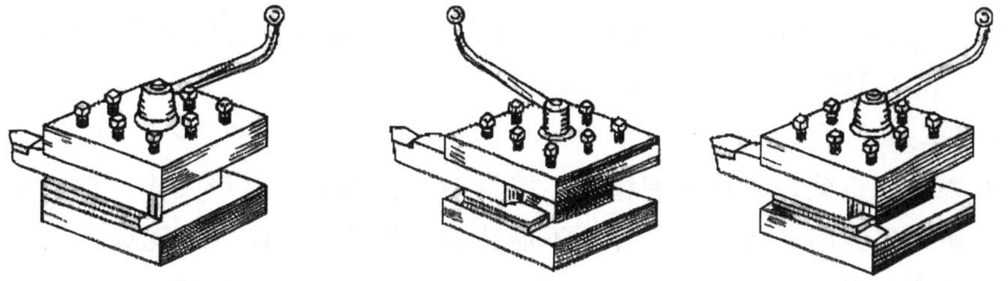

（a）正确　　（b）不正确

图 2－7　车刀的安装

3）车刀刀尖一般应与工件轴线等高，否则会因基面和切前平面的位置发生变化而改变车刀工作时的前角和后角的数值。当车刀刀尖高于工件轴线时，会使后角减小，增大车刀后面与工件间的摩擦；当车刀刀尖低于工件轴线时，会使前角减小，切削不顺利。车刀刀尖的位置，如图 2－8 所示。

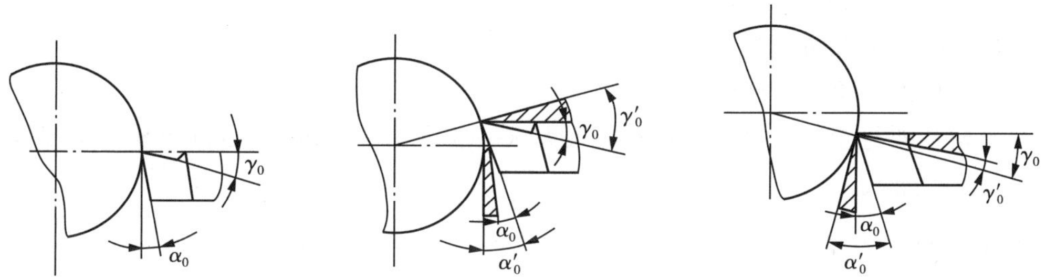

（a）正确　　（b）太高　　（c）太低

图 2－8　车刀刀尖的位置

3. *车刀的刃磨*

车刀的刃磨分为机械刃磨和手工刃磨 2 种。机械刃磨效率高、质量好、操作方便，一般为有条件的工厂所应用。手工刃磨灵活性大，对设备要求低，多数工厂中仍普遍采用。

（1）砂轮的选择

常用的磨刀砂轮有 2 种：一种是氧化铝砂轮；另一种是绿色碳化硅砂轮。刃磨时必须根据刀具材料选择砂轮。氧化铝砂轮韧性好，比较锋利，但磨粒硬度稍低，所以用来刃磨高速钢车刀和硬质合金车刀的刀杆部分。绿色碳化硅砂轮的磨粒硬度高、切削性能好，但较脆，所以用来刃磨硬质合金车刀。一般粗磨时用粒度小（颗粒粗）的砂轮，精磨时用粒度大（颗粒细）的砂轮。

（2）磨刀步骤

1）先磨主后面，把主偏角和主后角磨好。对于硬质合金车刀，先在氧化铝砂轮上磨出刀杆上的后角，再在绿色碳化硅砂轮上磨出刀片上的后角。

2）磨副后角，把副偏角和副后角磨好。

3）磨前刀面，把前角磨好。

4）磨刀尖圆弧。

5）研磨。研磨时先用油石加些机油，然后在刀刃附近的前面和后面，以及刀尖处贴平进行研磨，直至车刀表面光洁，看不出痕迹为止。这样不但可使刀刃锋利，而且能增加刀具耐用度。车刀用钝后，也可用油石修磨。

（3）刃磨车刀时的注意事项

1）握刀姿势要正确，刀杆要握稳，不能抖动。粗磨压力可稍大些，精磨压力应小些。

2）磨高速钢刀具时，要经常冷却，不能让刀头过热，以防刀刃退火。

3）磨硬质合金刀具时，不要进行冷却，否则急冷会使刀片碎裂。

4）刃磨时，砂轮旋转方向必须由刃口向刀体方转动，以免造成刀刃出现锯齿形缺陷。

5）刃磨时，应将车刀左右移动，不能固定在砂轮的一处，否则会使砂轮表面出现凹槽。

（4）刃磨车刀时的安全知识

1）磨刀时不能用力过猛，以免由于打滑而磨伤手。

2）磨刀时，操作者要站在砂轮的侧面。这样可防止磨粒飞入眼内，或万一砂轮碎裂飞出伤人。磨刀时应戴防护镜。

3）砂轮必须装有防护罩。

4）磨刀用的砂轮，不允许磨其他物件。

5）砂轮托架与砂轮之间的间隙不能太大（一般为 1～2 mm），否则容易使车刀嵌入而打碎砂轮发生危险。

任务实施

车削加工工件时，认识各种车刀、刃磨 90°外圆车刀和 45°车刀及车刀的安装。

1. 实习前的安全准备工作：熟知由于不遵守安全操作规程所引发的事故，以引起学生的注意，做到文明参观。

2. 实习时学生应统一听从老师指挥，在加工现场，站在安全区域内仔细观察；不得随意触摸各种机床；在车间里不得大声喧哗和嬉戏打闹。

任务实施表见表 2-1 所列。

表 2-1　任务实施表

情境	车刀的简介					
学习任务	刃磨 90°和 45°车刀				完成时间	
任务完成人	学习小组		组长		成员	
任务实施步骤及具体内容						

分析评价

每位学生完成任务后，填写任务评价表，见表 2－2 所列。

表 2－2　任务评价表

序号	评价类别	评价内容及要求	配分
1	价值观与素养达成	1. 课堂状态是否良好，是否有睡觉、游戏等行为。 2. 训练过程中着装是否规范，是否认真研究、实践，等待时间是否积极学习、思考，是否有睡觉、游戏、聊天、打闹行为。 3. 卫生、机床保养每单元保持状况。 4. 纪律遵守情况。 5. 团队协作情况。	30%
2	知识与技能	1. 课堂作业完成情况。 2. 实践学习情况：操作是否规范，程序是否正确，是否有刀具损伤、操作事故记录及量具损伤记录。 3. 团队任务完成情况。 4. 技能考核情况：完成时间、质量。	50%
3	创新与提高	1. 创新学习效果、创新设计情况：外形是否新颖、结构是否合理、工艺分析是否正确、加工效果是否良好。 2. 总结报告完成情况：是否详细、具体。 3. 个人进步情况：思想、知识、技能。	20%

知识拓展

常用的车刀材料

高速钢又称锋钢或白钢。其淬火后硬度为 HRC62～65，在 500～600℃时，仍有较好的抗弯强度和较好的冲击韧性及耐磨性。热处理变形小，能磨出锋利的刀刃。其缺点是不耐高温，允许的切削速度一般低于 30 m/min，生产效率较低。常用于制造形状复杂的刀具，如小型车刀、钻头、铣刀、拉刀、齿轮刀等，常用牌号为 W18Cr4V、W6Mo5Cr4V2 等。

硬质合金是由高热性的金属碳化物（WC、TiC）和黏结剂（Co、Mo、Ni 等）先经高压制成型，后经高温烧结而成的粉末制品。其硬度为 HRC74～82，红硬温度为 850～1000℃，允许的切削速度为 200～300 m/min，可用于高速、强力切削，生产效率较高。抗弯强度和韧性要比高速钢低，工艺性不如高速钢好。一般制成各种形式的刀片，焊接或夹固在刀体上使用。主要牌号 YG（钨钴类）含 WC、Co，主要用于车削脆性材料（铸铁）；YT（钨钛钴类）含 WC、TiC、Co，主要用于加工钢材。

陶瓷刀具一般做成可转位机夹刀片使用。陶瓷刀具具有很高的硬度和耐磨性、很好的耐高温性能、良好的化学稳定性和低的摩擦系数，但一般说来，它的脆性大、抗弯强度和韧性比硬质合金差得较多，导热性也差。陶瓷刀具能以200～1000 m/min的切削速度高速加工钢、铸铁及其合金材料。刀具寿命比硬质合金高几倍，甚至几十倍。

金刚石具有最好的硬度和耐磨性，刀具刃口在加工中可以长时间保持锋利。金刚石刀还具有很好的切削能力和刀具耐用度，同时加工表面粗糙度很低，可达到$Ra0.02\ \mu m$以上的镜面。金刚石车刀一次加工就能达到高光洁度、高精度，避免了以前为达到这些要求而进行的很多复杂费时的工序，从而极大地提高了生产率，降低了成本，减轻了劳动量。

任务二　金属切削过程

任务描述

1. 掌握车削的作用和特点；
2. 熟知车削的运动过程；
3. 了解车削用量的选择。

知识链接

1. 车削的基本概念

(1) 车削的作用及特点

机械装备都是由各种零部件装配而成的，而零部件的加工制造一般离不开金属切削加工。车削是最重要的金属切削加工方法之一。

车削是在车床上利用工件的旋转运动和刀具的直线运动（或曲线运动）来改变毛坯的形状和尺寸，使其成为符合图样要求的工件。车工的任务就是操作车床将毛坯加工成符合图样要求的工件。

车削是机械制造业中最基本、最常用的加工方法。通常情况下，在机械制造企业中，车床占机床总数的30%～50%。在机械制造业中，车削占有举足轻重的地位。因此，车工岗位是装备制造行业最基本、最常见的岗位。

与机械制造业中的钻削、铣削、刨削和磨削等加工方法相比，车削具有以下特点：适应性强、应用广泛，适用于加工不同材料、不同精度要求的工件；所用刀具的结构相对简单，制造、刃磨和装夹都比较方便；车削一般是等截面连续性地进行，因此，切削力变化较小，车削过程相对平稳，生产率较高。车削可以加工出尺寸精度和表面质量较高的工件。

车削的加工范围很广，其基本内容包括车外圆、车端面、切断和车槽、钻中心孔、钻孔、车孔、铰孔、车螺纹、车圆锥、车成形面、滚花和盘绕弹簧等。

(2) 车削加工的运动

要用刀具从工件毛坯上切除多余的金属，使其成为具有一定形状和尺寸的零件，则刀具和工件之间必须具有一定的相对运动。这种相对运动被称为切削运动。工件的旋转运动称为主运动。车刀在水平面内的移动（纵向移动、横向移动、斜向移动）称为进给运动，如图 2－9 所示。

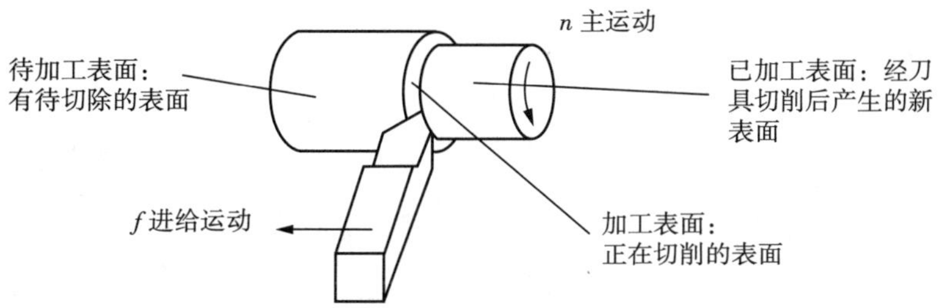

图 2－9　车床运动图

车床依靠车刀和工件之间的相对运动来形成被加工零件的表面。

1）表面成形运动工件的旋转运动：这是车床的主运动，也是实现切削最基本的运动。其特点是速度高且消耗的动力较大。

刀具的直线移动：这是车床的进给运动。车外圆时，车刀沿平行于工件轴线的方向移动称为纵向进给运动；车端面时，车刀沿垂直于工件轴线方向的移动称为横向进给运动。

车削螺纹时，工件的旋转运动和刀具的直线移动形成复合的成形运动——螺旋运动。

2）辅助运动。车床还有切入（吃刀、进刀）运动，即使刀具相对工件切入一定深度，达到工件所需的尺寸。此外，还有刀架纵、横向的快移运动。

2. 切削用量

切削用量是表示主运动及进给运动大小的参数。背吃刀量、进给量和切削速度被称为切削用量三要素。

（1）切削速度（V_C）

切削刃选定点相对于工件的主运动的瞬时速度称为切削速度，以最大切削速度为准。

车削外圆时：

$$V_C=\frac{\pi \cdot d \cdot n}{1000}$$

式中，n：主运动转速，单位为 r/min；

d：刀具或工件的最大直径，单位为 mm。

（2）进给量（f）

工件或刀具每转一周时，两者沿进给方向上相对移动的距离称为进给量，单位为mm/r。

（3）背吃刀量（a_p）

主刀刃与工件切削表面接触长度在主运动方向及进给运动方向所组成的平面法线方向上测量的值，即工件上待加工表面与已加工表面间的垂直距离，单位为 mm。

车削外圆时：

$$a_p=\frac{d_w-d_m}{2}$$

式中，d_w：工件待加工表面的直径，单位为 mm；

d_m：工件已加工表面的直径，单位为 mm。

几种加工情况的进给量和背吃刀量的位置，如图 2－10 所示。

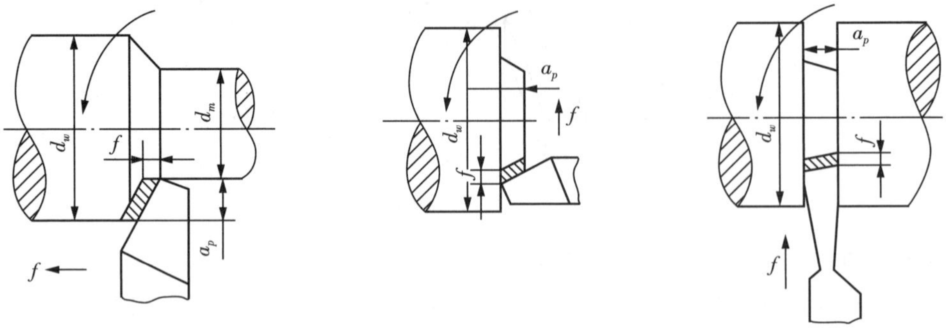

（a）车外圆　（b）车端面　（c）切断

图 2－10　进给量和背吃刀量的位置

3. 切削用量的选择原则

（1）粗车时的选择

粗车时，应考虑提高生产率，并保证合理的刀具耐用度。首先要选用较大的背吃刀量（a_p），然后选择较大的进给量（f），最后根据刀具耐用度，选用合理的切削速度（V_C）。

（2）半精车和精车时的选择

半精车和精车时，必须保证加工精度和表面质量，同时还必须兼顾必要的刀具耐用度和生产效率。

（3）背吃刀量的选择

粗车时应根据工件的加工余量和工艺系统的刚性来选择。在保留半精车余量 1～3 mm 和精车余量 0.1～0.5 mm 后，其余量应尽量一次撤去。

半精车和精车时的背吃刀量是根据加工精度和表面粗糙度要求，并由粗加工后留下的余量确定的。使用硬质合金车刀车削时，由于车刀刃口在砂轮上不易磨得很锋利，最后一刀的背吃刀量不宜太小，以a_p＝0.1 mm 为宜，否则很难达到工件表面粗糙度的要求。

（4）进给量的选择

粗车时，选择进给量主要应考虑机床进给机构的强度、刀杆尺寸、刀片厚度、工件直径和长度等因素。在工艺系统刚性和强度允许的情况下，可选用较大的进给量。

半精车和精车时，为了减小工艺系统的弹性变形，减小已加工表面的表面粗糙度值，一般多采用较小的进给量。

（5）切削速度的选择

在保证合理的刀具使用寿命的前提下，可根据生产经验和有关资料确定切削速度。一般在粗加工的范围内，使用硬质合金车刀车削时，切削速度可按如下速度进行选择。

1）切削热轧中碳钢，切削速度为 100 m/min。

2）切削合金钢，切削速度为 70～80 m/min。

3）切削灰铸铁，切削速度为 70 m/min。

4）切削调质钢，切削速度为 70～80 m/min。

5）切削有色金属，切削速度为 100～300 m/min。

此外应注意，断续切削、车削细长轴、加工大型偏心工件时，切削速度不宜太高。

任务实施

切削加工时，了解切削运动、切削表面、切削用量等术语，并按要求选择合适的切削用量。

1. 实习前的安全准备工作：熟知由于不遵守安全操作规程所引发的事故，引起学生的注意，做到文明参观。

2. 实习时学生应统一听从老师指挥，在加工现场，站在安全区域内仔细观察，不得随意触摸各种机床，在车间里不得大声喧哗和嬉戏打闹。

任务实施表见表 2－3 所列。

表 2－3　任务实施表

<table>
<tr><td>情境</td><td colspan="6">金属切削过程</td></tr>
<tr><td>学习任务</td><td colspan="4">掌握车削运动三要素</td><td>完成时间</td><td></td></tr>
<tr><td>任务完成人</td><td>学习小组</td><td></td><td>组长</td><td></td><td>成员</td><td></td></tr>
<tr><td>任务
实施
步骤
及
具体
内容</td><td colspan="6"></td></tr>
</table>

分析评价

每位学生完成任务后，填写任务评价表，见表 2－4 所列。

表 2－4　任务评价表

序号	评价类别	评价内容及要求	配分
1	价值观与素养达成	1. 课堂状态是否良好，是否有睡觉、游戏等行为。 2. 训练过程中着装是否规范，是否认真研究、实践，等待时间是否积极学习、思考，是否有睡觉、游戏、聊天、打闹行为。 3. 卫生、机床保养每单元保持状况。 4. 纪律遵守情况。 5. 团队协作情况。	30%

（续表）

序号	评价类别	评价内容及要求	配分
2	知识与技能	1. 课堂作业完成情况。 2. 实践学习情况：操作是否规范，程序是否正确，是否有刀具损伤、操作事故记录及量具损伤记录。 3. 团队任务完成情况。 4. 技能考核情况：完成时间、质量。	50%
3	创新与提高	1. 创新学习效果、创新设计情况：外形是否新颖、结构是否合理、工艺分析是否正确、加工效果是否良好。 2. 总结报告完成情况：是否详细、具体。 3. 个人进步情况：思想、知识、技能。	20%

知识拓展

“安全第一，预防为主”，这是机械制造业发展的根本保障。很多企业张贴了“高高兴兴上班、平平安安回家”的安全标语，并将安全文明生产设为企业高效生产的首要条件。

有的操作人员习惯了戴手套作业，但是操作车床等旋转机器最忌戴手套。因戴手套而引发的伤害事故非常多，下面就是一例。

2002 年 4 月 23 日，陕西的一家机械制造企业，车床操作工小吴戴着手套在车床上进行作业，在车床没有停止转动的情况下，用手去碰工件，导致手套被车床卡盘钩住，强大的力量拽着小吴的手臂往卡盘上缠绕。小吴一边喊叫一边拼命挣扎，等其他工友听到喊声关掉车床时，小吴的手套、工作服已被撕烂，右手小拇指也被铰断。

血的教训告诉我们，在操作车床等旋转机械时一定要做到工作服的“三紧”，即袖口紧、下摆紧、裤脚紧；不要戴手套、围巾；女工的发辫要盘在工作帽内，不能露出帽外。

当然，发生安全事故的原因是多方面的，但操作人员的安全意识薄弱却是事故发生的根本原因。要想降低机械事故的发生率，提高操作人员的安全意识是非常重要的，在实际生产过程中，要真正把安全放在一切工作的首位，认真遵守操作规程，时刻将安全生产牢记在心，真正做到安全文明生产。

任务三　切削液

任务描述

1. 了解切削液的作用；
2. 熟知切削液的种类。

知识链接

1. 切削液的作用

(1) 冷却作用

切削液能吸收并带走大量的切削热，改善散热条件，降低刀具的工作温度，从而延长刀具的使用寿命，可防止工件因热变形而产生的尺寸误差。

(2) 润滑作用

切削液能渗透到工件与刀具之间，在切削与刀具之间的微小间隙中形成一层薄薄的吸附膜，减小了摩擦因数，因此可减少刀具、切削与工件之间的摩擦，使切削力和切削热降低，进而减少刀具的磨损并能提高工件的表面质量。因此，润滑对精加工尤为重要。

(3) 清洗作用

切削过程中产生的微小切屑，易黏附在工件和刀具上，尤其是钻深孔和铰孔时，导致切削容易堵塞，影响工件的表面粗糙度和刀具的使用寿命。而使用切削液能将切屑迅速冲走，使切削顺利进行。

2. 切削液的种类

车削时常用的切削液有乳化液和切削油。

(1) 乳化液

乳化液主要起冷却作用。乳化液是把乳化油用15～20倍的水稀释而成。这类切削液的比热大、黏度小、流动性好，可以吸收大量的热量。这类切削液的作用主要是冷却刀具和工件，提高刀具的使用寿命，减少热变形。乳化液中水分较多，润滑和防锈性能差，因此，乳化液中常加入极压添加剂（如硫、氯等）和防锈添加剂，以提高其润滑和防锈性能。

(2) 切削油

切削油的主要成分是矿物油，少数采用动物油或植物油。这类切削液的比热较小、黏度较大、流动性差，主要起润滑作用。常用的是黏度较低的矿物油，如10号、20号机油及轻柴油、煤油等。纯矿物油的润滑效果差，实际使用时常常加入极压添加剂和防锈添加剂，以提高润滑和防锈性能。动物油或植物油能形成较牢固的润滑膜，润滑效果比纯矿物油好，但这些油容易变质，应尽量少用或不用。

3. 切削液的选用

切削液应根据加工性质、刀具材料、工件材料和工艺要求等具体情况合理选用。

(1) 根据加工性质选用

1) 粗加工时，加工余量和切削用量较大，会产生大量的切削热，使刀具磨损加快。这时加注切削液的主要目的是降低切削温度，所以，应使用以冷却为主的乳化液。

2) 精加工时，加注切削液的主要目的是减少刀具与工件之间的摩擦，以保证工件的精度和表面质量。因此，应选用润滑作用好的切削油或高浓度的极压乳化液。

3) 钻孔、铰孔和深孔加工时，刀具在半封闭状态下工作，排屑困难，切削液不能及时到达切削区，容易烧伤刀刃，严重破坏工件的表面质量。这时应选用黏度较小的极压乳化液和极压切削液，并应加大压力和流量，一方面进行冷却、润滑，另一方面将切屑冲刷出来。

（2）根据刀具材料选用

1）高速钢刀具粗加工时，应用极压乳化液；对钢料精加工时，应用极压乳化液或极压切削液。

2）硬质合金刀具一般不加切削液，但在加工某些硬度高、强度好、导热性差的特种材料和细长工件时，可选用以冷却作用为主的切削液，如3%～5%的乳化液。

（3）根据工件材料选用

1）钢件粗加工一般用乳化液，精加工用极压切削液。

2）切削铸铁、铜及铝等材料时，由于碎屑会堵塞冷却系统，容易使机床磨损，一般不加切削液。精加工时，为了得到较高的表面质量，可采用黏度较小的煤油或7%～10%乳化液。

3）切削有色金属或铜合金时，不宜采用含硫的切削液，以免腐蚀工件。切削镁合金时，不能用切削液，以免燃烧起火；必要时，可使用压缩空气。

（4）注意事项

1）油状乳化液必须用水稀释（一般加15～20倍的水）后才能使用。

2）切削液必须浇注在切削区域。

3）硬质合金刀具在切削时，如用切削液，必须一开始就连续充分地浇注，否则硬质合金刀片会因骤冷而产生裂纹。

任务实施

切削加工时，根据各种工件（如铜、铝、钢、铸铁）、不同刀具（高速钢刀具、硬质合金刀具）正确选择切削液。

1. 实习前的安全准备工作：熟知由于不遵守安全操作规程所引发的事故，引起学生的注意，做到文明参观。

2. 实习时学生应统一听从老师指挥，在加工现场，站在安全区域内仔细观察，不得随意触摸各种机床，在车间里不得大声喧哗和嬉戏打闹。

任务实施表见表2-5所列。

表2-5 任务实施表

<table>
<tr><td>情境</td><td colspan="6">切削液</td></tr>
<tr><td>学习任务</td><td colspan="4">正确选择车削液</td><td>完成时间</td><td></td></tr>
<tr><td>任务完成人</td><td>学习小组</td><td></td><td>组长</td><td></td><td>成员</td><td></td></tr>
<tr><td>任务
实施
步骤
及
具体
内容</td><td colspan="6"></td></tr>
</table>

分析评价

每位学生完成任务后，填写任务评价表，见表 2－6 所列。

表 2－6　任务评价表

序号	评价类别	评价内容及要求	配分
1	价值观与素养达成	1. 课堂状态是否良好，是否有睡觉、游戏等行为。 2. 训练过程中着装是否规范，是否认真研究、实践，等待时间是否积极学习、思考，是否有睡觉、游戏、聊天、打闹行为。 3. 卫生、机床保养每单元保持状况。 4. 纪律遵守情况。 5. 团队协作情况。	30％
2	知识与技能	1. 课堂作业完成情况。 2. 实践学习情况：操作是否规范，程序是否正确，是否有刀具损伤、操作事故记录及量具损伤记录。 3. 团队任务完成情况。 4. 技能考核情况：完成时间、质量。	50％
3	创新与提高	1. 创新学习效果、创新设计情况：外形是否新颖、结构是否合理、工艺分析是否正确、加工效果是否良好。 2. 总结报告完成情况：是否详细、具体。 3. 个人进步情况：思想、知识、技能。	20％

知识拓展

切削液未来发展

纵观 21 世纪的切削液市场，一些新兴切削技术和相应的产品接连面世。由于人们环保意识的提高，市场对于切削液绿色环保性能的要求越来越高。例如，用生物可降解的植物油类物质代替矿物油作为切削液的基础油，用钨酸盐、钼酸盐等代替水基切削液中的具有毒性的添加剂的方法逐渐成为科技人员的研发方向。

随着机械工业整体技术的发展，机床切削速度更快，切削负荷更大，切削温度更高，且不断有新工艺出现来适应新材料的加工，这都需要新型的高性能切削液来满足加工要求；同时，根据劳动卫生和环境保护的要求，切削液中应尽量不添加危害人体健康和生态环境的物质。我国进口的数控机床、加工中心等先进设备越来越多，其使用的切削液若都从国外进口，运输不便、成本很高，因此，研制高性能切削液以替代进口产品已是我国的当务之急。在我国，水基切削液的使用范围越来越广，且已开始从乳化液向性能好、寿命长的合成切削液、微乳化液过渡。研制高性能、环保可降解、长寿命的切削液，研究延长切削液使用寿命的方法，从而减少切削液的废液排放量，是国内外切削液研究的一个重要内容。

任务四 工件的装夹

任务描述

1. 掌握轴类工件的装夹；
2. 掌握套类工件的装夹。

知识链接

1. 轴类工件的装夹

(1) 卡盘装夹

1) 三爪自定心卡盘装夹。

三爪自定心卡盘，如图 2-11 (a) 所示。当卡盘扳手插入卡盘扳手方孔内转动时，可带动 3 个卡爪做向心或离心运动。其能自动定心，定心精度 0.05～0.15 mm，一般不需要找正。

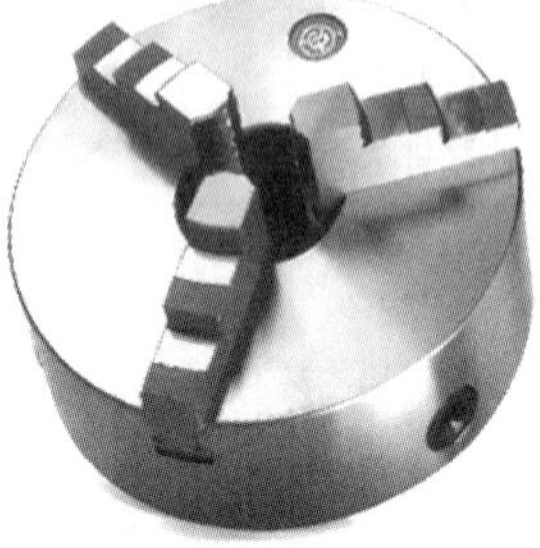

(a) 三爪自定心卡盘

(b) 四爪单动卡盘

图 2-11 卡盘

三爪自定心卡盘装夹方便、迅速，但夹紧力较小，只适用于装夹外形规则的中、小型工件，如圆柱形、正三角形、正六边形等。

2) 四爪单动卡盘。

四爪单动卡盘，如图 2-11 (b) 所示。其四个卡爪各自独立运动，装夹工件时不能自动定心，所以必须通过找正使工件的回转中心和车床主轴的回转中心重合。

四爪单动卡盘装夹比较费时，对工人的技术要求较高。但是四爪单动卡盘比三爪自定心卡盘夹紧力大，适用于装夹大型或形状不规则的工件。

3) 工件在卡盘上装夹应注意的问题。

① 装夹工件时将主轴箱变速手柄放于空挡位置。

② 根据工件装夹部位的尺寸（轴套类工件的外圆）调整卡爪，使卡爪的距离稍大于工件的装夹部位尺寸。

③ 四爪单动卡盘卡爪的位置是否与主轴回转中心等距，可参考卡盘平面上的多圈同心圆线；三爪自定心卡盘在任意位置卡爪的位置都与主轴回转中心等距。

④ 在装夹比较笨重的工件时，应在装夹位置下方的床身导轨面上垫放防护木板。

⑤ 夹持工件时，工件被夹持部分的长度一般为 15 mm。

(2) 一夹一顶装夹

一夹一顶装夹适合长轴的粗加工。用一夹一顶法装夹批量较大轴类工件时，要定各台阶长度尺寸。为了防止轴类工件在轴向切削力作用下，沿卡爪面向内位移窜动，可在主轴孔中塞入一调整挡铁［如图 2-12（a）所示］，限制工件轴向位移，并调整卡爪夹持工件部位的长短；或在工件端部车一个短台阶限位［如图 2-12（b）所示］，夹住工件一端台阶处，保证工件台阶轴向精度。

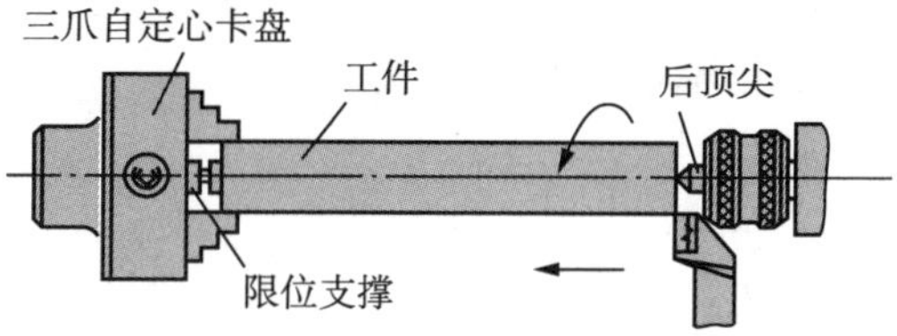

(a) 用限位支撑限位

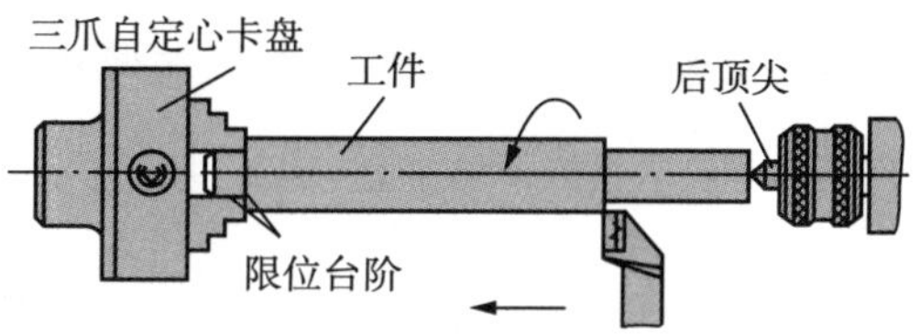

(b) 利用工件的台阶限位

图 2-12 一夹一顶装夹工件

(3) 两顶尖装夹

如图 2-13 所示，为两顶尖间装夹工件时，拨盘（或卡爪）拨动鸡心夹头带动工件旋转。在两顶尖间装夹工件主要用于车削较长的和工序较多的工件，经过多次装夹可用同一个定位基准，不需找正，装夹工件方便、精度高。

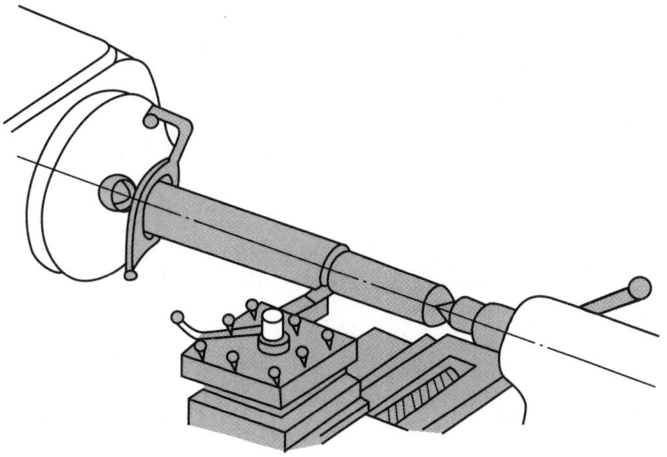

图 2-13 两顶尖装夹工件

1）认识中心孔。

① 中心孔的类型。

《中心孔》（GB/T 145—2001）规定中心孔有 A 型（不带护锥）、B 型（带护锥）、C 型（带螺纹孔）和 R 型（弧形）4 种，其 4 种中心孔对应的中心钻如图 2－14 所示。

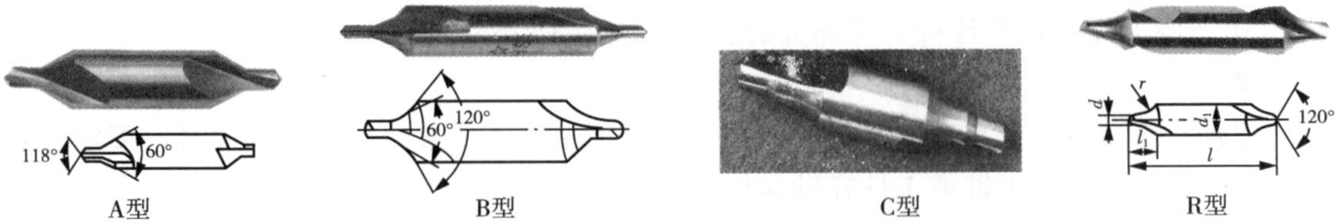

图 2－14　4 种中心孔对应的中心钻

② 中心孔的形状和要求。

如图 2－15 所示，中心孔的公称尺寸是圆柱孔的直径 D，其大小可以根据工件的直径和工件的重量按国家标准来选取，其形状精度和表面粗糙度值也有相关要求。

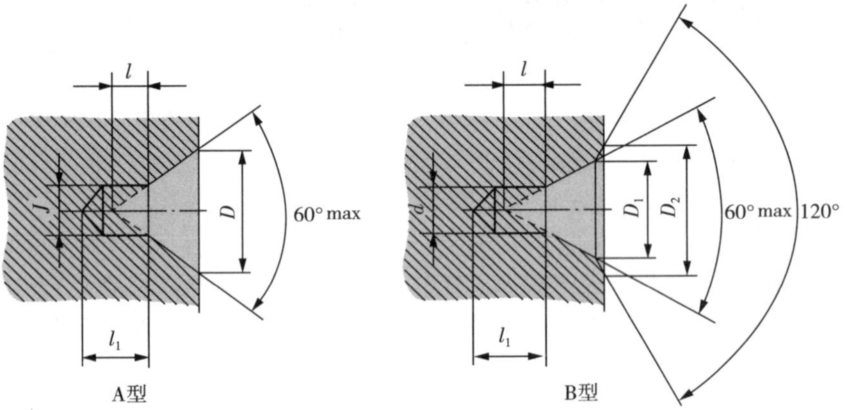

图 2－15　A、B 型中心孔

③ 中心钻的选择。

在工艺装备中选择中心钻形式及尺寸大小时应参照《中心钻》（GB/T 6078—2016）进行选择。

④ 钻中心孔方法。

轴类工件端面上的中心孔供顶尖支顶工件用，以承受切削力并作为多次加工的定位基准。中心孔用中心钻钻削而成。

钻中心孔时，导致中心钻折断的原因较多。例如，中心钻的轴线歪斜、工件端面不平、工件转速低而中心钻进给太快、中心钻钝后强行钻入等。中心孔的大小应符合图样技术要求或根据工件的直径进行选择。

中心孔质量分析：正确的中心孔的形状，如图 2－16（d）与 2－16（a）所示；如中心孔钻得太深，将使顶尖与中心孔的圆锥面配合不上，如图 2－16（b）所示；中心钻尺寸过大或中心孔钻得过大，将使工件没有端面，如图 2－16（c）所示；中心孔钻偏，将使工件定位不准而产生废品，如图 2－16（d）与图 2－16（e）所示；两端中心孔不在同一轴线上，将使工件定位不准，造成中心孔接触不良，如图 2－16（f）所示；中心钻导向直径部分磨损，钻出的中心孔使顶尖与中心孔导向直径底部接触，影响工件定位，如图 2－16（g）所示。

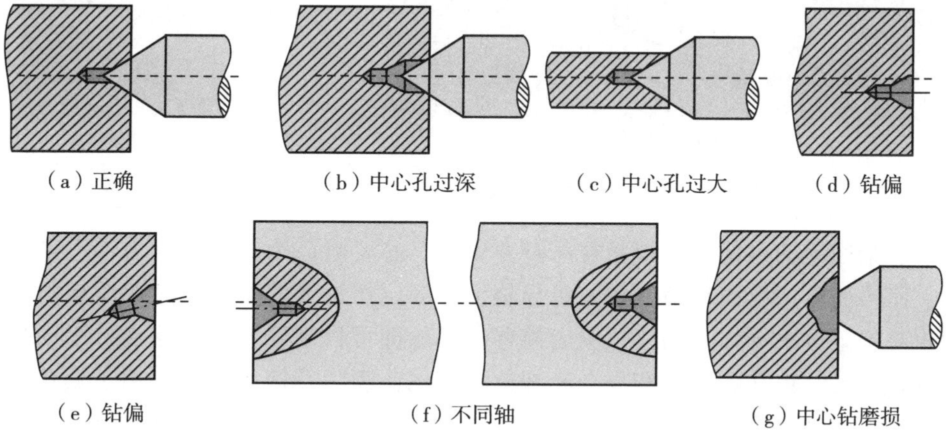

（a）正确　（b）中心孔过深　（c）中心孔过大　（d）钻偏

（e）钻偏　（f）不同轴　（g）中心钻磨损

图 2－16　中心孔质量分析

2）认识顶尖。

顶尖的作用是定中心，并承受工件的重力和切削力。顶尖有前顶尖和后顶尖之分，锥角一般是 60°，如图 2－17 所示。

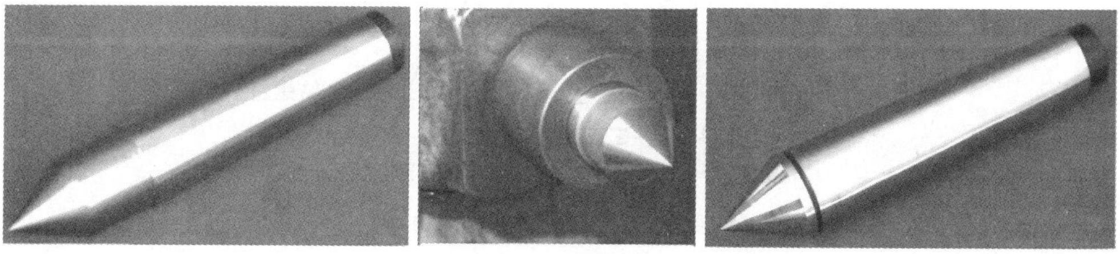

图 2－17　顶尖

前顶尖通常先装在一个专用的标准锥套内，再将锥套插入车床主轴锥孔内；也可以将一段钢料直接夹在三爪自定心卡盘上车出锥角来代替前顶尖。后顶尖是插在车床尾座套筒内使用的，有固定顶尖和回转顶尖之分。

常用的固定顶尖有普通顶尖、镶硬质合金顶尖等。固定顶尖一般用于工件精度要求较高的场合，使用时要注意保持低速车削，实际生产中多使用镶硬质合金顶尖。

回转顶尖内部装有滚动轴承，能承受较高转速下的加工，适用于工件加工精度不太高的场合，如图 2－18 所示。

3）尾座。

如图 2－19 所示，尾座可沿床身导轨移动，以便支承不同长度的工件。先将尾座快速紧固手柄松开，使尾座底部的压板与床身导轨脱开，再用手推动，尾座可沿导轨移动。扳

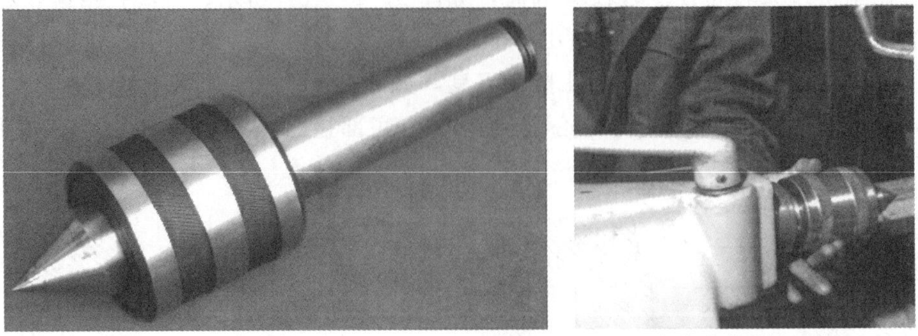

（a）回转顶尖　　（b）安装回转顶尖

图 2-18　回转顶尖

紧尾座快速紧固手柄可使尾座锁紧在床身导轨上。必要时，为增加锁紧力，也可将固定螺母旋紧，使尾座更加牢固地销紧在床身导轨上。固定螺母可调整尾座底部压板与床身导轨之间的相对位置。手动摇动尾座顶尖套筒移动手轮即可控制尾座套筒移动，手动进给进行顶尖支承、钻孔、锪孔、铰孔和攻、套螺纹等。尾座顶尖套筒固定手柄用于锁紧套筒，使尾座顶尖支承工件时不产生晃动。

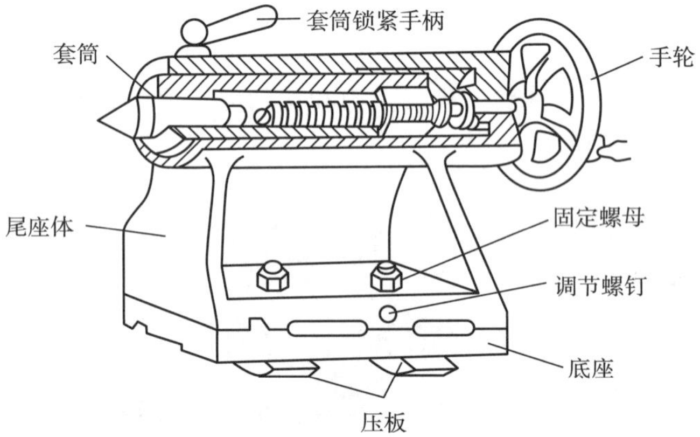

图 2-19　CA6140A 型卧式车床尾座

2. 套类工件的装夹

（1）一次装夹完成车削

一次装夹完成尽可能多的表面加工，这种方法不存在因装夹而产生的定位误差；且当车床精度较高的时候，可获得较高的形位公差精度。但采用这种方法需要经常转换刀架，车削的表面和切削用量频繁地变换，对操作工人技术要求比较高。

（2）用心轴装夹

1）实体心轴。

实体心轴有带台阶和不带台阶 2 种。不带台阶的心轴又称为小锥度心轴，如图 2-20（a）所示。

小锥度心轴的特点是制造容易、定心精度高，但轴向无法定位，承受切削力小，工件

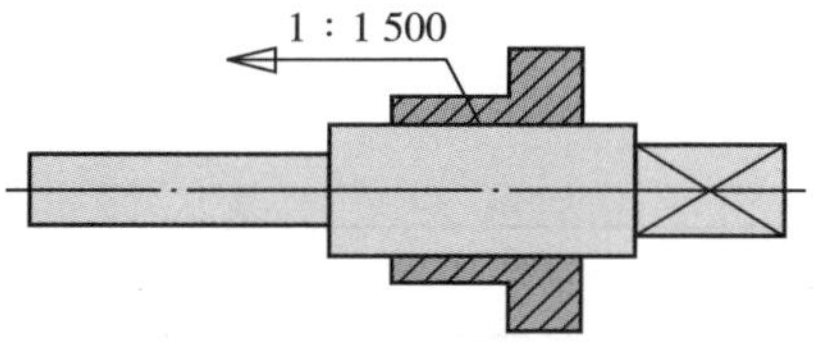

（a）小锥度心轴

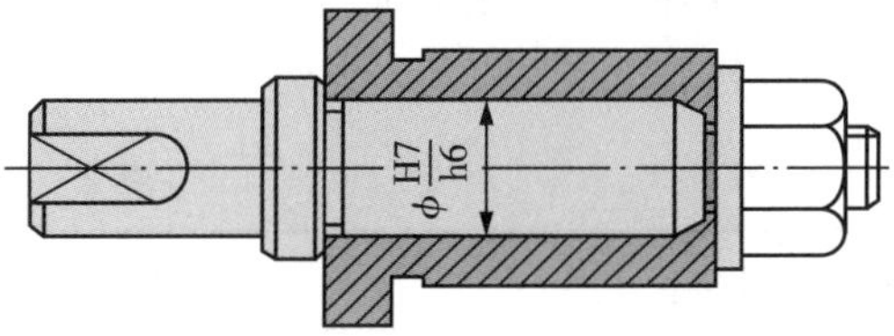

（b）带台阶心轴

图 2－20　心轴

装卸不太方便。

带台阶的实体心轴，如图 2－20（b）所示，工件定位用的圆柱面与工件内孔保持较小的间隙配合，工件靠螺母压紧。其特点是一次可以装夹轴向长度不大的多个工件，若使用快换垫圈，装卸工件十分方便；但由于存在间隙，定心精度不高，一般只能保证约 ϕ0.02 mm的同轴度要求。

2）胀力心轴。

胀力心轴是依靠材料的弹性变形所产生的胀力来固定工件的，又叫弹簧心轴，如图 2－21所示。心轴的锥角以 30°左右为佳，最薄部分的壁厚为 3～6 mm。为了使胀力心轴的胀力均匀，其槽通常做成三等份。临时使用的胀力心轴可用铸铁制成；长期使用的胀力心轴，一般用弹性好的 65M 弹簧钢制成。

使用胀力心轴装夹工件，装卸方便，定心精度高，应用广泛。

3）用软卡爪装夹。

软卡爪是未淬硬的卡爪，材质一般是 45＃钢，如图 2－22 所示。其形状与硬爪相同(三爪卡盘上带的卡爪是硬爪，它淬过火有硬度)。软卡爪用未经淬火的钢料在本车床上车削形成，因此可确保装夹精度（同轴度一般在 0.05 mm 以内）；同时，当装夹已加工表面或软金属时，不易夹伤工件表面。软卡爪在工厂中得到越来越广泛的应用。

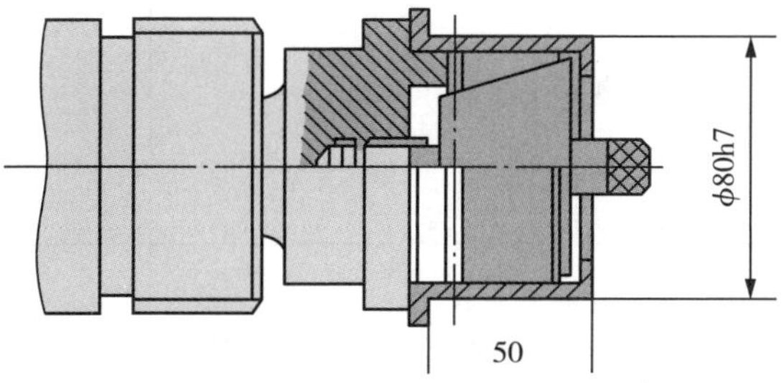

图 2－21　胀力心轴装夹工件

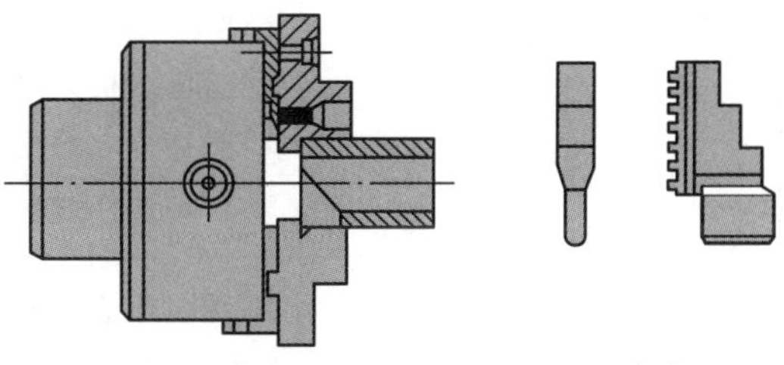

（a）　（b）

图 2－22　用软卡爪装夹工件

任务实施

带领学生进行自定心卡盘装夹、一夹一顶装夹、两顶尖装夹，以及套类零件装夹。

1. 实习前的安全准备工作：熟知由于不遵守安全操作规程所引发的事故，引起学生的注意，做到文明参观。

2. 实习时学生应统一听从老师指挥，在加工现场，站在安全区域内仔细观察，不得随意触摸各种机床，在车间里不得大声喧哗和嬉戏打闹。

任务实施表见表 2－7 所列。

表 2－7 任务实施表

<table>
<tr><td>情境</td><td colspan="6">工件的装夹</td></tr>
<tr><td>学习任务</td><td colspan="4">学习基本零件的装夹</td><td>完成时间</td><td></td></tr>
<tr><td>任务完成人</td><td>学习小组</td><td></td><td>组长</td><td></td><td>成员</td><td></td></tr>
<tr><td>任务
实施
步骤
及
具体
内容</td><td colspan="6"></td></tr>
</table>

分析评价

每位学生完成任务后，填写任务评价表，见表 2－8 所列。

表 2－8 任务评价表

序号	评价类别	评价内容及要求	配分
1	价值观与素养达成	1. 课堂状态是否良好，是否有睡觉、游戏等行为。 2. 训练过程中着装是否规范，是否认真研究、实践，等待时间是否积极学习、思考，是否有睡觉、游戏、聊天、打闹行为。 3. 卫生、机床保养每单元保持状况。 4. 纪律遵守情况。 5. 团队协作情况。	30％
2	知识与技能	1. 课堂作业完成情况。 2. 实践学习情况：操作是否规范，程序是否正确，是否有刀具损伤、操作事故记录及量具损伤记录。 3. 团队任务完成情况。 4. 技能考核情况：完成时间、质量。	50％
3	创新与提高	1. 创新学习效果、创新设计情况：外形是否新颖、结构是否合理、工艺分析是否正确、加工效果是否良好。 2. 总结报告完成情况：是否详细、具体。 3. 个人进步情况：思想、知识、技能。	20％

知识拓展

机床夹具分类

机床夹具按专门化程度分为通用、专用、组合、随行夹具等；按使用的机床可分为车床夹具、铣床夹具等；按夹紧动力源可分为手动、气动、液压夹具等。

1. 按专门化程度分类

(1) 通用夹具

通用夹具指已经标准化的，在一定范围内可用于加工不同工件的夹具。例如，车床上的三爪卡盘和四爪单动卡盘，铣床上的平口钳、分度头和回转工作台等。这类夹具一般由专业工厂生产，常作为机床附件提供给用户。其特点是适应性广、生产效率低，主要适用于单件、小批量的生产。

(2) 专用夹具

专用夹具指专为某一工件的某道工序而专门设计的夹具。其特点是结构紧凑，操作迅速、方便、省力，可以保证较高的加工精度和生产效率，但其设计制造周期较长、制造费用也较高。当产品变更时，夹具将由于无法再使用而报废。其只适用于产品固定且批量较大的生产。

(3) 通用可调夹具和成组夹具

通用可调夹具的特点是夹具的部分元件可以更换、部分装置可以调整，以适应不同零件的加工。用于相似零件的成组加工的夹具，称为成组夹具。通用可调夹具与成组夹具相比，适用范围更广。

(4) 组合夹具

组合夹具指按零件的加工要求，由一套事先制造好的标准元件和部件组装而成的夹具。其由专业厂家制造，特点是灵活多变、万能性强、制造周期短、元件能反复使用，特别适用于新产品的试制和单件小批生产。

(5) 随行夹具

随行夹具是一种在自动线上使用的夹具。这种夹具既要起到装夹工件的作用，又要与工件成为一体沿着自动线从一个工位移到下一个工位，以进行不同工序的加工。

2. 按使用的机床分类

各类机床自身的工作特点和结构形式各不相同，对所用夹具的结构也相应地提出了不同的要求。按所使用的机床不同，夹具又可分为车床夹具、铣床夹具、钻床夹具、镗床夹具、磨床夹具、齿轮机床夹具等。

3. 按夹紧动力源分类

根据夹具所采用的夹紧动力源不同，机床夹具可分为手动夹具、气动夹具、液压夹具、气液夹具、电动夹具、磁力夹具、真空夹具等。

任务五　工件找正

任务描述

1. 熟练对工件进行找正。

知识链接

1. 工件找正定义

工件找正就是将工件安装在卡盘上，使工件的中心与车床主轴的旋转中心取得一致。

2. 找正的方法

（1）目测法

将工件夹在卡盘上，使工件旋转，观察工件跳动情况，找出最高点，先用重物敲击高点，再旋转工件；观察工件跳动情况，敲击高点，直至工件找正为止；最后把工件夹紧。其基本程序如下：工件旋转—观察工件跳动—找出最高点—找正—夹紧。一般要求最高点和最低点相差 1～2 mm 为宜。

（2）使用划针盘找正

车削余量较小的工件可以利用划针盘找正。方法如下：工件装夹后（不可过紧），先用划针对准工件外圆并留有一定的间隙，转动卡盘使工件旋转，观察划针在工件圆周上的间隙，然后调整最大间隙和最小间隙，使其达到间隙均匀一致，最后将工件夹紧。此种方法一般找正精度在 0.5～0.15 mm。

（3）开车找正法

在刀台上装夹一个刀杆（或硬木块），将工件装夹在卡盘上（不可用力夹紧），开车使工件旋转，刀杆向工件靠近，直至把工件靠正、夹紧。此种方法较为简单、快捷，但必须注意工件夹紧程度，不可太紧也不可太松。

3. 注意事项

（1）找正较大的工件，车床导轨上应垫防护板，以防工件掉下砸坏车床。

（2）找正工件时，主轴应放在空挡位置，并用手扳动卡盘旋转。

（3）找正时每敲击一次工件应轻轻夹紧一次；工件找正合格应将工件夹紧。

（4）找正工件要耐心、细心，不可急躁，并注意安全。

任务实施

组织学生进行一次工件找正，熟练掌握工件找正的方法。

1. 实习前的安全准备工作：熟知由于不遵守安全操作规程所引发的事故，引起学生的注意，做到文明参观。

2. 实习时学生应统一听从老师指挥，在加工现场，站在安全区域内仔细观察，不得随意触摸各种机床，在车间里不得大声喧哗和嬉戏打闹。

任务实施表见表 2－9 所列。

表 2－9　任务实施表

<table>
<tr><td>情境</td><td colspan="6">工件找正</td></tr>
<tr><td>学习任务</td><td colspan="4">熟练掌握工件找正的正确方法</td><td>完成时间</td><td></td></tr>
<tr><td>任务完成人</td><td>学习小组</td><td></td><td>组长</td><td></td><td>成员</td><td></td></tr>
<tr><td>任务实施步骤及具体内容</td><td colspan="6"></td></tr>
</table>

分析评价

每位学生完成任务后，填写任务评价表，见表 2－10 所列。

表 2－10　任务评价表

序号	评价类别	评价内容及要求	配分
1	价值观与素养达成	1. 课堂状态是否良好，是否有睡觉、游戏等行为。 2. 训练过程中着装是否规范，是否认真研究、实践，等待时间是否积极学习、思考，是否有睡觉、游戏、聊天、打闹行为。 3. 卫生、机床保养每单元保持状况。 4. 纪律遵守情况。 5. 团队协作情况。	30%
2	知识与技能	1. 课堂作业完成情况。 2. 实践学习情况：操作是否规范，程序是否正确，是否有刀具损伤、操作事故记录及量具损伤记录。 3. 团队任务完成情况。 4. 技能考核情况：完成时间、质量。	50%
3	创新与提高	1. 创新学习效果、创新设计情况：外形是否新颖、结构是否合理、工艺分析是否正确、加工效果是否良好。 2. 总结报告完成情况：是否详细、具体。 3. 个人进步情况：思想、知识、技能。	20%

知识拓展

身边的大国工匠：车工董日中“封神”前后

第一眼看过去，45 岁的董日中不像是个车工。

中等个子，体型算得上匀称和结实，国字脸，偏分短发总是整理得一丝不苟。无论冬夏，他的蓝色工作服都会系到衣领下的第二颗扣子。他习惯在说话的同时搭配一些幅度不大的手势。这时候，手腕上常年戴着的一块银色手表和纤细的手指，就会随着他慢条斯理的话语上下起伏。

作为湖南省湘潭电机集团有限公司特种电气事业部高级技师的董日中，与其说是位匠人，不如说是位文人。当董日中站到那台绿色的、闲置了很长时间的小卧车旁边，尝试再次摇起手柄时，这个从 16 岁起就与工件、刀具和车床打交道的中年人，神色中还是难掩亲近与兴奋。

从手动到数控，近 30 年间，董日中引领了集团车床加工技术的进步。

【驯服数控“怪兽”】

由于涉密，特种电气事业部在湘电集团一直带有神秘色彩。穿过守卫严密的大门，走进董日中所在的金工车间，里面的氛围却与普通车间没什么区别：年轻的车工先熟练地在车床旁的触摸屏上输入指令，再点击“确认”，刀具就会自动对大大小小的工件进行加工。

现在，数控车床已是机械加工的标配，但在 16 年前，对整个集团来说，这无异于一头“大怪兽”。

2000 年，湘电集团花费数百万元从上海引进了第一台数控机床。但面对全英文的说明书和只在湘潭停留 1 个月的调试工程师，用手柄控制车床一辈子的老车工们都无计可施。“那会儿，就连职业技术学校，都还没有数控车床的相关专业。”董日中回忆道。

此时，手里的机电一体化大专文凭给了董日中底气。况且早在 1995 年，为了学习自考中的计算机知识，他就借了 9000 多元买了一台电脑。就这样，平日沉默低调的董日中主动提出要做这头“怪兽”的操作员。

当机床的手柄被键盘和数据取代，董日中最大的感受是丧失了对车床的控制：“数控车床速度飞快，指尖一点，刀具就冲出去了，这要是撞坏了设备，可赔不起呐。”

为了确保万无一失，每输入一个指令，他都要反反复复地确认。由于精神压力过大，那段时间，他常常晚上睡觉都梦到自己在操作机床。有时半夜惊醒，他还要把梦中出现的问题用纸笔记下来，第二天就拿去咨询调试工程师。调试结束后，董日中开始尝试独立操作，经过一个月时间，第一根由数控机床加工出的电机轴产生了。“对我来说，当时的喜悦……”他停顿了两秒说：“可能就类似于别人打牌跳舞时感受到的那种快乐吧。”

从钻研中获得的成就感，让他一发不可收拾。此后接手的每一台进口设备，董日中往往都能用不到一周的时间就掌握操作方法和软件编程，使之很快用于生产。从此，湘电集团的车床加工，迈入了数控时代。

【“神刀手”也有人的烦恼】

工作上表现突出，荣誉也接踵而来。2005 年，董日中从集团劳模一跃成为全国劳模，2008 年成为奥运火炬传递手；由于数控机床加工的精湛技艺，在集团内他也获得了“神刀手”的封号。

有趣的是，被“封神”后的董日中，反而更有“人”的气息了。

“我以前不是这么健谈的人。”采访进行到中途，董日中“自我反省”了起来。刚成为劳模那阵，纷至沓来的采访和活动，让内向的董日中很不习惯。他笑言，那时候面对记者大段的提问，自己的回答永远简短且封闭，“几乎没有互动性”。

但随着一个个技术难题的突破，“工作中积累的自信重塑了我的性格”。这一点，他在自己徒弟身上感受最深。据他回忆，由于自己的严格与古板，早期的徒弟都很害怕跟他交流和请教，一旦做错了事，又常常被师傅一句重话说得流下眼泪。“现在的徒弟就轻松多了”，他既欣慰又无奈地摇摇头，“工件报废了，我要用幽默的语言提点他们；工作辛苦了，我还得讲自己当年的故事来鼓励他们。”

话虽这么说，但董日中对工作的要求一点都没有放松。接受记者采访时，他接起一个电话，说着说着，原本平和的语调突然提了起来：“工件的要求不是差不多，是一丝都不能差!”要知道，一丝，即 0.01 mm，仅仅相当于一根头发直径的七分之一。

对于要求极其严格的军工产品，以一丝为误差衡量单位是一种常态，这也让已负责整个车间技术攻关的董日中常常处于压力之下。走到一件铝制的工件前，他略微皱起了眉头：按照图纸要求，这个工件要加工成只有 15 mm 的壁厚，在近 2 m 直径的圆里变形的误差要控制在 0.1 mm 之内。由于铝材极易变形，经过多种尝试后，目前的误差还是只能控制在 0.15 mm，“还要绞尽脑汁想办法啊”，拍了拍工件，董日中轻轻叹了口气。

“神刀手”也有人的烦恼，但对于这位凭借一台车床，从内向宅男华丽转身为风趣大叔的车工来说，大概那些让他痛苦的技术难题，同时也是让他成为“工匠”的动力。

【不断上进自学终获成功】

1991 年，董日中以全省五级车工统考第一名的成绩从湖南电气职业技术学院毕业，分配到湘电集团工作。作为统考“状元”，他选择进入负责军工产品制造的三分厂，即现在的特种电气事业部。“军工产品对技术要求比较高，当时年轻气盛，觉得自己完全有能力胜任这样的工作。”厂里也把这个新来的年轻人看成好苗子，特意让当时车工班的班长做了他的师傅。

工作并非董日中想象的那么顺利。很快，他被一颗螺钉难住了。“形状不规则的‘特殊’螺钉被三个卡爪固定在卡盘上，看师傅操作很简单，但我只是用刀具稍微碰一下，就会切过头，为此报废了好多颗螺钉。”董日中把手指握成爪状，试图复原多年前的场景。

更让他受到打击的是，在 1992 年公司内部的技能竞赛中，他这个进厂时的“状元”连名次都没有取得。此时，董日中深切地意识到，技校 3 年的学习，在实际工作中是远远不够用的。

1994 年，在同事的邀约下，董日中开始了湖南大学机电一体化专业自考学习。他自小就是个性格内向的人，工作后更是在工厂和家庭之间维持着两点一线的单调生活，“年轻人爱好的打牌、跳舞我都没兴趣，用现在的话来说就是个宅男。”自考似乎让他找到“抓手”，那几年，下班后的时间，都被他用于自学或上夜校了。

董日中历时5年，完成18门专业课程，取得了机电一体化的大专文凭。董日中告诉记者，自己喜欢“车工”这一职业。而这个职业在给他带来众多荣誉同时，也让这个性格内向的“宅男”，变成了幽默自信的大师。

（本文来源：人民网《身边的大国工匠：车工董日中“封神”前后》）

任务六　量具使用

任务描述

1. 掌握游标卡尺、钢直尺、塞尺、千分尺和百分表的规格和使用方法；
2. 熟练使用量具对工件进行测量。

知识链接

1. 游标卡尺

游标卡尺是一种常用的量具，具有结构简单、使用方便、精度中等和测量的尺寸范围大等特点。其可以用来测量零件的外径、内径、长度、宽度、厚度、深度和孔距等，应用范围很广。

（1）游标卡尺的结构形式

1）测量范围为0～125 mm的游标卡尺，制成带有刀口形的上、下量爪和带有深度尺的型式，如图2－23所示。

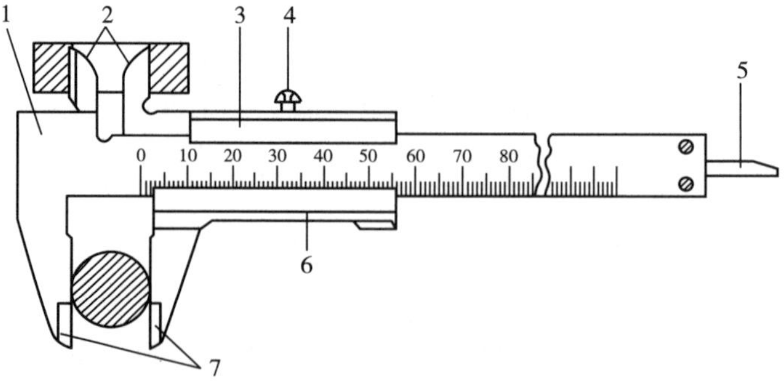

图2－23　游标卡尺结构型式之一

1—尺身；2—上量爪；3—尺框；4—紧固螺钉；5—深度尺；6—游标；7—下量爪

2）测量范围为0～200 mm和0～300 mm的游标卡尺，可制成带有内外测量面的下量爪和带有刀口形的上量爪的型式，如图2－24所示。

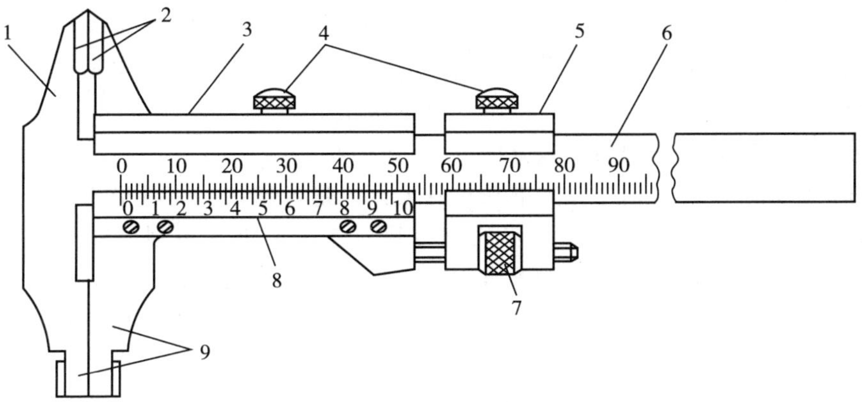

图 2 - 24　游标卡尺结构型式之二

1—尺身；2—上量爪；3—尺框；4—紧固螺钉；5—微动装置；6—主尺；7—微动螺母；8—游标；9—下量爪

3）测量范围为 0～200 mm 和 0～300 mm 的游标卡尺，也可制成只带有内外测量面的下量爪的型式，如图 2 - 25 所示。而测量范围大于 300 mm 的游标卡尺，只制成仅带有下量爪的型式。

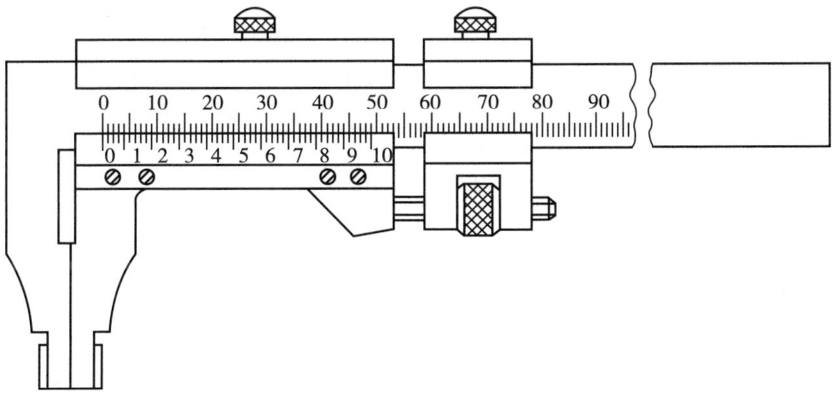

图 2 - 25　游标卡尺结构型式之三

（2）游标卡尺的组成

1）具有固定量爪的尺身，如图 2 - 24 中的“1”所示。尺身上有类似钢尺一样的主尺刻度，如图 2 - 24 中的“6”所示，主尺上的刻线间距为 1 mm。主尺的长度取决于游标卡尺的测量范围。

2）具有活动量爪的尺框，如图 2 - 24 中的“3”所示。尺框上有游标，如图 2 - 24 中的“8”所示。游标读数值，指使用这种游标卡尺测量零件尺寸时，卡尺上能够读出的最小数值。

3）在 0～125 mm 的游标卡尺上，还带有测量深度的深度尺，如图 2 - 23 中的“5”所示。深度尺固定在尺框的背面，能随着尺框在尺身的导回凹槽中移动。测量深度时，应把尺身尾部的端面靠紧在零件的测量基准平面上。

4）测量范围等于和大于 200 mm 的游标卡尺，带有随尺框作微动调整的微动装置，如图 2 - 24 中的“5”所示。使用时，先用固定螺钉把微动装置固定在尺身上，再转动微动螺母，活动量爪就能随同尺框做微量的前进或后退。微动装置的作用是使游标卡尺在测量时用力均匀，便于调整测量压力，以减少测量误差。

（3）游标卡尺的刻线原理与读数方法

读数时，首先以游标零刻度线为准在尺身上读取毫米整数，即以毫米为单位的整数部分；然后看游标上第几条刻度线与尺身的刻度线对齐，如第 6 条刻度线与尺身刻度线对齐，则小数部分即为 0.6 毫米（若没有正好对齐的线，则取最接近对齐的线进行读数）；如有零误差，则一律用上述结果减零误差（零误差为负时，相当于加上相同大小的零误差）。最终读数结果为：

$$L=\text{整数部分}+\text{小数部分}-\text{零误差}$$

判定游标上哪条刻度线与尺身刻度线对准，可用下述方法：选定相邻的三条线，如左侧的线在尺身对应线左右，右侧的线在尺身对应线之左，中间那条线便可认为是对准了，假如需丈量几次取均匀值，不需每次都减零误差，只要用最后结果减零误差即可。游标卡尺的刻度值不同及测量位置不同，可以有不同的读数方法，具体如下。

以刻度值 0.02 mm 的精密游标卡尺为例。如图 2 - 26 所示，这种游标卡尺由带固定卡脚的主尺和带活动卡脚的副尺（游标）组成。在副尺上有副尺固定螺钉。主尺上的刻度以 mm 为单位，每 10 格分别标以 1、2、3 等，以表示 10 mm、20 mm、30 mm 等。这种游标卡尺的副尺刻度是把主尺刻度 49 mm 的长度，分为 50 等份，即每格为：

$$49/50=0.98\ (\text{mm})$$

主尺和副尺的刻度每格相差：

$$1-0.98=0.02\ (\text{mm})$$

即测量精度为 0.02 mm。如果用这种游标卡尺测量工件，测量前，应使主尺与副尺的 0 线对齐。测量时，副尺相对主尺向右移动，若副尺的第 1 格正好与主尺的第 1 格对齐，则工件的厚度为 0.02 mm。同理，测量 0.06 mm 或 0.08 mm 厚度的工件时，应该是副尺的第 3 格正好与主尺的第 3 格对齐，或副尺的第 4 格正好与主尺的第 4 格对齐。

读数方法，可分为以下 3 个步骤。

第一步：根据副尺零线以左的主尺上的最近刻度读出整毫米数。

第二步：根据副尺零线以右与主尺上的刻度对准的刻线数乘以 0.02，读出小数。

第三步：将上面得到的整数和小数两部分加起来，即总尺寸。

如图 2 - 26 所示，副尺 0 线所对主尺前面的刻度 64 mm、副尺 0 线后的第 9 条线与主尺的一条刻线对齐。副尺 0 线后的第 9 条线表示：

$$9\times0.02=0.18\ (\text{mm})$$

所以，被测工件的尺寸：

$$64+0.18=64.18\ (\text{mm})$$

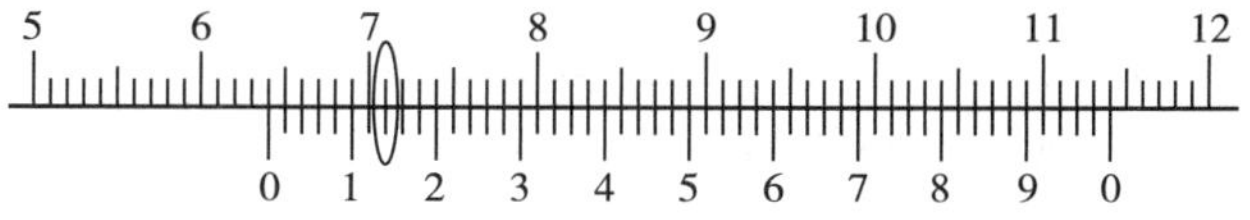

图 2-26 0.02 mm 游标卡尺的读数方法

(4) 游标卡尺的使用方法

使用游标卡尺测量零件尺寸时的正确步骤与方法如下。

1) 测量前应把卡尺擦干净，检查卡尺的 2 个测量面和测量刃口是否平直无损。把 2 个量爪紧密贴合时，应无明显的间隙，同时游标和主尺的零位刻线要相互对准。这个过程称为校对游标卡尺的零位。

2) 移动尺框时，活动要自如，不应有过松或过紧现象，更不能有晃动现象。使用固定螺钉固定尺框时，卡尺的读数不应有所改变。在移动尺框时，不要忘记松开固定螺钉，亦不宜拧过松以免脱落。

3) 当测量零件的外尺寸时，卡尺 2 个测量面的连线应垂直于被测量表面，不能歪斜。测量时，可以轻轻摇动卡尺，放正垂直位置。

正确的测量方法是先把卡尺的活动量爪张开，使量爪能自由地卡进工件，把零件贴靠在固定量爪上，然后移动尺框，用轻微的压力使活动量爪接触零件。如卡尺带有微动装置，此时可先拧紧微动装置上的固定螺钉，再转动调节螺母，使量爪接触零件并读取尺寸。不可把卡尺的 2 个量爪调节到接近甚至小于所测尺寸，把卡尺强行地卡到零件上去。这样做会使量爪变形，或使测量面过早磨损，导致卡尺失去应有的精度。

4) 当测量零件的内尺寸时，要先使量爪分开的距离小于所测内尺寸，进入零件内孔后，再慢慢张开并轻轻接触零件内表面，用固定螺钉固定尺框后，轻轻取出卡尺来读数。取出量爪时，用力要均匀，并使卡尺沿着孔的中心线方向滑出，不可歪斜，以免量爪扭伤、变形或受到不必要的磨损，同时也避免尺框走动，影响测量精度。

5) 用下量爪的外测量面测量内尺寸，在读取测量结果时，一定要把量爪的厚度加上去。即游标卡尺上的读数，加上量爪的厚度，才是被测零件的内尺寸。测量范围在 500 mm以下的游标卡尺，量爪厚度一般为 10 mm。但当量爪磨损和修理后，量爪厚度就会小于 10 mm，读数时这个修正值也要考虑进去。

6) 使用游标卡尺测量零件时，不允许过分地施加压力，所用压力应使 2 个量爪刚好接触零件表面。如果测量压力过大，不但会使量爪弯曲或磨损，而且会使量爪在压力作用下产生弹性变形，使测量尺寸不准确（外尺寸小于实际尺寸、内尺寸大于实际尺寸）。

在游标卡尺上读数时，应把卡尺水平拿着，朝着亮光的方向，使人的视线尽可能和卡尺的刻线表面垂直，以免由于视线的歪斜造成读数误差。

7) 为了获得正确的测量结果，可以多测量几次。即在零件的同一截面上的不同方向进行测量。对于较长零件，则应当在全长的各个部位进行测量，务必获得一个比较正确的测量结果。

(5) 游标卡尺使用注意事项

游标卡尺是比较精密的量具，使用时应注意如下事项。

1）使用前，应先擦干净两卡脚测量面，合拢两卡脚，检查副尺 0 线与主尺 0 线是否对齐；若未对齐，应根据原始误差修正测量读数。

2）测量工件时，卡脚测量面必须与工件的表面平行或垂直，不得歪斜，且用力不能过大，以免卡脚变形或磨损，影响测量精度。

3）读数时，视线要垂直于尺面，否则测量值不准确。

4）测量内径尺寸时，应轻轻摆动，以便找出最大值。

5）游标卡尺用完后，应仔细擦净，抹上防护油，平放在盒内，以防生锈或弯曲。

2. 千分尺

应用螺旋测微原理制成的量具，称为螺旋测微量具（千分尺）。它们的测量精度比游标卡尺高，并且测量方式比较灵活。因此，当加工精度要求较高时多应用千分尺。千分尺的测量精度为 0.01 mm。工厂习惯上把千分尺称为分厘卡。千分尺的种类很多，机械加工车间常用的有外径千分尺、内径千分尺、深度千分尺及螺纹千分尺和公法线千分尺等，分别用于测量或检验零件的外径、内径、深度、厚度及螺纹的中径和齿轮的公法线长度等。

（1）外径千分尺的结构

各种千分尺的结构大同小异，常用的外径千分尺多用以测量或检验零件的外径、长度及板厚或壁厚等（测量孔壁厚度的千分尺，其量面呈球弧形）。外径千分尺的结构由固定的尺架、测砧、测微螺杆、固定套管、微分筒（又称可动刻度筒）、测力装置、锁紧装置等组成。固定套管上有一条水平线，这条线上下各有一列间距为 1 mm 的刻度线，上面的刻度线恰好在下面 2 条相邻刻度线的中间。微分筒上的刻度线是将圆周分为 50 等分的水平线，它是旋转运动的。根据螺旋运动原理，当微分筒旋转一周时，测微螺杆前进或后退一个螺距为 0.5 mm；当微分筒旋转一个分度后，它转过了 1/50 周，这时螺杆沿轴线移动了 1/50×0.5＝0.01（mm）。因此，使用千分尺可以正确读出 0.01 mm 的数值。如图 2－27 所示，是测量范围为 0～25 mm 的外径千分尺。尺架的一端装着固定测砧，另一端装着测微螺杆。固定测砧和测微螺杆的测量面上都镶有硬质合金，以提高测量面的使用寿命。尺架的两侧覆盖着绝热板。使用千分尺时，手拿在绝热板上，可防止人体的热量影响千分尺的测精度。

（2）千分尺的测量范围

千分尺测微螺杆的移动量为 25 mm，所以千分尺的测量范围一般为 0～25 mm。为了能测量更大范围的长度尺寸，以满足工业生产的需要，生产厂家将千分尺的尺架做成各种尺寸，它们具有不同的测量范围。目前，国产千分尺测量范围的尺寸（mm）分段：0～25；25～50；50～75；75～100；100～125；125～150；150～175；175～200；200～225；225～250；250～275；275～300；300～325；325～350；350～375；375～400；400～425；425～450；450～475；475～500；500～600；600～700；700～800；800～900；900～1000。

测量上限大于 300 mm 的千分尺，也可把固定测砧做成可调式的或可换测砧，从而使千分尺的测量为 0～100 mm。测量上限大于 1000 mm 的千分尺，也可将测量制成 0～500 mm。目前国产最大的千分尺的测量为 2500～3000 mm。

（3）千分尺的工作原理和读数方法

1）千分尺的工作原理（如外径千分尺的工作原理）就是应用螺旋读数机构，它包括

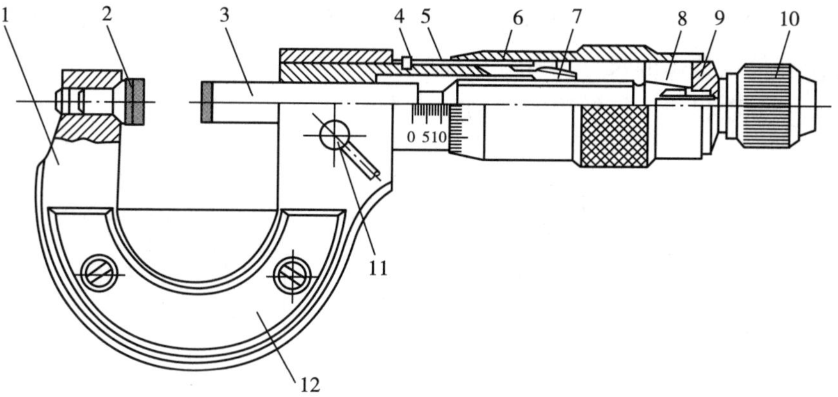

图 2-27　0～25 mm 千分尺

1—尺架；2—固定测砧；3—测微螺杆；4—螺纹轴套；5—固定刻度套筒；6—微分筒；
7—调节螺母；8—接头；9—垫片；10—测力装置；11—锁紧螺钉；12—绝热板

一对精密的螺纹——测微螺杆与螺纹轴套（如图 2-27 中的“3”“4”）和一对读数套筒——固定刻度套筒与微分筒（如图 2-27 中的“5”“6”）。用千分尺测量零件的尺寸，就是把被测零件置于千分尺的 2 个测量面之间。2 个测砧面之间的距离，就是零件的测量尺寸。当测微螺杆在螺纹轴套中旋转时，由于螺旋线的作用，测量螺杆会发生轴向移动，使 2 个测砧面之间的距离发生变化。例如，测微螺杆按顺时针方向旋转一周，2 个测砧面之间的距离就缩小 1 个螺距。同理，若按逆时针方向旋转一周，则 2 个砧面的距离就增大一个螺距。常用千分尺测微螺杆的螺距为 0.5 mm。因此，当测微螺杆顺时针旋转一周时，2 个测砧面之间的距离就缩小 0.5 mm。当测微螺杆顺时针旋转不到一周时，缩小的距离就小于 1 个螺距，具体数值可从与测微螺杆结成一体的微分筒的圆周刻度上读出。微分筒的圆周上刻有 50 个等分线。当微分筒转一周时，测微螺杆就推进或后退 0.5 mm，微分筒转过它本身圆周刻度的一小格时，2 个测砧面之间转动的距离：

$$0.5/50=0.01\ (\text{mm})$$

由此可知：千分尺上的螺旋读数机构，已正确的读出 0.01 mm，也就是千分尺的读数值为 0.01 mm。

千分尺的读数方法在千分尺的固定套筒上刻有轴向中线，作为微分筒读数的基准线。另外，为了计算测微螺杆旋转的整数转，在固定套筒中线的两侧，刻有两排刻线。刻线间距均为 1 mm，上下两排相互错开 0.5 mm。

2）千分尺的具体读数方法可分为 3 步。

第一步：读出固定套筒上露出的刻线尺寸，一定要注意不能遗漏应读出的 0.5 mm 的刻线值。

第二步：读出微分筒上的尺寸，要看清微分筒圆周上哪一格与固定套筒的中线基准对齐，将格数乘 0.01 mm 即得微分筒上的尺寸。

第三步：将第一步、第二步中读取的 2 个数相加，即为千分尺上测得的尺寸。

如图 2-28（a）所示，在固定套筒上读出的尺寸为 8 mm，微分筒上读出的尺寸为 27

（格）×0.01=0.27（mm），2个数相加即得被测零件的尺寸为8.27 mm；如图2-28（b）所示，在固定套筒上读出的尺寸为8.5 mm，在微分筒上读出的尺寸为27（格）×0.01=0.27（mm），2个数相加即得被测零件的尺寸为8.77 mm。

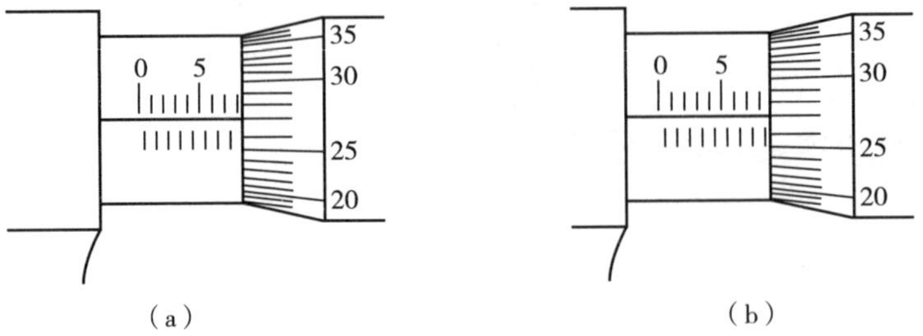

图2-28 千分尺的读数

（4）外径千分尺的零位校准

使用千分尺时要校准零位。先松开锁紧装置，清除油污，特别是测砧与测微螺杆的接触面要清洗干净。然后检查微分筒的端面是否与固定套管上的零刻度线重合，若不重合应先旋转旋钮，直至螺杆要接近测砧时，旋转测力装置，当螺杆恰好与测砧接触时会听到喀喀声，这时停止转动。如两0线仍不重合（两0线重合的标志是微分筒的端面与固定刻度的0线重合，且可动刻度的0线与固定刻度的水平横线重合），可将固定套管上的小螺丝松动，使用专用扳手调节套管的位置，先使2条0线对齐，再把小螺丝拧紧。不同厂家生产的千分尺的调零方法不一样，这里仅是其中一种调零的方法。检查千分尺零位是否校准时，要使螺杆和测砧接触，偶尔会发生回后旋转测力装置两者不分离的情形。这时可先用左手手心用力顶住尺架上测砧的左侧，右手手心顶住测力装置，再用手指沿逆时针方向旋转旋钮，以使螺杆和测砧分开。

（5）千分尺使用及注意事项

1）千分尺是一种精密的量具，使用时应小心谨慎、动作轻缓，不要让它受到打击和碰撞。千分尺内的螺纹非常精密，使用时要注意以下问题。

在转动旋钮和测力装置时都不能过分用力；当转动旋钮使测微螺杆靠近待测物时，一定要改旋测力装置，不能转动旋钮使螺杆压在待测物上；当测微螺杆与测砧已将待测物卡住或旋紧锁紧装置的情况下，决不能强行转动旋钮。

2）有些千分尺为了防止手温使尺架膨胀引起微小的误差，在尺架上装有隔热装置。实验时应手握隔热装置，而尽量少用手接触尺架的金属部分。

3）使用千分尺测同一长度时，一般应反复测量几次，取其平均值作为测量结果。

4）千分尺用毕后，应用纱布擦干净，在测砧与螺杆之间留出一点空隙，放进盒中。如长期不用可抹上黄油或机油，放置在干燥的地方。应注意不要让它接触腐蚀性的气体。

3. 钢直尺、塞尺

（1）钢直尺

钢直尺是最简单的长度量具。钢直尺的长度规格有150 mm、300 mm、500 mm和1000 mm。

钢直尺用于测量零件的长度，常用 150 mm 钢直尺如图 2－29 所示。钢直尺的刻线间距为 1 mm，而刻线本身的宽度就有 0.1～0.2 mm，测量时读数误差比较大，只能读出毫米（mm）数，即它的最小读数值为 1 mm。比 1 mm 小的数值，其测量结果不太准确，只能估计而得。

图 2－29　常用 150 mm 钢直尺

（2）塞尺

塞尺又称厚薄规或间隙片，主要用来检验机床特别是紧固面和紧固面、活塞与气缸、活塞环槽和活塞环、十字头滑板和导板、进排气阀顶端和摇臂、齿轮啮合间隙等 2 个结合面之间的间隙大小。塞尺由许多层厚薄不一的薄钢片组成，如图 2－30 所示，每把塞尺中的每片具有 2 个平行的测量平面，且都有厚度标记，以供组合使用。测量时，可根据结合面间隙的大小，用一片或数片重叠在一起塞进间隙内。例如，用 0.03 mm 的一片能插入间隙，而 0.04 mm 的一片不能插入间隙，这说明间隙为 0.03～0.04 mm。塞尺也是一种界限量规。

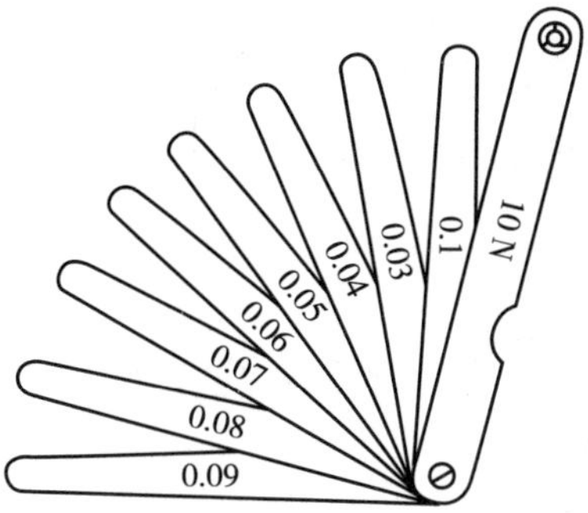

图 2－30　塞尺

4. 百分表

百分表是用来校正工件或夹具的安装位置，检验工件的几何精度的。百分表的外形如图 2－31 所示。表盘上刻有 100 个等分格，其刻度值（即读数值）为 0.01 mm。当指针转一圈时，小指针即转动一小格。图 2－31 中，转数指示盘的刻度值为 1 mm。用手转动表圈时，表盘也跟着转动，可使指针对准任一刻线。测量杆是沿着套筒上下移动的，套筒可用于安装百分表。

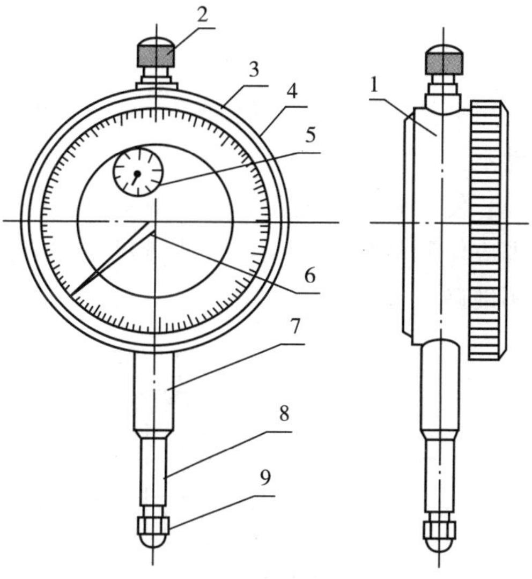

图 2－31　百分表的外形

1—表体；2—圆头；3—表盘；4—表圈；
5—转数指示盘；6—指针；7—套筒；
8—测量杆；9—触头

使用百分表和千分表时，必须注意以下几点。

（1）使用前，应检查测量杆活动的灵活性。即轻轻推动测量杆时，测量杆在套筒内的移动要灵活，没有任何轧卡现象；且每次放松后，指针能恢复到原来的刻度位置。

（2）使用百分表或千分表时，必须把它固定在可靠的夹持架上（如固定在万能表架或磁性表座上，如图 2－32 所示）。夹持架要安放平稳，避免测量结果不准确或摔坏百分表。

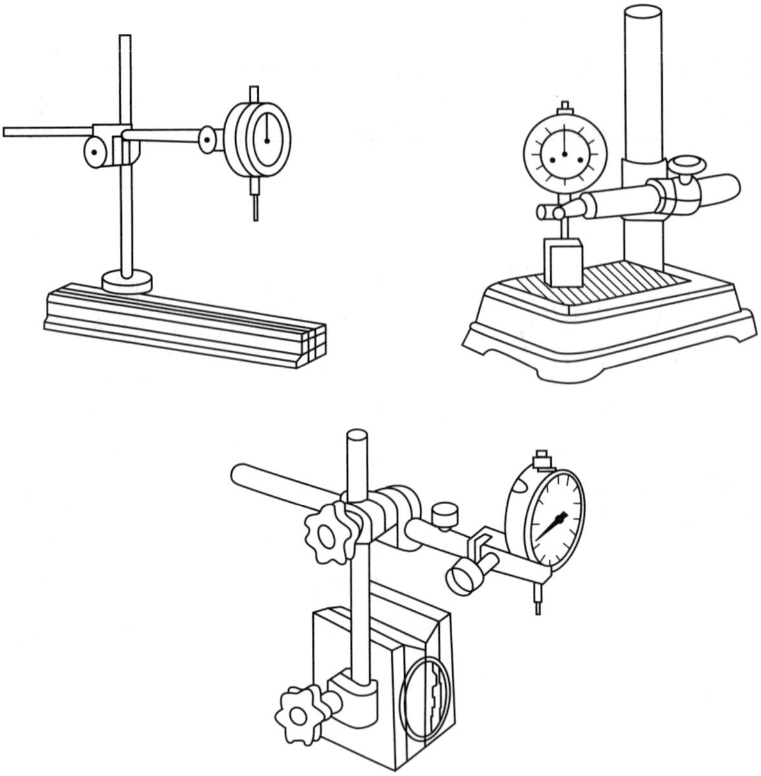

图 2－32　安装在专用夹持架上的百分表

使用夹持百分表的套筒来固定百分表时，夹紧力不要过大，以免因套筒变形而使测量杆活动不灵活。

（3）使用百分表或千分表测量零件时，测量杆必须垂直于被测量表面，如图 2－33 所示。即应使测量杆的轴线与被测量尺寸的方向一致，否则将使测量杆活动不灵活或使测量结果不准确。

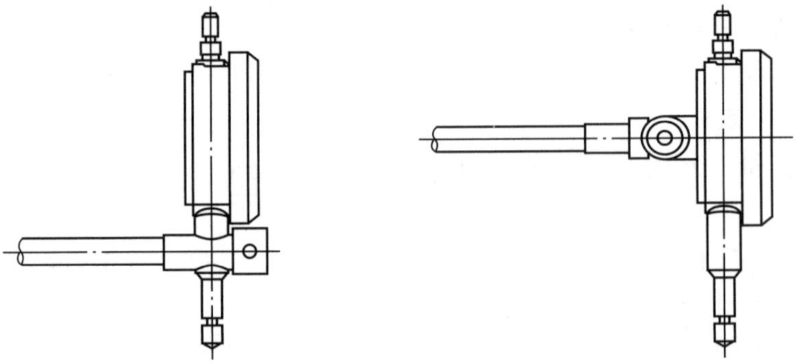

图 2－33　百分表安装方法

（4）测量时，不要使测量杆的行程超过它的测量范围；不要使测量头突然撞在零件上；不要使百分表和千分表受到剧烈的振动和撞击，亦不要把零件强迫推入测量头下，免得损坏百分表和千分表的机件而使其失去精度。因此，用百分表测量表面粗糙或有显著凹凸不平的零件是错误的。

（5）百分表使用注意事项

1）使用前，应检查丈量杆活动的灵活性。即轻轻推动丈量杆时，丈量杆在套筒内的移动要灵活，没有任何轧卡现象，每次手松开后，指针能回到原来的刻度位置。

2）使用时，必须把百分表固定在可靠的夹持架上。切不可贪图省事，随便夹在不稳固的地方，否则易造成丈量结果不正确，或摔坏百分表。

3）丈量时，不要使丈量杆的行程超过它的丈量范围，不要使表头忽然撞到工件上，也不要用百分表丈量表面粗糙或有明显凹凸不平的工件。

4）丈量平面时，百分表的丈量杆要与平面垂直，丈量圆柱形工件时；丈量杆要与工件的中心线垂直，否则，将使丈量杆活动不灵或丈量结果不正确。

5）为方便读数，在丈量前一般都应使大指针指到刻度盘的零位。

6）百分表不用时，应使丈量杆处于自由状态，以免使表内弹簧失效。

5. 量具的维护和保养

在机件测量中，为了获得理想的精确度，除了控制测量环境因素外，对工量具本身的使用与保养也要小心注意。使用不当，会产生测量误差；保养不周，则会损其精度，更影响产品品质。所以，一般工量具的使用与保养应注意以下事项。

（1）工量具使用前之准备

1）开始量测前，确认工量具是否归零。

2）检查工量具量测面有无锈蚀、磨损或刮伤等。

3）先清除工件测量面之毛边、油污或渣屑等。

4）使用清洁软布或无尘纸擦拭干净。

5）需要定期检验记录簿，必要时再校正一次。

6）将待使用的工量具及仪器整齐排列在适当位置，不可重叠放置。

7）使用易损的工量具（如光学平镜等），要先在工作台上铺上软绒布或软擦拭纸。

（2）工量具使用时应注意事项

1）测量时与工件接触应适当，不可偏斜；要避免用手触及测量面，以保护工量具。

2）测量力应适当，过大的测量压力会产生测量误差，容易对工量具造成损伤。

3）工件之夹持方式要适当，以免测量不准确。

4）不可测量转动中的工件，以免发生危险。

5）不要将工量具强行推入工件中或夹虎钳上使用。

6）不可任意敲击、乱丢或乱放工量具。

7）特殊量具的使用，应遵照一定的方法和步骤。

（3）工量具使用后的保养

1）工量具使用后，应清洁干净。

2）将清洁后的工量具涂上防锈油，存放于柜内。

3）拆卸、调整、修改及装配等，应由专门的管理人员实施，不可擅自施行。

4）定期检查储存工量具的性能是否正常，并形成保养记录。

5）应定期校验工量具的尺寸是否合格，以作为继续使用或淘汰的依据，并形成校验保养记录。

任务实施

组织学生进行一次量具参观，让学生准确认识、使用所需量具。

1. 实习前的安全准备工作：熟知由于不遵守安全操作规程所引发的事故，引起学生的注意，做到文明参观。

2. 实习时学生应统一听从老师指挥，在加工现场，站在安全区域内仔细观察，不得随意触摸各种机床，在车间里不得大声喧哗和嬉戏打闹。

任务实施表见表 2 - 11 所列。

表 2 - 11　任务实施表

<table>
<tr><td>情境</td><td colspan="6">量具使用</td></tr>
<tr><td>学习任务</td><td colspan="4">正确使用量具</td><td>完成时间</td><td></td></tr>
<tr><td>任务完成人</td><td>学习小组</td><td></td><td>组长</td><td></td><td>成员</td><td></td></tr>
<tr><td>任务
实施
步骤
及
具体
内容</td><td colspan="6"></td></tr>
</table>

分析评价

每位学生完成任务后，填写任务评价表，见表 2 - 12 所列。

表 2 - 12　任务评价表

序号	评价类别	评价内容及要求	配分
1	价值观与素养达成	1. 课堂状态是否良好，是否有睡觉、游戏等行为。 2. 训练过程中着装是否规范，是否认真研究、实践，等待时间是否积极学习、思考，是否有睡觉、游戏、聊天、打闹行为。 3. 卫生、机床保养每单元保持状况。 4. 纪律遵守情况。 5. 团队协作情况。	30%

（续表）

序号	评价类别	评价内容及要求	配分
2	知识与技能	1. 课堂作业完成情况。 2. 实践学习情况：操作是否规范，程序是否正确，是否有刀具损伤、操作事故记录及量具损伤记录。 3. 团队任务完成情况。 4. 技能考核情况：完成时间、质量。	50%
3	创新与提高	1. 创新学习效果、创新设计情况：外形是否新颖、结构是否合理、工艺分析是否正确、加工效果是否良好。 2. 总结报告完成情况：是否详细、具体。 3. 个人进步情况：思想、知识、技能。	20%

知识拓展

凌峰叶红旗：奋斗航空业　共筑航空梦

“技术能手”“热心肠”“有使命感、责任感”等全是他的代名词；从 2000 年退伍转业参加工作至今，他一直行走在实现梦想、航空报国的路上——他就是中航工业凌峰军品分厂无人不知、无人不晓、无人不竖大拇指的叶师——叶红旗。人如其名，他就像生产一线上的一面红旗，风雨不倒、迎难而上。

【提升自我　荣誉在身】

叶红旗自 2000 年进入凌峰公司以来，2002 年、2004 年、2007 年、2014 年均荣获公司年度“优秀党员”称号；2005 年、2009 年荣获公司年度“先进生产者”称号；2012 年、2016 年获四川省国防科工办“优秀党员”称号。他先后参与公司直升机系列产品、重点型号工程等多项重点型号的科研生产工作，从一名普通车工成长为技术过硬、攻克多项技术难题的技术能手。他熟悉多种数控车床的操作，精通多种普通车床，凭借其过硬的技术、知识和经验，考取了普通车工高级技师资格证，并且在 2015 年被评为“国家级技术大师”。在面对诸多荣誉时，他说：“活到老，学到老，伴随着客户对产品的技术要求越来越高，作为航空人更要肩负起自身的责任，不管是对自身还是对社会，都要交出一张满意的答卷。”

【迎难而上　敢于挑战】

叶红旗认真对待看似简单的车工加工工作，一丝不苟地把航空报国情怀融入工作中，在平凡的工作岗位上以身作则，并做出了大量成绩。在生产一线，工作苦、累、脏，叶红旗不怕吃苦、没有埋怨，勇于承担加工难度大、工时低的返修产品，对“难啃的骨头”情有独钟。他承担了几乎所有返厂产品的返修任务，在常规加工方法无法满足加工精度要求时，他凭借多年车工加工经验，积极想办法，自制工装夹具、量具，不断摸索试验，解决一个又一个返修难题，全年累计完成上百种零件的返修和排故。为保证生产任务节点要求，他主动放弃节假日休息，带领班组骨干加班加点奋战一线，全年累计加班约1000小时。在重点型号任务突击生产中，他与班组成员每天连续12个小时开展突击生产，保证零件在班组以最快效率、最好质量交付，经过长时间的连续突击，最终圆满完成型号产品的按时交付。

【打破常规　勇于创新】

2016年是创新转型年，全系统都在围绕创新寻找突破。新品研制中新材料、新结构的不断应用给加工带来一定难度。而叶红旗总能勤于思考、勇于突破、打破常规，使用新方法，自制刀具解决多项技术难题。例如，某重点型号项目中螺旋副的加工，作动筒45°±15′开锁倒角的试验加工，尾接杆螺纹滚压强化，耳环、尾接杆类零件轴承孔锁口槽加工夹具设计等技术攻关为公司相关产品的研制生产提供了强有力的技术保障。公司引进新型材料，实验应用在某项产品上替代原先的材料，但是由于该项产品存在细长、深孔、小孔、高硬度等加工难度，公司对该类型的产品没有较多加工经验，导致产品生产一直无法打开局面。针对此问题，他仔细检查之后，让工装制作一把较粗的刀杆，并且叮嘱加工者加工时提高零件转速和进给率，果然打刀的问题得到大大改善，使该产品顺利按节点产出。他还在老产品的加工中，不断优化总结加工方法并改进多套专用夹具和刀具，大大提高了产品加工质量并缩短了加工周期。

【为人师表　言传身教】

授人以鱼不如授人以渔。作为技术骨干和班长，叶红旗除做好班组常规管理工作外，积极与同事交流经验，充分发挥传、帮、带作用，言传身教，耐心细致地培养青年员工。他带出来的徒弟占据军品厂车一班“半壁江山”，而且人人都是技术能手，有同样跟他一样不到40岁就考取高级技师的，有能胜任多种车床的技术能手，有装配工段信得过的返修能手。他一直对徒弟们说：“只要你们想学，我便会把我的所有知识都传授给你。”当徒弟遇到困难找他帮忙时，他不是直接帮徒弟把零件加工出来，而是先耐心地给徒弟讲解错误的地方和应该怎样操作，然后让徒弟自己去加工，让徒弟真正领悟到知识。作为班组长，他总是很热心地帮助别人解决问题。每当同事遇到不懂或者拿不准的问题时，他总能帮忙提出建设性的意见，在帮助同事解决问题的同时，还能让他们快速成长和积累经验。

正是以叶红旗为代表的航空人，用自己的辛勤努力和汗水，一步一步推进着中国航空事业的发展，在平凡的岗位上为中华民族伟大复兴而奋斗着。

（本文来源：中国航空新闻网《凌峰叶红旗：奋斗航空业　共筑航空梦》）

课后习题

一、填空题

（1）切削加工时形成的3个表面是________、________、________。

（2）切削用量包括________、________、________。

（3）切削力可分解为________、________、________ 3 个分力，它们分别用字母________、________、________表示。

（4）在相同切削条件下，刀具材料硬度越大，切削力越________。

（5）切削用量中________对切削温度影响最大，________次之，________最小。

（6）主偏角减小，切削时的散热条件________（好或坏），切削温度________（降低或提高）。

（7）车刀前角对切削温度的影响________（大或小），前角增大，切削温度________。

（8）切削液的种类有________________________。

（9）粗车工件时，应选择________切削液；精加工件时，应选择________切削液。

（10）切削时采用高速钢刀具时，粗加工工件时选择________切削液，精加工工件时选择________切削液。

（11）切削铸铁时一般采用________切削液，切削钢件时采用________切削液。

二、简答题

（1）什么是主运动？什么是进给运动？

（2）切削用量的选择原则是什么？

（3）什么是切削力，切削力来源于哪些方面？

（4）影响切削力的因素有哪些？

（5）切削液有什么作用，常用的切削液有哪几种？

（6）应如何选择切削液？

车刀的基础知识

第三章　轴类零件的车削加工

学习目标

1. 知识目标：

（1）了解轴类零件

（2）掌握轴类零件的装夹方法

（3）掌握外圆、端面车削加工工艺步骤

（4）掌握台阶轴切削用量的选择

（5）掌握台阶轴车削加工工艺步骤

（6）掌握台阶轴的质量分析

2. 能力目标：

（1）具备车削外圆、端面操作技能

（2）能够根据图纸要求对台阶轴进行基本的车削加工

（3）具备对轴类零件的装夹能力

（4）具备对台阶轴的质量分析和检测能力

3. 素质目标：

（1）培养学生爱护设备及工具、夹具、刀具、量具的职业素养

（2）培养学生严谨细致、团结协作的作风和吃苦耐劳的精神，增强职业道德观念

（3）培养学生严格执行工作程序、工作规范、工艺文件和安全操作规程的职业素养

任务描述

1. 了解轴类零件分类；

2. 掌握外圆、端口车削加工工艺步骤；

3. 掌握台阶轴的质量分析方法。

情景导入

轴是机器中的重要零件之一，用来支撑旋转零件，传递运动和转矩。台阶轴通常由圆柱面、阶台、端面等组成。对于生产工人来说，必须使自己加工出来的工件完全达到零件图样上规定的各项技术要求，才能保证加工质量，否则就会造成次品或废品。

如图 3-1 所示是标注有技术要求的一个台阶轴。那么，它是如何在车床上被加工出来的呢？

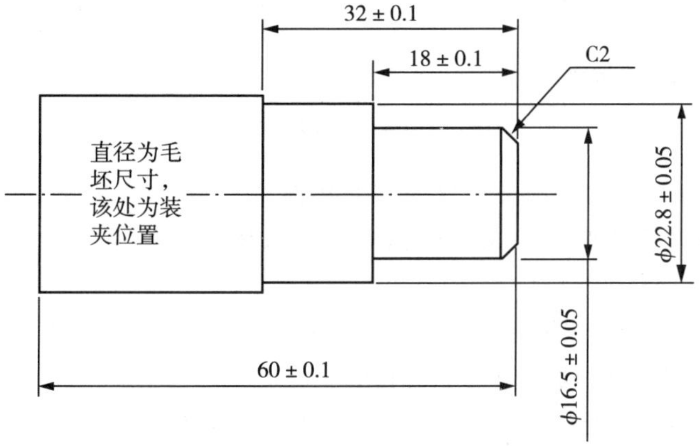

图 3-1　台阶轴

任务一　外圆、端面的车削加工

知识链接

1. 轴类零件概述

轴是穿在轴承中间、车轮中间或齿轮中间的圆柱形物件，但也有少部分是方形的。轴是支撑转动零件并与之一起回转以传递运动、扭矩或弯矩的机械零件。其一般为金属圆杆状，各段可以有不同的直径。机器中做回转运动的零件就装在轴上。根据轴线形状的不同，轴可以分为曲轴和直轴。

2. 轴类零件简介

(1) 轴类零件的种类及结构

通常把横截面形状为圆形，长度大于直径 3 倍以上的杆件称为轴类零件。轴类零件上一般带有倒角、沟槽、螺纹、圆锥及圆弧等结构。按轴的形状和轴心线的位置不同，轴可分为光轴［如图 3-2 (a) 所示］、偏心轴［如图 3-2 (b) 所示］、台阶轴［如图 3-2 (c) 所示］和空心轴［如图 3-2 (d) 所示］。

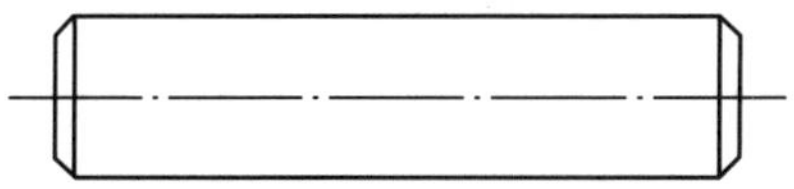

(a) 光轴

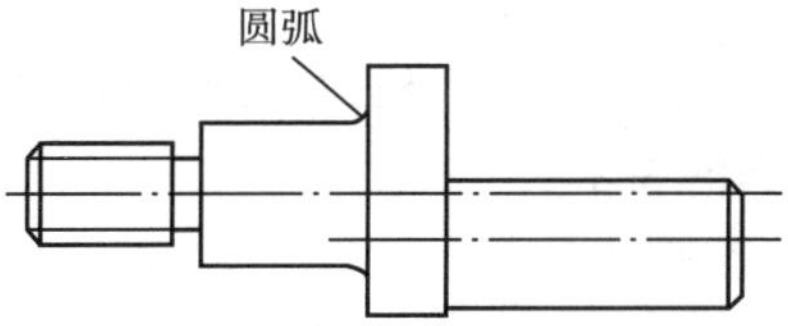

(b) 偏心轴

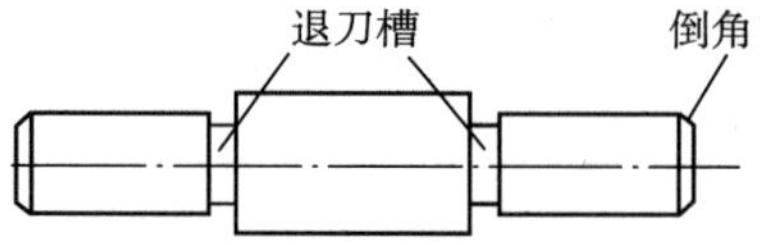

（c）台阶轴

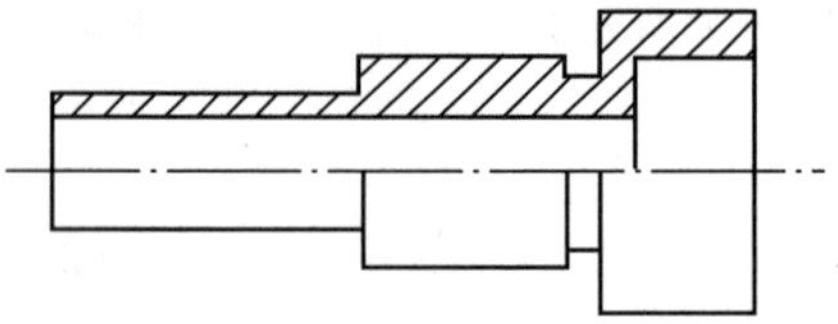

（d）空心轴

图 3－2　各种轴

根据轴的承载情况不同，轴又可分为以下几种。

1）转轴：工作时既承受弯矩又承受扭矩，是机械中最常见的轴，如各种减速器中的轴等。

2）心轴：用来支承转动零件，只承受弯矩而不传递扭矩。有些心轴转动，如铁路车辆的轴等；有些心轴则不转动，如支承滑轮的轴等。

3）传动轴：主要用来传递扭矩而不承受弯矩，如起重机移动机构中的长光轴、汽车的驱动轴等。

（2）轴类零件的技术要求

如图 3－3 所示是标注有技术要求的零件图。

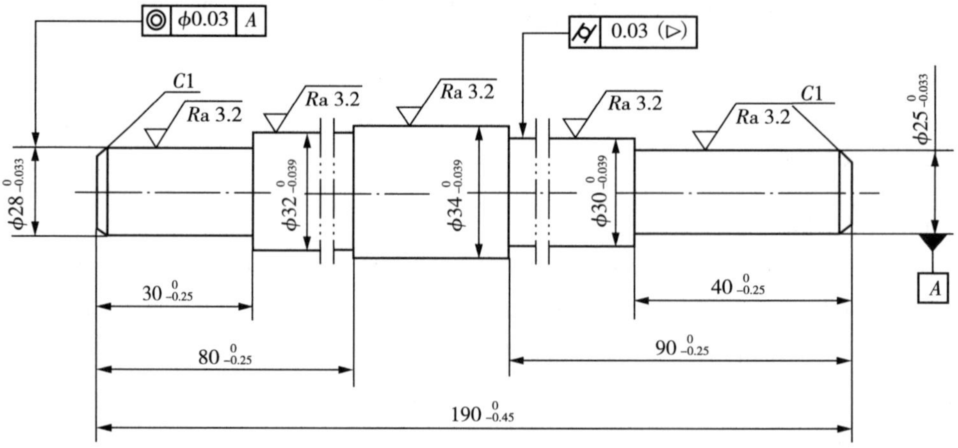

图 3－3　零件图

从图 3－3 中可以看出，对这个零件的加工要求包括以下几个方面。

1）尺寸精度。

在图样上凡是标注出尺寸公差的尺寸，就必须按照给定的公差进行加工，其余没有标注出尺寸公差的按自由公差进行加工。图 3－3 中的尺寸 $\phi28$ 规定了尺寸公差是 0.033 mm。

2）几何形状精度。

图 3－3 中 $\phi30$ 的圆柱面的圆柱度公差是 0.039 mm，但是对两端的圆柱面的几何形状就没有特别的要求。

3）位置精度。

对于组成同一个零件的多个几何表面来说，除了各个几何表面可以有自身的尺寸精度和几何形状精度以外，在一些有关系的几何表面之间，还应该有相互位置关系的要求，才能使零件具有某种工作性能，如图 3－3 中规定了 ϕ28 mm 的外圆柱面的轴线必须与右端 ϕ25 mm 的外圆柱面的轴线同轴，同轴度公差是 0.033 mm。

4）表面粗糙度

零件上任何一个表面都必须有表面粗糙度的要求。同一种形状的表面，根据不同的工作条件，可以规定不同等级的表面粗糙度，通过采用不同的工艺方法可以获得不同等级的表面粗糙度。如图 3－3 中，各段圆柱面的表面粗糙度值定为 $Ra3.2\ \mu m$，可以用宽刃车刀低速精车来达到；其余各个表面的表面粗糙度值定为 $Ra6.3\ \mu m$，可以用普通车刀在一般的切削速度下半精车来达到。

3. 外圆、端面的车削加工

加工轴类零件主要是车削外圆和端面。由于轴类零件的精度要求比较高，加工时不仅要保证尺寸精度和表面粗糙度，还要保证轴的形状和位置精度达到图纸规定的要求。

（1）外圆车刀的种类及用途

1）种类。

常用外圆车刀有 90°、75°、45°外圆偏刀，如图 3－4 所示。

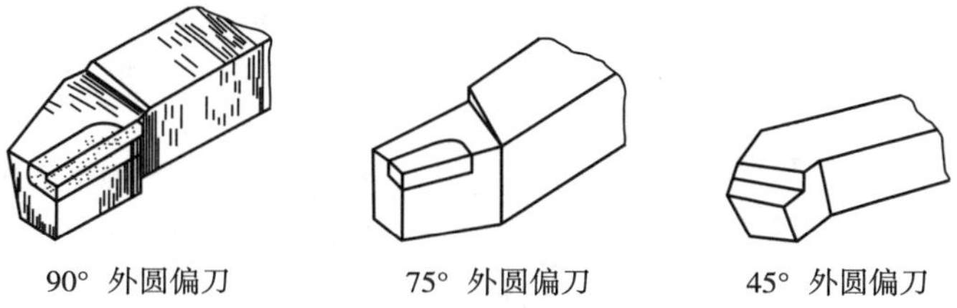

图 3－4　常用外圆偏刀

2）用途。

90°车刀根据进给方向不同分为左偏刀（又称正偏刀）和右偏刀。左偏刀常用于车削外圆和左台阶，也可以车削粗而短的工件端面；而右偏刀用于车削外圆和右台阶。左偏刀和右偏刀如图 3－5 所示。

75°车刀刀头强度好、耐用，适用于粗车或铸件、锻件加工，如图 3－6 所示。

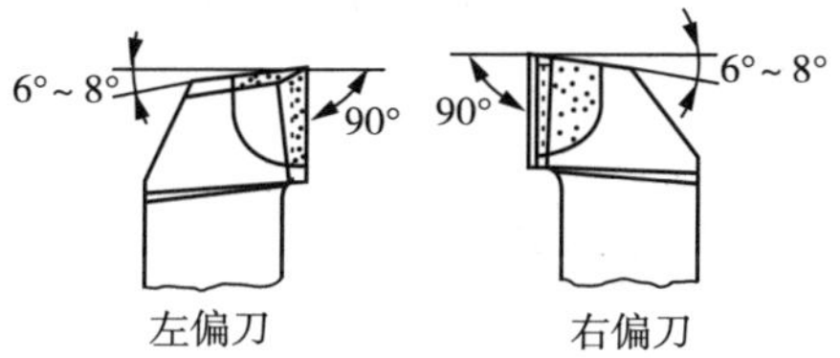

图 3－5　左偏刀、右偏刀

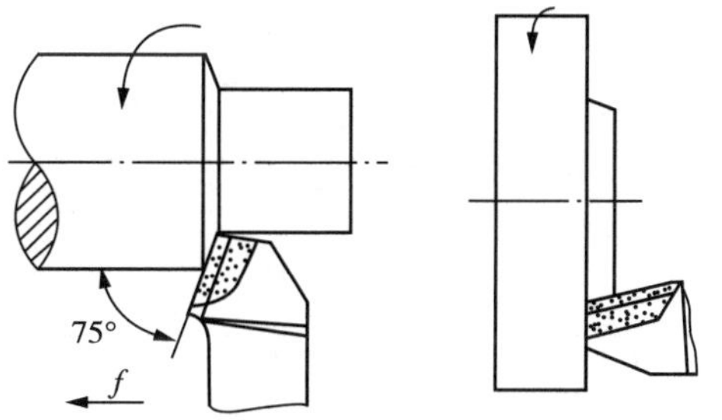

图 3－6　75°车刀

（2）加工不同精度的外圆车刀

粗车刀外圆粗车刀必须适应粗车时吃刀深和进给快的特点，主要要求车刀有足够的强度和寿命，能一次进给车去较多的余量。

1）为了增加刀头强度，保证刃口有足够的寿命，前角应选小些。

2）为了增加刀头强度，后角也应选小些，一般为5°～7°。

3）主偏角不宜过小，否则车削时容易引起振动。

4）粗车刀一般选取－3°～0°的刃倾角，以增加刀尖强度。

5）为了增加切削刃的强度，达到锐中求固的目的，主切削刃上应磨有倒棱，倒棱宽度为（0.5～0.8）f，倒棱前角为－20°～－5°。

6）为了增加刀尖强度，改善散热条件，增加车刀寿命，刀尖处应磨有过渡刃。

7）粗车塑性金属（如钢类）时，为了保证切削顺利进行，切屑能自行折断，应在车刀前面上磨有断屑槽。

3. 外圆的车削步骤

外圆车削步骤见表3－1所列。

表3－1 外圆车削步骤

加工顺序	操作过程	图示	描述
1	准备	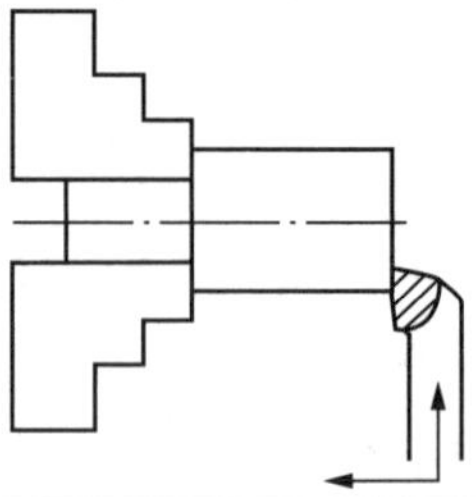	参照毛坯，计算加工余量，大致估算工件的轴向进刀及纵向车削次数
2	对刀	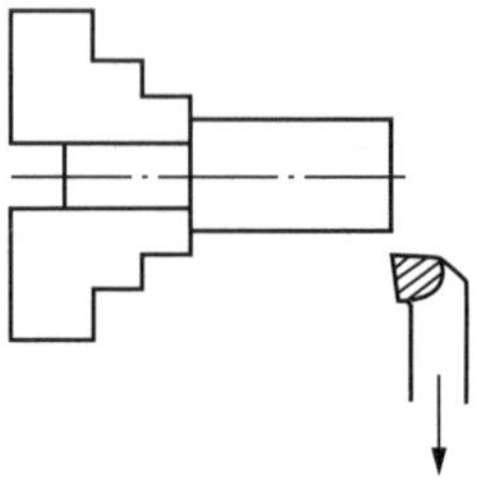	双手联动移动滑板，使车刀刀尖轻轻接触工件右端面处的外圆表面，以此作为切削深度的零点位置
3	进刀	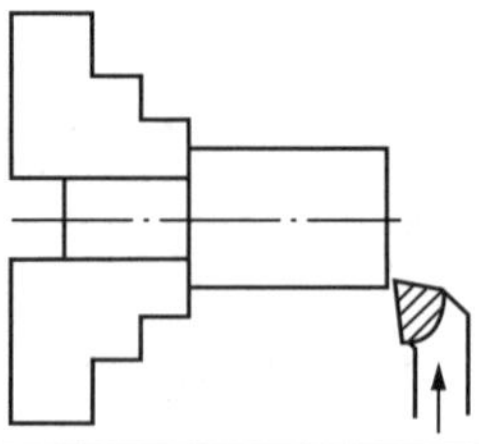	按选定的背吃刀量，摇动中滑板手柄使车刀做横向进给
4	试切削	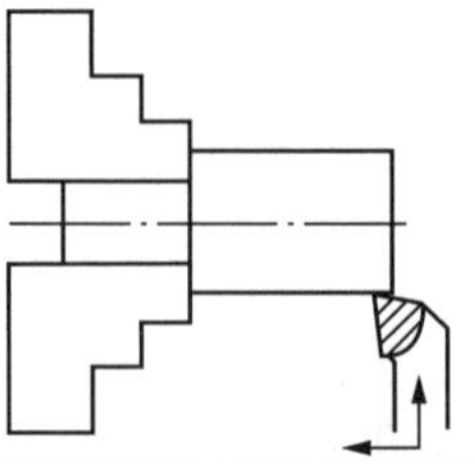	刀后摇动大滑板手轮使车刀纵向移动约2 mm，快速反向退出车刀

（续表）

加工顺序	操作过程	图示	描述
5	退刀	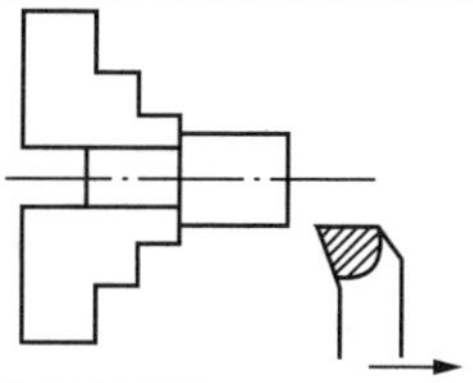	中滑板手柄保持不动，摇动床鞍手柄使车刀向尾座方向退出，距工件右端面 3～5 mm，即纵向退刀
6	进给	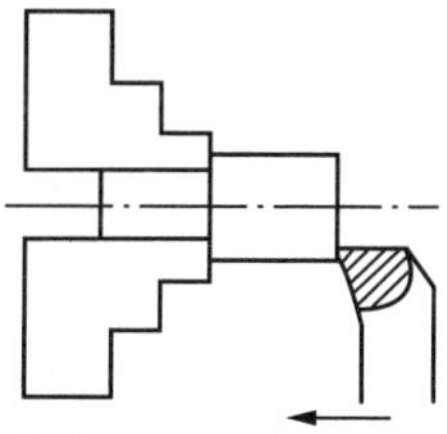	按选定的背吃刀量，摇动中滑板手柄使车刀做横向自动进给
7	外圆车削	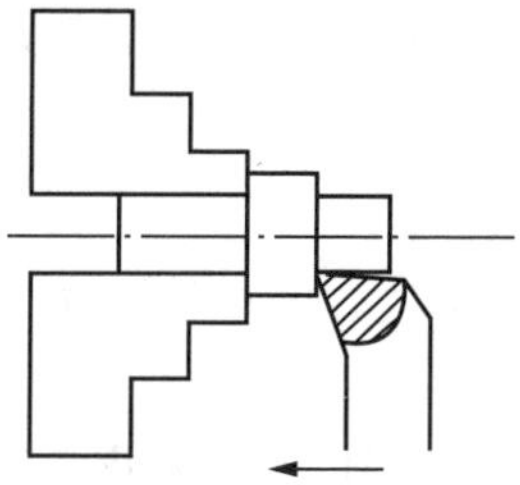	纵向车削 3～5 mm，不动中滑板手柄，纵向退出车刀，停机测量工件
8	退刀	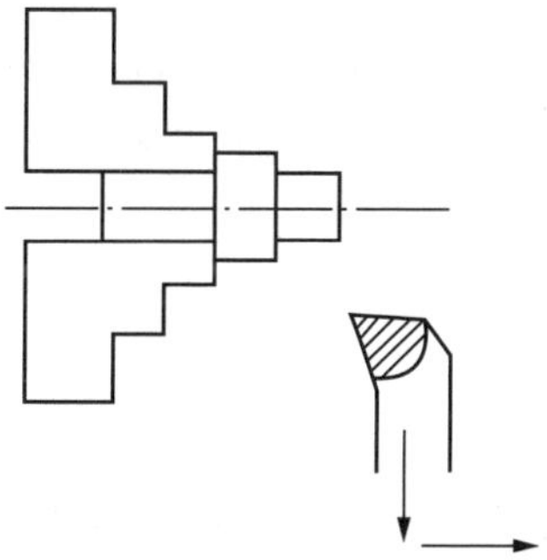	在车削到需要长度时，立即停止进给，先横向退刀，然后纵向退刀，再停机（注意不能先停机后退刀，否则会造成车刀崩刃；若先纵向退刀，会破坏已加工表面的粗糙度）

4. 端面的车削步骤

端面车削步骤见表 3－2 所列。

表 3－2　端面车削步骤

加工顺序	操作过程	图示	描述
1	对刀	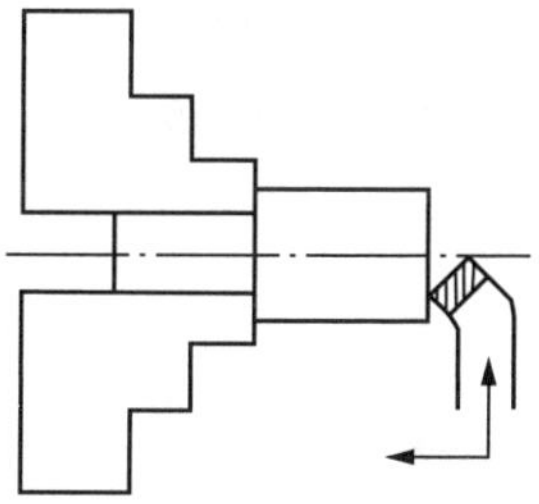	双手转动进给手柄，使车刀与工件端面轻微接触，即完成对刀

（续表）

加工顺序	操作过程	图示	描述
2	退刀	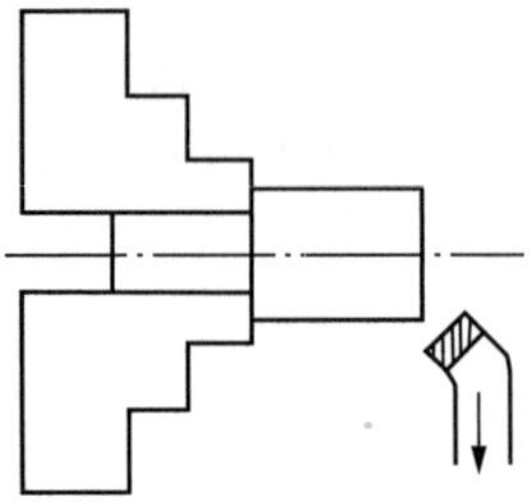	床鞍不动，用中滑板退回车刀，离开工件即可
3	进刀	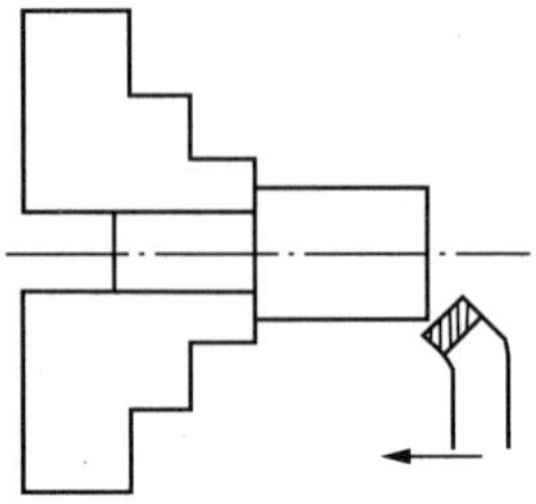	车刀以对刀位置为起点，转动床鞍刻度盘手柄，调整好背吃刀量
4	试切	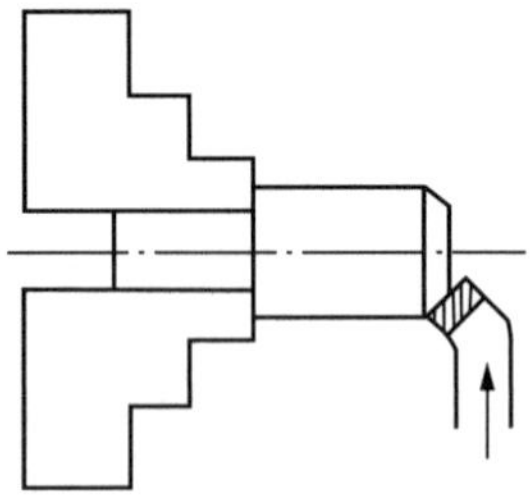	对刀的准确度和刻度盘的精度问题，按前面所调整的背吃刀量，不一定能车出准确的工件尺寸，所以，一般要进行试切，并进一步调整背吃刀量
5	车端面	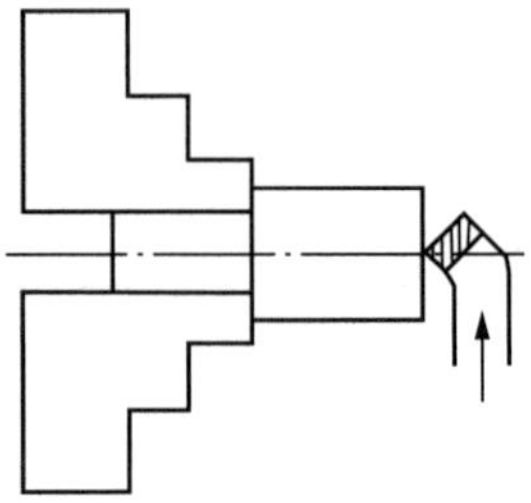	试切好以后，记住刻度，作为下一次调整背吃刀量的起点
6	退刀	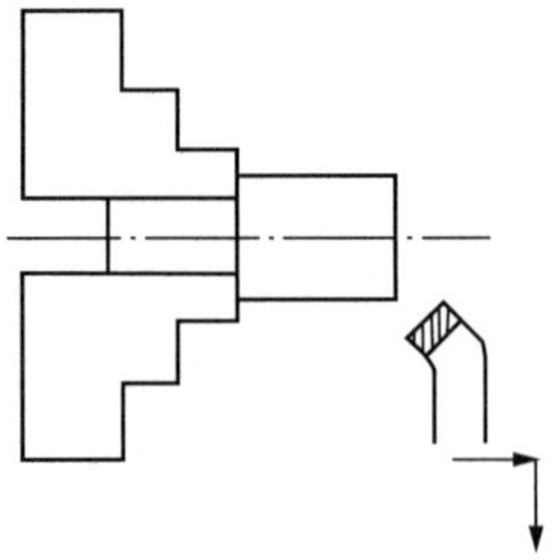	先退回车刀，让主轴停转，再关闭电源

任务实施

准备10张图纸，组织学生进行工艺分析后，进行分组加工。任务实施表见表3-3所列。

表3-3 任务实施表

<table>
<tr><td>情境</td><td colspan="6">轴类零件的车削加工</td></tr>
<tr><td>学习任务</td><td colspan="4">外圆、端面的车削加工</td><td>完成时间</td><td></td></tr>
<tr><td>任务完成人</td><td>学习小组</td><td></td><td>组长</td><td></td><td>成员</td><td></td></tr>
<tr><td colspan="7">任务实施步骤及具体内容</td></tr>
<tr><td>步骤</td><td colspan="6">车削右端面
车削 ϕ22.8±0.05 mm，长度 32±0.1 mm
车削 ϕ16.5±0.05 mm，长度 18±0.1 mm
倒角，2×45°
切断工件总长 60±0.1</td></tr>
<tr><td>注意事项</td><td colspan="6">1. 每刀切削余量不能超过 2 mm。
2. 正确使用游标卡尺，准确读取卡尺数据。</td></tr>
</table>

分析评价

每位学生完成任务后，填写分析评价表，见表3-4所列。

表3-4 分析评价表

项目	序号	技术要求	配分	评分标准	得分
工艺（15%）	1	工步正确完整	5	不规范每处扣1分	
	2	切削用量合理	5	每错一处扣1分	
	3	工艺规范合理	5	不合理每处扣1分	
机床操作（20%）	4	刀具选择安装正确	5	不合理每次扣1分	
	5	工件装夹正确	5	不合理每次扣1分	
	6	机床操作规范	5	不合理每次扣1分	
	7	零件加工不出错	5	出错全扣	
工件质量（35%）	8	尺寸精度符合要求	25	不合格每处扣1分	
	9	表面粗糙度及形位公差符合要求	10	不合格每处扣1分	
文明生产（15%）	10	安全操作	5	出错全扣	
	11	机床维护与保养	5	不合格全扣	
	12	工作场所整理	5	不合格全扣	
相关知识及职业能力（15%）	13	机加基础知识	5	教师提问	
	14	自学能力	10	教师根据学员的学习情况、表达沟通能力、合作能力和创新能力酌情给分	
		表达沟通能力			
		合作能力			
		创新能力			

知识拓展

外圆常见的问题和解决方法，见表 3－5 所列。

表 3－5 外圆常见问题及解决办法

常见问题	问题分析	解决办法
尺寸精度达不到要求	操作人员粗心大意看错图纸或刻度盘使用不当，车削时盲目进给没有进行试切削，没有校对量具或测量不正确，由于切削热的影响尺寸发生变化，机动进给没有及时关闭，使车刀进给长度超过台阶长度	车削前必须看清图纸尺寸要求，正确使用刻度盘。先进行试切削，然后修正切削深度。量具使用前必须仔细检查和校对零位。不能在工件温度较高时测量，如要测量，应在车削时浇注切削液，降低工件的温度
产生锥度	一夹一顶装夹时，后顶尖不在主轴轴线上，用小滑板车外圆，小滑板的基准刻线没跟中滑板的“0”刻线对准。床身导轨与主轴中心线不平行。车削过程中让刀。车刀中途逐渐磨损	车削前调整尾座找正锥度，检查小滑板基准刻线与中滑板的“0”刻线是否对准，调整车床主轴与床身导轨的平行度，尽量减少工件的伸出长度，选择合适的刀具材料，或降低切削速度
圆度超差	车床主轴间隙大。毛坯余量不均匀，在切削过程中切削深度发生变化。工件用两顶尖装夹时，两顶尖孔接触不良或后顶尖顶得过松，前顶尖跳动	调整主轴间隙。工件分粗、精车。顶尖的松紧程度要适当或更换新顶尖。把前顶尖圆锥面精车一刀后再安装工件
表面粗糙度	车床刚性不足，传动零件不平衡或主轴太松引起振动。车刀刚性不足或伸出太长引起振动。工件刚性不足引起振动。车刀几何参数不合理。切削用量选择不合理	消除车床刚性不足而引起的振动，调整车床的各部间隙。增加车刀的刚性和正确安装车刀。合理选择车刀的几何参数，用油石研磨切削刃，提高其表面粗糙度。合理选择切削用量

任务二　简单台阶轴车削加工

任务描述

在同一工件上，有几个直径大小不同的圆柱体连接在一起像台阶一样，被称为台阶工件。台阶俗称为“肩胛”。简单台阶轴如图 3－7 所示，台阶工件的车削，实际上就是外圆和平面车削的组合。故在车削时必须兼顾外圆的尺寸精度和台阶长度的要求。

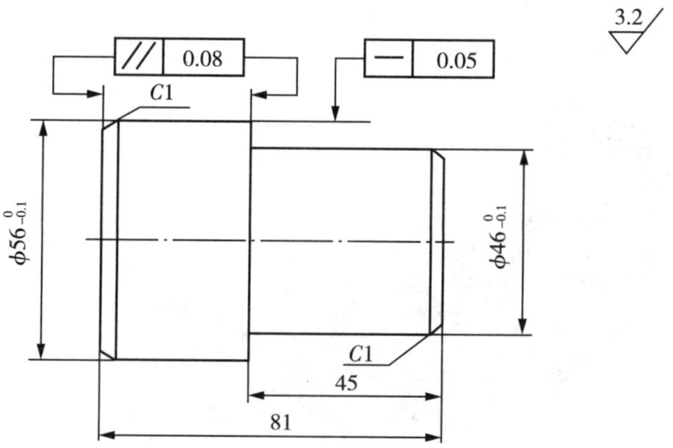

材料：HT150

图 3－7　简单台阶轴

知识链接

1. 车台阶轴的工艺准备

（1）台阶轴的装夹方法

车削时，必须将工件放在机床夹具中定位夹紧，在整个加工过程中必须使工件始终保持正确的安装位置。工件的装夹是否可靠，直接影响加工质量和生产效率。由于轴类工件形状、大小和加工精度及数量的不同，应采用不同的装夹方法。

（2）三爪自定心卡盘（图 3－8）装夹

（3）四爪单动卡盘上装夹

四爪单动卡盘（图 3－9）的卡爪是各自独立运动的，因此在装夹零件时必须找正后才可车削，但找正比较费时。其夹紧力较大，常用于装夹大型或形状不规则的零件。四爪单动卡盘的卡爪可装成正爪或反爪，反爪用于装夹较大的零件。

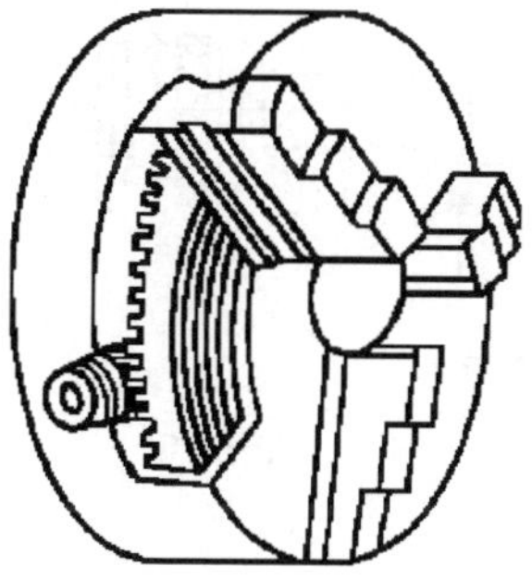

图 3－8　三爪自定心卡盘

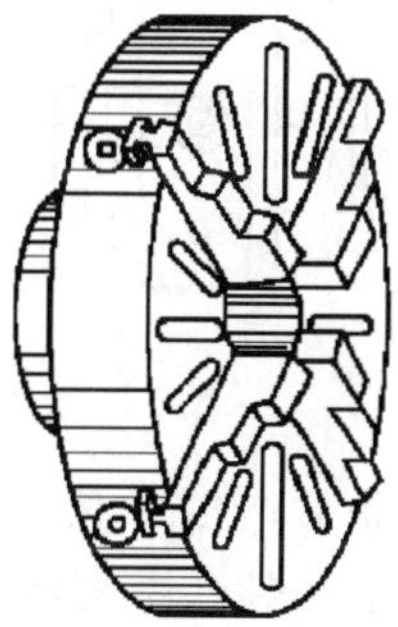

图 3－9　四爪单动卡盘

（4）双顶尖装夹

对于较长的或工序较多的零件，为保证多次装夹的精度，采用双顶尖装夹的方法，如图 3－10 所示，用双顶尖装夹零件无须找正，重复定位精度高，但装夹前需保证零件总长并在两端钻出中心孔。

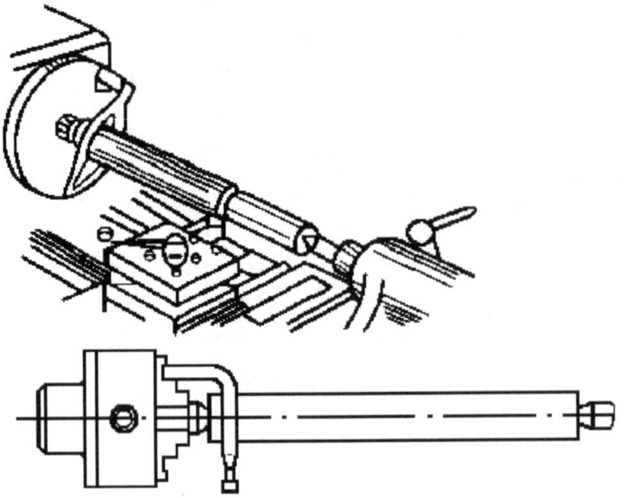

图 3-10 双顶尖装夹

(5) 用一夹一顶装夹

用双顶尖装夹零件精度高，但刚性较差，故在车削一般轴类零件时采用一端用卡盘夹住，另一端用顶尖顶住的装夹方法，如图 3-11 所示。为防止切削时产生轴向位移，可采用限位支承或台阶限位。其中，台阶限位安全，刚性好，能承受较大切削力，故应用广泛。

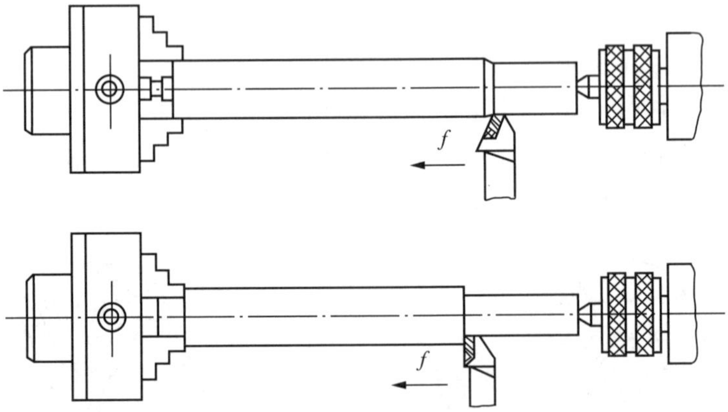

图 3-11 一夹一顶装夹

2. 车削台阶轴的工艺分析

(1) 车台阶轴用车刀的选择

选择粗车刀几何参数的一般原则如下。

1) 选择 75°左右的主偏角，小主偏角切车时容易引起振动，而 75°主偏角车刀既能承受较大的切削力，又有利于切削刃散热。

2) 为了增加刀头强度，前角和后角应选较小角度。

3) 刃倾角宜取 −3°～0°，以增加刀头强度。

4）粗车塑性金属（如中碳钢）时，为使切屑能卷曲折断，应磨出断屑槽。断屑槽的尺寸主要取决于背吃刀量和进给量。

5）应修磨出过渡刃和倒棱，以增加刀尖和刀刃强度。

6）过渡刃能增加刀尖强度，改善刀尖处的散热条件，使车刀耐用。过渡刃有直线型［如图 3－12（a）所示］和圆弧型［如图 3－12（b）所示］2 种。

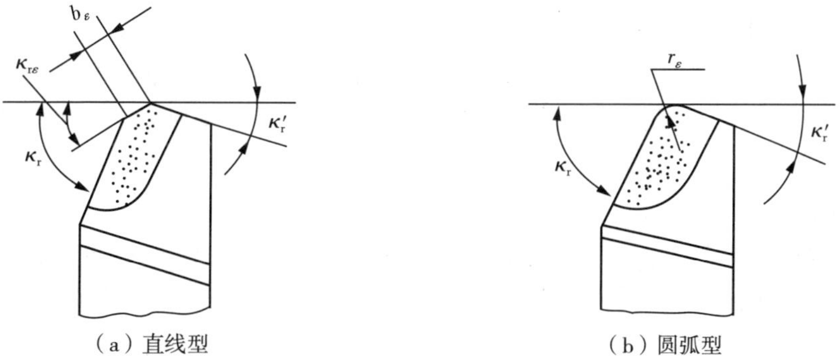

图 3－12　过渡刃

为了增加切削刃的强度，在主切削刃上磨出倒棱，倒棱参数图如图 3－13 所示，倒棱宽度 $b_{r1}=(0.5\sim0.8)f$，倒棱前角 $\gamma_{o1}=-10°\sim-5°$。

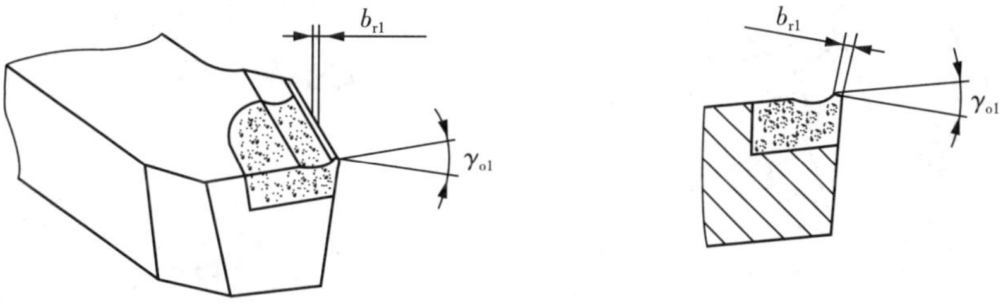

图 3－13　倒棱参数图

（2）精车的特点及对精车刀的要求

精车刀几何参数的选择如下。

1）取较小的副偏角 κ_r'，可减小工件表面粗糙度值。

2）前角 γ_0 取较大，使车刀锋利，切削轻快。

3）后角 a_0 取较大，以减小车刀和工件之间的摩擦。

4）选用正值刃倾角，即 $\lambda s=3°\sim8°$，以控制切屑排向工件的待加工表面。

5）精车塑性金属时，为保证排屑顺利，前面应磨出较窄的断屑槽。

6）为减小工件的表面粗糙度值，可在副切削刃上磨出修光刃。修光刃长度一般取 $b\varepsilon=(1.2\sim1.5)f$，并应与进给方向平行。

3. 车削台阶轴的方法及步骤

（1）车削前的准备

车削前应做好以下工作：仔细阅读图样及工艺文件，准备好工件坯料；将车床变速箱手柄置于空挡位置；检查中、小滑板间隙，使手动操作松紧适当，并润滑各滑动面，各油孔加注润滑油；将所需的工具、量具、刃具整齐地置于工作台上，放置位置应便于取用。

（2）工件的装夹

图 3 - 14 为毛坯短轴的安装示意图。安装时张开卡爪，张开量略大于工件直径，右手持稳工件，将工件平行地放入卡爪孔内，并稍稍转动，使工件在卡爪内的位置基本合适；左手转动卡盘拨手，将卡爪拧紧，待工件轻轻夹紧后，右手方可松开工件。

（3）工件的校正

三爪自定心卡盘装夹工件一般不需校正，但当工件夹持短而伸出长度较长时，易产生歪斜；离卡盘越远处，跳动越大。当跳动量大于工件加工余量时，必须校正后方可切削。校正方法有划针校正和百分表校正。

（4）划针校正

划针校正如图 3 - 15 所示。将划线盘针尖靠近轴端外圆，左手转动卡盘，右手调整划针尖与外圆最高点间隙并目测间隙变化情况。当出现最大间隙时，先用锤子将工件轻轻向顶尖方向敲动，使间隙缩小约一半，然后将工件再夹紧些，重复上述调整，直到跳动量小于加工余量即可。校正后应用力夹紧工件。

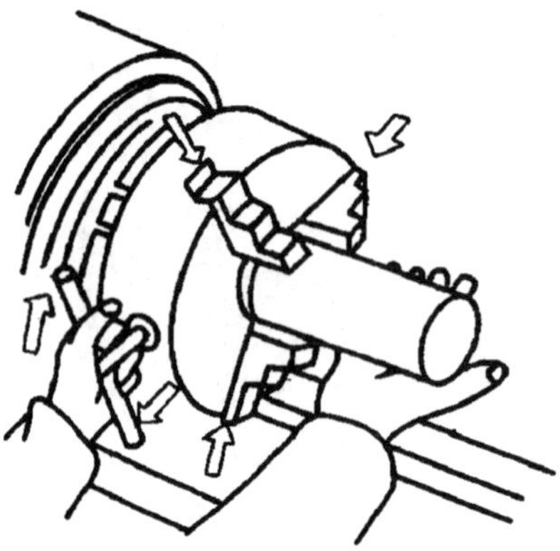

图 3 - 14　毛坯短轴的安装示意图

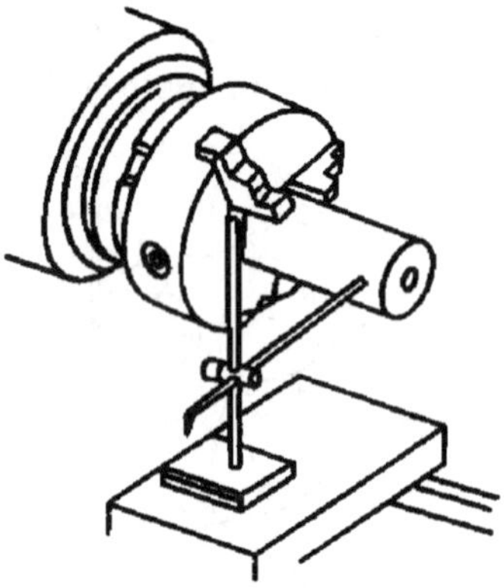

图 3 - 15　工件的校正

（5）车刀的选用

外圆车削加工一般分为粗车和精车。如果零件精度要求高还需要磨削时，车削又可分为精车和半精车。粗车的目的是尽快地从工件上切去大部分加工余量，改变不规则的毛坯形状。粗车要给精车留有合适的加工余量，精度和表面粗糙度等技术要求都较低。精车的目的是达到零件图样上的技术要求。因此，应根据不同的切削要求，选择合适的车刀及几何角度。

（6）车削用量选择

车削时，应根据加工要求和切削条件，合理选择背吃刀量 α_p、进给量 f 和切削速度 V_c。

1）背吃刀量 α_p 的选择。通常一次车削完成后，半精车和精车切削余量一般分别为 1～3 mm 和 0.1～0.5 mm，因此粗加工应尽可能选择较大的背吃刀量。当余量很大，一次进刀会引起振动，造成车刀、车床等损坏时，可考虑几次车削。特别是第一次车削时，为使刀尖部分避开工件表面的冷硬层，背吃刀量应尽可能选择较大数值。

2）进给量 f 的选择。粗车时，在工艺系统刚度许可的条件下，进给量应选大值，一般取 0.3～0.8 mm/r；精车时，为保证工件粗糙度要求，进给量应取小值，一般取 0.08～0.3 mm/r。

3）切削速度 V_c 的选择。在背吃刀量、进给量确定之后，切削速度 V_c 应根据车刀的材料及几何角度、工件材料、加工要求与冷却润滑等情况确定。不能认为切削速度越快越好。

4. 车削台阶轴加工步骤

车削台阶轴加工步骤，见表 3－6 所列。

表 3－6　车削台阶轴加工步骤

加工顺序	操作过程	图示	描述
1	对刀	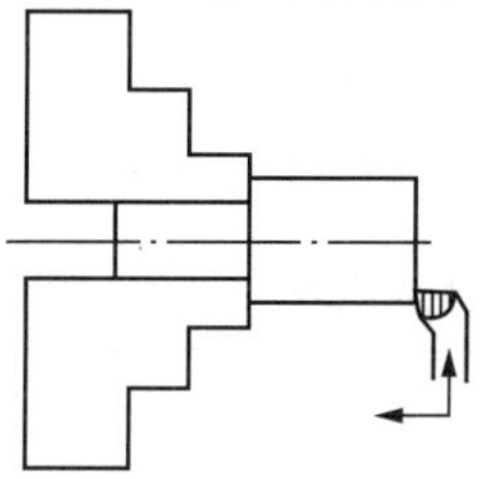	对端面，调零
2	退刀	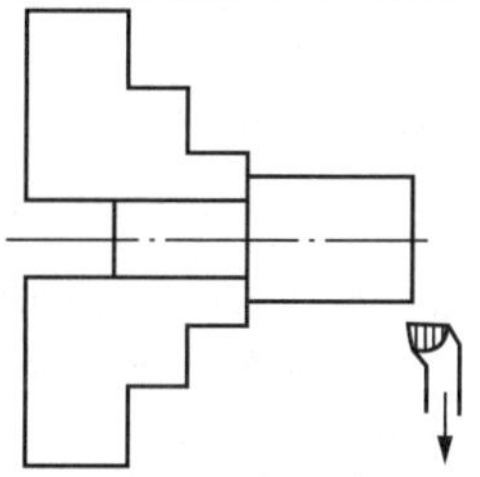	床鞍不动，用中滑板退回车刀，离开工件即可
3	进刀	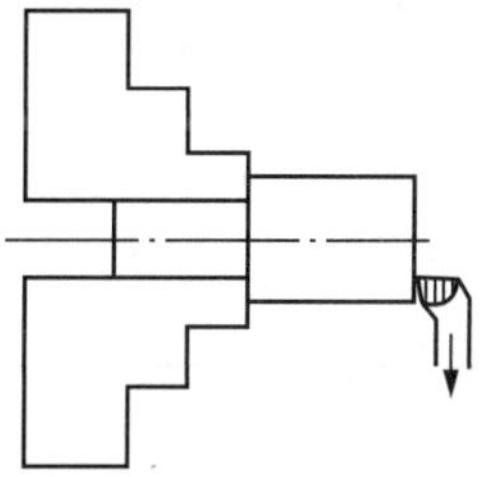	车刀以对刀位置为起点，转动床鞍刻度盘手柄，调整好背吃刀量
4	切削	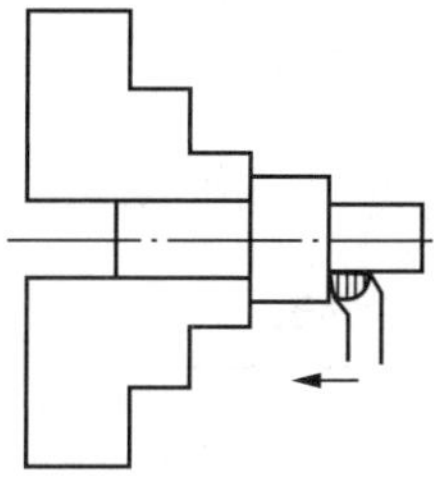	车削外圆至要求长度
5	车外圆	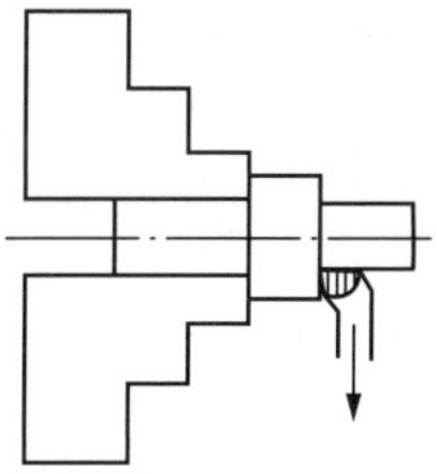	慢慢退中滑板，车削出台阶面

（续表）

加工顺序	操作过程	图示	描述
6	退刀	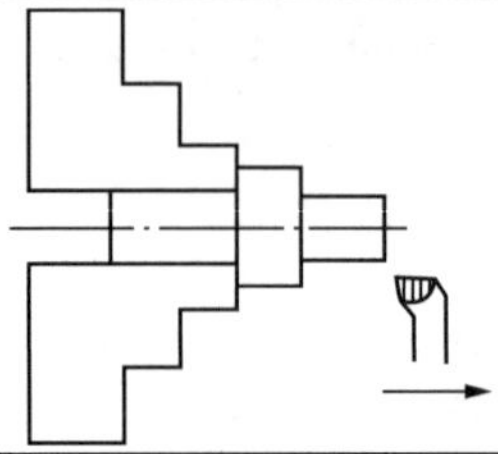	先退回车刀，让主轴停转，停车检测

任务实施

准备 10 张图纸，组织学生进行工艺分析后，进行分组加工。任务实施表见表 3－7 所列。

表 3－7　任务实施表

学习任务	简单台阶轴的车削加工				完成时间	
任务完成人	学习小组		组长		成员	
任务实施步骤及具体内容						
步骤	（1）用三爪自定心卡盘夹住工件，留出外圆长 120 mm 左右，校正并夹紧。 （2）粗车端面、外圆 ϕ56.5 mm。 （3）粗车外圆 ϕ46.5 mm，长 45 mm。 （4）精车端面、外圆 $\phi 46_{-0.1}^{\ 0}$ mm，长 45 mm，倒角 $C1$，表面粗糙度 Ra 为 3.2 μm。 （5）掉头，垫铜皮夹住 $\phi 46_{-0.1}^{\ 0}$ mm 外圆，校正卡爪处外圆和台阶平面（反向），夹紧工件。 （6）粗车端面（总长 82 mm）、外圆 ϕ56.5 mm。 （7）精车端面，保证总长 81 mm，保证平等度误差在 0.08 mm 以内。 （8）精车外圆 $\phi 46_{-0.1}^{\ 0}$ mm，素线度误差不大于 0.05 mm，表面粗糙度 Ra 为 3.2 μm。 （9）倒角 $C1$。					
注意事项	1. 每刀切削余量不能超过 2 mm。 2. 正确使用游标卡尺，准确读取卡尺数据。					
工件检验						

分析评价

每位学生完成零件后，填写分析评价表，见表 3－8 所列。

表 3－8　分析评价表

项目	序号	技术要求	配分	评分标准	得分
工艺（15%）	1	工步正确完整	5	不规范每处扣 1 分	
	2	切削用量合理	5	每错一处扣 1 分	
	3	工艺规范合理	5	不合理每处扣 1 分	
机床操作（20%）	4	刀具选择安装正确	5	不合理每次扣 1 分	
	5	工件装夹正确	5	不合理每次扣 1 分	
	6	机床操作规范	5	不合理每次扣 1 分	
	7	零件加工不出错	5	出错全扣	

（续表）

项目	序号	技术要求	配分	评分标准	得分
工件质量（35%）	8	尺寸精度符合要求	25	不合格每处扣1分	
	9	表面粗糙度及形位公差符合要求	10	不合格每处扣1分	
文明生产（15%）	10	安全操作	5	出错全扣	
	11	机床维护与保养	5	不合格全扣	
	12	工作场所整理	5	不合格全扣	
相关知识及职业能力（15%）	13	机加基础知识	5	教师提问	
	14	自学能力	10	教师根据学员的学习情况、表达沟通能力、合作能力和创新能力酌情给分	
		表达沟通能力			
		合作能力			
		创新能力			

知识拓展

车削台阶轴类零件时，由于工艺安排不合理，加工方法不正确等原因容易加工出废品。车削台阶轴类零件时，产生废品原因及预防方法见表 3－9 所列。

表 3－9　车削台阶轴类零件时产生废品原因及预防方法

加工问题	产生原因	预防方法
台阶轴与工件中心不垂直	较低的台阶是由于车刀装刀歪斜，使主切削刃与工件轴线不垂直	装刀时必须让主切削刃垂直于工件的轴线，车最后一刀时应该由里向外车出
	较高的台阶不垂直原因是车刀不锋利、小滑板太松或者刀架没压紧，使车受背向力的作用产生“让刀”	保持车刀锋利；中小滑板的镶条不应太松；车刀刀架应压紧
台阶长度不正确	自动进给时没有及时关闭，使车刀进给的长度超出应有尺寸	注意自动进给及时关闭或提前关闭，再手动进给到尺寸
	看错尺寸或事先没有根据图样尺寸进行测量	看准图样尺寸，正确测量工件

任务三　多阶梯轴的车削加工

任务描述

2 个或 2 个以上的圆柱体组成的具有相同轴心线的轴称为多阶梯轴。这类零件也可能具有其他截面形状的组合，如花键、圆锥体、正多边体等，统称为多阶梯轴类零件，如图 3－16 所示。

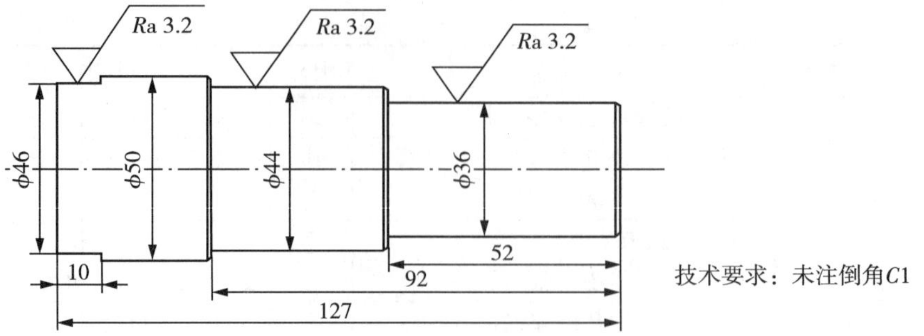

图 3-16　多阶梯轴零件

知识链接

1. 多阶梯轴的切削方法

车削阶梯轴实际上是车外圆和车端面的综合。在车削时应兼顾外圆直径和阶梯轴长度两个方向的尺寸要求，还要保证阶梯轴端面与工件轴线的垂直度要求。车削阶梯轴可以纵向进给，也可以横向进给。如果阶梯轴的一端较短（如 6～8 mm），可用横向进给车出；如果阶梯轴的一端较长或表面尺寸要求高，则要用纵向进给车出。

根据阶梯轴相邻 2 个圆柱体直径差值大小，多阶梯轴可分为低阶台和高阶台 2 种。

（1）低阶台的车削

阶梯轴的低阶台可以用一次走刀车出。由于阶台面应和工件轴线垂直，所以必须用 90°偏刀车削。装刀时要使刀刃和工件轴线垂直。

（2）高阶台的车削

阶梯轴的高阶台要用分层切削方法进行车削。粗车时先用主偏角 $Kr<90^\circ$ 的车刀进行车削，再把偏刀的主偏角装成 93°～95°，需用几次走刀来完成。在最后一次走刀时，车刀在纵向进给结束后，用手摇动中滑板手柄，使车刀逐渐均匀退出，把阶台端面车削一次，这样可以保证端面与外圆轴线相垂直。

2. 多阶梯轴长度测量及控制方法

车削阶梯轴时，应准确控制多段阶台的轴向长度尺寸。其关键是要根据图样找出正确的测量基准，否则会造成累积误差过大而产生废品。控制多段阶台的轴向长度尺寸有以下几种方法。

（1）刻线痕

先用钢板尺、样板或卡钳量出阶台的长度尺寸，然后用车刀刀尖在阶台的位置处车刻出细线，再进行车削。

（2）用挡铁定位

在批量生产中，为了迅速准确地控制多段阶台的长度，可用块式挡铁定位控制，或用圆盘式挡铁定位控制。使用这种方法可省去大量的测量时间，加工精度也可以控制在 0.1～0.2 mm。为了准确控制工件的轴向尺寸，用卡盘顶尖安装工件时，在车床主轴锥孔内必须装有限位支承，使工件轴向定位。

（3）利用床鞍刻度盘控制阶台长度尺寸

例如，CA6140 卧式车床床鞍刻度盘每小格等于纵向进给 1 mm。根据刻度盘转过的格数，即可以算出进给长度。这种控制尺寸的方法，长度误差在 0.3 mm 之内。阶梯轴阶台长度尺寸可以用钢尺、内卡钳和深度游标卡尺测量。对于批量较大或精度较高的阶台，可用量规测量。

任务实施

准备 10 张图纸，组织学生进行工艺分析后进行分组加工。任务实施表见表 3－10 所列。

表 3－10　任务实施表

<table>
<tr><td>学习任务</td><td colspan="4">多阶梯轴的车削加工</td><td>完成时间</td><td></td></tr>
<tr><td>任务完成人</td><td>学习小组</td><td></td><td>组长</td><td></td><td>成员</td><td></td></tr>
<tr><td colspan="7">任务实施步骤及具体内容</td></tr>
<tr><td>步骤</td><td colspan="6">（1）用三爪自定心卡盘夹住工件，留出外圆长 100 mm 左右，校正并夹紧。
（2）粗车端面、外圆 ϕ46 mm×10 mm，倒角两处。
（3）掉头装夹，车削端面，保证总长 127 mm。
（4）钻中心孔。
（5）一夹一顶装夹，粗车外圆 ϕ44.5 mm×92 mm。
（6）粗车外圆 ϕ36.5 mm×52 mm。
（7）精车外圆 $\phi\,44_{-0.1}^{\ 0}$ mm。
（8）精车外圆 ϕ36 mm×52 mm。
（9）倒角 $C1$，3 处。</td></tr>
<tr><td>注意事项</td><td colspan="6">1. 每刀切削余量不能超过 2 mm。
2. 正确使用游标卡尺，准确读取卡尺数据。</td></tr>
<tr><td>工件检验</td><td colspan="6"></td></tr>
</table>

分析评价

每位学生完成零件加工后，填写分析评价表，见表 3－11 所列。

表 3－11　分析评价表

项目	序号	技术要求	配分	评分标准	得分
工艺（15%）	1	工步正确完整	5	不规范每处扣 1 分	
	2	切削用量合理	5	每错一处扣 1 分	
	3	工艺规范合理	5	不合理每处扣 1 分	
机床操作（20%）	4	刀具选择安装正确	5	不合理每次扣 1 分	
	5	工件装夹正确	5	不合理每次扣 1 分	
	6	机床操作规范	5	不合理每次扣 1 分	
	7	零件加工不出错	5	出错全扣	
工件质量（35%）	8	尺寸精度符合要求	25	不合格每处扣 1 分	
	9	表面粗糙度及形位公差符合要求	10	不合格每处扣 1 分	
文明生产（15%）	10	安全操作	5	出错全扣	
	11	机床维护与保养	5	不合格全扣	
	12	工作场所整理	5	不合格全扣	

（续表）

项目	序号	技术要求	配分	评分标准	得分
相关知识及职业能力（15%）	13	机加基础知识	5	教师提问	
	14	自学能力	10	教师根据学员的学习情况、表达沟通能力、合作能力和创新能力酌情给分	
		表达沟通能力			
		合作能力			
		创新能力			

知识拓展

在中华人民共和国成立70周年大会阅兵式上，当装备方队从天安门城楼前通过时，举国一片欢腾。20多天过去了，陕西航天时代导航设备有限公司（7107厂）特级技师刘湘宾心里，还充满着自豪和振奋。因为除了阅兵式上展出的防务装备，还有奔月的“嫦娥”、入海的“蛟龙”、导航的“北斗”，这些大国重器导航系统的关键零部件陀螺，不少出自他和他的团队。

陀螺是惯性导航控制系统的核心部件，它关系着卫星能否到达预定轨道、导弹能否命中目标、潜水器能否到达指定海域。它就像眼睛一样，能够迅速精准定位。而刘湘宾就是擦亮“眼睛”的工匠，他的绝活就是能把陀螺的精度加工到微米和亚微米级，让大国重器的“眼睛”看得更准更远。

从退伍军人到全国技术能手、航天贡献奖获得者、三秦工匠，刘湘宾走过了近40年的奋斗之路。1983年，他退伍后在7107厂当了一名铣工。“刚进车间，一看见这些大型设备，我就爱上了这个工作。”于是，他自学了技校的全部13门课程，“我唯一的爱好就是听机床声响”。从此，他在精密和超精密机械加工方面越钻越深、越钻越精。经过74次试验，他自创了一套高精度机床加工刀具，完全替代了进口产品，并取得了发明专利。

7107厂成立了以“刘湘宾”命名的劳模工作室，这个工作室还获得省里表彰。刘湘宾带领的54人航天集团金牌班组是7107厂最大的生产班组，有一名特级技师、7名国家高级技师、20名国家技师。这个班组还是陕西省的工人先锋号。在刘湘宾工作室里，摆着两列玻璃橱柜，陈列着这个班组部分产品的模型。“从建厂到现在，100多次大型飞行试验，没有一次因为我们厂的产品出问题，导致发射失利的。”刘湘宾说，国家交给他们什么任务，他们都按时完成，把质量做到最好，技能水平做到最高。他说：“用先进的设备，做出最好的产品，这就是7107厂航天人的初心。”

任务四　双向阶梯轴的车削加工

任务描述

本任务主要学习百分表的找正原理，会利用百分表提高掉头装夹精度；练习百分表的读数方法，利用百分表保证工件最大径向圆跳动误差小于 0.1 mm。通过本任务的学习和训练，完成图 3－17 所示零件的加工。

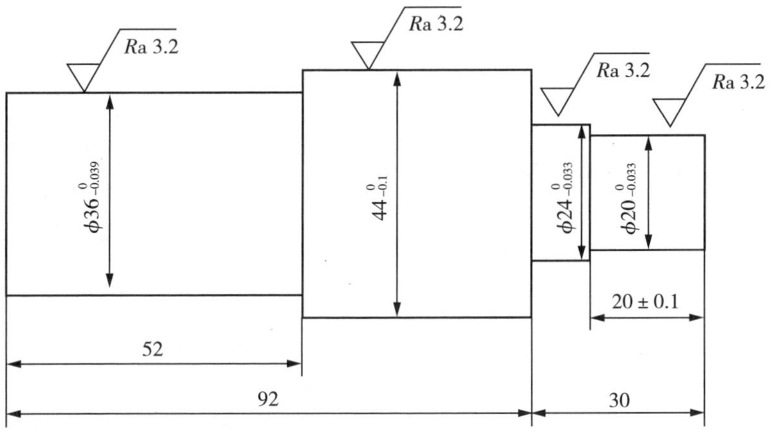

图 3－17　双向阶梯轴

知识链接

1. 百分表

（1）读数方法

百分表的读数方法：先读小指针转过的刻度线（即毫米整数），然后读大指针转过的刻度线（即小数部分），并乘以 0.01，两者再相加，即得到所测量的数值。

（2）使用百分表时必须注意以下几点

1）使用前，应检查测量杆活动的灵活性。即轻轻推动测量杆时，测量杆在套筒内的移动要灵活，没有任何轧卡现象；且每次放松后，指针能恢复到原来的刻度位置。

2）使用百分表时，必须把它固定在可靠的夹持架上（如固定在万能表架或磁性表座上，如图 3－18 所示），夹持架要安放平稳，以免测量结果不准确或摔坏百分表。用夹持百分表的套筒来固定百分表时，夹紧力不要过大，以免因套筒变形而使测量杆活动不灵活。

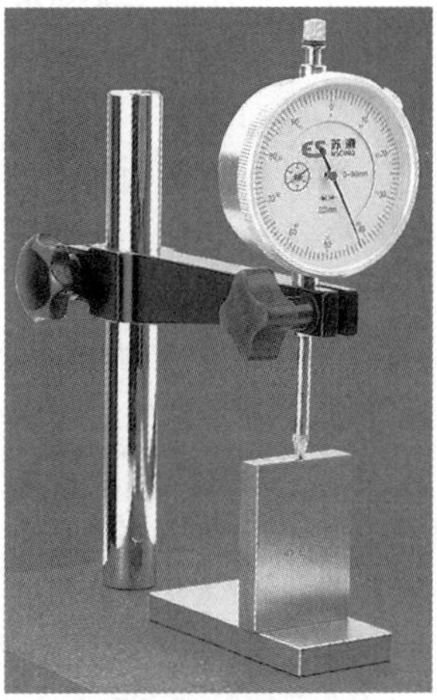

图 3－18　百分表

3）用百分表测量零件时，测量杆必须垂直于被测量表面。即使测量杆的轴线与被测量尺寸的方向一致，否则将使测量杆活动不灵活或使测量结果不准确。

4）检查工件平整度或平行度时。将工件放在平台上使测量头与工件表面接触，先调整指针使摆动，然后把刻度盘零位对准指针，跟着慢慢地移动表座或工件。如果指针顺时针摆动，则说明工件偏高；如果指针逆时针摆动，则说明工件偏低。

2. 车削双向台阶轴质量分析

车削双向台阶轴质量分析见表3-12所列。

表3-12 双向台阶轴质量分析表

加工问题	产生原因	预防方法
尺寸精度达不到要求	1. 看错图样或刻度盘使用不当。 2. 没有进行试车削。 3. 量具有误差或测量不准确。 4. 由于切削热影响使工件尺寸发生变化。 5. 机动进给没有及时关闭，使车刀进给长度超过台阶长度。	1. 看清楚图样的尺寸要求，正确使用刻度盘，看清楚刻度值。 2. 根据加工余量算出背吃刀量，进行试车削，然后修正背吃刀量。 3. 量具使用前必须检查和调整。 4. 不能在工件温度较高时测量。 5. 注意及时关闭机动进给；或提前关闭机动进给，再手动进给到所要求的长度尺寸。
产生锥度	1. 用一夹一顶或两顶尖装夹工件时，后顶尖轴线与主轴轴线不重合。 2. 用小滑板车外圆时，小滑板的位置不正，即小滑板转盘的基准刻线不对“0”位。 3. 用卡盘装夹纵向进给车削时，床身导轨与车床主轴轴线不平行。 4. 装夹工件时悬伸较长，车削时因切削力的影响使前端让开，产生锥度。 5. 车刀中途逐渐磨损。	1. 车削前必须检查尾座，有偏移则进行调整。 2. 检查小滑板转盘的基准刻线是否对“0”位，若不对则进行调整。 3. 检查车床主轴，保证其轴线与床身导轨平行。 4. 尽量减小工件的悬伸长度，或采用后顶尖支顶，以提高装夹刚度。 5. 选用合适的刀具材料。
圆度超差	1. 车床主轴间隙太大。 2. 毛坯余量不均匀，车削过程中背吃刀量变化太大。 3. 工件用两顶尖装夹时，中心孔接触不良，或后顶尖顶得不紧，或前、后顶尖产生径向跳动。	1. 车削前检查主轴间隙，并将其调整合适。如主轴轴承磨损严重，则需更换。 2. 经半精车后再精车。 3. 工件用两顶尖装夹时必须松紧适当，若顶尖产生径向跳动，应及时修复或更换。
表面粗糙度达不到要求	1. 车床刚度不够，如滑板镶条太松，传动零件（如带轮）不平衡或主轴间隙大引起振动。 2. 车刀刚度不够或伸出太长引起振动。 3. 工件刚度不够引起振动。 4. 车刀几何参数不合理，如选用过小的前角、后角和主偏角等；或车刀严重磨损。 5. 切削用量选用不当。	1. 消除或防止由于车床刚度不足而引起的振动（如调整车床各部分的间隙等）。 2. 提高车刀刚度及正确装夹车刀。 3. 提高工件的装夹刚度。 4. 需用合理的车刀几何参数（如适当增大前角，选择合理的后角和主偏角等）；重磨车刀。 5. 进给量不宜太大，精车余量和切削速度应选择恰当。

任务实施

为学生准备 10 张图纸，组织学生进行工艺分析后，进行分组加工。任务实施表见表 3－13所列。

表 3－13 任务实施表

<table>
<tr><td>学习任务</td><td colspan="4">双向阶梯轴的车削加工</td><td>完成时间</td><td></td></tr>
<tr><td>任务完成人</td><td>学习小组</td><td></td><td>组长</td><td></td><td>成员</td><td></td></tr>
<tr><td colspan="7">任务实施步骤及具体内容</td></tr>
<tr><td>步骤</td><td colspan="6">（1）用三爪自定心卡盘夹住工件，夹持面为 ϕ44 mm。
（2）用百分表测量工件的径向圆跳动误差，并调整至小于 0.1。
（3）车端面，保证总长 122 mm。
（4）粗车外圆 ϕ24.5 mm×30 mm。
（5）精车外圆 ϕ24H8×30 mm。
（6）粗车外圆 ϕ20.5 mm×20 mm。
（7）精车外圆 ϕ20H8×20 mm。
（8）倒角 3 处。</td></tr>
<tr><td>注意事项</td><td colspan="6">1. 每刀切削余量不能超过 2 mm。
2. 正确使用游标卡尺，准确读取卡尺数据。</td></tr>
<tr><td>工件检验</td><td colspan="6"></td></tr>
</table>

分析评价

学生分组加工零件后，需填写分析评价表，见表 3－14 所列。

表 3－14 分析评价表

项目	序号	技术要求	配分	评分标准	得分
工艺（15％）	1	工步正确完整	5	不规范每处扣 1 分	
	2	切削用量合理	5	每错一处扣 1 分	
	3	工艺规范合理	5	不合理每处扣 1 分	
机床操作（20％）	4	刀具选择安装正确	5	不合理每次扣 1 分	
	5	工件装夹正确	5	不合理每次扣 1 分	
	6	机床操作规范	5	不合理每次扣 1 分	
	7	零件加工不出错	5	出错全扣	
工件质量（35％）	8	尺寸精度符合要求	25	不合格每处扣 1 分	
	9	表面粗糙度及形位公差符合要求	10	不合格每处扣 1 分	

（续表）

项目	序号	技术要求	配分	评分标准	得分
文明生产（15%）	10	安全操作	5	出错全扣	
	11	机床维护与保养	5	不合格全扣	
	12	工作场所整理	5	不合格全扣	
相关知识及职业能力（15%）	13	机加基础知识	5	教师提问	
	14	自学能力	10	教师根据学员的学习情况、表达沟通能力、合作能力和创新能力酌情给分	
		表达沟通能力			
		合作能力			
		创新能力			

知识拓展

陈兆海，中共党员，1974 年 12 月出生，1995 年毕业于天津航务技工学校测量试验专业，现为中交一航局三公司测量首席技能专家。作为测量施工的主要负责人，他是索塔上随叫随到的“蜘蛛侠”，也是中国土木工程詹天佑奖的获得者，更是创下了靠人工测量方法，将沉箱水下基床标高精度控制在厘米级的奇迹……一次次挑战、一次次跨越，专业、专心与专注已经融进他的血液之中。他用执着与坚守、用心与细腻，一次又一次撰写着中国工程的技艺和传奇。

他执着专注、不忘初心。从“攻克悬索安装”到“高精度测量”，他不仅精炼了“中国速度”，还创造了“中国精度”。

从我国首座 30 万吨级矿石码头——大连港 30 万吨级矿石码头工程，以及我国首座航母船坞——大船重工香炉礁新建船坞工程；到国内最长船坞——中远大连造船项目 1 号船坞工程；再到我国首座双层地锚式悬索桥——星海湾跨海大桥工程，以及大连湾海底隧道和光明路延伸工程，顺利承建的背后，都见证了他攻坚克难、精雕细琢、勇于创新和追求极致的匠人匠心。

一路走来，陈兆海在平凡中创造着非凡，在非凡中演绎着感动。用工匠精神对待每一个微小的细节，持之以恒追逐匠梦、呕心沥血传授技艺，凭着对测量事业的执着与热爱，陈兆海将一团团永不熄灭的激情火焰点燃在无数的点与线之间，他所蕴藏的不竭奋斗与赤

子情怀弥足珍贵，不仅照亮了自己别样的人生，也诠释了新时代央企工匠的风采与活力，更托起了辉煌的中国梦！

课后习题

一、判断题

（1）为提高工作效率，装夹工件和测量工件可以不停车。（　　）

（2）当工件需要多次掉头装夹时，采用两顶尖装夹比一夹一顶装夹容易保证加工精度。（　　）

（3）车外圆时，工件易出现锥度，克服的方法：如果工件靠卡盘一端直径较大，应将尾座向离开操作者的方向移动。（　　）

二、简答题

（1）装夹车刀应注意哪些事项？

（2）车削外圆时，表面粗糙度达不到要求的原因是什么？应怎样解决？

（3）控制阶台的长度有哪些方法？

（4）台阶轴主要的装夹方法有哪些？

（5）选择粗车刀几何参数的一般原则是什么？

锤柄的车削加工实践教学

第四章　内外圆锥面的车削加工

学习目标

1. 知识目标：
(1) 了解关于圆锥的基本参数及其计算
(2) 掌握转动小滑板车圆锥的方法
(3) 掌握小滑板转动角度的计算方法
(4) 掌握偏移尾座车圆锥的方法
(5) 掌握尾座偏移量的计算方法
(6) 掌握圆锥质量检测的方法
2. 能力目标：
(1) 具备转动小滑板车圆锥的基本操作技能
(2) 具备偏移尾座车圆锥的基本操作技能
(3) 具备对圆锥表面质量分析和检测的能力
3. 素质目标：
(1) 培养学生爱护设备及工具、夹具、刀具、量具的职业素养
(2) 培养学生严谨细致、团结协作的作风和吃苦耐劳精神，增强其职业道德观念
(3) 培养学生严格执行工作程序、工作规范、工艺文件和安全操作规程的职业素养

任务描述

因锥面具有配合紧密、拆卸方便、多次拆装后仍能保持精确的对中等特性，因此被广泛应用于要求定位准确、能传递一定转矩和经常拆卸的配合件上。在机床和一些工具中，使用圆锥配合的场合有很多，图 4－1 (a) 所示的为车床主轴锥孔与顶尖的配合，图 4－1 (b)所示的为车床主轴锥孔与顶尖的配合。

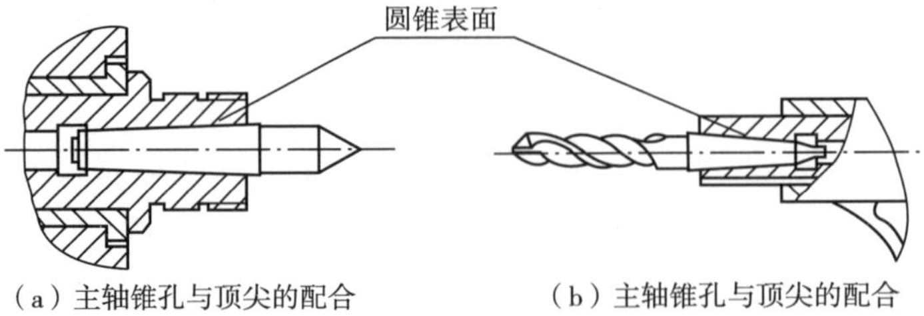

(a) 主轴锥孔与顶尖的配合　　(b) 主轴锥孔与顶尖的配合

图 4－1　圆锥配合

任务一　认识圆锥

知识链接

1. 认识圆锥零件

(1) 圆锥零件概述

在车床上有多种方法可车削圆锥面。采用不同方法车削圆锥面，对应加工的零件尺寸范围、结构形式、加工精度、使用性能和批量大小有所不同，但其都是为了使刀具的运动轨迹与零件轴心线成一斜角，从而加工出所需要的圆锥面零件。为了降低生产成本，生产中把常用的零件圆锥表面按标准尺寸制成标准圆锥表面，即圆锥表面各个部分的尺寸，按照规定的几个号码来制造，使用时只要号码相同，就能紧密配合和互换。常见的圆锥工件如图 4-2 所示。

(2) 圆锥面配合特点

1) 当圆锥面的锥角较小时（3°以下），具有自锁作用，可传递很大的转矩。

2) 装拆方便，虽经多次装拆，仍能保证精确的定心作用。

3) 配合精确的圆锥面同轴度高，并可做到无间隙配合。

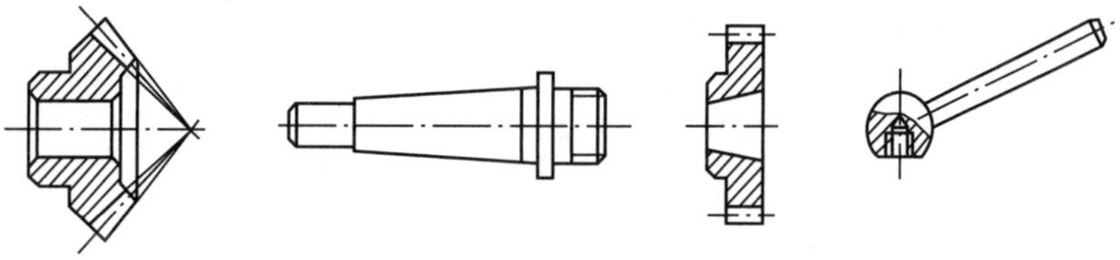

图 4-2　常见的圆锥工件

(3) 常用的标准圆锥

常用的标准圆锥有下列 2 种。

1) 莫氏圆锥

莫氏圆锥在机器制造业中应用较广泛，如车床主轴锥孔、顶尖、钻头柄、铰刀柄等都用莫氏圆锥。莫氏圆锥有 7 个号码，即 0、1、2、3、4、5 和 6 号，最小的是 0 号，最大的是 6 号。号数不同，锥度也不相同；由于锥度不同，所以斜角 α 也不同。

2) 公制圆锥

公制圆锥有 8 个号码，即 4、6、80、100、120、140、160 和 200 号。这些号码是指大端直径，锥度固定不变，即 $K=1:20$。例如，80 号公制圆锥的大端直径是80 mm，锥度 $K=1:20$。

2. 圆锥各部分名称和尺寸计算

(1) 圆锥各部分名称

圆锥各部分名称，如图 4-3 所示，具体介绍如下。

1) 最大圆锥直径 D：简称大端直径。

2）最小圆锥直径 d：简称小端直径。

3）圆锥长度 L：最大圆锥直径与最小圆锥直径之间的轴向距离。

4）锥度 C：圆锥最大直径和最小直径之差与圆锥长度之比。

5）圆锥角 α：在通过圆锥轴线的截面内 2 条素线之间的夹角。

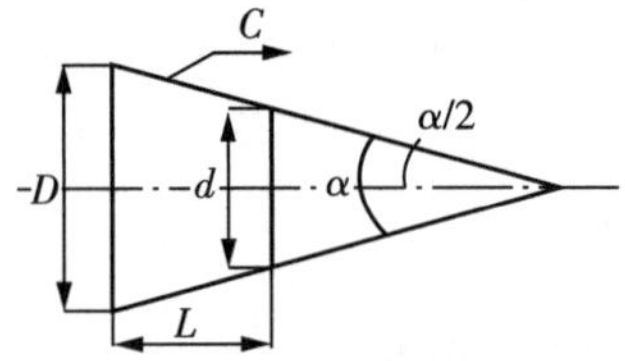

图 4－3　圆锥各部分名称

6）圆锥半角 $\alpha/2$：圆锥角 α 是在通过圆锥轴线的截面内 2 条素线间的夹角。

7）斜度 $C/2$：大、小端直径之差和圆锥长度之比的一半。

（2）圆锥尺寸计算

$$C=\frac{D-d}{L}$$

对公式进行变形，可以得到：

$$D=d+CL$$

$$d=D-CL$$

$$L=\frac{D-d}{C}$$

圆锥半角 $\alpha/2$ 和锥度的关系：

$$\tan\frac{\alpha}{2}=\frac{C}{2}\quad 或\quad C=2\tan\frac{\alpha}{2}$$

圆锥半角 $\alpha/2$ 和其他参数的关系：

$$\tan\frac{\alpha}{2}=\frac{D-d}{2L}$$

对公式进行变形，可以得到：

$$D=d+2L\tan\frac{\alpha}{2}$$

$$d=D-2L\tan\frac{\alpha}{2}$$

$$L=\frac{D-d}{2\tan\frac{\alpha}{2}}$$

例如，有一外圆锥工件，已知锥度 $C=1:20$，小端直径 $d=64$ mm，圆锥长度 $L=80$ mm，求大端直径 D 和圆锥半角 $\alpha/2$。

解：$D=d+CL=64\text{ mm}+1/20\times80\text{ mm}=68\text{ mm}$

$$\tan\frac{\alpha}{2}=\frac{C}{2}=\frac{1/20}{2}=0.025$$

使用计算器求反三角函数，得到$\frac{\alpha}{2}\approx1.435°\approx1°26'$

知识拓展

圆锥配合可分为 3 类：过盈配合、间隙配合和过渡配合。

（1）圆锥过盈配合

圆锥过盈配合指圆锥内孔与圆锥轴外径之间的配合方式，通过轴向压紧产生摩擦力来传递扭矩。圆锥过盈适用于传递大扭矩、高负荷、振动较小的情况。其结构简单、承载能力强、工作可靠。其缺点是装配困难，需要较大的装配力，对轴和孔的制造精度要求高。

（2）圆锥间隙配合

圆锥间隙配合指圆锥内孔与圆锥轴外径之间的配合方式，通过径向间隙传递扭矩。圆锥间隙配合适用于传递小扭矩、低负荷、振动较大的情况。圆锥间隙配合的优点是装配简单，对轴和孔的制造精度要求较低；缺点是承载能力较弱，工作可靠性较低。

（3）圆锥过渡配合

圆锥过渡配合指介于圆锥过盈配合和圆锥间隙配合之间的一种配合方式。它通过部分过盈和部分间隙来实现扭矩传递。圆锥过渡配合适用于传递中等扭矩、中等负荷、有一定振动的情况。它结合了圆锥过盈配合和圆锥间隙配合的优点，既有一定的承载能力，又易于装配；但是它对轴和孔的制造精度要求较高，且对工作环境有一定要求。

任务二 外圆锥面的车削加工

任务描述

由于圆锥零件有各种不同的形状，车床上的结构也有所不同，因此要根据不同情况采用不同的方法进行车削。通过本任务的学习和训练，能够完成图 4 - 4 所示零件的加工。

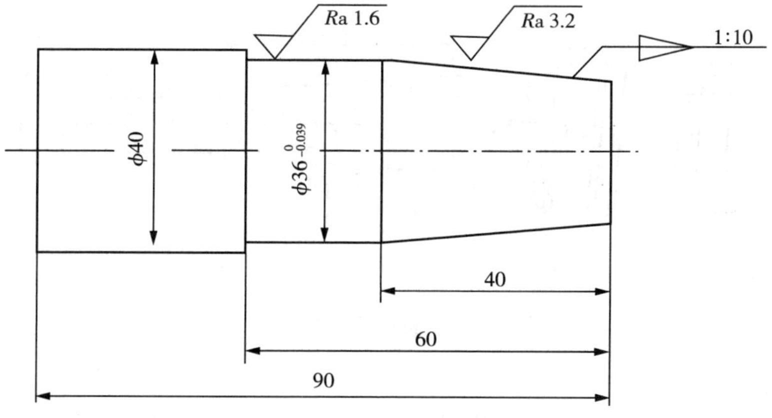

图 4 - 4 圆锥零件图

知识链接

1. 外圆锥面的车削方法

由于圆锥零件有各种不同的形状，车床上的结构也有所不同。因此要根据不同情况采用不同的方法进行车削。在车床上加工圆锥主要有以下 4 种方法。

（1）宽刃刀法

即将车刀的主切削刃刃磨成被加工圆锥的角度，是采用车床的横向进给在工件上直接加工的一种方法，如图 4-5 所示。

（2）转动小拖板法

即车削时先把小拖板按零件的要求转动一定的角度，然后转动小拖板，使车刀的运动轨迹与所要加工的圆锥母线平行，即可加工出圆锥体的一种方法，如图 4-6 所示。

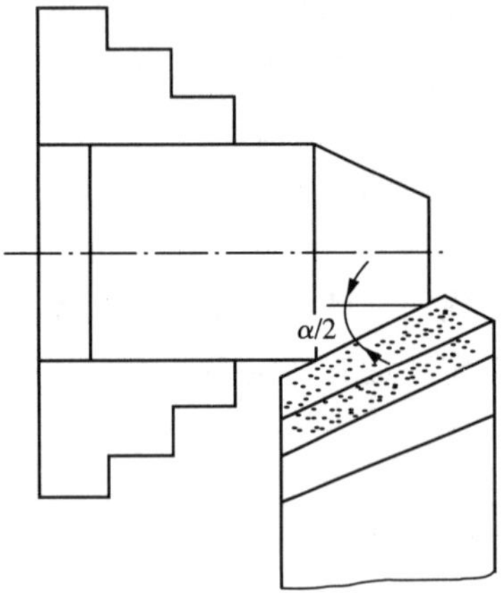

图 4-5　宽刃刀法车外圆锥

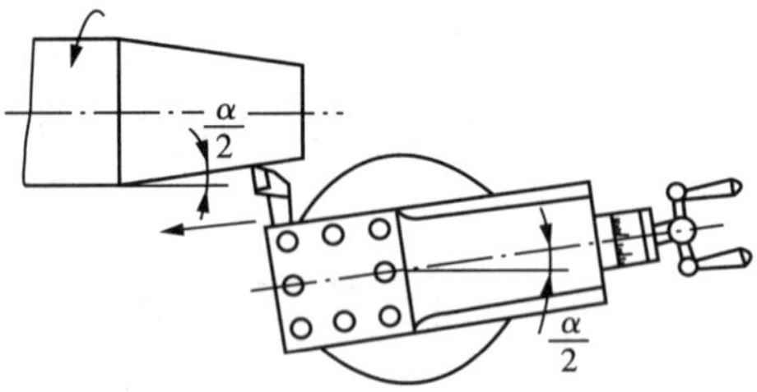

图 4-6　转动小拖板法车外圆锥

（3）偏移尾座法

先将工件安装在前后顶尖之间，然后将尾座偏移一定距离，使工件的回转轴线与车床主轴轴线形成一定夹角，并采用大拖板的纵向移动加工出所需要的锥面，如图 4-7 所示。

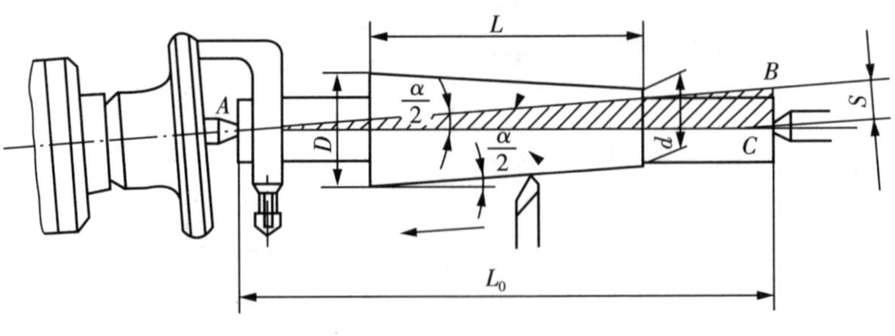

图 4-7　偏移尾座法车外圆锥

（4）靠模法

在车床床身后部安装一个固定靠模板，其斜角根据工件的圆锥角调整。刀架通过与靠模板内的滑块连接，当大拖板纵向走刀时，滑块沿着靠模板中的斜面移动，并带动刀具做平行于靠模板的斜面移动。

2. 转动小滑板法车外圆锥

由于圆锥的素线与轴线相交成圆锥半角 $\alpha/2$。在车圆锥时，车刀沿着与圆锥轴线相交成圆锥半角 $\alpha/2$ 的方向运动，就能车出圆锥。转动小滑板法是把小滑板转过一个圆锥半角，通过小滑板进给，使车刀的运动轨迹与所需要的圆锥素线平行。

（1）转动的方向和角度

装夹后，若大端直径靠近主轴，小端直径靠近尾座，则小滑板逆时针转动一个圆锥半角 $\alpha/2$；反之，则顺时针转动一个圆锥半角 $\alpha/2$。转动小滑板法车圆锥需要调整小滑板的旋转角度，先将小滑板下面转盘上的螺母松开，把转盘转至所需要圆锥半角 $\alpha/2$ 的标尺标记上，与基准零线对齐，然后拧紧螺母固定转盘。角度一般不是整数，可在分度盘上估计。

（2）小滑板的进刀方法

进刀前，先调整好小滑板镶条的松紧，如果调得过紧，则手动进给费力，移动不均匀；若调得过松，则会造成小滑板间隙过大，使车出的圆锥面的表面粗糙度值变大且使素线不直。

顺时针转动小滑板手柄，使车刀沿圆锥面素线前进，完成进刀。一刀车完后，中滑板退刀。车刀离开工件表面后，小滑板退刀至工件端面外。中滑板再次进刀后，小滑板进刀车第二刀。中小滑板反复进刀和退刀，直至中滑板进刀格数完成，车圆锥过程结束。

3. 圆锥尺寸的控制

圆锥的 4 个基本参数中，圆锥半角由转动小滑板角度保证，大端直径在车圆锥之前的车外圆过程中得到，只要能控制圆锥长度或小端直径，就能车出正确的圆锥。

（1）控制圆锥长度

可以用刻线法控制圆锥长度。先端面对刀，再移动床鞍，使刀尖移动到圆锥长度尺寸，在外圆表面刻下刀痕。每次进给通过中滑板进刀，转动小滑板车圆锥时，车刀车出工件表面位置会逐渐接近刻痕。无须计算中滑板进给格数，当车刀车出工件表面位置达到划痕时，车削完成。

（2）控制小端直径

通过控制中滑板进刀格数，得到小端直径。大、小端直径之差就是总的切削余量，可以很容易地算出中滑板格数。但对于外圆之后，小滑板退刀时已经切除部分余量，再用中滑板进刀原先的格数，进刀量就会偏大，因此需要计算中滑板的实际进给量。

4. 外圆锥角度的测量

（1）用游标万能角度尺检测

1）结构原理。

如图 4－8 所示，游标万能角度尺由尺身、基尺、游标、角尺、直尺、卡块、制动器等组成。

2）读数原理。

游标 1°。游标的刻线是 29°等分为 30 格，因此游标刻线角格为 29°/30，即主尺与游标一格的差值为 2′（分），也就是说万能角度尺读数准确度为 2′（分）。其读数方法与游标卡尺完全相同，如图 4－9 所示。

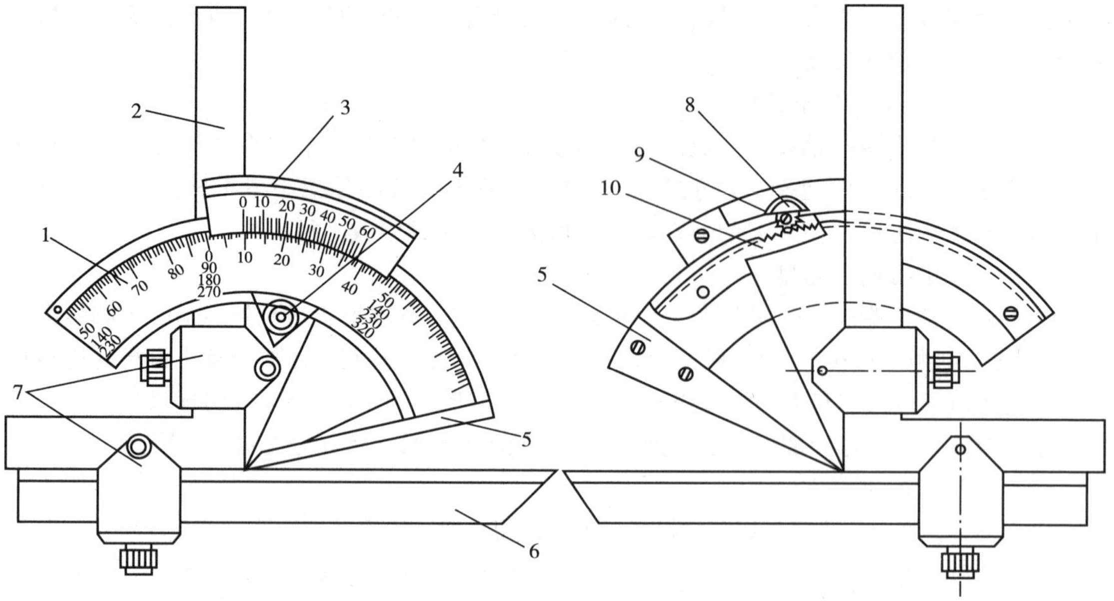

图 4-8 游标万能角度尺

1—尺身；2—角尺；3—游标；4—制动器；5—基尺；6—直尺；7—卡块

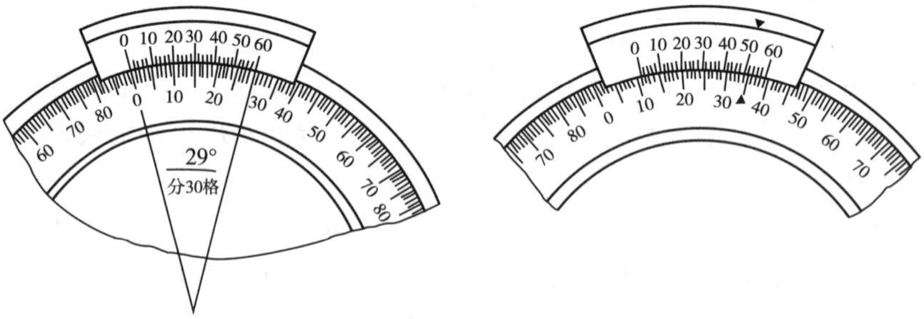

图 4-9 万能角度尺的读数原理

3）使用方法。

测量时应先校准零位。万能角度尺的零位，是当角尺与直尺均装上，而角尺的底边及基尺与直尺无间隙接触，此时主尺与游标的“0”线对准。

调整好零位后，通过改变基尺、角尺、直尺的相互位置可测试 0°～320°范围内的任意角。应用万能角度尺测量工件时，要根据所测角度适当组合量尺。测量时，根据产品被测部位的情况，先调整好角尺或直尺的位置，并用卡块上的螺钉把它们紧固住，再调整基尺测量面与其他有关测量面之间的夹角。这时，要先松开制动头上的螺母，移动主尺作粗调整；然后转动扇形板背面的微动装置作细调整，直到两个测量面与被测表面密切贴合为止；再拧紧制动器上的螺母，把角度尺取下来进行读数。

（2）用角度样板检验

角度样板属于专业量具，适用于成批和大量生产。使用角度样板检验，快捷方便，但精度较低，且不能测得实际角度值。如图 4-10 所示，左图是用角度样板检测锥齿轮胚的正外锥角，右图是用角度样板检测锥齿轮胚的反外锥角。

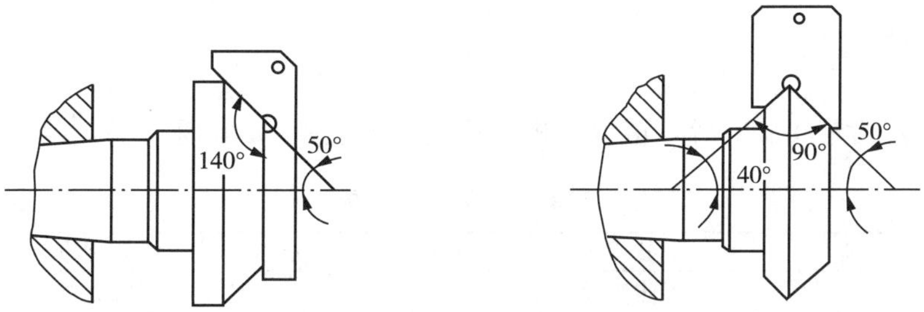

图 4－10　用角度样板检测圆锥角度或锥度

（3）用圆锥套规检测

标准圆锥或配合精度要求较高的外圆锥，可以用圆规套规进行检测，如图 4－11 所示。

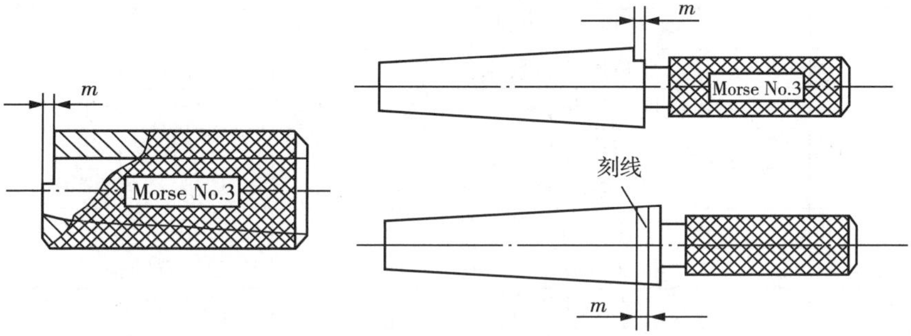

图 4－11　用圆锥套规检测圆锥角度或锥度

任务实施

准备 10 张图纸，组织学生进行工艺分析后，进行分组加工。任务实施表见表 4－1 所列。

表 4－1　任务实施表

<table>
<tr><td>学习任务</td><td colspan="4">外圆锥面的车削加工</td><td>完成时间</td><td></td></tr>
<tr><td>任务完成人</td><td>学习小组</td><td></td><td>组长</td><td></td><td>成员</td><td></td></tr>
<tr><td colspan="7">任务实施步骤及具体内容</td></tr>
<tr><td>步骤</td><td colspan="6">（1）用三爪自定心卡盘夹住工件，留出外圆长 100 mm 左右，校正并夹紧。
（2）粗车端面、外圆 ϕ46 mm×10 mm，倒角 2 处。
（3）掉头装夹，车削端面，保证总长 127 mm。
（4）钻中心孔。
（5）一夹一顶装夹，粗车外圆 ϕ44.5 mm×92 mm。
（6）粗车外圆 ϕ36.5 mm×52 mm。
（7）精车外圆 $\phi 44_{-0.1}^{0}$ mm。
（8）精车外圆 ϕ36 mm×52 mm。
（9）倒角 C1，3 处。</td></tr>
<tr><td>注意事项</td><td colspan="6">1. 每刀切削余量不能超过 2 mm。
2. 正确使用游标卡尺，准确读取卡尺数据。</td></tr>
<tr><td>工件检验</td><td colspan="6"></td></tr>
</table>

分析评价

每位学生完成零件加工后，填写分析评价表，见表 4-2 所列。

表 4-2 分析评价表

项目	序号	技术要求	配分	评分标准	得分
工艺（15%）	1	工步正确完整	5	不规范每处扣 1 分	
	2	切削用量合理	5	每错一处扣 1 分	
	3	工艺规范合理	5	不合理每处扣 1 分	
机床操作（20%）	4	刀具选择安装正确	5	不合理每次扣 1 分	
	5	工件装夹正确	5	不合理每次扣 1 分	
	6	机床操作规范	5	不合理每次扣 1 分	
	7	零件加工不出错	5	出错全扣	
工件质量（35%）	8	尺寸精度符合要求	25	不合格每处扣 1 分	
	9	表面粗糙度及形位公差符合要求	10	不合格每处扣 1 分	
文明生产（15%）	10	安全操作	5	出错全扣	
	11	机床维护与保养	5	不合格全扣	
	12	工作场所整理	5	不合格全扣	
相关知识及职业能力（15%）	13	机加基础知识	5	教师提问	
	14	自学能力	10	教师根据学员的学习情况、表达沟通能力、合作能力和创新能力酌情给分	
		表达沟通能力			
		合作能力			
		创新能力			

知识拓展

加工外圆锥时，可能产生各种缺陷，例如，锥度（角度）或者尺寸不正确、双曲线误差、表面粗糙值过大等。车外圆锥零件报废原因及预防办法见表 4-3 所列。

表 4-3 车外圆锥零件报废原因及预防办法

加工问题	产生原因	预防办法
锥度不正确	1. 转动小滑板车削时 （1）转动角度计算错误 （2）小滑板移动时松紧不均 2. 用偏移尾座法车削时 （1）尾座偏移位置不正确 （2）工件长度不一致 3. 用仿形法车削时 （1）靠模角度调整不正确 （2）滑块与靠模板配合不良 4. 用宽刀刃车削时 （1）装刀不正确 （2）切削刃不直 （3）刃倾角不等于 0 度	1. 转动小滑板车削时 （1）仔细计算小滑板转动角度和方向并反复试车校正 （2）调整塞铁使小滑板移动均匀 2. 用偏移尾座法车削时 （1）重新调整尾座偏移量 （2）工件长度必须一致 3. 用仿形法车削时 （1）重新调整锥度靠模板角度 （2）调整滑块与靠模板之间的间隙 4. 用宽刀刃车削时 （1）调整切削刃的角度和对准中心 （2）修磨切削刃直线度 （3）重磨刃倾角
大小端尺寸不正确	（1）未经常测量大小端直径 （2）控制刀具进给错误	（1）经常测量大小端直径 （2）及时测量，用计算法或移动床鞍法控制切削深度

任务三　内圆锥面的车削加工

任务描述

车内圆锥面（锥孔）比车外圆锥面困难，因为车削时车刀在孔内切削，不易观察和测量。为了便于加工和测量，装夹工件时应使锥孔大端直径的位置在外端（靠近尾座方向）。如图 4－12 所示，为车削内圆锥。本任务将学习内圆锥的车削加工方法。

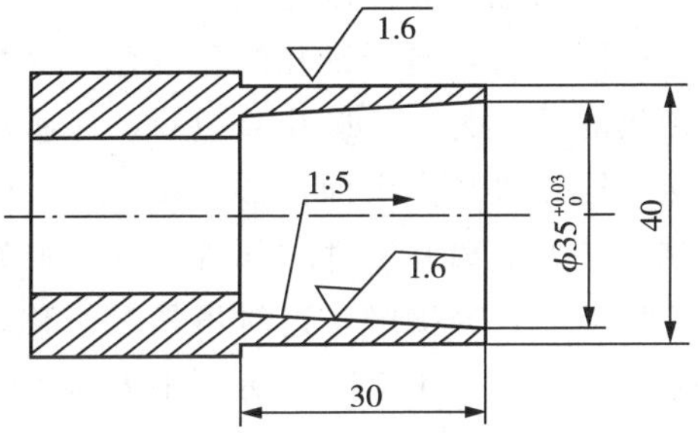

图 4－12　车削内圆锥

知识链接

1. 转动小滑板车内圆锥的方法

（1）车内圆锥面前孔的加工

先车平工件端面，然后用小于锥孔小端直径 1～2 mm 的麻花钻钻孔。

（2）内圆锥车刀的选择及装夹

选用圆锥形刀柄，刀尖与刀柄中心对称平面等高。装刀时，可以用车平面的方法调整车刀，使刀尖严格对准工件中心，刀柄伸出长度应保证其切削行程，刀柄与工件锥孔周围应有一定空隙。

当车削内、外圆锥配合件的内、外圆锥时，可用以下 2 种装刀方法。

1）车刀反装法。

将锥孔车刀反装，使车刀前面向下，刀尖应对准工件回转中心，车床主轴仍正转，车内圆锥面，如图 4－13（a）所示。

2）车刀正装法。

采用与一般内孔车刀弯头方向相反的锥孔车。车刀正装，使车刀前面向上，刀尖对准工件回转中心。车床主轴应反转，车内圆锥面。刀相对工件的切削位置与车刀反装法时的切削位置相同，如图 4－13（b）所示。

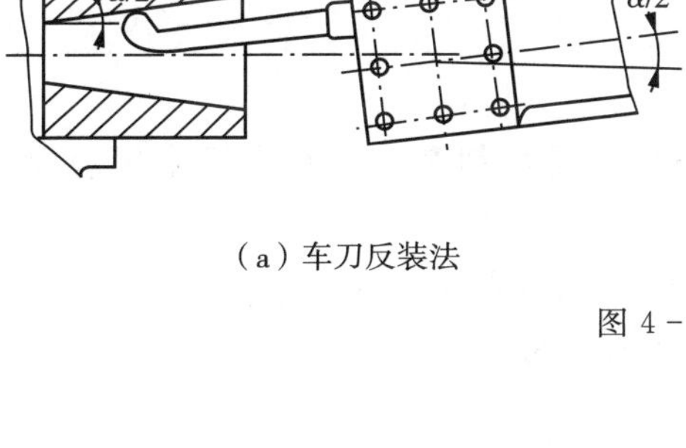

（a）车刀反装法

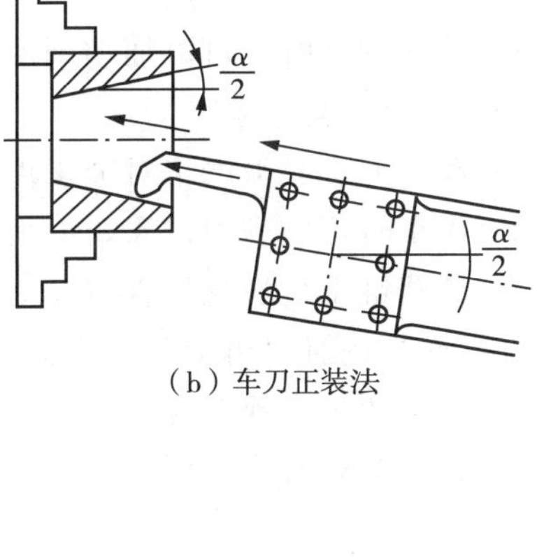

（b）车刀正装法

图 4－13　装刀方法

(3) 转动小滑板车内圆锥面

转动小滑板车内圆锥面的方法与车削外圆锥面时相同，只是方向相反，顺时针方向偏转 $\alpha/2$ 角。车削前也须调整好小滑板导轨与镶条的配合间隙，并确定小滑板的行程。

(4) 内圆锥尺寸控制方法

车内圆锥时，当圆锥孔的角度已调整好并经过半精车后，先用圆锥形塞规检查工件，假使余出的尺寸为 a，如图 4－14（a）所示；取下圆锥形塞规，移动中、小滑板，使刀尖轻轻接触锥孔大端内表面，如图 4－14（b）所示；接着向后移动小滑板，用小滑板刻度盘来控制，使刀尖离开工件端面等于 a，如图 4－14（c）所示；然后向前移动大滑板，使刀具同工件端面轻轻接触，这时虽然没有移动中滑板吃刀，可是车刀已经切入工件一个需要的深度，如图 4－14（d）所示。这样均匀地移动小滑板进行切削，一次走刀就可以车到接近要求尺寸的圆锥孔。

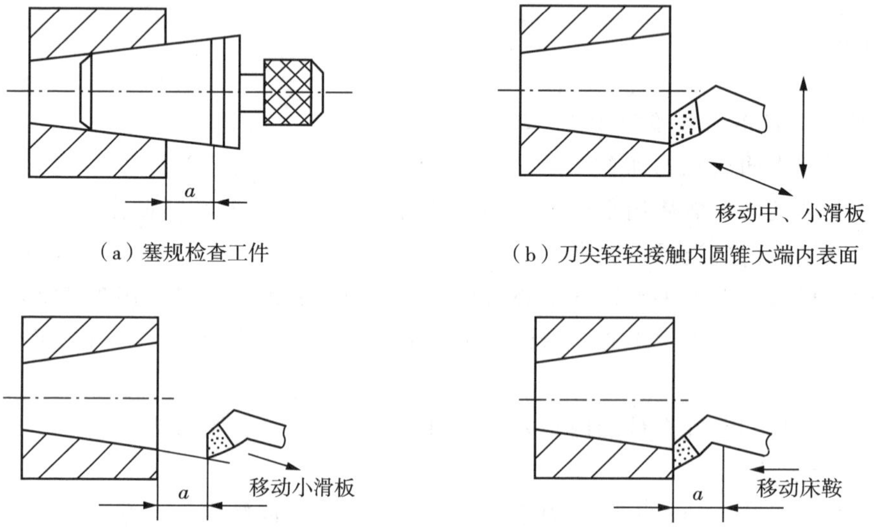

（a）塞规检查工件　（b）刀尖轻轻接触内圆锥大端内表面

（c）刀尖离开工件端面　（d）刀具同工件端面轻轻接触

图 4－14　车削内圆锥尺寸控制方法

(5) 切削用量的选择

1) 切削速度比车外圆锥时低 10%～20%。

2) 手动进给要始终保持均匀，不能有停顿与快慢不均匀现象。最后一刀的切削深度一般取 0.1～0.2 mm 为宜。

3) 精车钢件时，可以加切削液或机油，以减小表面粗糙度，提高表面质量。

(6) 安全注意事项

1) 车刀刀尖必须严格对准工件中心。

2) 粗车时不宜进刀过深，应大致找正锥度。

3) 用圆锥塞规涂色检查时，必须注意孔内清洁；显示剂必须涂在圆锥塞规表面；转动量在半圈之内且只可沿一个方向转动。

4) 取出圆锥塞规时应注意安全，不能敲击，以防工件移位。

5) 精车锥孔时要以圆锥塞规上的刻线来控制锥孔尺寸。

2. 铰内圆锥法

在加工直径较小的内圆锥时，因为刀柄的刚度差，加工出的内圆锥精度差、表面粗糙度大，这时可以用锥形铰刀进行加工。用铰削方法加工的内圆锥精度比车削加工的高，表面粗糙度可达到 $Ra1.6 \sim 0.8\ \mu m$。

（1）铰削内圆锥时切削用量的选择

铰削内圆锥时，参加切削的切削刃长，切屑面积大，排屑较困难，所以切削用量要选得小些。切削速度一般为 5 m/min 以下。进给量应根据锥度大小选取。锥度大，进给量要小些；反之可以大些。例如，铰莫氏锥孔时，钢件进给量一般为 0.15～0.3 mm/r，铸铁件进给量一般为 0.3～0.5 mm/r。

铰削内圆锥时必须浇注充足的切削液，以减小表面粗糙度。铰钢件可以使用乳化液或切削油，铰合金钢或低碳钢可以使用植物油，铰铸件可以使用煤油或柴油。

（2）铰削内圆锥时的注意事项

1）铰内圆锥时，铰刀轴线必须与主轴轴线重合；可以将铰刀装夹在浮动夹头上。

2）内圆锥的精度和表面质量是由铰刀的切削刃保证的，因而必须保护好铰刀刀刃，防止碰毛。使用前要先检查刀刃是否完好。铰刀磨损后，应在工具磨床上修磨（不要用油石研磨刃带）；铰刀用毕要擦干净，涂上防锈油，并妥善保管。

3）铰削锥孔时，要求孔内清洁、无切屑及较小的表面粗糙度；在铰孔过程中应经常退出铰刀，清除切屑，并加注充足的切削油冲刷孔内切屑，以防止由于切屑过多使铰刀在铰孔过程中卡住，造成工件报废。

4）铰削内圆锥时，车床主轴只能顺转，不能反转，否则会使铰刀切削刃损坏。

5）铰削锥孔时，若铰刀锥柄在尾座套筒内打滑旋转，必须立即停削，绝不能用手抓，以防划伤手。铰孔完毕后，应先退铰刀后停削。

6）铰削内圆锥时，手动进给应慢而均匀。

（3）内圆锥的检测

内圆锥的检测主要指圆锥角度和尺寸精度检测。常用涂色法和圆锥塞规来评定圆锥精度。

（4）内圆锥面的角度检测

使用圆锥塞规，采用涂色法检测。若小端被擦去，大端未擦去，说明圆锥角大了；反之，若大端被擦去，小端未被擦去，则说明圆锥角小了。

车削内圆锥时，由于对操作者技能要求较高，在生产实践中，往往会因为多种原因产生很多缺陷。圆锥的车削质量分析见表 4－4 所列。

表 4－4　圆锥的车削质量分析

加工问题	产生原因	预防措施
锥度、角度不正确	用转动小滑板车削时： 1. 小滑板转动角度计算出错或小滑板角度调整不当。 2. 车刀没有紧固。 3. 小滑板移动时松紧不匀。	1. 仔细计算圆锥半角、试车校准方向，反复调整。 2. 固紧车刀。 3. 调整镶条间隙，使小滑板移动均匀。

（续表）

加工问题	产生原因	预防措施
锥度、角度不正确	用偏移尾座法车削时： 1. 尾座偏移位置不正确。 2. 工件长度不一致。	1. 重新计算和调整尾座偏移量。 2. 工件车刀及中心孔深度必须一致。
	用仿形法车削时： 1. 靠模角度调整不正确。 2. 滑板与锥度靠模板配合不良。	1. 重新调整锥度靠模板角度。 2. 调整滑块和锥度靠模板的间隙。
	用宽刃刀车削时： 1. 装刀不正确。 2. 切削刃不直。 3. 刃倾角不等于零。	1. 调整切削刃的角度和对准中心。 2. 修磨切削刃的直线度。 3. 重新刃磨刃倾角，使之为 0°。
	铰内圆锥时： 1. 铰刀锥度不正确。 2. 铰刀轴线与主轴轴线不重合。	1. 修磨铰刀。 2. 用百分表和试棒调整尾座套同轴线。
大小端尺寸不正确	1. 未经常测量大小端直径。 2. 控制刀具进给错误。	1. 经常测量大小端直径。 2. 及时测量，用计算法或移动床鞍法控制切削深度 a_p。
双曲线误差	1. 车刀刀尖未对准工件轴线。	1. 车刀刀尖必须严格对准工件轴线。
表面粗糙度达不到要求	1. 切削用量选择不当。 2. 手动进给时快时慢。 3. 车刀角度不正确，刀尖不锋利。 4. 小滑板镶条间隙不当。 5. 未留足精车或铰削余量。	1. 正确选择切削用量。 2. 手动进给要均匀，快慢一致。 3. 刃磨车刀角度要正确，刀尖要锋利。 4. 调整小滑板镶条间隙。 5. 留足精车或铰削余量。

任务实施

准备 10 张图纸，组织学生进行工艺分析后，进行分组加工。任务实施表见表 4－5 所列。

表 4－5 任务实施表

<table>
<tr><td>学习任务</td><td colspan="4">内圆锥面的车削加工</td><td>完成时间</td><td></td></tr>
<tr><td>任务完成人</td><td>学习小组</td><td></td><td>组长</td><td></td><td>成员</td><td></td></tr>
<tr><td colspan="7">任务实施步骤及具体内容</td></tr>
<tr><td>步骤</td><td colspan="6">（1）用三爪自定心卡盘夹住工件，留出外圆长 50 mm 左右，校正并夹紧。
（2）粗车端面、外圆 ϕ40 mm×25 mm，倒角 1 处。
（3）掉头装夹，夹住 ϕ40 mm 面车削左端外圆面，保证总长 60 mm。
（4）钻中心孔。
（5）钻 ϕ14 mm 通孔。</td></tr>
</table>

（续表）

步骤	（6）车锥孔，小滑板转动一定角度，保证大端直径 $\phi 17.78$ mm。 （7）试铰锥孔。 （8）用莫氏 2 号塞规检测。 （9）倒角 $C1$，2 处。
注意事项	1. 每刀切削余量不能超过 2 mm。 2. 正确使用游标卡尺，准确读取卡尺数据。
工件检验	

分析评价

每位学生完成零件加工后，需填写分析评价表，见表 4－6 所列。

表 4－6　分析评价表

项目	序号	技术要求	配分	评分标准	得分
工艺（15%）	1	工步正确完整	5	不规范每处扣 1 分	
	2	切削用量合理	5	每错一处扣 1 分	
	3	工艺规范合理	5	不合理每处扣 1 分	
机床操作（20%）	4	刀具选择安装正确	5	不合理每次扣 1 分	
	5	工件装夹正确	5	不合理每次扣 1 分	
	6	机床操作规范	5	不合理每次扣 1 分	
	7	零件加工不出错	5	出错全扣	
工件质量（35%）	8	尺寸精度符合要求	25	不合格每处扣 1 分	
	9	表面粗糙度及形位公差符合要求	10	不合格每处扣 1 分	
文明生产（15%）	10	安全操作	5	出错全扣	
	11	机床维护与保养	5	不合格全扣	
	12	工作场所整理	5	不合格全扣	
相关知识及职业能力（15%）	13	机加基础知识	5	教师提问	
	14	自学能力	10	教师根据学员的学习情况、表达沟通能力、合作能力和创新能力酌情给分	
		表达沟通能力			
		合作能力			
		创新能力			

知识拓展

在航天装备中有一种新型的零部件叫喷管，这种零件是为我国运载火箭和导弹提供能量转换的重要装置，负责将火箭发动机推进剂燃烧内部喷射出的火焰转化为动力。行内人常将喷管称为火箭的“咽喉”。有一个人突破了数控车床 0.02 mm 的精度，并且创下了 0.005 毫米的极值。这个人就是大国工匠数控车工阎敏，被称为导弹“咽喉主刀师”。34 年来，他长期承担着航天型号产品关键件、新型号的首件加工任务。

阎敏在保证发动机工作安全可靠的情况下，将喷管关键部位的加工精度控制在 0.005 毫米，丝毫不差。只要是阎敏经手的“咽喉”型号产品，合格率一直高达 100%，然而他这一身真功夫，却是从磨刀开始。

为了练就精湛的磨刀技艺，阎敏付出了常人难以想象的努力。不管是酷暑还是寒冬，阎敏都在车间拿着硬块进行切磨，手上常有被划破的伤口。但正是凭借这股毅力，阎敏可以将直径 50 mm 的圆柱体精确控制到细如发丝却不折断。

课后习题

1. 圆锥面配合的主要特点是什么？
2. 圆锥的基本参数是什么？
3. 什么是锥度？
4. 根据下列已知条件，用查三角函数的方法计算圆锥半角 $\alpha/2$。

(1) $D=25$ mm

(2) $D=65$ mm

(3) $C=1:12$

(4) $C=1:10$

(5) $C=1:16$

5. 根据下列已知条件，用近似公式计算圆锥半角 $\alpha/2$。

(1) $D=25$ mm

(2) $D=46$ mm

(3) $C=1:23.25$

6. 标准工具圆锥有哪两类？各有多少种？特点是什么？
7. 转动小滑板法车削圆锥体有什么优缺点，适用于什么情况？

8. 偏移尾座法车削圆锥面有什么优缺点，适用于什么情况？

9. 说明仿形法车锥度的原理及其优缺点。

10. 内锥孔铰刀有几种，特点各是什么？

11. 简述铰内锥孔的方法。

12. 铰内锥孔时切削用量和切削液应如何选择？

13. 简述游标万能角度尺的刻线原理和读数方法。

圆锥面的加工

第五章　螺纹的车削加工

学习目标

1. 知识目标：
(1) 掌握常见螺纹的车削加工方法
(2) 掌握检测螺纹零件常用量具的使用方法
(3) 熟悉车削螺纹零件常用的刀具及其使用
(4) 熟悉螺纹的分类
2. 能力目标：
(1) 具备常见螺纹车刀的刃磨和修磨技能
(2) 具备车螺纹的基本操作技能
3. 素质目标：
(1) 培养学生对车削加工的兴趣
(2) 培养学生良好的职业行为规范
(3) 培养学生严格执行工作规范和安全文明操作规程的职业素养

情景导入

1770 年，英国仪器制造商拉姆斯登发明了第一台令人满意的螺纹车床。他的发明也启发了其他发明家。1797 年，英国人亨利·莫兹莱发明了一种大型螺丝车床，可以大量生产尺寸精确的螺丝。1798 年，美国人大卫·威尔金森发明了用于大量生产螺纹金属螺钉的机械。

任务一　认识螺纹

任务描述

1. 熟练区分常见螺纹的种类及其应用；
2. 能够判断左右旋螺纹及单线和多线螺纹；
3. 掌握普通螺纹的主要参数；
4. 熟悉螺纹的种类及标记。

知识链接

1. 螺纹的基本知识

螺纹指在圆柱表面或圆锥表面上，沿着螺旋线形成的、具有相同断面的连续凸起和沟槽，如图 5－1 所示。

生产实际中加工螺纹有多种方法，如图 5－2 为在圆柱表面上车削螺纹的过程。在工件外表面形成的螺纹称为外螺纹，在工件内表面形成的螺纹称为内螺纹。

图 5－1　螺纹件

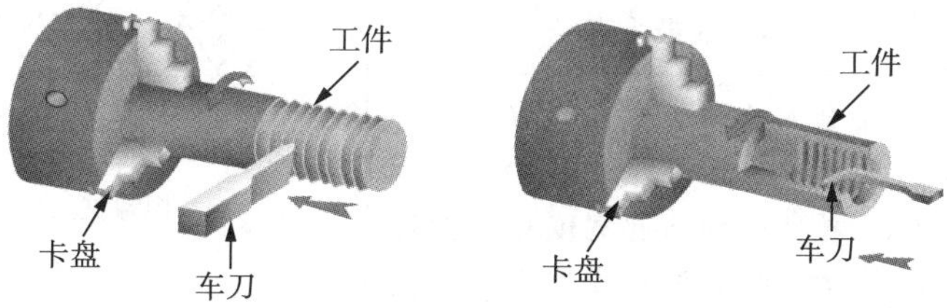

（a）车外螺纹　（b）车内螺纹

图 5－2　螺纹

（1）螺纹的结构要素

1）螺纹牙型。

在通过螺纹轴线的断面上，螺纹的轮廓形状称为螺纹牙型。它由牙顶、牙底和两牙侧构成，形成一定的牙型角。常见的螺纹牙型见表 5－1 所列。

表 5－1　常见的螺纹牙型

名称	普通螺纹	梯形螺纹	锯齿形螺纹	矩形螺纹
特征代号	M	Tr	B	（无）
图样	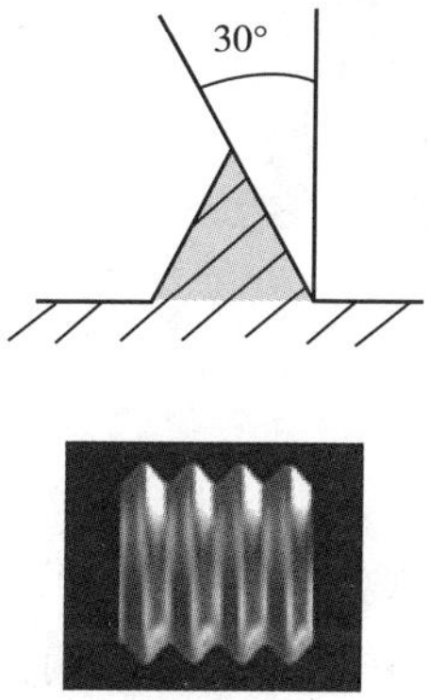	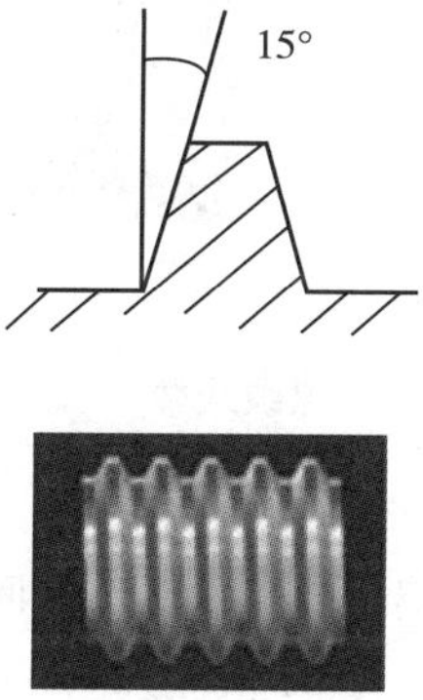	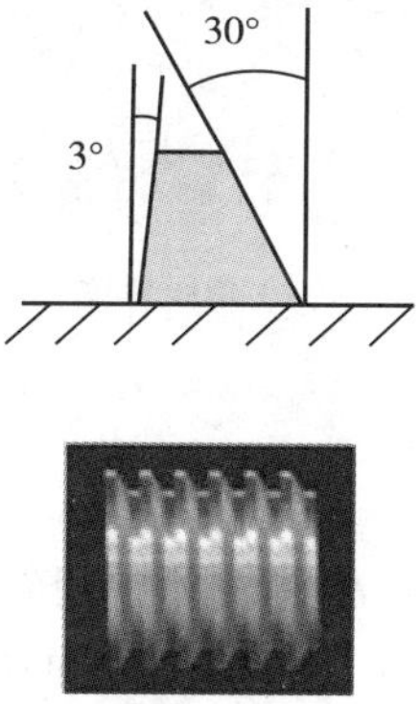	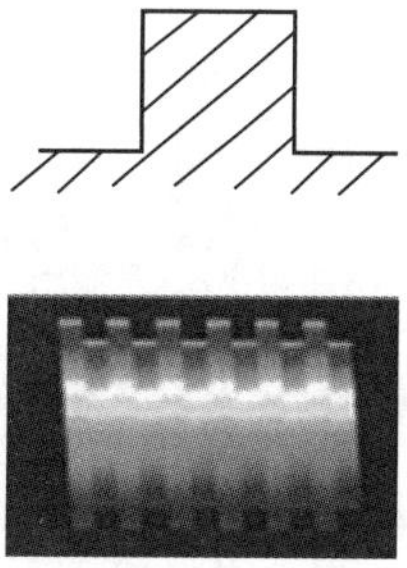

2）螺纹 R 大径、中径、小径。

外螺纹的大径、小径和中径分别用符号 d、d_1 和 d_2 表示；内螺纹的大径、小径和中径分别用符号 D、D_1 和 D_2 表示。螺纹的中径，是一个假想圆柱的直径。该圆柱的母线通过牙型上沟槽和凸起宽度相等的地方。螺纹的公称直径：一般情况下，螺纹的公称直径等于螺纹的大径，见表 5-2 所列。

表 5-2 螺纹的大径、中径和小径

名称	代号	解释	图样
大径	d、D	与外螺纹的牙顶或内螺纹的牙底相重合的假想圆柱直径（即螺纹的最大直径）	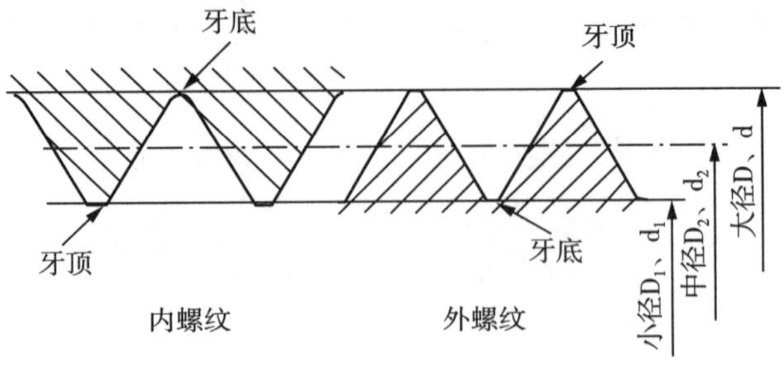
小径	d_1、D_1	与外螺纹的牙底或内螺纹的牙顶相重合的假想圆柱直径（即螺纹的最小直径）	
中径	d_2、D_2	在大径和小径之间假想有一圆柱，其母线通过牙型上沟槽宽度和凸起宽度相等的地方，此假想圆柱称为中径圆柱，其母线称为中径线，其直径称为螺纹的中径	
代号（d、D）、（d_1、D_1）、（d_2、D_2）中，小写字母代表外螺纹直径，大写字母代表内螺纹直径。			

3）线数：圆柱端面上螺纹的数目，用 n 表示。

沿一条螺旋线形成的螺纹为单线螺纹；沿 2 条或 2 条以上，在轴向等距离分布的螺旋线所形成的螺纹，为多线螺纹，如图 5-3 所示。

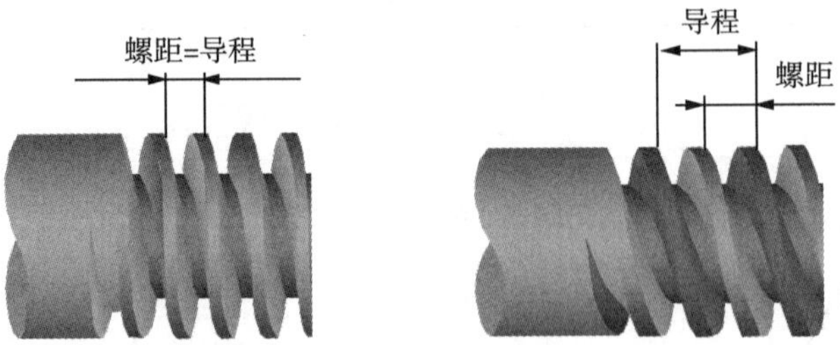

（a）单线螺纹　（b）双线螺纹

图 5-3 螺纹线数

4）螺距和导程。

螺距（代号：P）：相邻两牙中径线上对应两点间的轴向距离。

导程（代号：Ph）：螺旋线形成的螺纹上的相邻两牙，在中径线上对应两点间的轴向距离。

对于单线螺纹，螺距＝导程，

对于多线螺纹，螺距＝导程/线数。

5）旋向：顺时针旋转时旋入的螺纹，称为右旋螺纹；逆时针旋转时旋入的螺纹，称为左旋螺纹，如图 5-4 所示。

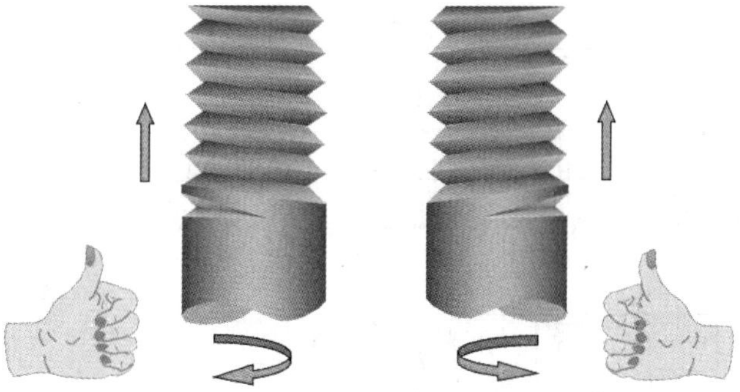

（a）左旋　　　　（b）右旋

图 5－4　螺纹旋向

牙型、大径、螺距、线数和旋向是确定螺纹几何尺寸的 5 个要素。只有 5 个要素完全相同的外螺纹和内螺纹才能相互旋合在一起。

（2）螺纹的种类

1）按标准分类，见表 5－3 所列。

表 5－3　按标准分类的螺纹类型

类型	定义
标准螺纹	牙型、大径、螺距均符合国家标准
特殊螺纹	牙型符合国标、大径或螺距不符合国标
非标准螺纹	牙型不符合国标

2）按用途分类，见表 5－4 所列。

表 5－4　按用途分类的螺纹类型

类型	牙型
联接螺纹	普通螺纹（M）、管螺纹（G）
传动螺纹	梯形螺纹（Tr）、锯齿形螺纹（B）、矩形螺纹

3）按螺距分类，见表 5－5 所列。

表 5－5　按螺距分类的螺纹类型

类型	定义
粗牙螺纹	普通螺纹大径相同时，螺距最大的一种螺纹
细牙螺纹	除了螺距最大的一种螺纹以外的其余螺纹

2. 螺纹的规定画法

螺纹按真实投影作图，比较麻烦。为了简化作图，国家标准《机械制图　螺纹及螺纹固件表示法》（GB/T 4459.1—1995）规定了螺纹的表示法。按此表示法作图并加以标注，就能清楚地表示螺纹的类型、规格和尺寸，见表 5－6 所列。

表 5-6　螺纹规定画法

名称	画法	画法说明
外螺纹	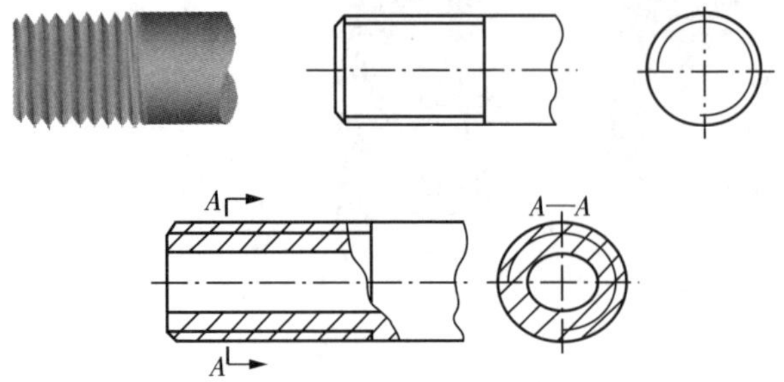	1. 螺纹牙顶用粗实线表示，牙底用细实线表示。 2. 螺纹小径可近似按大径的 0.85 倍（即 0.85d）画出。 3. 在垂直于螺纹轴线的投影面的视图中，表示牙底的细实线圆只画约 3/4 圈；此视图中螺纹的倒角圆均省去不画。 4. 螺纹的终止线用粗实线表示，当外螺纹终止线处被剖开时，螺纹终止线只画出表示牙型高度的一小段。 5. 不可见螺纹的所有图线都画成虚线。 6. 在剖视图和断面图中，内、外螺纹的剖面线都应画到粗实线。 7. 内、外螺纹连接时的画法：用剖视图表示时，旋合部分按外螺纹画法绘制，其余部分仍按各自的画法表示。 8. 当需要表示螺纹牙型时，可采用局部剖视图表示，或者直接在剖视图中表示。
内螺纹	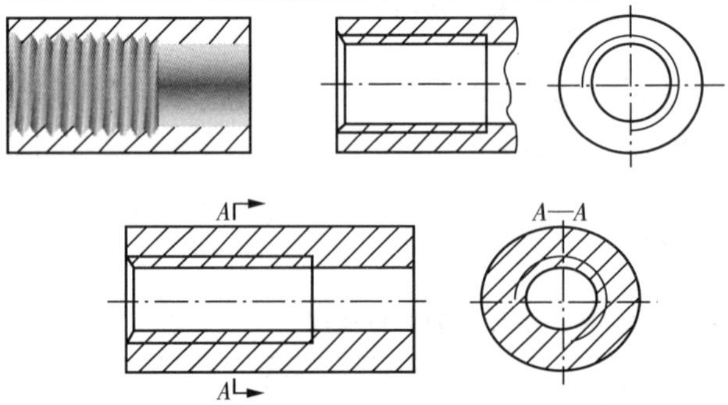	
外螺纹连接的画法	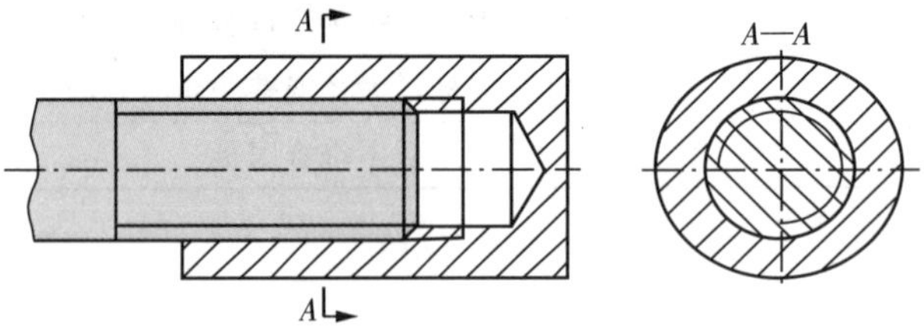	
螺纹牙型表示法	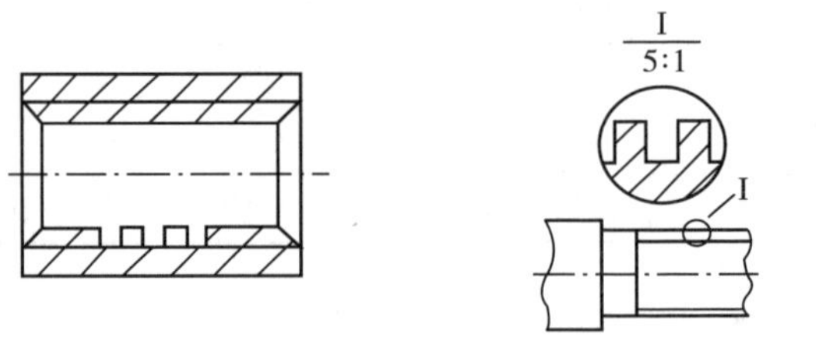	

3. 螺纹的标注法

在图样中，由于螺纹的投影采用了简化画法，因此必须对螺纹进行标注。国家标准规定标准螺纹用规定的标记标注，并标注在螺纹的公称直径的尺寸线或其引出线上，以区别不同种类的螺纹。

（1）标准螺纹的标注

1）普通螺纹标注。

普通螺纹的标注方法遵循国家标准 GB/I 197—2018《普通螺纹公差》，以下是详细标注规则及示例：

螺纹特征代号—公称直径×螺距—公差带代号—旋合长度代号—旋向

① 螺纹特征代号。

普通螺纹的牙型符号用“M”表示。粗牙普通螺纹代号用牙型符号 M 和公称直径大径表示（不标注螺距），如 M16；细牙普通螺纹用牙型符号 M 和“公称直径×螺距”表示，如 M16×1.5；右旋螺纹为常用螺纹，不标注旋向；左旋螺纹需在尺寸规格之后加注“LH”，如 M16×1LH。

② 螺纹公差带代号。

螺纹公差带代号包括中径公差带代号和顶径公差带代号。它由表示大小的公差等级数字表示其位置的基本偏差的字母（内螺纹用大写字母，外螺纹用小写字母）组成，如 6H、6g。如果中径公差带代号和顶径公差带代号不同，则分别注出代号，其中径公差带代号在前，顶径公差带代号在后，如 M10－5g6g；如果中径和顶径公差带代号用斜线分开，左边表示内螺纹公差带代号，右边表示外螺纹公差带代号，如 M10－6H/6g。

③ 旋合长度代号。

国标对普通螺纹的旋合长度，规定为短（S）、中（N）、长（L）三组。螺纹的精度分为精密、中等和粗糙三级。螺纹的旋合长度和精度等级不同，对应的公差代号也不一样。

在一般情况下不标注螺纹的旋合长度，其螺纹公差带按中等旋合长度（N）确定；必要时在螺纹公差代号之后加注旋合长度代号 S 或 L，如 M10－5g6g－S；特殊需要时，可注明旋合长度数值，如 M20×LH－7g6g－40。

例如，M20×1.5 LH－5g6g－S 的含义如下所示。

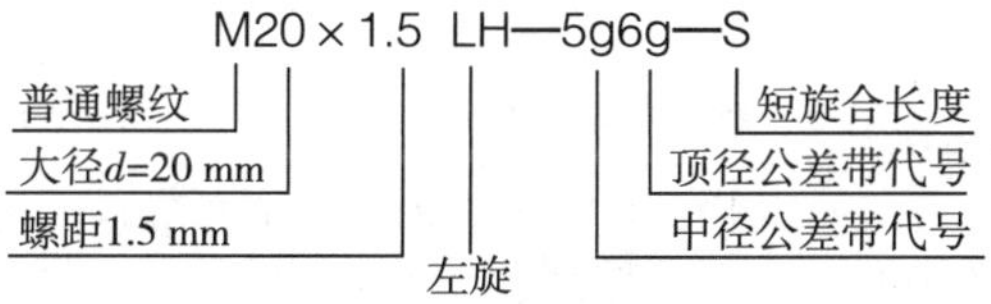

B36×14（P7）－7H－L 的含义如下所示。

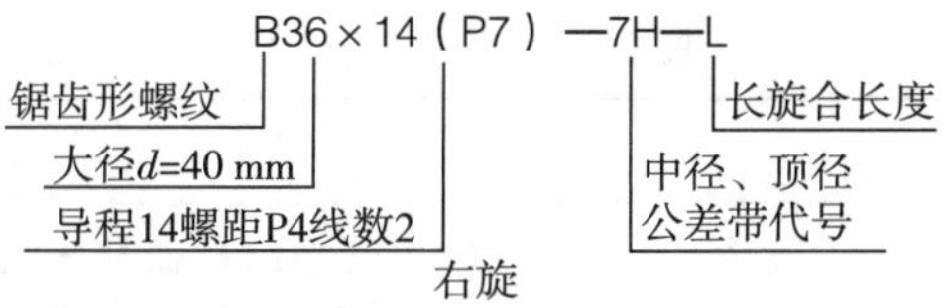

普通螺纹的标注方法如图 5－5 所示。

图 5－5　普通螺纹标注方法

2）管螺纹标注。

管螺纹是用管子加工的螺纹，用于管道连接，螺纹的大径就是管子的外径。公称直径指所连接的管道直径，显然螺纹直径比公称直径大。

管螺纹的牙型角分为 60°和 55°2 种；管螺纹形状有直管和锥管（1∶16）2 种；管螺纹有圆柱内螺纹和圆锥外螺纹两种连接形式，压力在 5×105Pa 以下时，用前一种连接已足够紧密，后一种连接通常只在高温及高压下采用。管螺纹分类如图 5－6 所示。管螺纹尺寸见表 5－7 所列。

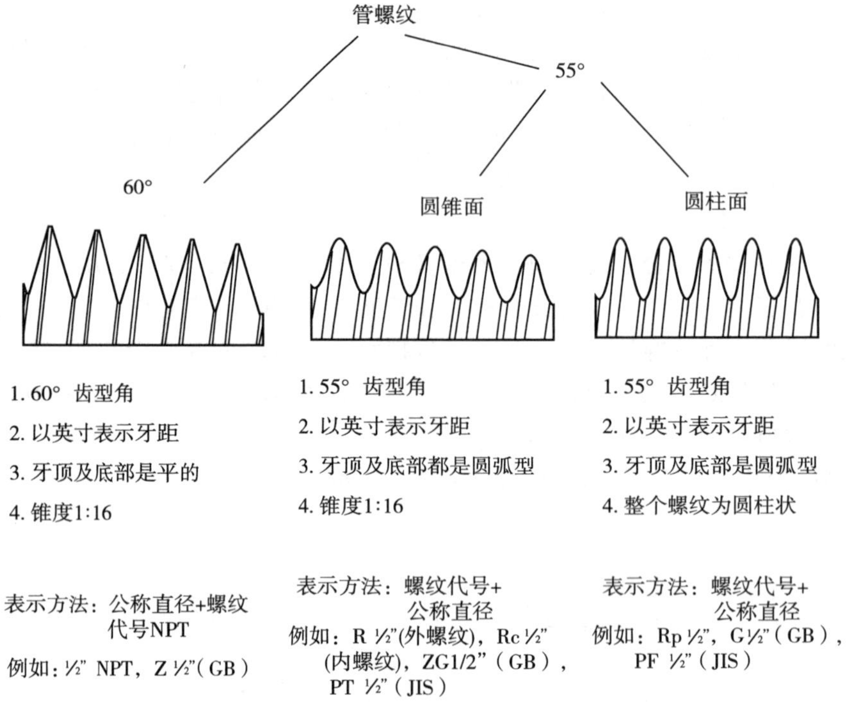

图 5－6 管螺纹分类

表 5－7 管螺纹尺寸

60°管螺纹		55°管螺纹	
管螺纹口径及牙数	大径	管螺纹口径及牙数	大径
3/8”－18	17.06	3/8”－19	16.66
1/2”－14	21.22	1/2”－14	20.96
3/4”－14	26.57	3/4”－14	26.41
1”－11.5	33.23	1”－11	33.25
1－1/2”－11.5	48.05	1－1/2”－11	47.80
2”－11.5	60.05	2”－11	59.61

管螺纹分为 55°密封管螺纹和非密封管螺纹。螺纹标记的内容和格式如下。

55°非密封管螺纹：

| 螺纹特征代号 | 尺寸代号 | 旋向代号 |

非螺纹密封的外管螺纹：

| 螺纹特征代号 | 尺寸代号 | 公关等级代号 | 旋合代号 |

非螺纹密封的内管螺纹：

| 螺纹特征代号 | 尺寸代号 | 旋向代号 |

例如，G3/4”的含义为公称直径为 3/4 英寸的管螺纹。

管螺纹的标注方法如图 5－7 所示。

应注意管螺纹的尺寸代号并不是螺纹的大径，因而这类螺纹需用指引线自大径圆柱（或圆锥）母线上引出标注，而不能像标注一般线性尺寸那样引用箭头注写在大径尺寸线上。作图时，可根据尺寸代号查出螺纹的大径。例如，尺寸代号为“1”时，螺纹的大径为 33.249 mm。

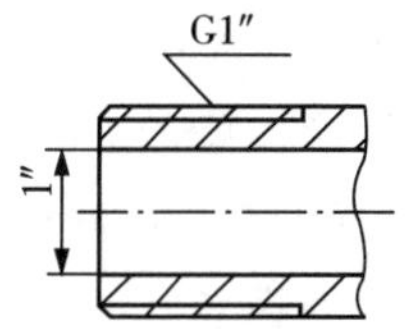

图 5－7 管螺纹标注方法

3）梯形螺纹标注。

梯形螺纹的完整标记，由螺纹代号、中径公差带代号及旋合长度代号组成。其具体的标记格式，分为下列 2 种情况。

单线梯形螺纹：

$\overbrace{\text{牙型符号公称直径×螺距旋向代号}}^{\text{螺纹代号}}$ | 中径公差带代号 | 旋合长度代号 |

多线梯形螺纹：

$\overbrace{\text{牙型符号公称直径×导程（螺距代号 P 和数值）旋向代号}}^{\text{螺纹代号}}$ | 中径公差带代号 | 旋合长度代号 |

① 梯形螺纹的牙型符号为“Tr”。左旋螺纹的旋向代号为 LH，需标注；右旋不注。例如，Tr32×6LH，Tr32×6。

② 梯形螺纹的公差代号为中径公差带。

③ 梯形螺纹的旋合长度分为中（N）和长（L）2 组，精度规定中等、粗糙 2 种。用中（N）时，不标注代号“N”。例如，Tr40×10－7e，Tr30×12（P6）LH－7e－L。

内、外螺纹组成螺纹副时，其标记如 Tr40 7－7H/7e。

例如，Tr32×12（P6）LH－8e—L 的含义如下所示。

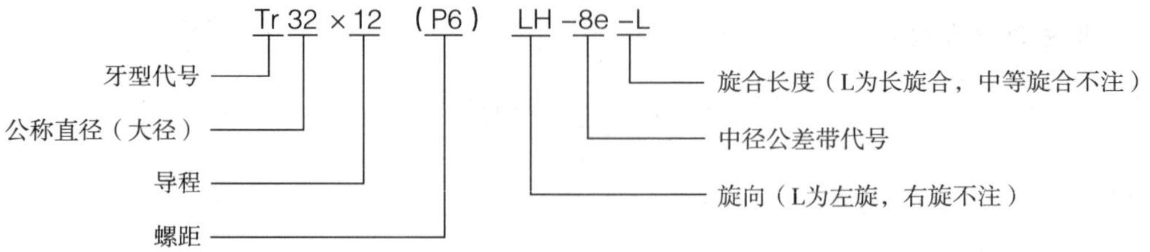

梯形螺纹的标注方法如图 5-8 所示。

4）锯齿形螺纹标注。

锯齿形螺纹标注的具体格式与梯形螺纹完全相同。

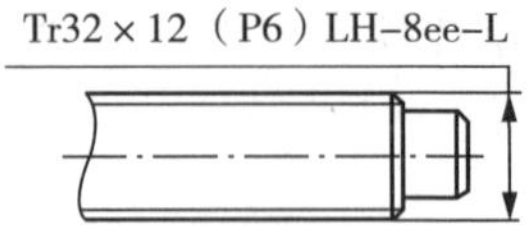

图 5-8 梯形螺纹标注方法

符合 GB/T 13576.1—2008 标准的锯齿形（3°、30°）螺纹型，其牙型符号用“B”表示。除此项与梯形螺纹不同外，其余各项的含义与标准方向均同梯形螺纹。标记示例如下。

B40 7-7A 表示公称直径为为 40、螺距为 7、中径公差带代号为 7A、中等旋合长度的右旋锯齿形内螺纹；

B40 7LH-7c 表示公称直径 40、螺距为 7、中径公差带代号为 7c、中等旋合长度的左旋锯齿形外螺纹；

B40×14（P7）-8c-L 表示公称直径为 40、导程为 14、螺距为 7、中径公差带代号为 8c、长旋合长度的右旋双线锯齿形外螺纹。

螺纹副的标记示例如：B40 7-7A/7c。

例如，B32×12（P6）LH-8H-L 的含义如下所示。

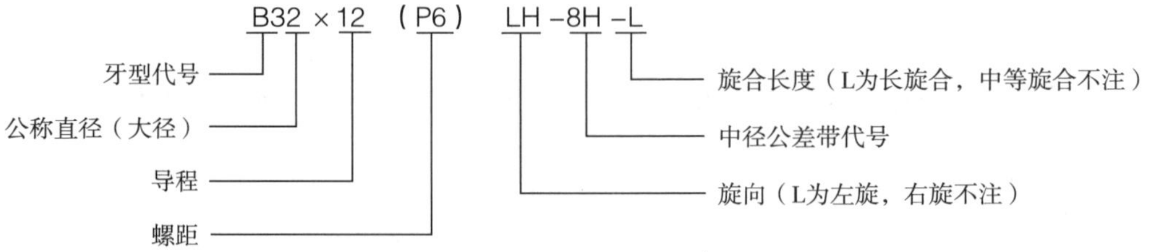

锯齿形螺纹的标注方法如图 5-9 所示。

4. 非标准螺纹的标注

对非标准螺纹，应画出螺纹的牙型，并标注出所需要的尺寸及有关要求，如矩形螺纹标注。矩形螺纹为非标准螺纹，不仅应画出螺纹的牙型，还应标注出所需的尺寸及有关要求，如图 5-10 所示。当线数为多线，旋向为左旋时，应在图纸的适当位置注明。

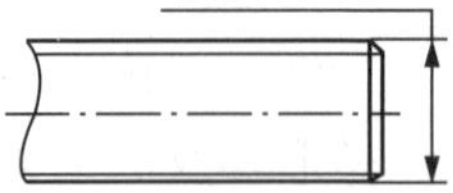

图 5-9 锯齿形螺纹标注方法

5. 特殊螺纹的标注方法

特殊螺纹或有特殊要求的非标准螺纹的标注方法，可查阅《机械制图》国家标准。

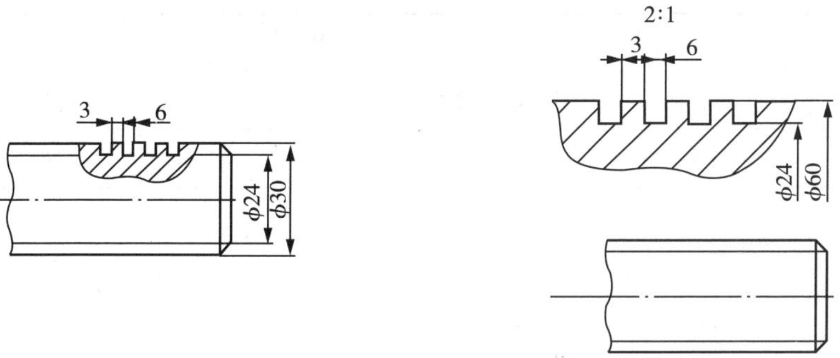

（a）注法1 （b）注法2

图 5－10 非标准螺纹标注方法

6. 内、外螺纹旋合的标注

内、外螺纹旋合在一起时，标注上公差带代号用斜线分开，左边和右边分别表示内螺纹的公差带代号和外螺纹的公差带代号。螺纹旋合长度包括螺纹倒角，如图 5－11 所示。

7. 螺纹长度的标注方法

螺纹长度的标注，如图 5－12 所示。

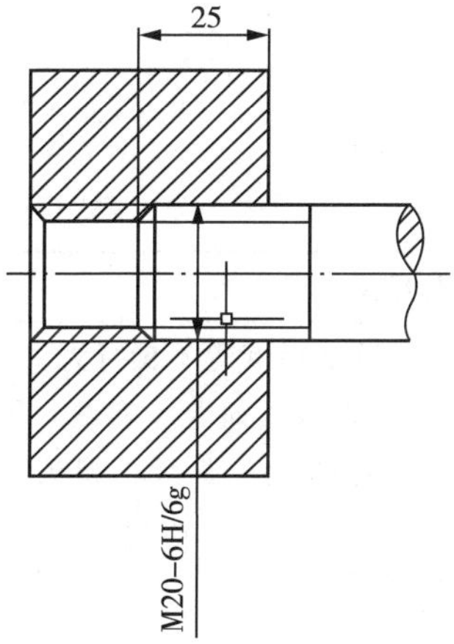

图 5－11 内、外螺纹旋合标注

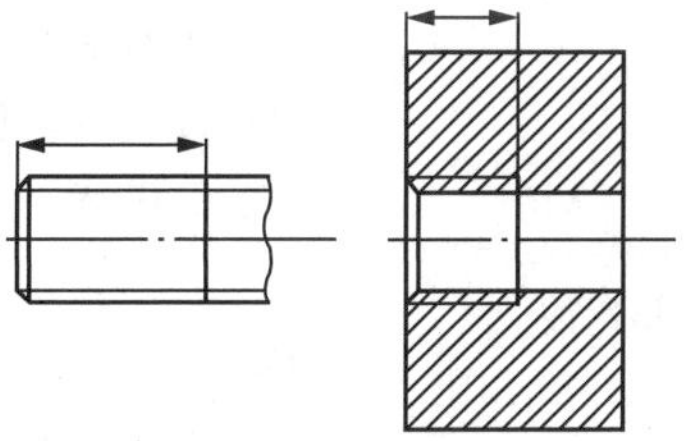

图 5－12 螺纹长度标注方法

任务实施

组织学生进行一次参观活动，带领学生参观螺纹生产现场、产品零件等。

1. 参观前的安全准备工作：查阅资料，了解由于不遵守安全操作规程所引发的事故，引起学生的注意，做到文明参观。

2. 参观时学生应统一听从老师指挥，在加工现场，站在安全区域内仔细观察；不得随意触摸各种机床，在车间里不得大声喧哗和嬉戏打闹。

3. 在教师的指导下，对螺纹加工生产进行观察，并通过网络查找车削螺纹的资料。

任务实施表见表 5－8 所列。

表 5－8　任务实施表

情境	认识螺纹					
学习任务	参观螺纹加工				完成时间	
任务完成人	学习小组		组长		成员	
任务实施步骤及具体内容						

分析评价

每位学生完成任务后，填写任务评价表，见表 5－9 所列。

表 5－9　任务评价表

序号	评价类别	评价内容及要求	配分
1	价值观与素养达成	1. 课堂状态是否良好，是否有睡觉、游戏等不良行为。 2. 训练过程中着装是否规范，是否认真研究、实践，等待时间是否积极学习、思考，是否有睡觉、游戏、聊天、打闹行为。 3. 卫生、机床保养每单元保持状况。 4. 纪律遵守情况。 5. 团队协作情况。	30％
2	知识与技能	1. 课堂作业完成情况。 2. 实践学习情况：操作是否规范、程序是否正确、是否有刀具损伤、操作事故记录及量具损伤记录。 3. 团队任务完成情况。 4. 技能考核情况：完成时间、质量。	50％
3	创新与提高	1. 创新学习效果、创新设计情况：外形是否新颖、结构是否合理、工艺分析是否正确、加工效果是否良好。 2. 总结报告完成情况：是否详细、具体。 3. 个人进步情况：思想、知识、技能。	20％

知识拓展

螺纹的测绘

对实物上的螺纹结构要素进行测量，以确定螺纹的牙型、规格尺寸等基本要素，并绘制该部分图形的过程，称为螺纹测绘。螺纹测绘的一般步骤如下。

1. 确定螺纹的线数和旋向

2. 确定牙型和螺距

传动螺纹的牙型，一般可直观确定。连接螺纹的牙型和螺距，可用螺纹规测量，如图 5－13 所示；选择其中能与被测螺纹相吻合的一片，由此确定该螺纹具有与吻合片相同的牙型；该片上的数值，即为所测螺纹的螺距。

螺距也可用直尺测得：用直尺量出几个螺距的长度 L 及螺距 P。

图 5－13　螺纹规

3. 确定大径的螺纹长度（或深度）

外螺纹的大径和螺纹长度可用游标卡尺直接测得。内螺纹的大径一般可通过与之相配的外螺纹测得，或测出内螺纹小径，查表确定其大径尺寸。内螺纹深度可用游标卡尺测深杆或深度卡尺测量。

4. 查对标准，确定螺纹标记，并作图

根据测得的牙型、螺距和大径，查对相应的螺纹标准，确定螺纹标记，画出图形，并进行标注。

任务二　攻螺纹和套螺纹

任务描述

1. 掌握攻螺纹、套螺纹工具的名称、用途及选用方法；
2. 掌握手工攻螺纹、套螺纹的操作方法；
3. 掌握车床攻螺纹、套螺纹的操作方法。

知识链接

攻螺纹是用丝锥加工内螺纹。对于小尺寸的内螺纹，攻螺纹几乎是唯一的加工方法。单件小批生产时，由工人用丝锥攻螺纹；当批量较大时，可在车床、钻床或攻丝机上用机用丝锥攻螺纹。

套螺纹是用板牙加工外螺纹。套螺纹时，受板牙结构尺寸的限制，螺纹直径一般为

1～52 mm。套螺纹可手工操作，也可在机床上进行操作。

攻螺纹和套螺纹加工精度较低，主要用于精度要求不高的、直径较小的普通连接螺纹。

1. 在车床上攻螺纹

攻螺纹是用丝锥切削内螺纹的一种加工方法（丝锥也叫攻丝）。丝锥是用高速钢制造的一种成形多刃刀具，可以加工车刀无法车削的直径和螺距较小的内螺纹，而且操作方便、生产效率高、工作互换性好。

（1）丝维的结构

丝维的结构形状，如图 5-14 所示。

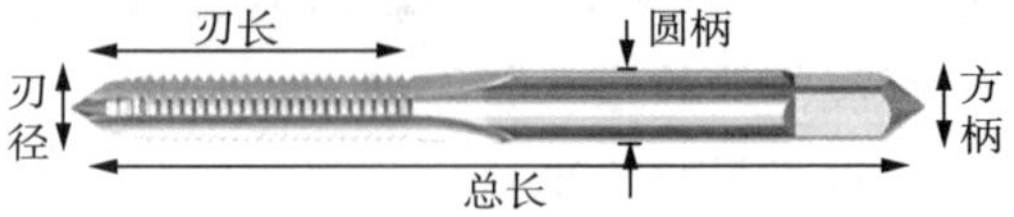

图 5-14 丝锥的结构

（2）丝锥的种类

1）手用丝锥：主要是钳工使用，分为两支一套和三支一套 2 种。两支一套的，分别称为头攻和二攻；三支一套的，分别称为头攻、二攻和三攻。

2）机用丝锥：主要是机床用。

两者区别：机用的是在柄部多一环形槽，用以防止丝锥从攻丝工具中脱落。其尾柄部和工作部分的同轴度比手用丝锥要求高。由于机用丝锥通常用单只攻丝，一次成形效率高，而且机用丝锥的齿形一般经过螺纹磨床磨削及齿侧面铲磨，攻出的内螺纹精度较高、表面粗糙度值较小。此外，由于机用丝锥所受切削抗力较大、切削速度也较高，所以常用高速钢制造。

3）攻螺纹前的工艺要点。

① 底孔直径的确定。

丝锥在攻螺纹的过程中，切削刃主要是切削金属，但还有挤压金属的作用，因而造成金属凸起并向牙尖流动的现象。所以攻螺纹前，钻削的孔径（即底孔）应大于螺纹内径。底孔的直径可查手册或按下面的经验公式计算。

脆性材料（铸铁、青铜等）：钻孔直径 $d_0=d$（螺纹外径）$-1.1p$（螺距）

塑性材料（钢、紫铜等）：钻孔直径 $d_0=d$（螺纹外径）$-p$（螺距）

② 钻孔深度的确定。

攻盲孔（不通孔）的螺纹时，因丝锥不能攻到底，所以孔的深度要大于螺纹的长度，盲孔的深度可按公式计算：孔的深度＝所需螺纹的深度$+0.7d$。

③ 孔口倒角。攻螺纹前要在钻孔的孔口进行倒角，以利于丝锥的定位和切入。倒角的深度大于螺纹的螺距。

4）攻螺纹的方法。

① 在车床攻螺纹前，先找正尾座轴线，使之与主轴轴线重合。攻小于 M16 的内螺纹，先钻底孔，倒角后直接用丝锥一次攻成。例如，攻螺距较大的螺纹，先钻底孔后粗车螺纹，再用丝锥进行攻制，也可采用分丝锥切削法，即用头锥、再用二锥和三锥分次切削。

由于没有防止切削抗力过大的保险装置，所以容易使丝锥折断，适用于通孔及精度较低的内螺纹攻制。

摩擦杆攻螺纹适用于盲孔螺纹的攻制。在攻制过程中，当切削力矩超过所调整的摩擦力矩时，摩擦杆则打滑，丝杠随工件一起转动，不再切削，因而可以有效地防止丝锥的折断。摩擦杆攻螺纹工具如图 5－15 所示。

② 具体操作：机用丝锥攻螺纹，先将攻螺纹工具插入尾座套筒内，再将丝锥装入攻螺纹工具的滑移套筒内，开动车床并摇动尾座手轮，使丝锥切入工件后停止尾座手轮转动，让工件带动丝锥自动进给。当车床螺纹长度尺寸合格后，立即使主轴反转，丝锥自动退出，完成攻螺纹过程。

图 5－15　摩擦杆攻螺纹工具

在攻不穿通的内螺纹时，必须在丝锥或攻螺纹工具的滑移套筒上做好记号，以控制丝锥的攻入深度，以免丝锥碰到孔底面被折断。

5）攻螺纹时切削速度。

在车床上用板牙和机用丝锥攻螺纹时的切削速度，一般钢料或塑性材料为 6～15 m/min，调质钢或较硬的钢料为 2～4 m/min，不锈钢为 2～7 m/min，铸铁或青铜为 2～6 m/min。

6）切削液的选择。

为保证螺纹质量，延长刀具寿命，在塑性金属材料上攻螺纹或套螺纹时都要充分加注切削液；在铸铁工件上加工螺纹时可以不加注切削液或加注煤油。

7）注意事项。

① 选用丝锥时，要检查丝锥是否缺齿。

② 装夹丝锥时要防止歪斜。

③ 攻螺纹时，要充分加注切削液。

④ 攻制螺纹时，要分多次进刀，即攻进一段深度后随即退出丝锥，待清除切屑后再向里攻一段深度，直至攻好为止。

⑤ 攻制盲孔螺纹时，应在攻螺纹工具上做好深度记号，以防止丝锥顶到孔底面而折断。

⑥ 用一套丝锥攻螺纹时，要按正确的顺序选用丝锥。在使用二锥和三锥前要消除螺孔内的切屑。

⑦ 严禁用手或棉纱清除螺孔内的切屑，避免发生事故。

8）丝锥折断的原因。

① 攻螺纹前的底孔直径太小、切削余量太大。

② 丝锥轴线与工件轴线不重合，造成切削力不均匀、单边受力过大。

③ 切削速度过高。

④ 工件材料硬而黏性大，且没有很好地润滑。

⑤ 在攻盲孔螺纹时，丝锥顶到孔底。

9）丝锥折断预防措施。

① 按内螺纹小径最大极限尺寸扩孔。

② 攻螺纹前一定要保证尾座中心与工件旋转中心重合。

③ 分多次进刀，要经常退出丝锥，清除切屑，并注意加切削液。

④ 选用摩擦杆攻螺纹工具，其摩擦力调整要适当。

⑤ 降低切削速度。

2. 在车床上套螺纹

(1) 板牙的结构形状

板牙的结构形状，如图 5-16 所示。

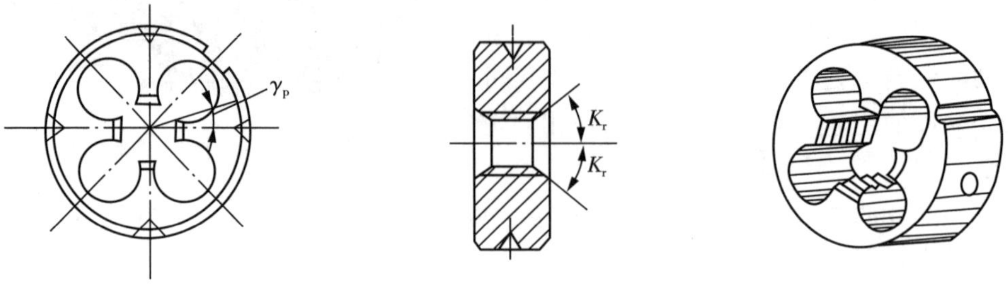

图 5-16　板牙结构形状

用板牙套螺纹，一般用在不大于 M16 或螺距小于 2 mm 的螺纹。

(2) 套螺纹时外圆直径的确定

工件外圆比螺纹的公称直径尺寸略小（按工件螺距大小决定）。近似计算公式：

$$d_0 = d - (0.13 \sim 0.15)\ P$$

式中：d_0—外圆直径；

d—螺纹外径；

P—螺距。

例如，套 M16 的螺纹其外圆直径为

$$\begin{aligned} d_0 &= d - (0.13 \sim 0.15)\ P \\ &= 16 - (0.13 \sim 0.15) \times 2 \\ &= 15.74 \sim 15.7\ \text{mm} \end{aligned}$$

(3) 套螺纹前的工艺要求

1) 螺纹大径应车到下偏差。

2) 工件的前端面应倒小于 45°的倒角。

3) 装夹套螺纹工具，如图 5-17 所示，装夹套螺纹工具上的板牙的两平面应与车床主轴轴线垂直。

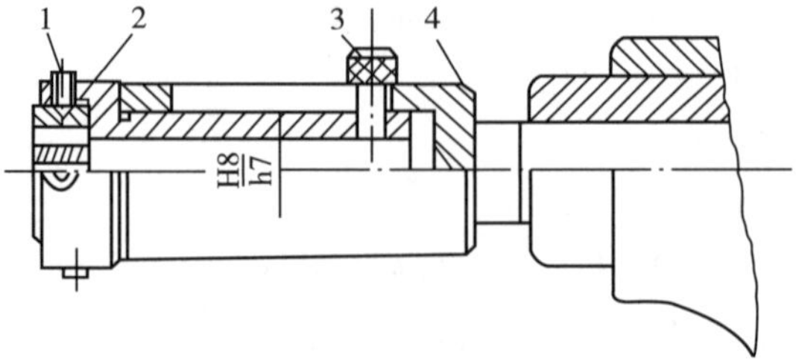

图 5-17　装夹套螺纹工具

1—螺钉；2—工具体；3—销钉；4—套筒

4）尾座套筒轴线与主轴轴线应同轴。

（4）套螺纹方法

套螺纹时，先把螺纹大径车至要求，并倒角；接着把装有套螺纹工具的尾座拉向工件，不能跟工件碰撞；然后固定尾座，开动车床，转动尾座手柄，当工件进入板牙后，手柄就停止转动，由工具体自动轴向进给。当板牙切削到所需要的长度尺寸时，主轴迅速倒转，使板牙退出工件，螺纹加工即完成。

（5）切削用量

钢件：3～4 mm/min

铸件：2～3 mm/min

黄铜：6～9 mm/min

（6）切削液的选用与攻螺纹相同

（7）套螺纹时的注意事项

1）检查板牙的齿形是否有损坏。

2）装夹板牙不能歪斜。

3）塑性材料套螺纹时，应加注充分切削液。

4）套螺纹工具在尾座套筒中要装紧，以防套螺纹时切削力矩过大，导致套螺纹工具锥柄在尾座内打转，从而损坏尾座锥孔表面。

任务实施

1. 在车床上攻普通螺纹的技能训练

在规定时间内完成图 5－18 所示零件的加工，已知毛坯尺寸为 ϕ45 mm×35 mm，材料为 45 号钢。

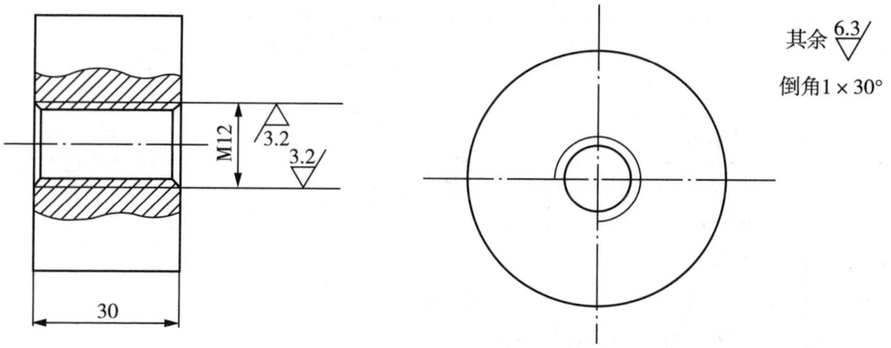

图 5－18　攻螺纹练习

任务实施表见表 5－10 所列。

2. 在车床上套普通螺纹的技能训练

在规定时间内完成如图 5－19 所示零件的加工，已知毛坯尺寸为 ϕ16 mm×85 mm，材料为 45 号钢。

表 5-10 任务实施表

情境	攻螺纹和套螺纹				
学习任务	在车床上攻普通螺纹			完成时间	
任务完成人	学习小组		组长		成员	
任务实施步骤及具体内容	1）夹持外圆，找正，夹紧，车端面和外圆。 2）用中心钻钻定位孔。 3）钻 ϕ10.25 mm 通孔。 4）孔口倒角 1×30°。 5）攻螺纹 M12。 6）检查（目测螺纹是否乱牙，再用螺纹塞规试配）。 7）掉头夹持外圆，车外圆平端面，控制长度 30 mm，倒角孔口 1×30°。 8）完成。				

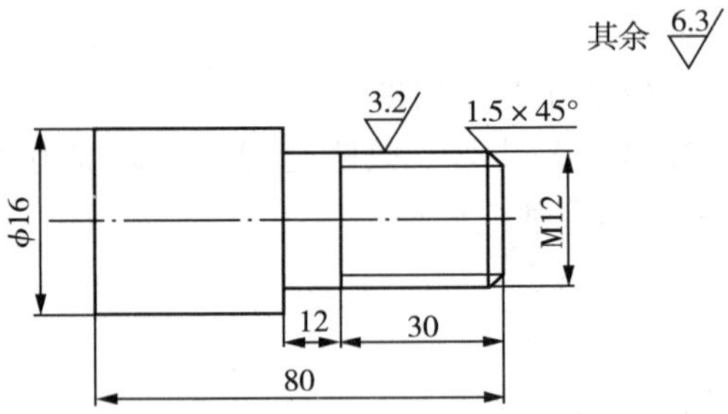

图 5-19 套螺纹练习

任务实施表见表 5-11 所列。

表 5-11 任务实施表

情境	攻螺纹和套螺纹				
学习任务	在车床上套普通螺纹			完成时间	
任务完成人	学习小组		组长		成员	
任务实施步骤及具体内容	1）夹 ϕ16 mm 外圆，找正并夹紧车端面。 2）粗、精车外圆至尺寸（12－0.13×1.75）mm，长 42 mm。 3）倒角 1.5×45°。 4）用简易套丝工具、M12 板牙套螺纹。 5）检查（目测是否有乱牙现象）。 6）完成。				

分析评价

每位学生完成任务后，卸下工件，仔细检测尺寸是否符合图样要求，填写任务评价表，见表 5-12 所列。

表 5-12　任务评价表

序号	评价类别	评价内容及要求	配分
1	价值观与素养达成	1. 课堂状态是否良好，是否有睡觉、游戏等不良行为。 2. 训练过程中着装是否规范，是否认真研究、实践，等待时间是否积极学习、思考，是否有睡觉、游戏、聊天、打闹行为。 3. 卫生、机床保养每单元保持状况。 4. 纪律遵守情况。 5. 团队协作情况。	30%
2	知识与技能	1. 课堂作业完成情况。 2. 实践学习情况：操作是否规范，程序是否正确，是否有刀具损伤、操作事故记录及量具损伤记录。 3. 团队任务完成情况。 4. 技能考核情况：完成时间、质量。	50%
3	创新与提高	1. 创新学习效果、创新设计情况：外形是否新颖、结构是否合理、工艺分析是否正确、加工效果是否良好。 2. 总结报告完成情况：是否详细具体。 3. 个人进步情况：思想、知识、技能。	20%

知识拓展

中国梦实践者——陶安：31 年用坚持铸造的“车工大王”

陶安，中国航发贵州红林航空动力控制科技有限公司车工、首席专家。他把自己的青春年华献给了车工岗位（图 5-20）。

图 5-20　陶安在车床前加工

1986 年，19 岁的陶安技校毕业后分配到了中国航发红林，当上了一名普通的车工。

31 年来，陶安扎根红林生产一线，踏踏实实地一直干着车工，从未挪位。到车间的这条路，见证着陶安的成长，见证着他的成绩。

30 多年的生产实践中，陶安开动脑筋搞创新，经过反复实践，解决了用普通硬质合金加工高硬度零件以车代磨的技术难题。

陶安查阅资料不断试验，通过技术改进，解决了螺纹环规合格率低的技术难题，产品质量合格率由 30%提高到 99.9%。这项技术获得了国家专利，为行业做出了重大贡献。

陶安在实践中勤于思考，醉心发明。他想出的一些办法，成功解决了军品工装加工余量大、加工困难等难题，每年为企业节约了一笔可观的刀具费用，为公司创造了经济效益。

30 多年的钻研，他的业务水平不断提升，练就了全能的车工本领。

30 多年的磨砺，他从平凡的工人到最美贵州人、贵州最美军工人、最美劳动者、贵州省劳动模范。

30 多年的坚持，成就了他“车工大王”的称号。

30 多年来，从师傅的徒弟，到徒弟的师傅，一路走来，他一直坚守岗位，坚持梦想，给徒弟传授经验、给学生带去希望。

他把自己 30 多年来近 10 万字的工作笔记整理成《车工实用技能与技巧选编》，现在，这些宝贵资料已经成书出版。

（原标题：《陶安：31 年用坚持铸造的“车工大王”》，来源：央视网）

任务三　三角螺纹的车削加工

任务描述

1. 了解螺纹的种类及用途；
2. 了解三角螺纹的测量方法；
3. 掌握车削三角螺纹的技能；
4. 掌握三角形螺纹各部分名称及计算方法。

知识链接

1. 三角形螺纹的尺寸计算

（1）螺纹基本要素

三角螺纹的基本要素，如图 5－21 所示。

1）螺纹大径。

外螺纹大径 d，即外螺纹的顶径，它是螺纹的公称直径。内螺纹大径 D，即内螺纹的底径。

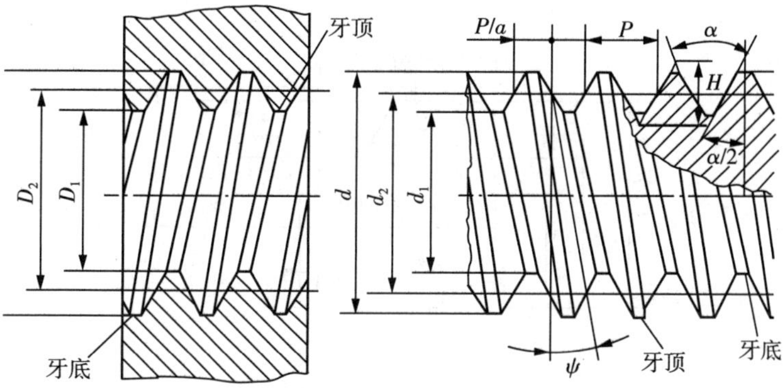

图 5－21　三角螺纹的基本要素

2）螺纹小径。

外螺纹的小径 d_1，即外螺纹的底径。内螺纹小径 D_1，即内螺纹的孔径。

3）螺纹中径（D_2　d_2）。

假想的圆柱直径，这个圆柱的母线是通过螺纹的牙宽和槽宽相等的地方。内、外螺纹的中径 D_2 和 d_2 相等。

4）牙型角 α。

在螺纹的牙型上，相邻两牙侧之间的夹角。

5）螺距 P。

相邻两牙在中径线上对应两点间的轴向距离。

6）导程 P_n。

在同一螺旋线上，相邻两牙在中径线上对应两点间的轴向距离。多线螺纹导程和螺距的关系是：$L=P_n$。

7）原始三角形高度 H。

原始三角形顶点到底部的垂直距离。

8）牙型高度 h_1。

在螺纹的基本牙型上，牙顶与牙底（即原始三角形削去尖部后所得到的牙齿轮廓线）在垂直螺纹轴线方向上的垂直距离。

9）螺纹升角 Ψ。

在中径圆柱上，螺旋线的切线和垂直于螺旋线平面之间的夹角。

（2）三角螺纹的尺寸计算

普通三角螺纹的基本牙型，如图 5－22 所示。

1）螺纹的原始三角形高度：$H=0.866P$。

2）牙型高度：$h=0.5413P$。

3）内螺纹的小径（内螺纹的底孔直径）：$D_1=D-(1\sim1.1)P$。

4）车削塑性材料或高速车内螺纹时：$D_1=D-P$。

5）车削脆性材料或低速车内螺纹时：$D_1=D-1.1P$。

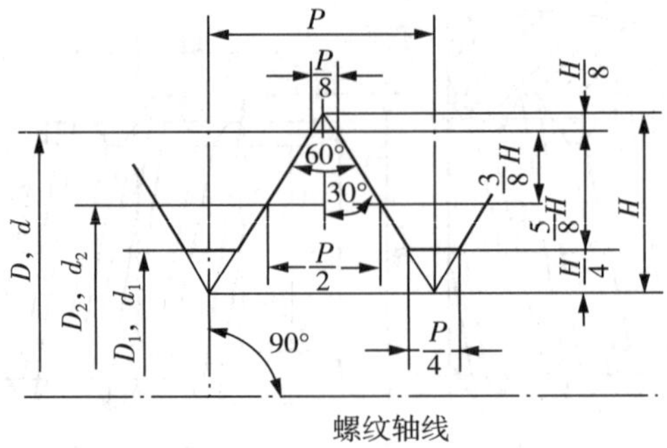

图 5-22　普通三角螺纹的基本牙型

2. 三角形螺纹车刀

三角形螺纹车刀的切削部分形状和螺纹牙型的轴向剖面形状相符合，即车刀的刀尖角应该等于牙型。

（1）几何角度

1）螺纹车刀的刀尖角应等于螺纹的牙型。车普通螺纹时牙型为 60°，车英制螺纹时为 55°。

2）前角一般为 5°～20°。因为螺纹车刀的纵向前角对牙型角有很大的影响。所以，精车或要求较高时，径向前角应小些，为 0°～5°。

3）后角一般为 3°～8°。受螺纹升角的影响，进刀方向一面的后角应磨得稍大。

（2）刃磨方法

高速钢三角形螺纹车刀如图 5-23 所示；硬质合金三角形螺纹车刀如图 5-24 所示。

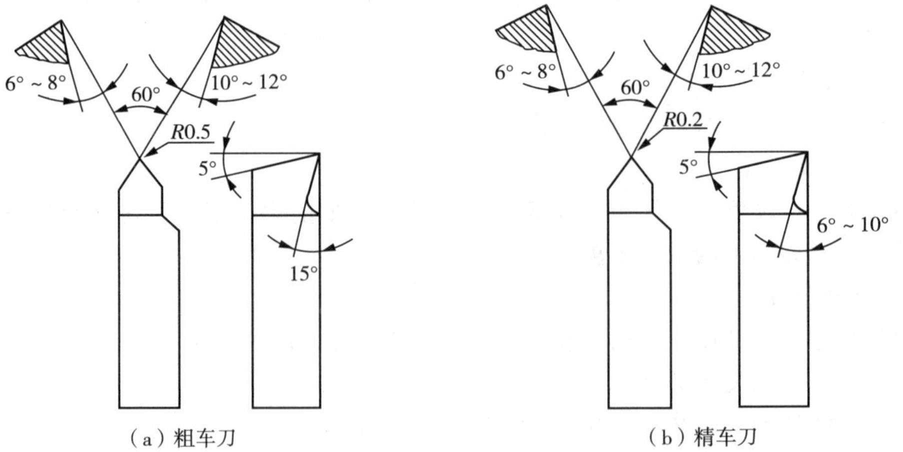

图 5-23　高速钢三角形外螺纹车刀

1）磨后刀面。

先磨左侧后刀面，双手握刀，使刀柄与砂轮外圆水平方向成 30°、垂直方向倾斜约 8°～10°，均匀移动磨出后刀面。

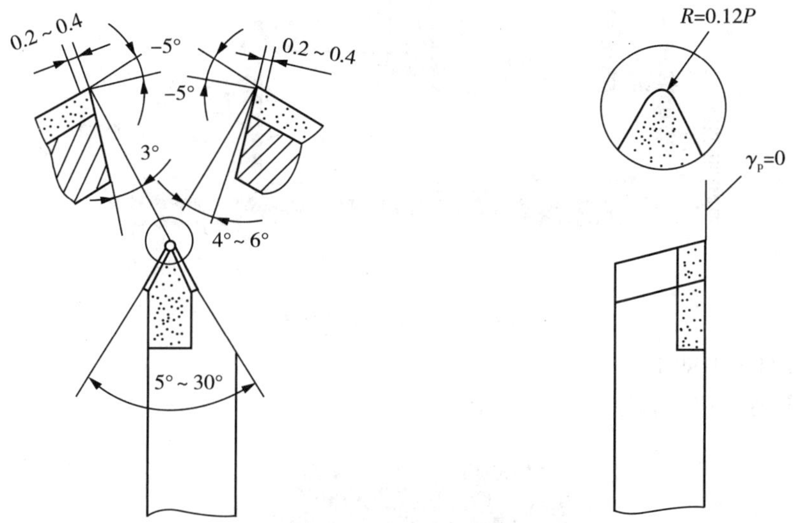

图 5－24　硬质合金三角形外螺纹车刀

2）磨前刀面。

使车刀前刀面与砂轮平面水平方向的夹角保持约 10°～15°，同时垂直方向作微量倾斜，使左侧切削刃略低于右侧切削刃，逐渐磨到靠近刀尖处。

3）检查刀尖角。

因为车刀有径向前角，所以检查时，样板应与车刀底面平行。通过观察刀刃与样板间的透光来判别刃磨出的刀尖角是否正确；若出现偏差，则及时修复到符合样板角度要求。样板对刀如图 5－25 所示。

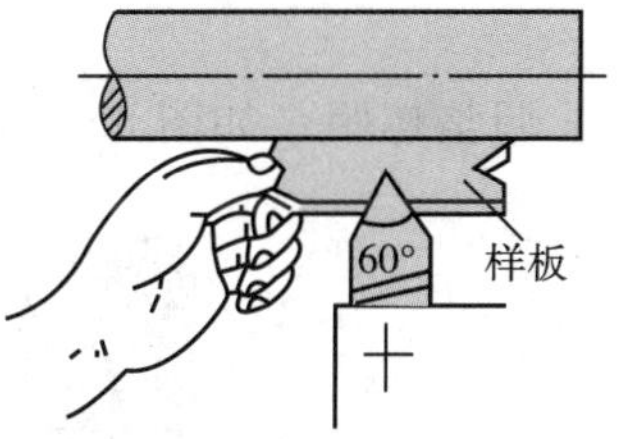

图 5－25　样板对刀

4）磨刀尖圆弧。

车刀刀尖对准砂轮外缘，后角保持不变，刀尖移向砂轮作圆弧摆动，磨出刀尖圆弧。圆弧 R 应小于 P/8。

（3）三角形螺纹车刀的装夹

为保证螺纹牙型正确，对装夹螺纹车刀提出了较高要求。

1）刀尖高度必须对准工件的旋转中心。

2）车刀刀尖角的中心线必须与工件轴线垂直，装刀时可用样板来对刀。如果车刀装斜，就会产生牙型歪斜。

3. 车削三角形螺纹方法

（1）螺纹车削原理

车床主轴与刀具之间必须保持严格的运动关系，即主轴（工件）每旋转一周，刀具均匀地移动一个导程的距离，如图 5－26 所示。

（2）车削螺纹时的车床调整

1）调整变换车床手柄的位置。

根据工件螺距在进给箱铭牌上找到手柄位置，并把手柄拨到所需的位置上。

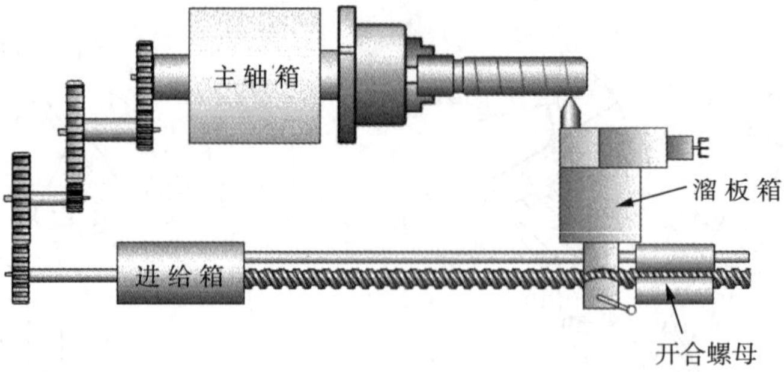

图 5－26　螺纹车削原理

螺纹车削调整项如下。

① 调整主轴转速，如图 5－27 所示。

图 5－27　操作图

② 调整螺距，如图 5－28 所示。

图 5－28　操作图

③ 脱开光杠进给机构，改由丝杠进给，如图 5－29 所示。

图 5－29　操作图

2）调整交换齿轮。

某些车床需要调整交换齿轮，应根据以下要求进行调整。

① 切断机床电源，车头变速手柄放在空挡位置。

② 识别有关齿轮、齿数，以及上、中、下轴。

③ 了解齿轮装拆的程序及单式、复式交换齿轮的组装方法。

④ 注意加润滑油。

⑤ 保证各齿轮的啮合间隙保持在 0.1～0.15 mm。

3）保证螺距（P）。

① 关键是保证工件旋转一周，车刀准确轴向移动一个螺距值，也就是要保证主轴与丝杠间的传动比。

② 无进给箱车床，如图 5－30 所示，配换齿轮（挂轮）计算公式：

$$\frac{Z_1 \times Z_3}{Z_2 \times Z_4}=\frac{P_{工}}{P_{丝}}$$

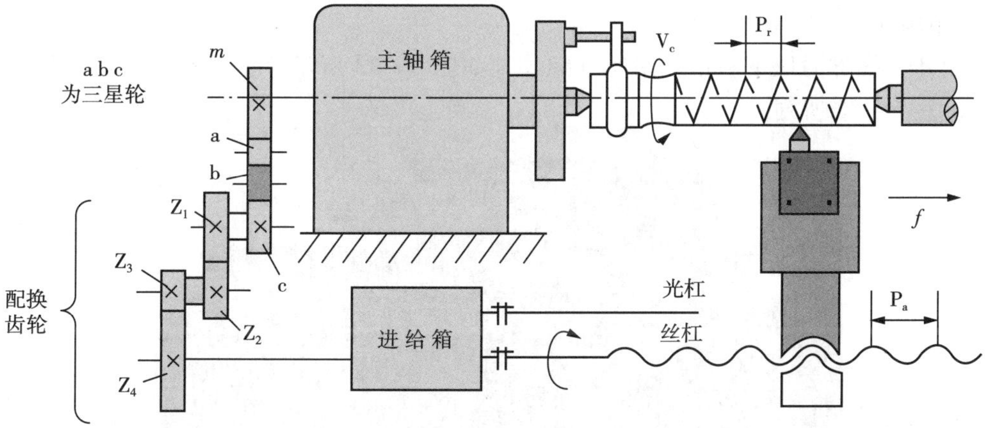

图 5－30　C6136 车床车螺纹进给系统示意图

4）调整机床间隙。

间隙大，车削螺纹时容易产生“扎刀”现象。所以在车螺纹之前，应调整中、小滑板的镶条间隙，使之松紧适当。间隙过小，则操作不灵活，摇动滑板费力。

5）如果车削的是左旋螺纹，则变换三星轮的位置。

6）检查。

检查丝杆与开合螺母啮合是否到位，以防车削时产生乱牙。

（3）切削液的选用

根据加工要求，以及工件材料、刀具材料和工艺要求等具体选择。

（4）普通外螺纹的车削加工

工艺流程如图 5－31 所示。

（5）螺纹车削操作方法与步骤

1）正反车车削法（多刀循环加工）如图 5－32 所示。

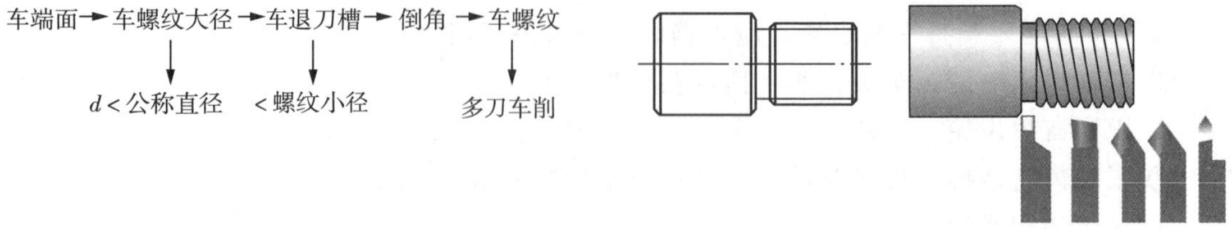

图 5 - 31　普通外螺纹车削加工工艺流程

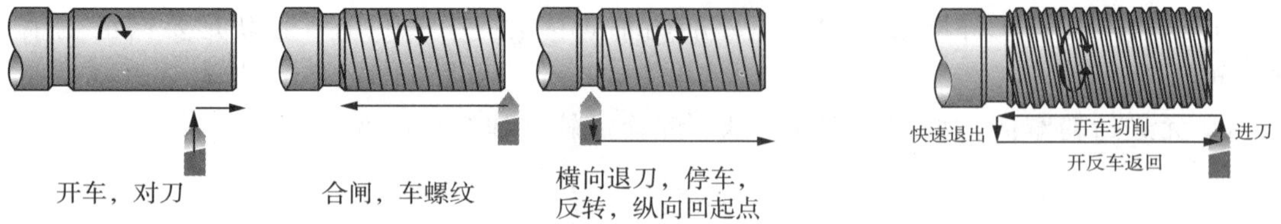

图 5 - 32　正反车车削法

2）抬闸法。

利用开合螺母的压下和抬起来车削螺纹，如图 5 - 33 所示。正反车车削法和抬闸法的对比，见表 5 - 13 所列。

图 5 - 33　操作图

表 5 - 13　车削方法对比

	正反车车削法	抬闸法
退刀方式	利用丝杆的反转纵向返回起点	手动纵向返回起点
适用范围	适用于任何螺距的加工	只适用于丝杆螺距是工件螺距整数倍时

4. 低速车三角外螺纹方法

（1）直进法

车螺纹时，只利用中滑板进给，在几次工作行程中车好螺纹，这种方法叫直进法车螺纹。

（2）左右切削法

车削时，除了用中滑板进给外，同时利用小滑板的刻度把车刀左、右微量进给（俗称借刀），这样重复切削几次工作行程，直至螺纹的牙型全部车好，这种方法叫作左右切削法。

（3）斜进法

车削时，除用中滑板进给外，小滑板只向一个方向进给，这种方法称斜进法。

低速车削三角外螺纹三种进刀方式对比见表 5－14 所列。

表 5－14　低速车削三角外螺纹进刀方式

加工方法	加工示意	加工特点	适用范围
直进法	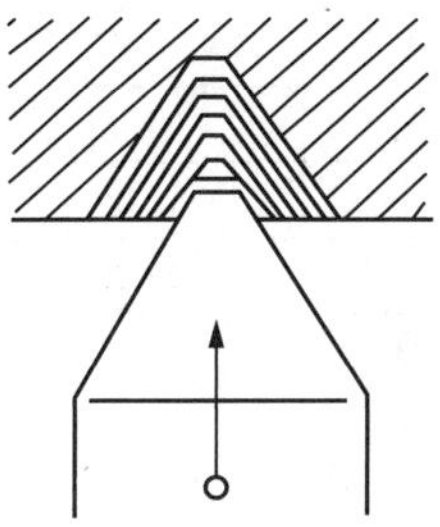	垂直进刀，两刀刃同时车削。	适用于小螺距 $P<2.5$ mm 螺纹的加工。
左右车削法	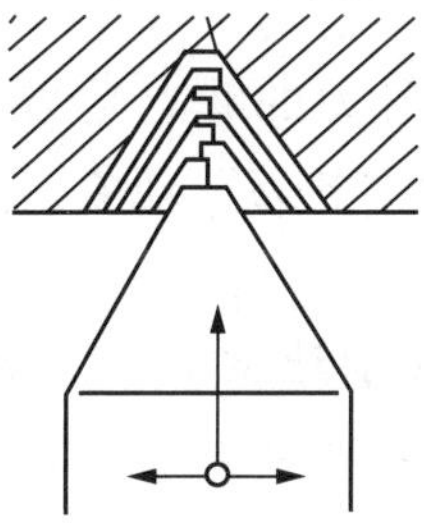	垂直进刀＋小刀架左右移动，只有一条刀刃切削。	适用于螺距 $P\geqslant 2.5$ mm 螺纹的精加工。
斜进法	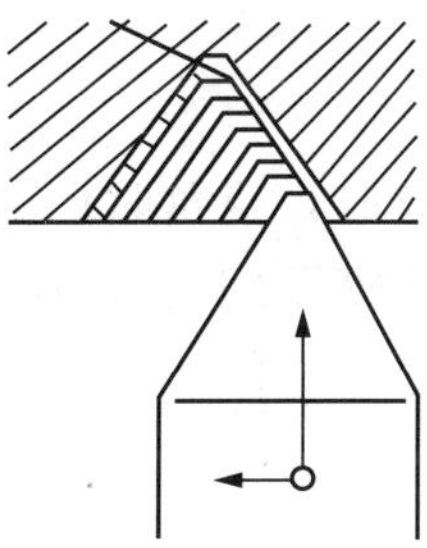	垂直进刀＋小刀架向一个方向移动。	适用于较大螺距 $P\geqslant 2.5$ mm 螺纹的粗加工。

（4）低速车三角外螺纹时应注意的问题

1）低速车螺纹时，要合理选择粗、精车切削用量，见表 5－15 所列，并要在一定的走刀次数内完成车削。

表 5-15 低速车三角外螺纹进给次数进刀格数表

进刀次数	M24 $P=3$ mm			M20 $P=2.5$ mm			M16 $P=2$ mm		
	中滑板进刀格数	小滑板赶刀格数		中滑板进刀格数	小滑板赶刀格数		中滑板进刀格数	小滑板赶刀格数	
		左	右		左	右		左	右
1	30	0		30	0		25	0	
2	15	6		15	6		15	6	
3	13	6		13	6		10	4	
4	10	4		8	4		5	4	
5	8	4		5	2		3	1	
6	7	2		3	2		2	1	
7	5	2		2	0		1/2	1	
8	3	1		1	1		1/2		5
9	1	2		1/2			1		1
10	1	0		1/2		6	1		1
11	1/2	1		1		0	1/2		1
12	1/2	1		1		1	1/2		0
13	1		6	1/2		1	0.65×2/0.02=65 格		
14	1		0	1/2		0			
15	1/2		1	0.65×2.5/0.02=81 格					
16	1/2		0						
	0.65×3/0.02=97 格								

2）低速车螺纹时，一般采用弹性刀杆螺纹车刀。这种刀的特点是当切削力超过一定值时，车刀能自动让刀，使切屑保持适当的厚度，可避免“扎刀”现象。

5. 高速车三角外螺纹的方法

使用 YT15（车钢料）牌号的硬质合金螺纹车刀，切削速度取 $v_c=50\sim100$ m/min，效率高，车削时只能用直进法进刀。一般分 3～5 次车完，前面一、二刀的深度大些，以后逐步减少，最后一刀不要小于 0.1 mm。

（1）高速车螺纹时应注意的问题

1）车削螺纹大径应比基本尺寸小 0.2～0.4 mm。

2）工件必须装夹牢固。

3）应集中思想进行操作，尤其是车削带有台阶的螺纹时，要及时把车刀退出。

4）切削用量的选择。根据工件材质、螺纹牙型角和螺距的大小，及所处的加工阶段（粗车还是精车）等因素来决定。

（2）高速车削时进给次数

具体见表 5-16 所列。

表 5-16 高速车削时进给次数

螺距 P（mm）		1.5～2	3	4	5	6
进给次数	粗车	2～3	3～4	4～5	5～6	6～7
	精车	1	2	2	2	2

3）车三角形外螺纹的注意事项

1）螺纹大径一般比公称直径约小 0.13P。

2）选择较低的主轴转速，防止因床鞍移动太快来不及退刀而发生事故。

3）根据工件、机床丝杠两者的螺距判断是否会产生乱牙，选择合理的操作方法。

4）车螺纹时，应注意检查进刀和退刀位置是否够用。

5）采用左右切削法或斜进法粗车螺纹时，每边应留 0.2～0.3 mm 精车余量。

6）车削高台阶的螺纹，车刀靠近高台阶一侧的切削刃应短些，否则会碰伤轴肩端面。

7）在加工螺纹中途产生“扎刀”现象时应换刀，消除丝杠间隙后应对刀，即开正转进行“中途对刀”。

8）不得用棉纱擦拭工件，应用毛刷清理切屑。

9）根据工件材料选择合适的切削液。

6. 车三角形内螺纹的方法

（1）车三角形内螺纹的特点

1）车三角形内螺纹比车三角形外螺纹要困难些，主要是因为车削内螺纹时不易观察和测量，排屑和冷却条件也较差。加工内螺纹时，内螺纹刀刀杆受孔径大小和孔深的限制，使得刀具的刚性不足，增加了加工的难度。

2）三角形内螺纹工件形状常见的有 3 种，即通孔、不通孔和台阶孔，如图 5－34 所示。其中，通孔内螺纹容易加工。在加工内螺纹时，由于车削的方法和工件形状不同，所以选用的螺纹车刀也不相同。

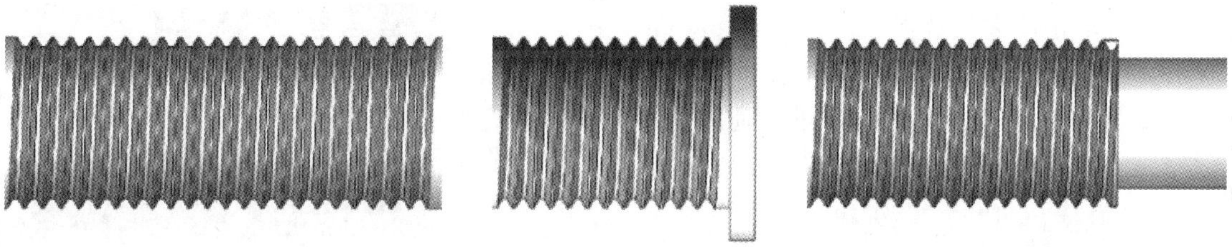

（a）通孔　　（b）不通孔　　（c）台阶孔

图 5－34　三角形内螺纹孔

（2）内螺纹车刀的选择

应当根据车削方法和工件材料及形状来选择内螺纹车刀。内螺纹车刀的尺寸受到螺纹孔径尺寸限制，一般内螺纹车刀的刀头径向长度应比孔径小 3～5 mm，否则退刀时容易碰伤牙顶，甚至不能车削。刀杆的大小在保证排屑的前提下，要粗壮些。

（3）三角形内螺纹车刀的刃磨与安装

1）三角形内螺纹车刀刃磨的操作准备。

准备好高速钢刀具材料、刀具图样、细粒度砂轮（如 80＃白刚玉砂轮）、防护眼镜、冷却水、角度尺和样板，如图 5－35 所示。

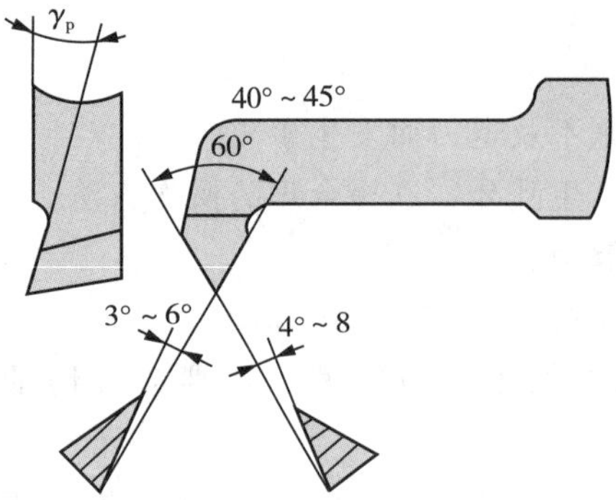

（a）刀具图样

（b）其他

图 5－35　三角形内螺纹车刀刃磨准备

2）内螺纹车刀刃磨操作过程见表 5－17 所列。

表 5－17　内螺纹车刀刃磨操作过程

步骤		图示
1	根据螺纹长度和牙型深度，刃磨出刀头和刀杆部分	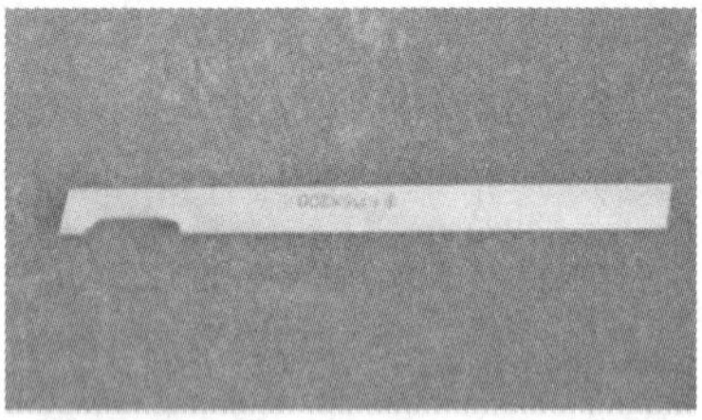
2	刃磨进给方向后刀面	
3	刃磨背进给方向后刀面，以初步形成两刀尖角	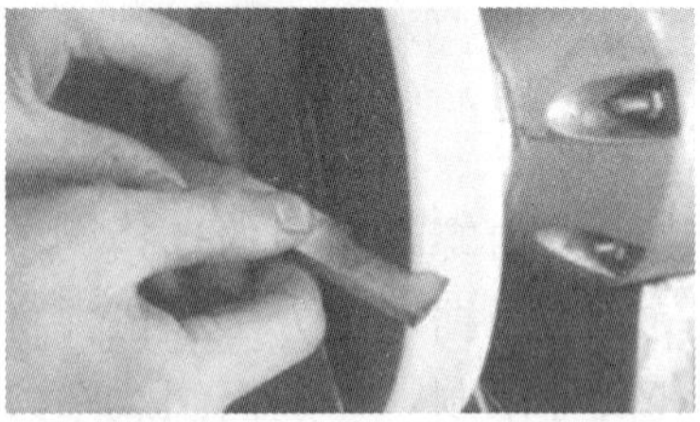
4	刃磨前刀面，以形成前角	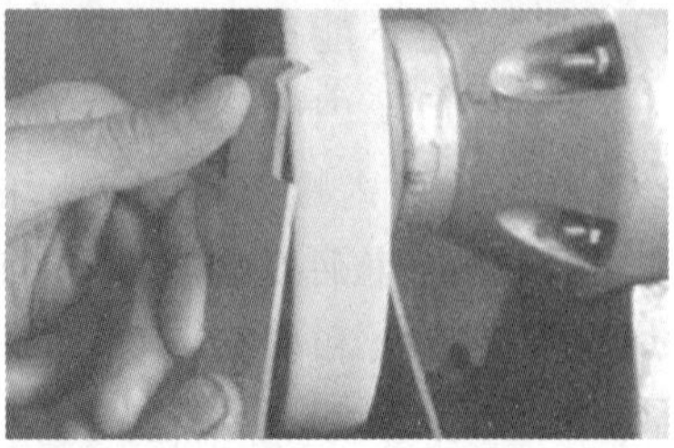

（续表）

步骤		图示
5	粗、精磨后刀面，并用螺纹车刀样板来测量刀尖角	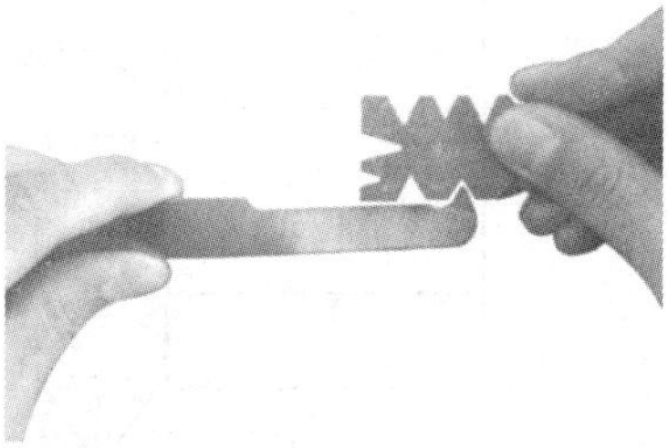
6	修磨刀尖	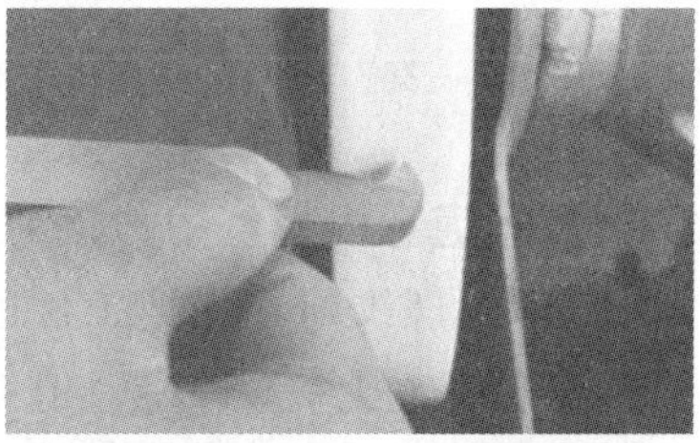
7	磨出径向后角，防止与螺纹顶径相碰（磨圆弧型，以形成两个后角）	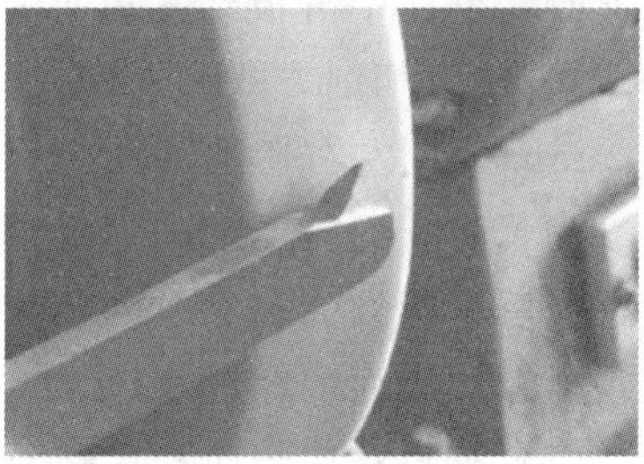

内螺纹车刀的刃磨方法和外螺纹车刀基本相同。但是刃磨刀尖时要注意它的平分线必须与刀杆垂直，否则车内螺纹时会出现刀杆碰伤内孔的现象。另外，刀尖宽度应符合要求，一般为 0.1×螺距。

（4）三角形内螺纹车刀的安装

1）刀柄的伸出长度应大于内螺纹长度为 10～20 mm。

2）刀尖应与工件轴心线等高。如果装得过高，车削时容易引起振动，使螺纹表面产生鱼鳞斑；如果装得过低，刀头下部会与工件发生摩擦，车刀切不进去。

3）应将螺纹对刀样板侧面靠平工件端面，刀尖部分进入样板的槽内进行对刀，如图 5-36所示；同时调整并夹紧刀具。

4）装夹好的螺纹车刀应在底孔内手动试走一次，如图 5-37 所示，以防正式加工时刀柄和内孔相碰而影响加工。

（5）普通三角形内螺纹孔径的确定

车普通三角形内螺纹时，内螺纹孔径车多大与工件材料性质、螺距大小有关。通常可按以下公式计算孔径（D 孔）：

车削塑性金属时，D 孔$=D-P$；

车削脆性金属时，D 孔$\approx D-1.05P$。

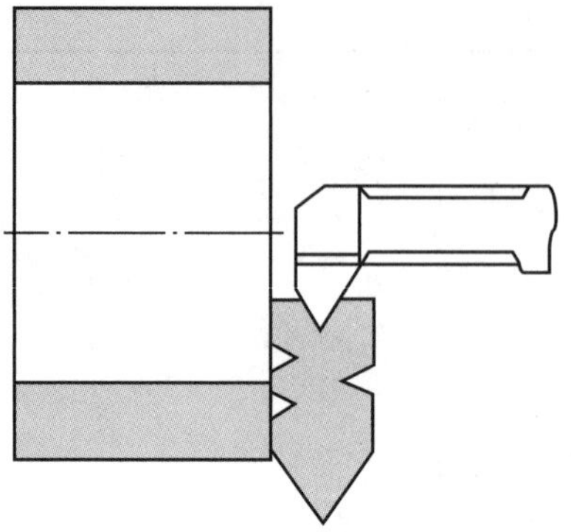

图 5－36　用螺纹样板安装内螺纹车刀

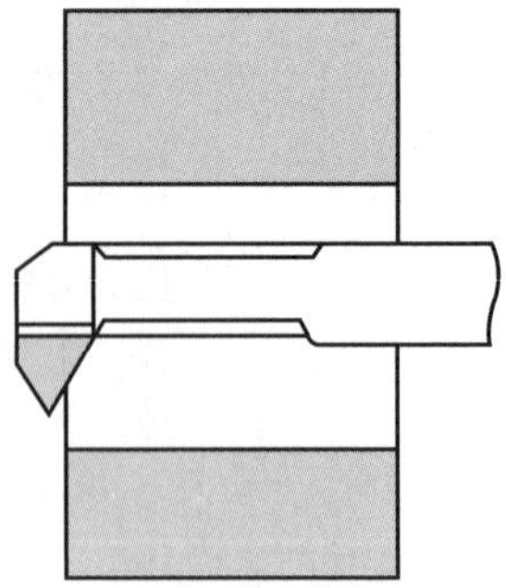

图 5－37　检查刀柄是否与孔底相碰

（6）车通孔内螺纹的方法

1）车内螺纹前，先把工件的内孔、平面及倒角车好。

2）开车空刀练习进刀、退刀动作，车内螺纹时的进刀和退刀方向和车外螺纹时相反。练习时，需在中滑板刻度圈上做好退刀和进刀记号。

3）进刀切削方式和外螺纹相同，螺距小于 1.5 mm 或铸铁螺纹采用直进法；螺距大于 2 mm 采用左右切削法。

为了防止刀杆受切削力变形，它的大部分余量应先在尾座方向上切削掉，后车另一面，最后车螺纹大径。车内螺纹时目测困难，一般根据观察排屑情况进行左右赶刀切削，并判断螺纹表面的粗糙度。

（7）车盲孔或台阶孔内螺纹

1）车退刀槽，它的直径应大于内螺纹大径，槽宽为 2～3 个螺距，并与台阶平面切平。

2）选择盲孔车刀。

3）根据螺纹长度加上 1/2 槽宽在刀杆上做好记号，作为退刀、开合螺母起闸之用。

4）车削时，中滑板手柄的退刀和开合螺母起闸动作要迅速、准确、协调，保证刀尖在槽中退刀。

5）切削用量和切削液的选择和车外三角螺纹时相同。

为了防止刀杆受切削力变形，它的大部分余量应先在尾座方向上切削掉，后车另一面，最后车螺纹大径。车内螺纹时目测困难，一般根据观察排屑情况进行左右赶刀切削，并判断螺纹表面的粗糙度。

（8）三角形内螺纹的检测

检测三角形内螺纹一般采用综合测量法。检测时，采用螺纹塞规（图 5－38）测量。

如果螺纹塞规通端正好可旋入工件，而止端旋不进，说明加工的螺纹符合精度要求；反之，说明工件不合格。

图 5－38　螺纹塞规

(9) 车三角形内螺纹的注意事项

1) 三角形内螺纹车刀的两侧切削刃要平直，否则螺纹牙型侧面不平直。

2) 车平底孔螺纹时，左侧切削刃要磨得短些，这样可使车刀切削刃两侧在退刀槽中留有一定的空隙。

3) 用中滑板进给时，控制每次车削的背吃刀量，进给、退刀方向与车外螺纹时相反。

4) 小滑板应调整得紧一些，以防车削时车刀移位而产生乱牙。

任务实施

1. 车三角形外螺纹

在规定时间内完成图 5-39 所示零件的加工，已知毛坯尺寸为 ϕ45 mm×120 mm，材料为 45 号钢。

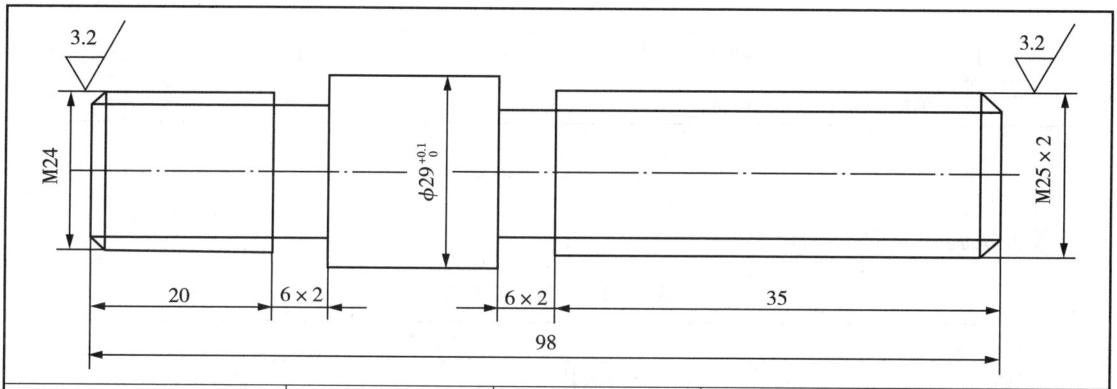

练习内容	材料	件数	工时 (min)	序号
车三角形外螺纹	45 钢	1	60	6-1

图 5-39　零件图

任务实施表见表 5-18 所列。

表 5-18　任务实施表

情境	三角螺纹的车削加工				
学习任务	车三角形外螺纹			完成时间	
任务完成人	学习小组		组长		成员	
任务实施步骤及具体内容	1) 夹毛坯外圆，车端面及外圆 ϕ29 mm 至尺寸。车 ϕ25 mm (-0.2 mm 左右)，长大于35 mm。用切槽刀车退刀槽 6 mm×2 mm，并倒角。 2) 粗、精车螺纹 M25×2 长 35 mm 至尺寸要求。 3) 掉头装夹 ϕ29 mm 外圆处，车端面，保证总长尺寸 98 mm，并倒角。 4) 车槽 ϕ24 mm (-0.2 mm) 长大于 20 mm，车退刀槽 6 mm×2 mm。 5) 粗、精车螺纹 M24 长 20 mm 至尺寸要求。 6) 检查螺纹。				

2. 车三角形内螺纹

在规定时间内完成图 5-40 所示零件的加工，已知毛坯尺寸为 ϕ45 mm×120 mm，材料为 45 号钢。

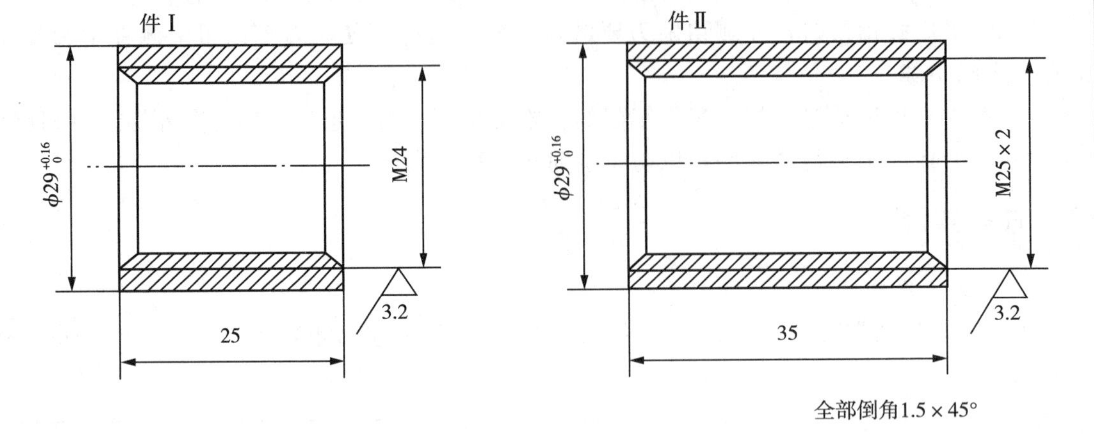

练习内容	材料	件数	工时（min）	序号
车三角形内螺纹	45 钢	1	60	6—2

图 5-40　零件图

任务实施表见表 5-19 所列。

表 5-19　任务实施表

情境	三角螺纹的车削加工				
学习任务	车三角形内螺纹			完成时间	
任务完成人	学习小组		组长	成员	
任务实施步骤及具体内容	1）夹毛坯外圆，车端面及外圆 ϕ29 mm 长大于 35 mm。 2）掉头装夹，车端面及外圆 ϕ29 mm 长大于 25 mm。切断保证两工件长度各为 25 mm和 35 mm，并倒外角。 3）装夹 ϕ29 mm 处，钻孔底孔直径 ϕ21 mm（钻另一工件底孔直径 ϕ23 mm）。 4）车内孔直径 ϕ21 mm（另一工件为 ϕ23 mm），并倒内角 2×45°。 5）粗、精车内螺纹 M24（M25×2）至尺寸要求。 6）检查螺纹。				

分析评价

每位学生完成一件后，卸下工件交给教师，教师仔细检测尺寸是否符合图样要求，填写考核表，见表 5-20 和 5-21 所列；学生填写任务评价表，见表 5-22 所列。

表 5-20　考核评分表

考核内容	考核标准	配分	得分
螺纹尺寸的计算	全部正确得满分	10	
三角形内外螺纹车刀的刃磨	车刀各角度正确得满分	10	

（续表）

考核内容	考核标准	配分	得分
三角形螺纹的测量	掌握全部方法得满分	10	
车三角形外螺纹工件	按技能评分标准评分	35	
车三角形内螺纹工件	按技能评分标准评分	35	

表 5-21　技能评分标准

	项目	技术要求	评分标准	配分	得分
件Ⅰ	外螺纹	M25×2	牙形正确，大、小径尺寸合格得满分	10	
		M24	牙形正确，大、小径尺寸合格得满分	10	
		*R*a3.2	达不到无分	5	
	退刀槽	6×2	超差无分	2	
	外圆	ϕ290.1　0	超差无分	5	
	长度	20　35　98	超差无分	2	
	倒角	2×45°	有毛刺为不合格无分	1	
件Ⅱ	内螺纹	M25×2	牙形正确，大、小径尺寸合格得满分	10	
		M24	牙形正确，大、小径尺寸合格得满分	10	
		*R*a3.2	达不到无分	5	
	外圆	ϕ290.1　0	超差无分	5	
	长度	25　35	超差无分	2	
	倒角	2×45°	有毛刺为不合格无分	1	
		安全文明	不保养设备及发生安全事故无分	2	

表 5-22　任务评价表

序号	评价类别	评价内容及要求	配分
1	价值观与素养达成	1. 课堂状态是否良好，是否有睡觉、游戏等不良行为。 2. 训练过程中着装是否规范，是否认真研究、实践，等待时间是否积极学习、思考，是否有睡觉、游戏、聊天、打闹行为。 3. 卫生、机床保养每单元保持状况。 4. 纪律遵守情况。 5. 团队协作情况。	30%
2	知识与技能	1. 课堂作业完成情况。 2. 实践学习情况：操作是否规范，程序是否正确，是否有刀具损伤、操作事故记录及量具损伤记录。 3. 团队任务完成情况。 4. 技能考核情况：完成时间、质量。	50%

（续表）

序号	评价类别	评价内容及要求	配分
3	创新与提高	1. 创新学习效果、创新设计情况：外形是否新颖、结构是否合理、工艺分析是否正确、加工效果是否良好。 2. 总结报告完成情况：是否详细具体。 3. 个人进步情况：思想、知识、技能。	20%

知识拓展

国外螺纹刀具材料

国外绝大部分工业用螺纹刀具均采用高速钢制造，用合金工具钢制造的螺纹刀具通常只限于家庭使用。例如，德国 GUHRING 精密工具公司生产的丝锥 82%以上采用高性能高速钢材料制造，约 6%采用硬质合金制造，约 8%采用粉末冶金高速钢制造；仅占丝锥总产量约 4%的手用丝锥也大量采用普通高速钢制造，合金工具钢已很少使用。该公司 90%以上的圆板牙采用普通高速钢制造，其余采用高性能高速钢制造。日本 OSG 公司、德国 EMUGE 公司等著名的螺纹刀具制造商约有 50%的螺纹刀具采用高速钢制造，其余 50%则采用粉末冶金钴高速钢、硬质合金、高性能高速钢等高性能优质材料制造。在难加工材料、硬材料工件的螺纹加工中，粉末冶金钴高速钢刀具材料日益受到重视，其抗弯强度、耐磨性、热硬度等性能指标可比普通含钴高速钢提高 2～3 倍。但由于粉末冶金钴高速钢加工成本较高，目前在螺纹刀具选材时尚不能普遍使用。

任务四　梯形螺纹的车削加工

任务描述

1. 了解梯形螺纹车刀的形状，掌握梯形螺纹车刀的刃磨和检测方法；
2. 掌握外梯形螺纹的尺寸计算、车削和检测方法。

知识链接

梯形螺纹是应用很广泛的传动螺纹，其工作长度较长、精度要求较高，而且导程和螺纹升角较大，所以要比车削三角形螺纹困难。国家标准规定梯形螺纹的牙型角为 30°。英制梯形螺纹（其牙型角为 29°）在我国较少采用。因此，本节只介绍 30°牙型角的梯形螺纹（以下简称梯形螺纹）。

1. 梯形螺纹牙型

梯形螺纹牙型如图 5－41 所示，相关参数如图 5－42 所示。

图 5-41 梯形螺纹牙型

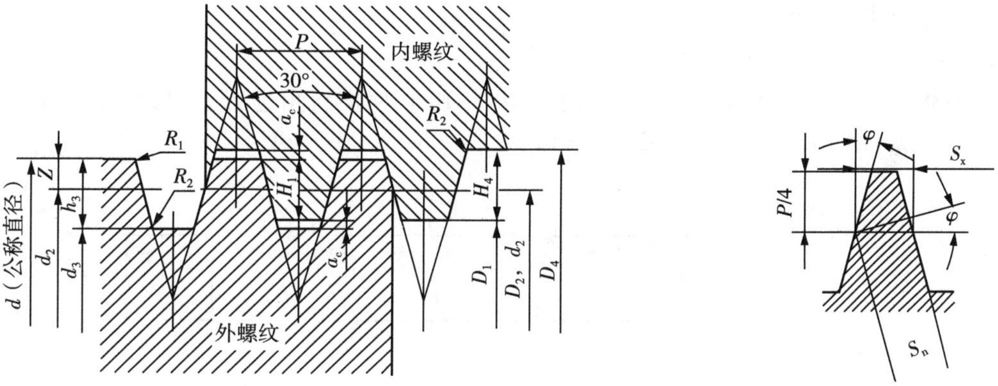

图 5-42 梯形螺纹各参数

2. 梯形螺纹计算公式

梯形螺纹各参数及计算公式见表 5-23 所列。

表 5-23 梯形螺纹各参数及计算公式

名称		代号	计算公式			
牙型角		α	$\alpha=30°$			
螺距		P	由螺纹标准确定			
牙顶间隙		a_c	P（mm）	1.5～5	6～12	14～44
			a_c（mm）	0.25	0.5	1
外螺纹	大径	d	公称直径			
	中径	d_2	$d_2=d-0.5P$			
	小径	d_3	$d_3=d-2h_3$			
	牙高	h_3	$h_3=0.5P+a_c$			
内螺纹	大径	D_4	$D_4=d+2a_c$			
	中径	D_2	$D_2=d_2$			
	小径	D_1	$D_1=d-P$			
	牙高	H_4	$H_4=h_3$			

（续表）

名称	代号	计算公式
牙顶宽	a	$a=0.366P$
牙槽底宽	b	$b=0.336P-0.536a_c$
轴向齿厚	Sx	$Sx=0.5P$
法向尺厚	Sn	$Sn=0.5P\cos\varphi$

3. 梯形螺纹车刀

梯形螺纹车刀分为硬质合金和高速钢 2 种。常用的是高速钢材料的车刀。

（1）高速钢梯形外螺纹车刀

1）粗车刀。

刀尖宽度要小于齿根槽宽，径向前角为 10°～15°，两侧后角进刀方向为（3°～5°）$+\phi$，背进刀方向为（3°～5°）$-\phi$，如图 5-43 所示。

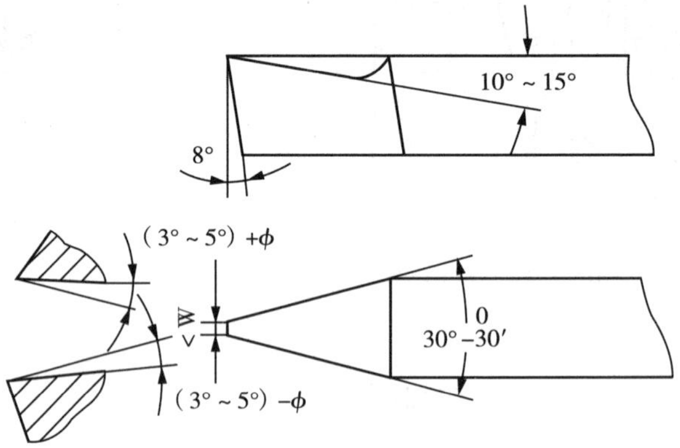

图 5-43　高速钢梯形外螺纹粗车刀

2）精车刀。

精车径向前角为 0°，两侧后角进刀方向为（5°～8°）$+\phi$，背进刀方向为（5°～8°）$-\phi$ 进刀，可适当磨出卷屑槽，增大前角，如图 5-44 所示。

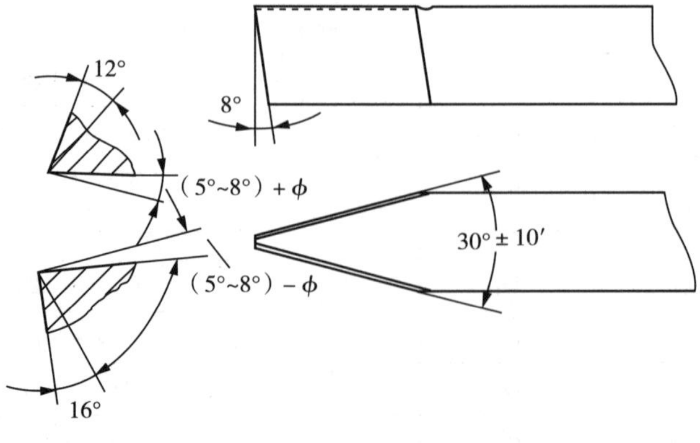

图 5-44　高速钢梯形外螺纹精车刀

(2) 硬质合金梯形外螺纹车刀

适合车削一般精度的梯形螺纹，可有效提高效率。几何角度如图 5-45 所示。

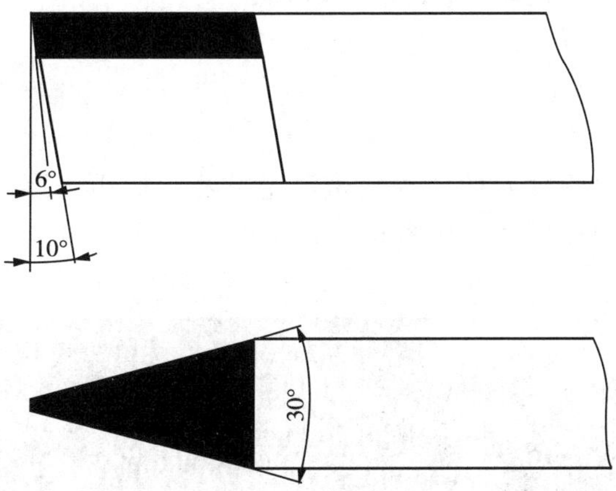

图 5-45　硬质合金梯形外螺纹车刀

4. 梯形内螺纹车刀

几何角度如图 5-46 所示。

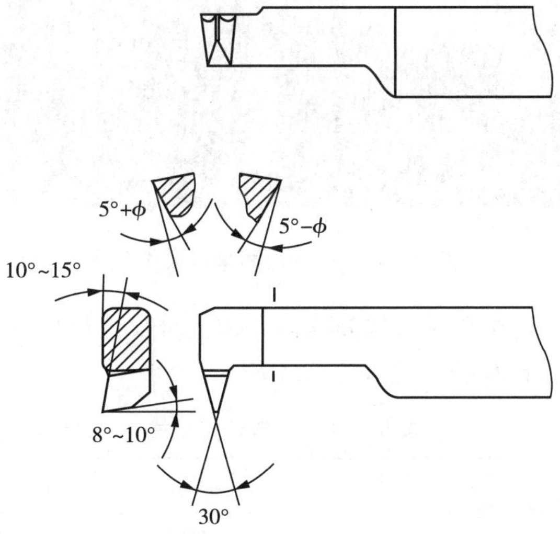

图 5-46　梯形内螺纹车刀

5. 梯形螺纹车刀的刃磨方法和检测

(1) 刃磨步骤

1) 粗磨两侧后面，刃磨出两侧后角、刀尖角。

2) 精磨两侧后面，控制好刀头宽度，使其小于牙槽底宽 0.5 mm 左右。

3) 粗磨前刀面，刃磨出径向前角。

4) 油石备刀。

（2）刃磨要求

1）刃磨车刀时，要不断用样板检查刀尖角 30°。

2）刃磨车刀时，要不断蘸水，防止车刀模糊。

6. 梯形螺纹的测量方法

常用的有 4 种方法。

（1）三针法

三针法是测量螺纹（蜗杆）的一种精密测量方法，适用于螺纹升角小于 4°的三角螺纹、梯形螺纹、蜗杆的中径尺寸，如图 5－47 所示。

图 5－47　三针法测量螺纹中径

测量方法：三根量针放在相对应螺旋槽内，用千分尺测量出量针距离 M，再换算出螺纹中径的实际尺寸。M 值计算公式见表 5－24 所列。

表 5－24　M 值计算公式

螺纹牙型	M 计算公式	量针直径		
		最大值	最佳值	最小值
30°	$M=d_2+4.864d_D-1.866P$	$0.656P$	$0.518P$	$0.486P$
40°	$M=d_1+3.924d_D-4.316m_x$	$2.446\ m_x$	$1.675\ m_x$	$1.61\ m_x$
60°	$M=d_2+3d_D-0.866P$	$1.01P$	$0.577P$	$0.505P$
55°	$M=d_2+3.166d_D-0.961P$	$0.894P-0.029$	$0.564P$	$0.481P-0.016$

注意：量针直径选取要合适，最佳量针直径是量针横截面与螺纹牙侧相切于螺纹中径时的量针直径。

（2）单针法

单针法测量比三针法方便，但测量精度稍微差些。测量如图 5－48 所示。

测量方法：把一根量针放入螺旋槽，另一侧以大径为基准，用千分尺测量出量针最高点与另一侧大径之间的距离 A。由 A 换算出螺纹中径的实际尺寸。

公式：$A=\frac{1}{2}(M+d_0)$，其中 d_0 是螺纹的大径的实际尺寸。

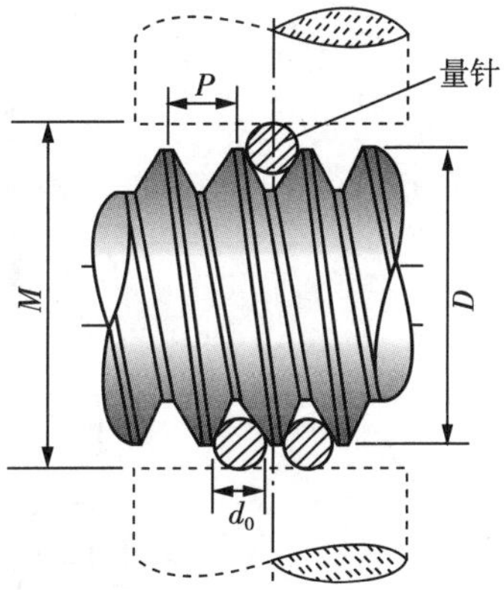

图 5－48　单针法测量

（3）综合测量法

对于精度不高的梯形螺纹，用标准的梯形螺纹环规进行综合检测，通端通、止端止。

（4）齿厚卡尺检测法

测量时，也可以用齿厚卡尺检测法向齿厚（在图纸上实际并不标注法向齿厚，而是标注中径公差）。这里有一个转化技巧，即中径公差如何向法向齿厚公差转换，如图 5－49 所示。

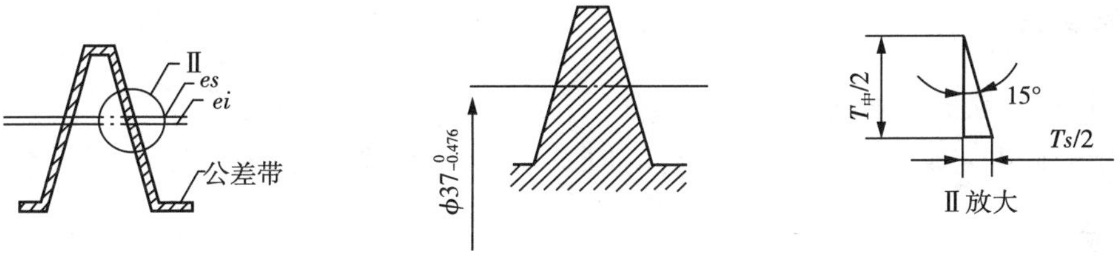

图 5－49　齿厚卡尺检测法

计算事项：

图 5－49 中，中径公差 $T_中=es-ei=0-(-0.476)=0.476$

放大图中，$tg\alpha=\frac{Ts/2}{T_中/2}$，$Ts=T_中\times tg\alpha=0.476tg\alpha$

轴向齿厚公差 $Ts=T_中\times tg\alpha=(es-ei)\ tg\alpha$

结论：法向齿厚上偏差 $es_n=es_x\cos\gamma=estg\alpha\cos\gamma=0$

法向齿厚下偏差 $ei_n=ei_x\cos\gamma=eitga\cos\gamma=0.476\times tg15°\cos6°=0.126$

所以法向尺厚尺寸为 $S_{n-0.126}^{\ \ 0}$。

其中，$\alpha=15°$，γ—螺纹升角，es_x—轴向齿厚上偏差，ei_x—轴向齿厚下偏差。

齿厚游标卡尺如图 5－50 所示，用来测量齿轮（或蜗杆）的法向齿厚和齿顶高。这种游标卡尺由两个互相垂直的主尺组成，因此它有 2 个游标。A 的尺寸由垂直主尺上的游标调整，测量的是螺纹的齿顶高；B 的尺寸由水平主尺上的游标调整，刻线原理和读法与一般游标卡尺相同，测量的是螺纹的法向尺厚。这种测量方法比三针法测量精度差。

测量螺纹时，把齿厚游标卡尺读数调整到等于齿顶高 ha，法向卡入齿廓，测得的读数是螺纹中径（d_2）的法向齿厚 Sn。

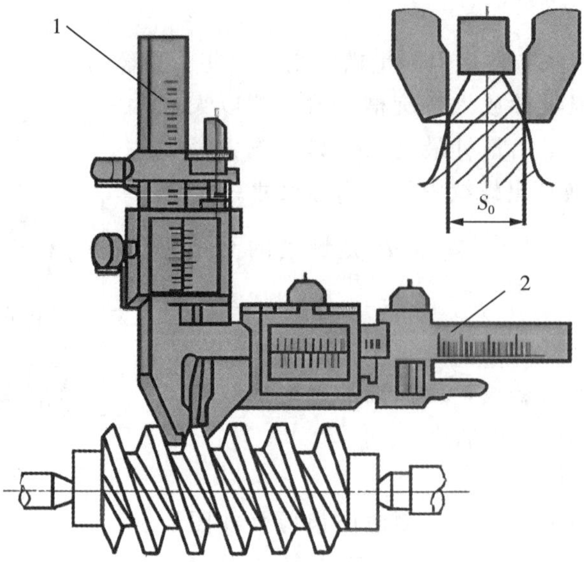

图 5-50 齿厚游标卡尺测量蜗杆

1—齿高卡尺；2—尺厚卡尺

任务实施

1. 车外梯形螺纹（单线）

在规定时间内完成图 5-51 所示零件的加工，已知毛坯尺寸为 $\phi45\times120$，材料为 45 号钢。

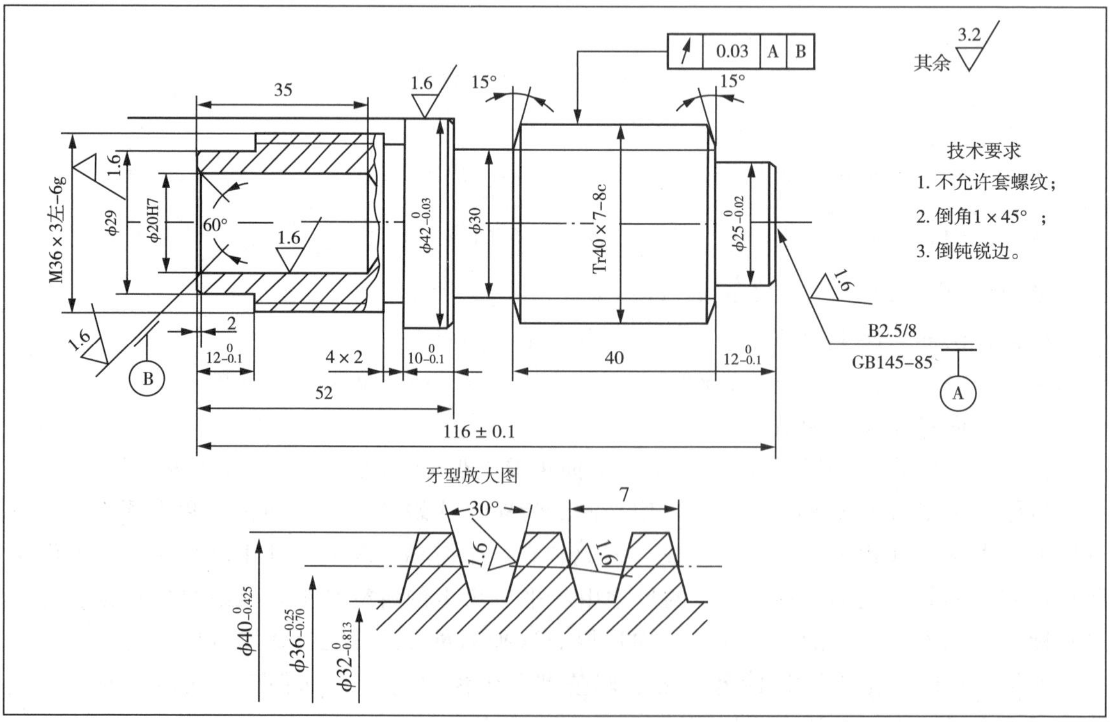

图 5-51 零件图

任务实施表见表 5－25 所列。

表 5－25　任务实施表

<table>
<tr><td>情境</td><td colspan="6">梯形螺纹的车削加工</td></tr>
<tr><td>学习任务</td><td colspan="4">车外梯形螺纹（单线）</td><td>完成时间</td><td></td></tr>
<tr><td>任务完成人</td><td>学习小组</td><td></td><td>组长</td><td></td><td>成员</td><td></td></tr>
<tr><td>任务实施步骤及具体内容</td><td colspan="6">
任务分析
1. 定位装夹分析
图纸有圆跳动 [↗ | 0.03 | A | B] 要求，基准 A 是右端中心孔，基准 B 是左端 60°锥孔角，被测要素是梯形螺纹大径，因此保证圆跳动要采取双顶方式装夹。
2. 梯形螺纹相关尺寸计算
（1）螺纹升角 $tg\phi=\frac{p}{\pi d_2}=\frac{7}{3.14\times 36.5}$，得到 $\phi=4°$
（2）刃磨车刀后角
图纸梯形螺纹为右旋螺纹，因此：
左后角 $\alpha_{ol}=(3°\sim 5°)+\phi=7°\sim 9°$
右后角 $\alpha_{or}=(3°\sim 5°)-\phi=-1°\sim 1°$
刃磨完后测量左后角和右后角。
（3）牙型高度
$$h=0.5P+a_c=0.5\times 7+0.5=4\ \mathrm{mm}$$
（4）牙顶宽
$$f=0.366P=0.366\times 7=2.562\ \mathrm{mm}$$
（5）法向齿厚
$$S_n=S_x=\frac{P}{2}cos\phi=3.5\times \cos 4=3.485\ \mathrm{mm}$$
3. 加工技术
梯形螺纹车削技术
（1）按照车床螺距铭牌表将各手柄打在相应位置上，装上 60°三角螺纹刀，用刀尖在大径上轻轻划出一条螺距线，用钢直尺检测是否为螺距 7 mm，而后转动小滑板向前 1 个齿顶宽，依然在大径上轻轻划出一条螺距线，划出加工区域，加工时车刀以 2 条螺旋线为界限，在螺旋槽区域进刀即可，如图 5－52 所示。把 60°三角螺纹刀换下，装上 30°梯形螺纹刀，用左右侧刃倒出 15°的倒角。
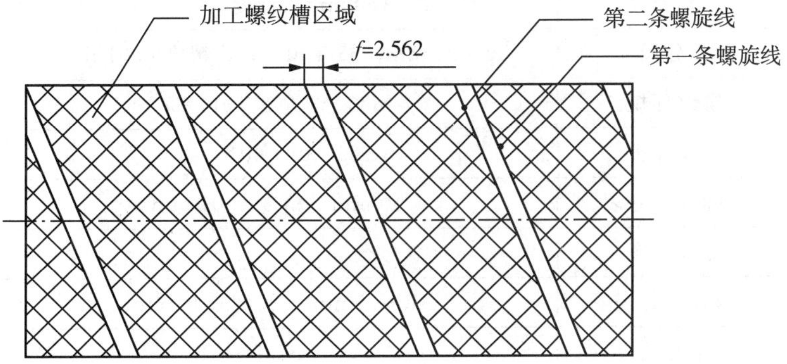

图 5－52　加工区域
</td></tr>
</table>

（续表）

情境	梯形螺纹的车削加工
任务实施步骤及具体内容	（2）梯形螺纹螺距为 7 mm，螺距较大，因此可先采用斜进法或左右车削法进行车削。但是为了提高效率，一般会综合运用直进法、斜进法、左右车削法。在开始进刀时可采用直进法，达到双边吃刀深度 2 mm 左右，然后左斜进，待到快出毛边屑时，小滑板回拉右斜进，此后一直左右斜进交替。粗车完毕，进入半精车，对螺纹右侧光刀，以右侧为基准，光刀牙左侧，不断测量，直至梯形螺纹中径合格。 基于表 5-24 所示公式，如果用三针法测量 Tr40×7－8c 螺纹中径，需要计算出 $dD=0.518P=0.518\times7=3.626$ mm，选用量针 $dD=3.55$ mm，螺纹中径是 $d_2=36.5-0.25_{-0.70}$ mm，$M=d2+4.864dD-1.866P=36.5+4.864\times3.55-1.866\times7=40.7052$ mm。根据中径公差，千分尺 M 应该是 40.005～40.455 mm。 4. 工艺路线安排 （1）夹毛坯，平端面，钻中心孔。 （2）粗车外圆 $\phi41\times80$ mm。 （3）掉头装夹 $\phi41$ 外圆处，百分表找正，平端面，钻孔 $\phi18$ mm，控制总长 116±0.1 mm。 （4）粗精车外圆 $\phi42^{0}_{-0.039}$，$\phi35.9$，$\phi29$。 （5）粗精车内孔 $\phi20$H7。 （6）车内孔圆锥角 60°。 （7）双顶车削精车外圆 $\phi39.9$ mm，倒角。 （8）一夹一顶，粗精车外圆 $\phi25^{0}_{-0.084}$，倒角。 （9）切槽。 （10）粗精车梯形螺纹。 （11）掉头，双顶，粗精车 M36×3 左－6 g。

工量刃具清单见表 5-26 所列。

表 5-26 工量刃具清单

序号	名称	规格	数量	备注
1	游标卡尺	0～150 mm，精度 0.02 mm	1	—
2	千分尺	0～25 mm，25～50 mm，精度 0.01 mm	1	—
3	螺纹环规	M36×3 左，Tr40×7	1	—
4	螺纹样板	30°、60°	1	—
5	钟面式百分表	10 mm，精度 0.01 mm	1	—
6	磁性表座	—	1	—
7	内径百分表	18～35 mm，精度 0.01 mm	1	—
8	中心钻	B2.5	1	—

（续表）

序号	名称	规格	数量	备注
9	麻花钻	ϕ18 mm	1	—
10	锪钻	60°	1	—
11	端面车刀	45°	自备	—
12	外圆车刀	90°	自备	—
13	梯形螺纹车刀	P7	自备	—
14	普通螺纹车刀	—	自备	—
15	切槽刀	—	自备	—
16	内孔车刀	—	自备	—
16	其他	扳手、铜棒、铜皮、刀垫、毛刷、油石、鸡心夹、钻夹头、顶尖、钻套等常用工具	—	选用

2. 车双线梯形螺纹

在规定时间内完成图 5－53、图 5－54 所示零件的加工，已知毛坯尺寸为 ϕ45×162，材料为 45 号钢。

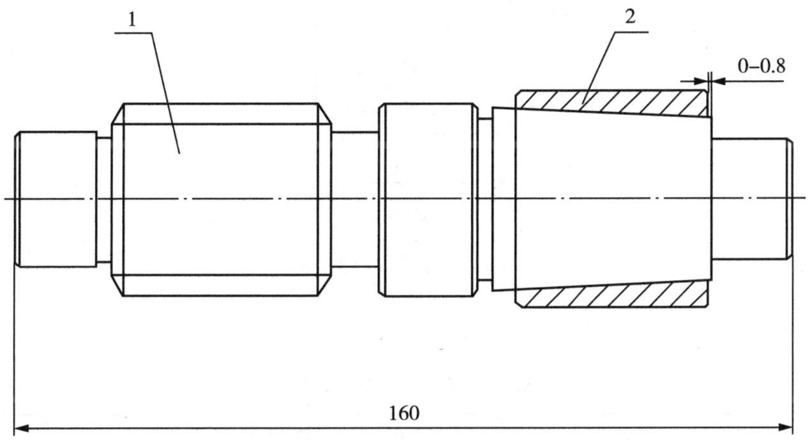

锥度部分涂色检验，接触面积大于或等于70%

2	锥套	1	45号钢	—
1	梯形螺杆	1	45号钢	—
序号	零件名称	数量	材料	备注
名称	锥轴组合件	毛坯	材料	工时
		ϕ45×162（螺旋毛坯） ϕ50×42（螺旋毛坯）	45号钢	300分钟

图 5－53　零件图

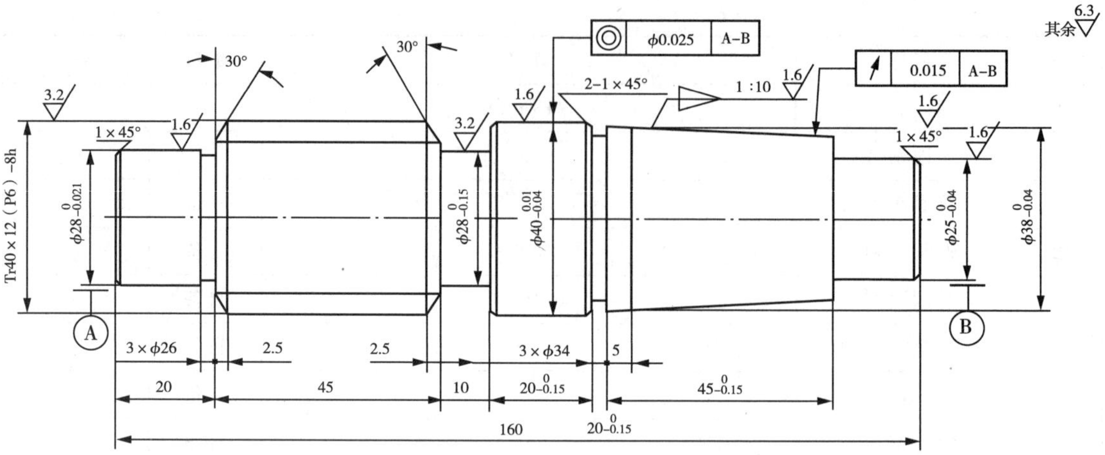

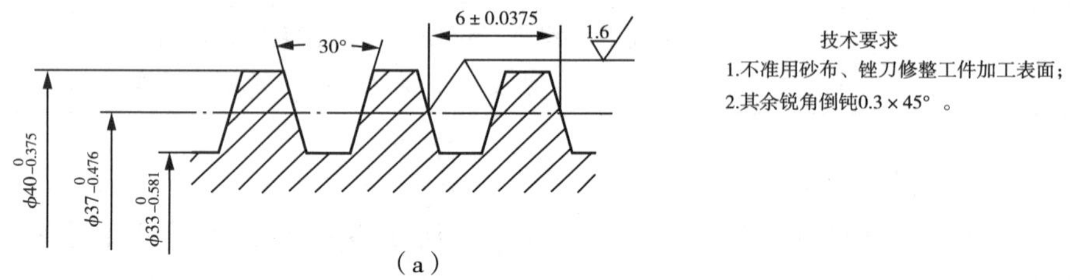

（a）

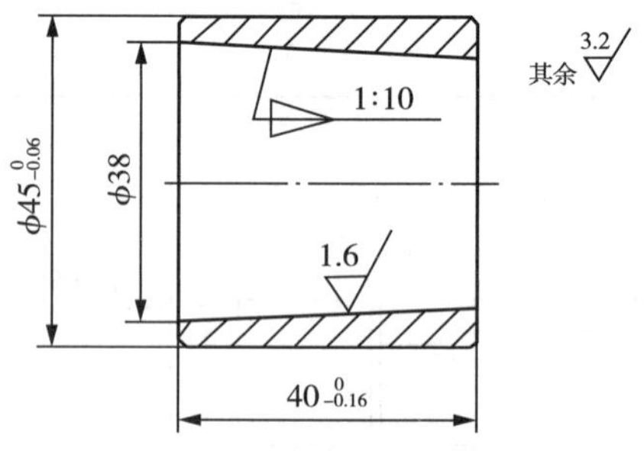

（b）

图 5－54 零件图

任务实施表见表 5－27 所列。

表 5－27 任务实施表

情境	梯形螺纹的车削加工					
学习任务	车双线梯形螺纹				完成时间	
任务完成人	学习小组		组长		成员	
任务实施步骤及具体内容	任务分析 1. 划线 车削螺纹前要划线，画出粗车区域，防止精车余量不够。 螺纹导程 $L=12$ mm，先按照车床铭牌表将各手柄位置放在相应位置，开车床，用60°螺纹刀刀尖轻轻划出第一条线（导程 L），然后小滑板向前移动一个螺距 $P=6$ mm,划出第二条线，再将小滑板向前移动一个齿顶宽 f，划出第三条线，最后将小滑板向前移动一个螺距 $P=6$ mm，划出第四条线，大径外圆划出两个加工区域，加工时车刀以两条螺旋线为界限，在螺旋槽区域进刀即可，如图 5－55 所示。					

（续表）

任务实施步骤及具体内容	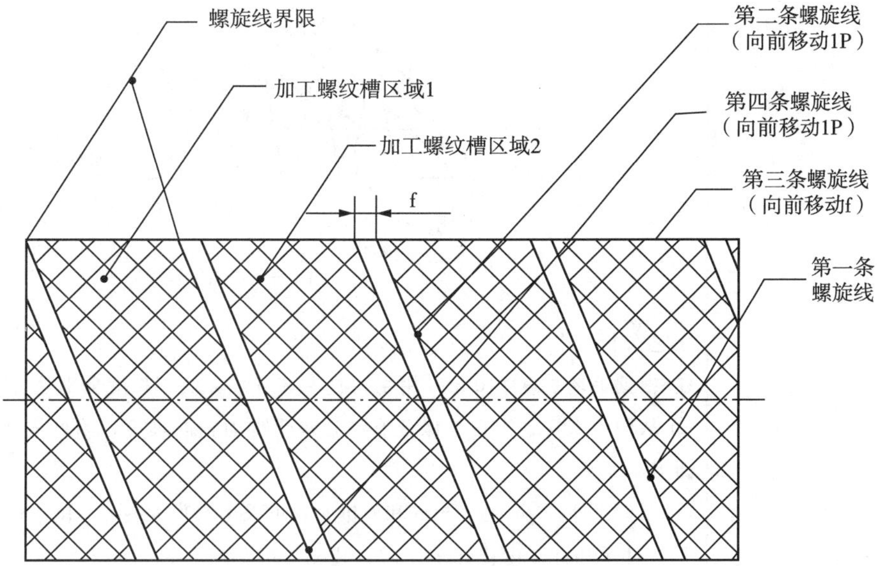 图 5－55　双线梯形螺纹划线 2. 车削 （1）粗加工 将蜗杆粗车刀对准第一个区域，中滑板对零，主要用“斜进拓宽法”或“左右拓宽法”进行粗车。粗车完第一个螺旋槽后，小滑板向前移动一个螺距，再粗车另一个螺旋槽区域，前后两次中滑板进刀刻度一定相同。 （2）精加工 双线螺纹主要是控制分线，分线不匀会造成车出的多线螺纹的螺距不等，会影响内外螺纹的配合精度，降低使用寿命。分线的准确程度通过精车工序体现，并依靠精车过程来保证。 精车（含分线）步骤及其方法： 在粗车完毕后，要进行排刀，从而为精车做好准备。 1）换用精车刀，样板上刀。 2）对刀：可采用静止对刀法和动态对刀法，对刀一定要准确。 3）选取切削速度 $V_c<5$ m/min，精车。 ① 内容：排刀（半精车）后，先换精车刀，牙侧 1 光刀，然后车刀向前移动一个螺距 P，再车削牙侧 2，以牙侧 1、牙侧 2 为测量（车削）基准，精车牙背两侧，使每个牙的法向齿厚 $S_{1n}=S_{2n}$，最后用齿轮卡尺检验跨牙尺寸 S_1 是否与 S_2 相等。通过比较分析哪一个牙厚尺寸大，然后就以“瘦牙”尺寸为基准（用粉笔作标记），光刀“肥牙”牙侧，再检验，分头完毕，如图 5－56 所示。 ② 检验 S_1 是否与 S_2 相等时，有几种情况。 a. $S_1>S_2$，S_{1n}合格，光刀牙侧 2； b. $S_1>S_2$，S_{2n}合格，光刀 1 牙右侧； c. $S_1<S_2$，S_{1n}合格，光刀 2 牙右侧； d. $S_1<S_2$，S_{2n}合格，光刀牙侧 1。

（续表）

任务实施步骤及具体内容	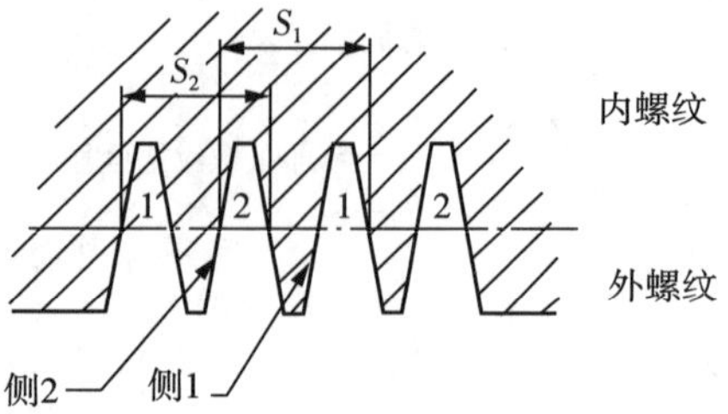 图 5－56　精车 工艺分析 ① 根据毛坯长度 210 mm 用切刀把毛坯分成 2 块，长度分别是 163 mm 和 47 mm。 ② 从图纸来看，重点是保证形位公差圆跳动和同轴度，因此先车件 1，再车件 2 内锥孔。 ③ 车件 1 外圆 $\phi40_{-0.04}^{-0.01}$ mm 和外锥时，可采用双顶尖装夹车削。件 2 外圆 $\phi45_{-0.06}^{0}$ mm 是在件 1 和件 2 内锥孔车完后，装配上再车削。 ④ 件 1 车削时，可采用一夹一顶先车削双线梯形螺纹。 工序安排 ——工件 1 ① 夹毛坯，切料 163 mm 和 47 mm。 ② 夹毛坯（163 mm 长），平端面，钻中心孔。 ③ 粗车外圆 $\phi48$ mm×100 mm。 ④ 卸件，掉头装夹 $\phi48$ mm，磁力百分表找正，平端面，控制总长 160 mm，钻中心孔。 ⑤ 一夹一顶粗车到外圆 $\phi29$ mm、$\phi41$ mm，粗精车外圆 $\phi40_{-0.375}^{0}$ mm。 ⑥ 切槽 3 mm×$\phi26$ mm，$\phi28_{-0.15}^{0}$ mm。 ⑦ 粗精车梯形螺纹 Tr40×12（*P*6）。 ⑧ 卸件，双顶尖装夹，精车外圆 $\phi28_{-0.021}^{0}$ mm、$\phi40_{-0.04}^{-0.01}$ mm。 ⑨ 卸件，掉头，双顶尖装夹，粗车外圆 $\phi25_{-0.04}^{0}$ mm、$\phi38_{-0.04}^{0}$ mm。 ⑩ 切槽 3 mm×$\phi34$ mm。 ⑪ 粗精车外锥 1∶10。 ⑫ 倒角 1×45°。 ——工件 2 ① 夹毛坯，平端面，钻孔。 ② 粗车外圆 $\phi46$ mm。 ③ 粗精车内锥 1∶10。 ④ 掉头夹外圆 $\phi46$ mm，车端面，控制总长 $\phi40_{-0.16}^{0}$ mm。 ⑤ 件 2 与件 1 配合，双顶装夹件 1，粗精车外圆 $\phi45_{-0.06}^{0}$ mm。

工量刃具清单见表 5－28 所列。

表 5－28 工量刃具清单

序号	名称	规格	数量	备注
1	游标卡尺	0～150 mm 精度 0.02 mm	1	—
		0～200 mm 精度 0.02 mm	1	—
2	千分尺	0～25 mm 精度 0.01 mm	1	—
		25～50 mm 精度 0.01 mm	—	—
3	齿厚卡尺	1～18 mm 精度 0.02 mm	1	—
4	内径百分表	35～50 mm 精度 0.01 mm	1	—
5	螺纹样板	30°	1	—
6	钟面式百分表	0～10 mm 精度 0.01 mm	1	—
7	磁性表座	—	1	—
8	中心钻	B2.5	1	—
9	麻花钻	ϕ20 mm	1	—
10		ϕ32 mm	—	—
11	端面车刀	45°	自备	—
12	外圆车刀	90°	自备	—
13	梯形螺纹车刀	Tr40×12（*P*6）	自备	—
14	内孔车刀	—	自备	—
15	切槽刀	3～6	自备	—
16	其他	扳手、铜棒、铜皮、刀垫、毛刷、油石、鸡心夹、钻夹头、顶尖、钻套等常用工具	—	选用

分析评价

每位学生完成一件后，卸下工件，交给教师，教师仔细检测尺寸是否符合图样要求，填写评分表，见表 5－29 和表 5－30 所列；学生填写任务评价表，见表 5－31 所列。

表 5－29 评分标准表

<table>
<tr><td>班级</td><td></td><td>姓名</td><td></td><td>学号</td><td></td><td>工时</td><td></td></tr>
<tr><td colspan="2">考核项目</td><td colspan="2">考核内容及技术要求</td><td>配分</td><td colspan="2">评分标准</td><td>得分</td></tr>
<tr><td colspan="2" rowspan="5">主要项目</td><td colspan="2">1. ϕ20H7</td><td>10</td><td colspan="2">超过 H7 扣 5 分，超过 H8 扣 10 分</td><td></td></tr>
<tr><td colspan="2">2. M36×3 左－6g</td><td>12</td><td colspan="2">超过 6g 扣 6 分，超过 7g 扣 12 分</td><td></td></tr>
<tr><td colspan="2">3. Ra1.6 μm
（M36×37 左－6g 牙侧）</td><td>6</td><td colspan="2">一侧达不到要求扣 3 分</td><td></td></tr>
<tr><td colspan="2">4. Tr40×7－8c</td><td>15</td><td colspan="2">超过 8c 扣 8 分，超过 9c 扣 15 分</td><td></td></tr>
<tr><td colspan="2">5. Ra1.6 μm（Tr40×7－8c 牙侧）</td><td>8</td><td colspan="2">一处达不到 Ra1.6 μm 扣 3 分，达不到 Ra3.2 μm 扣 4 分</td><td></td></tr>
</table>

（续表）

考核项目	考核内容及技术要求	配分	评分标准	得分
班级	姓名	学号	工时	
考核项目	考核内容及技术要求	配分	评分标准	得分
一般项目	1. $\phi42_{-0.03}^{0}$ mm	6	超差 0.01 mm 扣 2 分	
	2. $\phi25_{-0.02}^{0}$ mm	6	超差 0.01 mm 扣 2 分	
	3. ↗ 0.03 A B	6	超差 0.01 mm 扣 2 分	
	4. B2.5/8 处 Ra1.6 μm	4	达不到要求扣 4 分	
	5. 60°处 Ra1.6 μm	4	达不到要求扣 4 分	
	6. $10_{-0.1}^{0}$ mm	4	超差全扣	
	7. 116±0.1 mm	3	超差全扣	
	8. $12_{-0.1}^{0}$ mm	6	一处超差扣 3 分	
	9. Ra1.6 μm（2 处）	10	一处达不到 Ra1.6 μm 扣 3 分，达不到 Ra3.2 μm 扣 5 分	
其他项目	1. 倒角，倒钝锐边		一处不符合要求从总分扣除 1 分	
	2. 未注公差尺寸		一处超过 IT14 从总分扣除 1 分	
	3. Ra3.2 μm		一处不符合要求从总分扣除 1 分	
安全操作规范	按企业标准		违反一项规定从总分扣除 2 分，扣分不超过 10 分	
综合得分		100		

表 5-30　评分标准表

考核项目		考核内容及技术要求	配分	评分标准	得分
班级		姓名	学号	实际操作时间	
考核项目		考核内容及技术要求	配分	评分标准	得分
件 1	外圆	1. $\phi28_{-0.021}^{0}$ mm，Ra1.6 μm	6	超差 0.01 mm 扣 3 分	
		2. $\phi28_{-0.15}^{0}$ mm，Ra3.2 μm	3	超差全扣	
		3. $\phi40_{-0.04}^{-0.01}$ mm，Ra1.6 μm	6	超差 0.01 mm 扣 3 分	
		4. $\phi38_{-0.04}^{0}$ mm，Ra1.6 μm	6	超差 0.01 mm 扣 3 分	
		5. $\phi25_{-0.04}^{0}$ mm，Ra1.6 μm	6	超差 0.01 mm 扣 3 分	
	长度	6. 45 mm，Ra6.3 μm	2	超差全扣	
		7. $45_{-0.15}^{0}$ mm	2	超差全扣	
		8. 20 mm	2	超差全扣	
		9. 10 mm，Ra6.3 μm	2	超差全扣	
	梯形螺纹	10. $\phi40_{-0.375}^{0}$ mm，Ra3.2 μm	6	超差 0.01 mm 扣 1 分	
		11. $\phi37_{-0.476}^{0}$ mm，Ra1.6 μm	8	超差全扣	
		12. $\phi33_{-0.581}^{0}$ mm，Ra6.3 μm	8	超差全扣	
		13. P=6 mm，30°	4	超差全扣	
	形位公差	14. ◎ φ0.025 A−B	5	超差 0.01 mm 扣 1 分	
		15. ↗ 0.015 A−B	5	超差 0.01 mm 扣 1 分	

（续表）

<table>
<tr><td>班级</td><td colspan="2"></td><td>姓名</td><td>学号</td><td>实际操作时间</td><td></td></tr>
<tr><td colspan="2">考核项目</td><td>考核内容及技术要求</td><td>配分</td><td colspan="2">评分标准</td><td>得分</td></tr>
<tr><td rowspan="2">件 2</td><td>外圆</td><td>16. $\phi45_{-0.06}^{\ 0}$ mm，$Ra3.2$ μm</td><td>6</td><td colspan="2">超差 0.01 mm 扣 3 分</td><td></td></tr>
<tr><td>长度</td><td>17. $\phi40_{-0.16}^{\ 0}$ mm，$Ra3.2$ μm</td><td>3 μm</td><td colspan="2">超差 0.01 mm 扣 3 分</td><td></td></tr>
<tr><td rowspan="2">配合</td><td>锥度</td><td>18. 锥度接触面积≥70%</td><td>10</td><td colspan="2">接触面积小于 70%扣 4 分，接触面积小于 60%扣 10 分</td><td></td></tr>
<tr><td>距离</td><td>19. 端面距离 0～0.8 mm</td><td>10</td><td colspan="2">超差不大于 0.1 mm 扣 2 分，大于 0.1 mm 全扣</td><td></td></tr>
<tr><td colspan="2" rowspan="3">其他项目</td><td>1. 倒角，倒钝锐边</td><td></td><td colspan="2">一处不符合要求从总分扣除 1 分</td><td></td></tr>
<tr><td>2. 未注公差尺寸</td><td></td><td colspan="2">一处超过 IT14 从总分扣除 1 分</td><td></td></tr>
<tr><td>3. $Ra3.2$ μm</td><td></td><td colspan="2">一处不符合要求从总分扣除 1 分</td><td></td></tr>
<tr><td colspan="2">安全操作规范</td><td>按企业标准</td><td></td><td colspan="2">违反一项规定从总分扣除 2 分，扣分不超过 10 分</td><td></td></tr>
<tr><td colspan="3">综合得分</td><td>100</td><td colspan="2"></td><td></td></tr>
</table>

表 5－31　任务评价表

序号	评价类别	评价内容及要求	配分
1	价值观与素养达成	1. 课堂状态是否良好，是否有睡觉、游戏等不良行为。 2. 训练过程中着装是否规范，是否认真研究、实践，等待时间是否积极学习、思考，是否有睡觉、游戏、聊天、打闹行为。 3. 卫生、机床保养每单元保持状况。 4. 纪律遵守情况。 5. 团队协作情况。	30%
2	知识与技能	1. 课堂作业完成情况。 2. 实践学习情况：操作是否规范，程序是否正确，是否有刀具损伤、操作事故记录及量具损伤记录。 3. 团队任务完成情况。 4. 技能考核情况：完成时间、质量。	50%
3	创新与提高	1. 创新学习效果、创新设计情况：外形是否新颖、结构是否合理、工艺分析是否正确、加工效果是否良好。 2. 总结报告完成情况：是否详细、具体。 3. 个人进步情况：思想、知识、技能。	20%

知识拓展

国外螺纹刀具表面涂层

高速钢螺纹刀具进行表面涂层后，可有效降低切削摩擦力，减少刀具磨损，大大提高刀具切削性能和使用寿命（一般可提高刀具使用寿命 2～3 倍）。目前，TiN 涂层及复合涂层工艺在国外螺纹刀具生产中已得到广泛采用，如德国 GUHRINR、EMUGE 等公司的各种涂层产品已占其螺纹刀具产量的 40%左右。

硬度是高速钢螺纹刀具切削性能的重要参数之一。在加工螺纹过程中，会产生较高切削热并传递给刀具，从而使刀具硬度降低。据有关资料介绍，当切削区温度超过 550℃后，刀具的金相组织将发生变化，导致刀具硬度快速下降；温度每升高 100℃，硬度下降幅度可达 300～400 HV；若刀具硬度降至 59～60HRC，将基本丧失切削能力。螺纹刀具经涂层后其表面硬度可明显增高：TiN 涂层硬度可达 2300 HV 以上；TiCN 涂层硬度可达 3000 HV以上。

任务五　多线螺纹的车削加工

任务描述

1. 了解多线螺纹的概念与标注；
2. 掌握多线螺纹的分线方法；
3. 学会车多线螺纹。

知识链接

多线螺纹是一种特殊的螺纹，它能够实现旋转一周移动多个螺距的功能。这种传动应用是比较广泛的。本节主要介绍多线螺纹的概念、特点、分线、加工方法及加工时的技巧与注意事项。

1. 多线螺纹的概念、参数与代号

（1）多线螺纹的概念

沿一条螺旋线所形成的螺纹称为单线螺纹；沿 2 条或 2 条以上螺旋线且螺旋线在轴向等距分布所形成的螺纹称为多线螺纹。

多线螺纹旋转一周能移动单线螺纹的几倍螺距，所以多线螺纹常用于快速移动机构中。判定螺纹的线数可根据螺纹尾部螺旋槽的数目或从端面上看螺纹的线数，如图 5－57 所示。

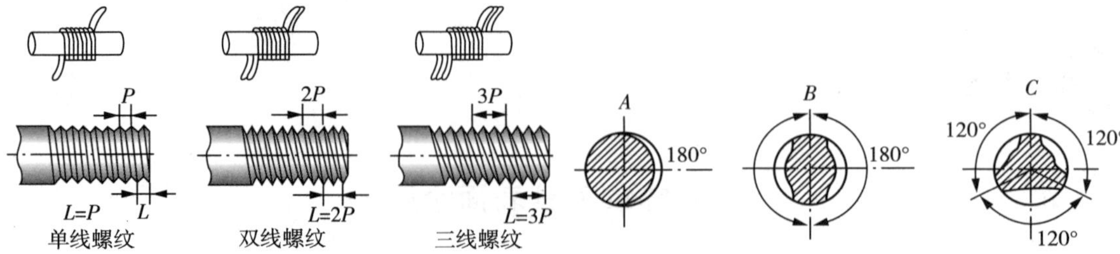

图 5－57　单线和多线螺纹

（2）多线螺纹的导程（L）

多线螺纹的导程指在同一条螺旋线上相邻两牙在中径线上的对应 2 点间的轴向距离。多线螺纹的导程与螺距的关系是：

$$L=nP$$

式中：n—螺旋线的线数；

P—螺纹的螺距。

对于单线螺纹，其导程就等于螺距。

（3）多线螺纹的代号

普通多线三角形螺纹的代号是螺纹特征代号×导程/线数，如 M30×3/2、M36×4/2 等。多线梯形螺纹的代号是螺纹特征代号×导程（P 螺距），如 Tr36×12（P6）。

2．多线螺纹的分线方法

车多线螺纹是按导程计算交换齿轮、按螺纹线数分线的。多线螺纹的技术要求：多线螺纹的螺距必须相等；多线螺纹每条螺纹的小径、牙型角也要相等。车多线螺纹时应考虑螺纹分线方法和车削步骤。若螺纹分线出现误差，会使车削的多线螺纹的螺距不相等，直接影响内外螺纹的配合性能，增加不必要的磨损，降低多线螺纹使用寿命。因此，必须掌握分线方法，控制分线精度。根据多线螺纹在轴向和圆周上等距分布的特点，分线方法可分为轴向分线法和圆周分线法 2 种。

（1）轴向分线法

当车好第一条螺旋槽后，先把车刀沿螺纹轴线方向移动一个螺距，再车第二条螺旋槽。按这种方法只需精确控制车刀移动的距离，就可完成分线工作，具体控制方法如下。

1）用小滑板刻度确定移动量。

车好一条螺旋槽后，先利用小滑板刻度使车刀移动一个螺距，再车第二条螺旋槽，从而达到分线的目的。这种方法一般用于多线螺纹的粗车，适合单件、小批量生产。

小滑板转过的格数可用以下公式计算：

$$K=P/a$$

式中：P—螺距，单位为 mm；

a—小滑板刻度盘每格移动的距离，单位为 mm。

2）用百分表确定小滑板的移动量。

根据百分表上的读数值来确定小滑板的移动量，此方法适用于分线精度要求较高的单件生产的工件，如图 5-58 所示。由于百分表的量程小，加工线数较多或螺距较大的多线螺纹时，可能会使分线产生困难。

3）利用百分表和量块分线。

在对螺距精度要求较高的螺纹分线时，可利用百分表和量块控制小滑板的移动距离，如图 5-59 所示。在车削过程中应经常找正百分表的零位。

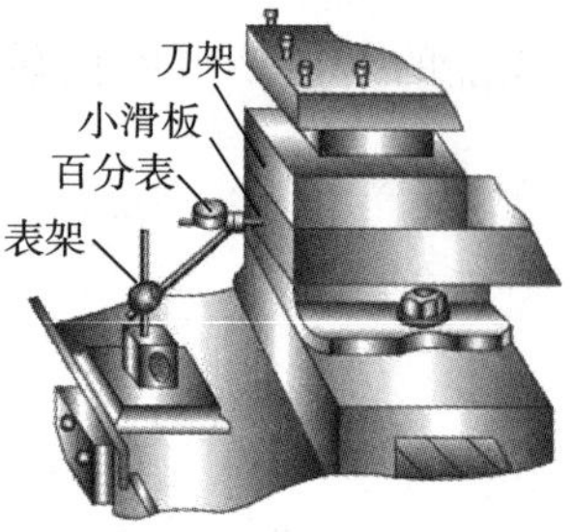

图 5-58 百分表分线

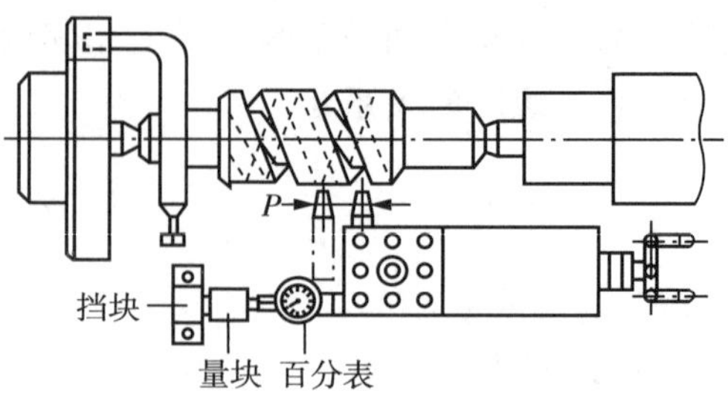

图 5-59 百分表量块分线

4）利用开合螺母结合移动小滑板分线。

车削大导程的多线螺纹时，在车好一条螺旋线后，先打开开合螺母，摇动床鞍手柄，使床鞍移动一个或几个丝杠螺距，然后合上开合螺母，再移动小滑板，使车刀移动所需要的螺距。

（2）圆周分线法

1）利用三爪自定心卡盘、四爪单动卡盘分线。

当工件采用两顶尖装夹，并用卡盘的卡爪代替拨盘时，可利用卡爪对二、三、四线的多线螺纹进行分线。车好一条螺旋槽后，只需松开卡盘，把工件连同鸡心夹头转过一个角度，先由卡盘上的另一只卡爪拨动，再用顶尖支撑好后就可车削另一条螺旋槽。这种分线方法比较简单，但精度较差。

2）利用交换齿轮分线。

当车床主轴上交换齿轮齿数是螺纹线数的整数倍时，可利用交换齿轮进行分线，如图 5-60 所示。使用交换齿轮分线的特点是分线精度高，但比较麻烦。

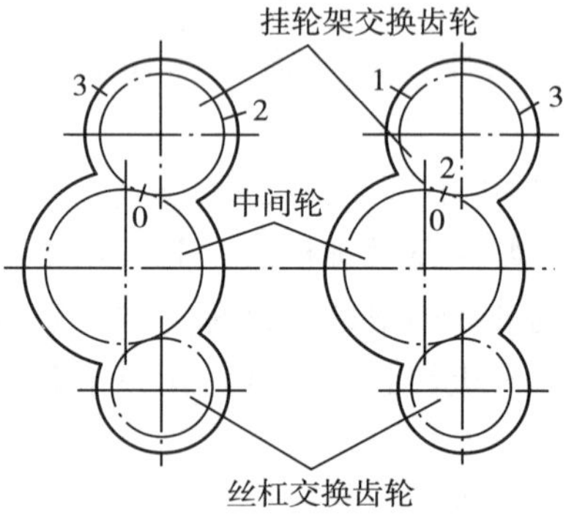

图 5-60 交换齿轮分线

注意：分线时，开合螺母不能提起。

3）利用分度插盘分线。

分度插盘固定在车床主轴上，转盘上有等分精度很高的定位插孔（分度盘一般等分 12 孔或 24 孔），如图 5-61 所示。分线时，先停机松开紧固螺母后，拔出定位插销，把转盘旋转一个 3600/n 角度，再把插销插入另一个定位孔中，紧固螺母，完成分线工件。这种分线方法的精度主要取决于多孔插盘的等分精度。此法适用于批量生产，可加工精度较高的多线螺纹。

3. 多线螺纹的车削方法

车多线螺纹时应按粗、精分开的原则进行，不可先将一条螺旋槽粗、精车好后，再粗、精车另一条螺旋槽。加工时，应按下列步骤进行。

（1）粗车第一条螺旋槽，记住中、小滑板的刻度。

（2）根据多线螺纹的精度要求，选择适当的分线方法进行分线。粗车第二条螺旋槽、

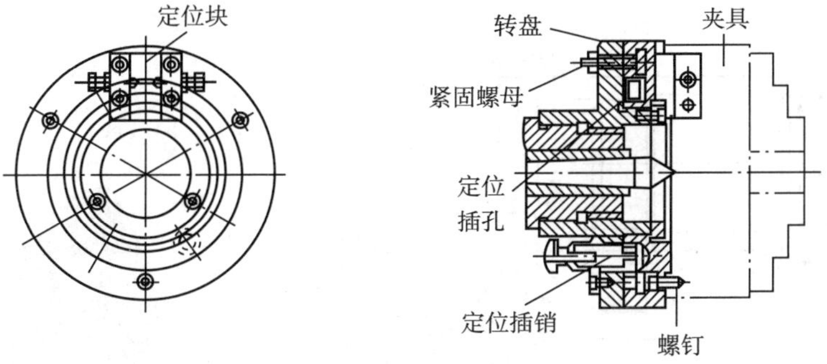

图 5-61　分度插盘

第三条螺旋槽……若用轴向分线法分线，中滑板的刻度值应与车第一条螺旋槽时相同。若用圆周分线法分线，中、小滑板的刻度值应与第一条螺旋槽相同。

(3) 采用左右切削法加工多线螺纹时，为了保证多线螺纹的螺距精度要求，车削每条螺旋槽时车刀的轴向移动量（借刀量）必须相等。

(4) 最后，按步骤 (1) 到步骤 (3) 精车各条螺旋槽。

小技巧：车螺纹时，为了防止因溜板箱手轮回转时的不平衡而使车床产生窜动，可在手轮上装平衡块，最好采用手轮脱离装置。

4. 车多线螺纹的注意事项

(1) 多线螺纹的导程大、走刀速度快，车削时要防止车刀、刀架及中、小滑板碰撞卡盘和尾座。

(2) 由于多线螺纹升角大，车刀两侧后角要相应增减。

(3) 用小滑板刻度分线要注意以下几点。

1) 检查小滑板的位置是否满足行程要求。

2) 小滑板移动方向必须与车床主轴轴线平行，否则会造成分线误差。

3) 每次分线后，小滑板手柄转动方向要相同，否则会由于丝杠与螺母之间的间隙而产生误差。采用左右切削法，一般先车牙型的各个左侧面，再车牙型的各个右侧面。

4) 采用直进法车削小螺距多线螺纹工件时，应调整小滑板间隙，注意不能太松，以防止切削时移位，影响分线精度。

(4) 用百分表分线时应使百分表测杆平行于主轴轴线，否则会产生分线误差。

(5) 精车时应多次循环分线，第二次或第三次循环分线时，不能使用小滑板借刀，只能在牙型面上单面车削，以矫正借刀和粗车时所产生的误差。经过循环车削，既能消除分线和借刀所产生的误差，又能提高螺纹的精度和表面质量。

(6) 车完多线螺纹后，关闭电源，并及时调整好交换齿轮及螺距手柄位置。

任务实施

1. 布置任务

如图 5-62 所示，本任务是车双线梯形外螺纹。零件材料是 45 号钢，毛坯规格为 ϕ45 mm×100 mm。

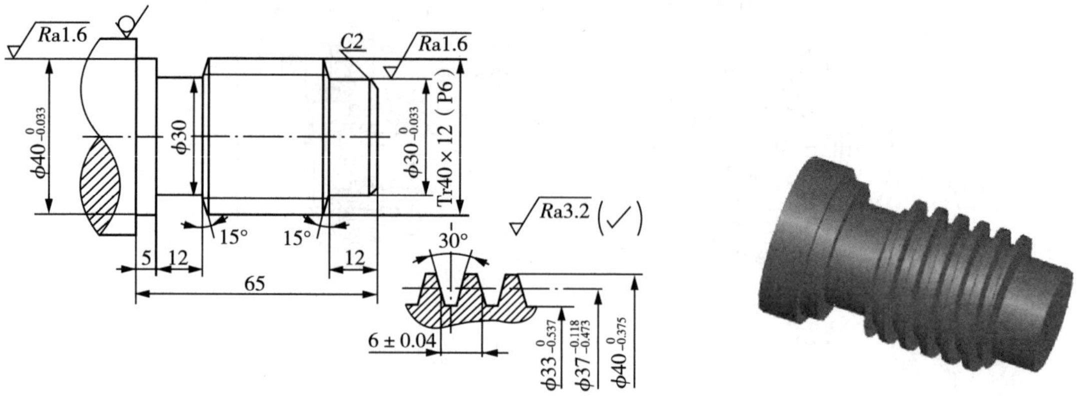

(a)零件图　　(b)实物图

图 5-62　车双线梯形螺纹

2. 工、量、刃具准备(表 5-32)

表 5-32　工、量、刃具准备清单

序号	名称	规格	精度	数量
1	千分尺	25～50 mm	0.01 mm	1
2	游标卡尺	0～150 mm	0.02 mm	1
3	钢针	ϕ3.1 mm	—	3
4	公法线千分尺	25～50 mm	0.01 mm	1
5	梯形螺纹车刀	30°	—	自定
6	切槽刀	刀宽 5 mm 左右	—	自定
7	钢直尺	0～150 mm	—	1
8	外圆车刀	45°	—	自定
9	外圆车刀	90°	—	自定
10	常用工具	—	—	自定

3. 切削用量的选取(表 5-33)

表 5-33　切削用量(参考值)

刀具	加工内容	主轴转速 m/min	进给量 mm/r	背吃刀量 mm
45°外圆车刀	端面	800	0.1	0.1～1
90°外圆车刀	粗车外圆	500	0.3	2
	精车外圆	1000	0.1	0.25
外切槽刀	车外沟槽	500	—	—
外梯形螺纹刀	车外螺纹	50	—	—

4. 加工步骤（表 5-34）

表 5-34　双线梯形外螺纹的加工步骤

加工步骤	图示	加工内容
1	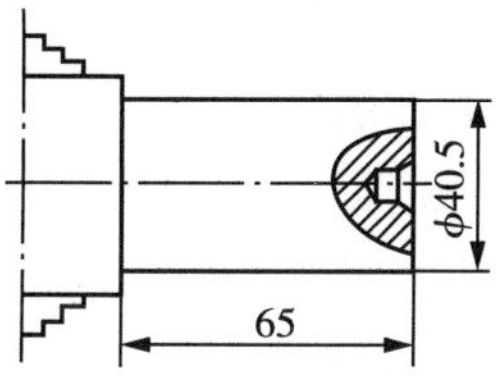	工件伸出卡爪 75 mm 左右，校正并夹紧；车平端面；钻中心孔；粗、精加工 ϕ40.5 mm×65 mm 外圆
2	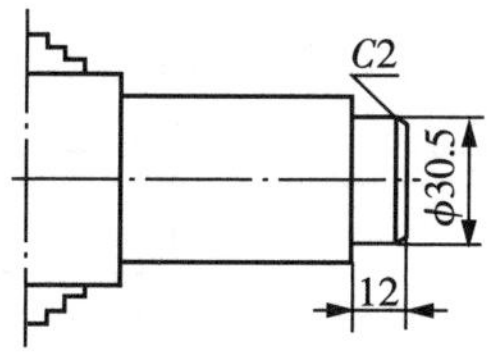	半精加工 ϕ30.5 mm×12 mm 外圆，并倒角 C2
3	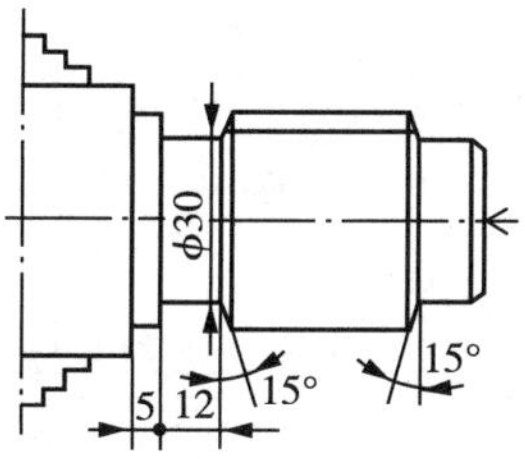	一夹一顶，加工槽 ϕ30 mm×12 mm 至尺寸，交两侧倒角 15°
4	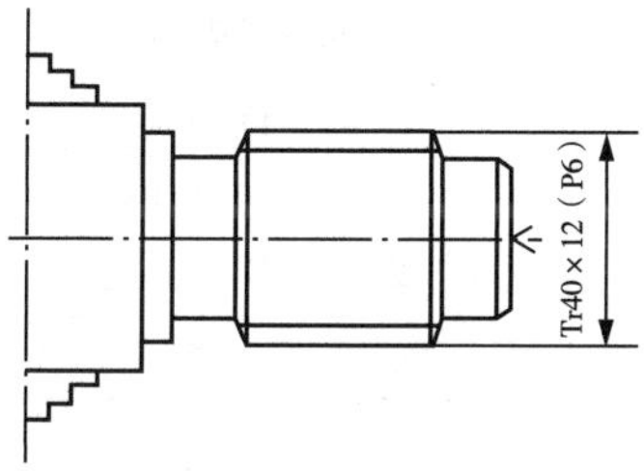	粗、精加工 Tr40×12（P6）螺纹，小径 ϕ33.2 mm，螺纹两侧留精车余量 0.2 mm
5	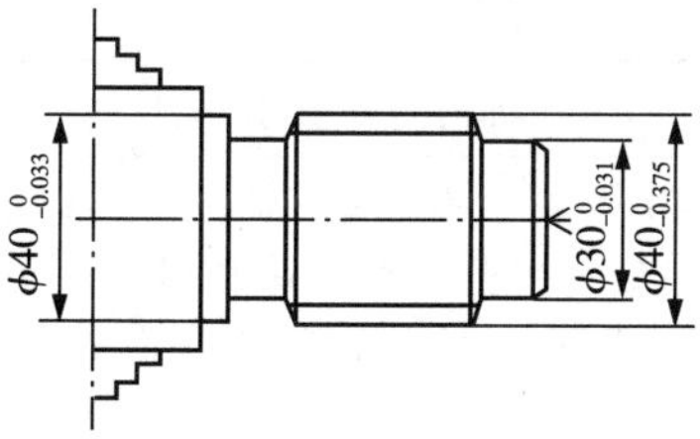	精车 ϕ30 mm、ϕ40 mm 及梯形螺纹大径 ϕ40 mm
6	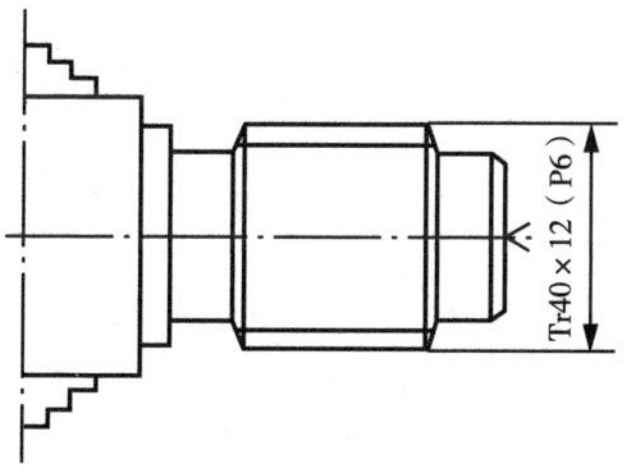	先精加工 Tr40×12（P6）；加工完毕后，根据图纸要求倒角、去毛刺；仔细检查各部分尺寸；最后卸下工件，完成操作

分析评价

每位学生完成一件后，卸下工件，交给教师，教师仔细检测尺寸是否符合图样要求，填写评分表，见表 5－35 所列；学生填写任务评价表，见表 5－36 所列。

表 5－35 车双线梯形外螺纹评分表

班级		姓名		学号	
零件名称		图号		检测	
序号	检测项目	配分	评分标准	检测结果	得分
1	$\phi40_{-0.033}^{0}$ mm、$Ra1.6$ μm	8/4	每超差 0.01 mm 扣 4 分，每降一级扣 2 分		
2	$\phi40_{-0.375}^{0}$ mm	5	超差不得分		
3	$\phi37_{-0.473}^{-0.118}$ mm	20	每超差 0.01 mm 扣 5 分		
4	$\phi33_{-0537}^{0}$ mm	5	超差不得分		
5	螺纹分线 6±0.04 mm	10	每超差 0.02 mm 扣 5 分		
6	梯形螺纹的牙型、粗糙度	2/8	超差、每降一级扣 2 分		
7	$\phi30_{-0.033}^{0}$ mm、$Ra1.6$ μm	7/4	每超差 0.01 mm 扣 4 分，每降一级扣 2 分		
8	$\phi30$ mm、$Ra3.2$ μm	3/2	超差降级不得分		
9	12 mm（2 处）、5 mm、65 mm	6/3/3	每处不符扣 3 分		
10	倒角、去毛刺	5	每处不符扣 1 分		
11	安全操作规程	5	按相关安全操作规程酌情扣给分		
总分		100	总得分		

表 5－36 任务评价表

序号	评价类别	评价内容及要求	配分
1	价值观与素养达成	1. 课堂状态是否良好，是否有睡觉、游戏等不良行为。 2. 训练过程中着装是否规范，是否认真研究、实践，等待时间是否积极学习、思考，是否有睡觉、游戏、聊天、打闹行为。 3. 卫生、机床保养每单元保持状况。 4. 纪律遵守情况。 5. 团队协作情况。	30%
2	知识与技能	1. 课堂作业完成情况。 2. 实践学习情况：操作是否规范，程序是否正确，是否有刀具损伤、操作事故记录及量具损伤记录。 3. 团队任务完成情况。 4. 技能考核情况：完成时间、质量。	50%

（续表）

序号	评价类别	评价内容及要求	配分
3	创新与提高	1. 创新学习效果、创新设计情况：外形是否新颖、结构是否合理、工艺分析是否正确、加工效果是否良好。 2. 总结报告完成情况：是否详细具体。 3. 个人进步情况：思想、知识、技能。	20%

知识拓展

攻克螺纹难题，打造全球第一吊，“大国工匠”——孟维

目前，全世界范围内，起重机能吊装的最高重量是2600吨，能达到这个吊装重量的正是“全球第一吊”，而它来自徐工集团。你可能不知道，这个惊艳世界的中国制造，研发的成败曾经一度卡在一条小小的螺纹上。攻克这个难题的，是徐工集团数控加工特级技师孟维团队。近日，孟维（图5－63）入选2022年“大国工匠年度人物”。“始终如一，坚持不懈朝着目标去前进”，这是孟维对“工匠精神”的理解。

图5－63　孟维

2022年9月2日，徐工2600吨级起重机问世，中国制造再次惊艳世界。而构成2600吨级起重机的核心零部件，均出自孟维及其团队之手。当吊起2600吨级的物体时，产生的巨大拉力，实际维系在起重机重载转接结构上。然而，根据设计图纸生产出的第一批产品，在极限试验中却屡次发生断裂。孟维临危受命，担负起重载转接结构攻关难题。在经过数十次的失败后，孟维发现关键问题出在了承重部件中的一个异形螺纹上。“精度没有

达到要求，螺纹就发生断裂了。”对此，孟维沉下心来，为异形螺纹专门研制了一套专用刀具，打造出的精度丝毫不差，成功通过极限测试。

这项关键技术的突破，成就了徐工出品的“全球第一吊”。2022 年 9 月 2 日，2600 吨级“全球第一吊”惊艳亮相，实现 3 天一台风机的高效安装，可覆盖我国 90%以上的陆上风机安装，将超大型陆上风机安装效率提高了 30%～50%。如今，卡塔尔世界杯体育场馆、马来西亚东海岸铁路、波黑伊沃维克风电项目……这些国外重大工程项目都用到了徐工重型的设备。

（原标题：《2022 年大国工匠年度人物发布仪式　孟维：精密零部件的顶级雕刻师》，来源：CCTV 节目官网）

任务六　蜗杆的车削加工

任务描述

1. 掌握蜗杆有关车削的计算方法和齿厚测量法；
2. 掌握蜗杆车刀的刃磨及装夹方法；
3. 掌握蜗杆的车削方法。

知识链接

蜗杆由于齿形较深，切削面积大，加工比较困难，因此属于难加工零件。蜗杆、蜗轮组成的蜗杆副，常用于减速传动机构中，以传递两轴在空间呈 90°交错的运动。蜗杆的齿形角（α）是在通过蜗杆轴线的平面内，轴线垂直面与齿侧之间的夹角。蜗杆一般可分为米制蜗杆（$\alpha=20°$）和英制蜗杆$\left(\alpha=14\dfrac{1}{2}°\right)$2 种。我国常用米制蜗杆。其按齿形分又可分为轴向直廓蜗杆和法向直廓蜗杆。通常轴向直廓蜗杆应用较多，本节主要学习轴向直廓蜗杆的加工。

蜗杆与蜗轮啮合原理如图 5 - 64 所示。由于蜗杆的齿型较深，切削面积较大，因此车削时比一般梯形螺纹要困难些。

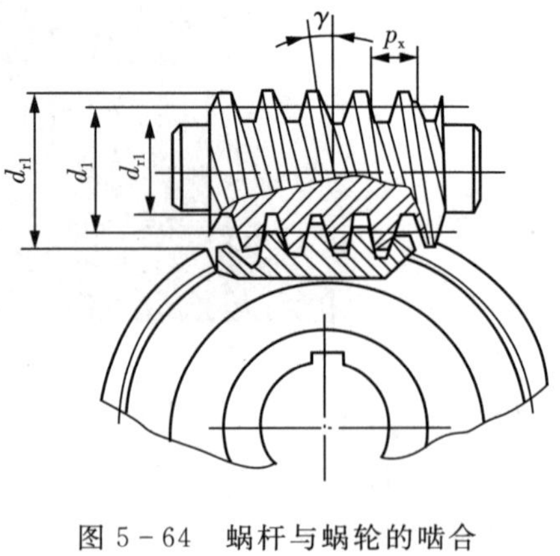

图 5 - 64　蜗杆与蜗轮的啮合

1. 蜗杆各部分尺寸计算

米制蜗杆的工作图及各部分尺寸计算见表 5 - 37 所列。

表 5－37　米制蜗杆尺寸计算

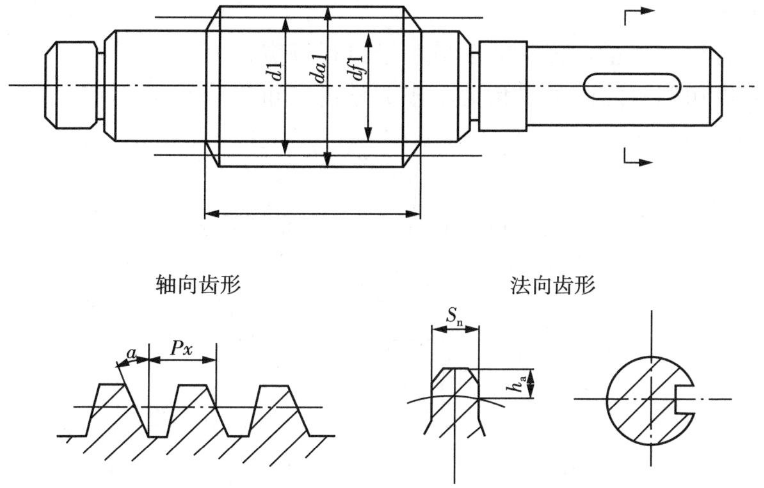

名称	计算公式	名称	计算公式
轴向模数 m_x	（基本参数）	齿根圆直径 d_f	$d_f=d_1-2.4m_x$ $d_f=d_a-4.4m_x$
头数 z_1	（基本参数）	导程角	$\tan\gamma=\frac{P_z}{\pi d_1}$
分度圆直径 d_1	（基本参数）	轴向齿顶宽 S_a	$S_m=0.843m_x$
齿形角 α	$\alpha=20°$	法向齿顶宽 S_{am}	$S_{am}=0.843m_x\cos\gamma$
轴向齿距 P_x	$P_x=\pi m_x$	轴向齿根槽宽 e_f	$e_f=0.697m_x$
导程 P_z	$P_z=z_1P_x=z_1\pi m_x$	法向齿根槽宽 e_{fn}	$e_{fn}=0.697m_x\cos\gamma$
齿顶高 h_a	$h_a=m_x$	轴向齿厚 S_x	$S_x=\frac{P_x}{2}=\frac{\pi m_x}{2}$
齿根高 h_f	$h_f=1.2m_x$		
全齿高 h	$h=2.2m_x$	法向齿厚 S_n	$Sn=\frac{P_x}{2}\cos\gamma=\frac{\pi m_x}{2}\cos\gamma$
齿顶圆直径 d_a	$d_a=d_1+2m_x$		

2. 蜗杆车刀

蜗杆车刀与梯形螺纹车刀相似，但蜗杆车刀两侧切削刃之间的夹角应磨成 2 倍齿形角。蜗杆车刀一般选用高速钢材料车刀。在刃磨时，其纵进给方向一侧的后角必须相应加上螺纹升角。由于蜗杆的导程角较大，车削时会产生一定的困难，为此常采用可按导程调节的刀柄，如图 5－65 所示。由于其具有弹性，不易产生扎刀现象。

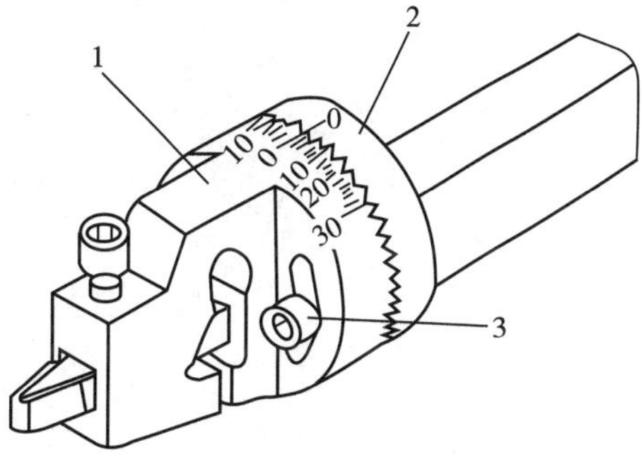

图 5－65　可按导程调节的刀柄

(1) 蜗杆粗车刀，如图 5 - 66 所示

粗车刀的要求：

为给精车留有加工余量，刀头宽度应小于齿根槽宽；

车刀左右两侧切削刃之间的夹角要小于 2 倍齿形角。

纵向前角 $\gamma_p = 10° \sim 15°$

$\alpha_p = 6° \sim 8°$

左后角 $\alpha_{fL} = (3° \sim 5°) + \gamma$；右后角 $\alpha_{fR} = (3° \sim 5°) - \gamma$

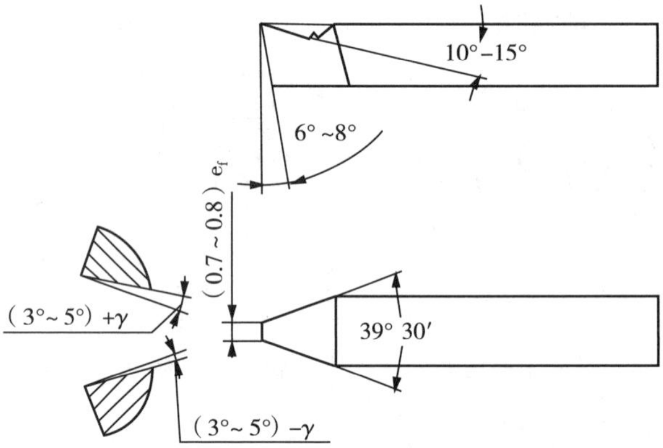

图 5 - 66 蜗杆粗车刀

(2) 蜗杆精车刀，如图 5 - 67 所示

精车刀的要求：

切削刃直线度好、刀面光洁；

车刀左右两侧切削刃之间的夹角要等于 2 倍齿形角。

磨较大前角 $\gamma_0 = 15° \sim 20°$的卷屑槽。

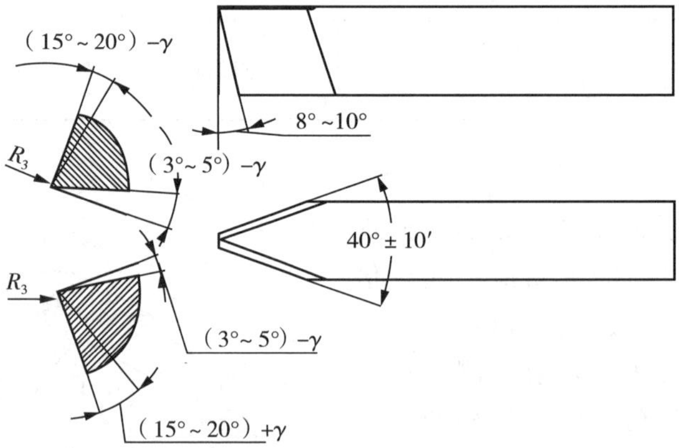

图 5 - 67 蜗杆精车刀

3. 车刀的装夹

蜗杆的齿形分轴向直廓和法向直廓 2 种。在装夹蜗杆车刀时，必须根据不同的齿形采用不同的装刀方法。

（1）水平装刀法

精车轴向直廓蜗杆时，为了保持牙型正确，装刀时应将车刀的两侧刀刃组成平面放在水平位置上，并且与蜗杆轴线在同一水平面内。

（2）垂直装刀法

车削法向直廓蜗杆，装刀时必须使车刀两侧面刀刃组成的平面与蜗杆齿面垂直。同时，在粗车轴向直廓蜗杆时，为使切削顺利，也常采用垂直装刀法，刀头应倾斜装夹。

4. 车削方法

高效车削蜗杆方法：展成车削法。

展成车削法是工人师傅在实际生产中总结出的一种高效车削蜗杆方法。

（1）原理

展成车削法车削蜗杆采用三角函数正切函数原理，蜗杆牙型角为40°，齿形角20°，如图5－68所示。由三角函数关系：$\tan20°=0.36397=B/A\approx4/11$，根据CA6140CH车床中、小滑板刻度盘每格刻度值均为0.05 mm，设上式分子为小滑板转动格数，分母为中滑板转动格数。即小滑板向左（右）移动4格（图中B值），中滑板进11格（图中A值），这样在粗车蜗杆时，车刀左、右2个刀尖就能沿着齿形两侧面斜进。图中C值是车完第一层时两刀尖之间的距离（不同蜗杆模数C值也不同，车削前应首先计算）。

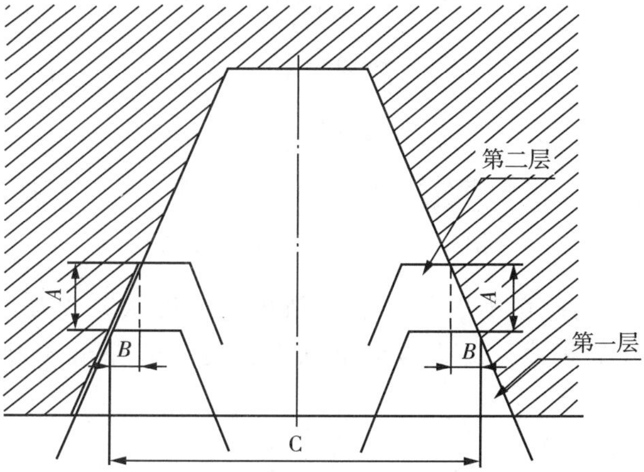

图5－68　展成车削法

误差分析：

理论上齿形角等于20°，$\tan20°=0.36397$；

实际上齿形角等于$\arctan4/11=19°57'$；

误差只有$3'$，加工精度能满足要求。

（2）加工步骤

确定C值。例如，模数$m=4$ mm，假设第一刀中滑板进22格。

$$C=P-0.843mx-2\times8\times0.05-（0.6\sim0.8\text{ mm 余量}）$$

$$=3.1416\times4-0.843\times4-0.8-0.7（单边余量取0.35\text{ mm}）$$

$$\approx7.7\text{ mm}$$

1）粗车。

展成车削法粗车蜗杆切削图，如图 5－69（a）所示。具体车削方法：粗车刀刀头宽选 2 mm，按上面计算第 1 刀时中滑板进 22 格车削，中滑板不进格，只进小滑板分别车第（1）刀、第（2）刀，小滑板共向前移动 7.7 mm。车第 3 刀时，小滑板在车第 1 刀格数基础上再向左进 8 格，中滑板进 22 格。同样，车第 4 刀时小滑板在第 2 刀基础上向右退 8 格。这样每层车削小滑板向左（向右）进 8 格，中滑板进 22 格，一层一层车削，车至齿根圆。

2）半精车。

用粗车刀采用左右切削法车削，如图 5－69（b）所示。

3）精车。

用精车刀采用左右切削法车削，如图 5－69（c）所示。

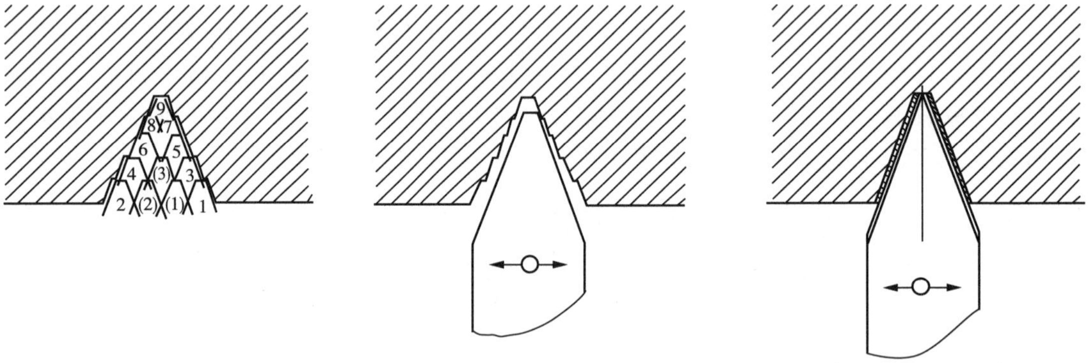

（a）粗车蜗杆切削图　（b）用粗车刀采用左右切削法车削图　（c）用精车刀采用左右切削法车削图

图 5－69　展成车削法切削图

展成车削法加工特点：切削顺利、进刀精确、速度快，“刀刀满负荷、趟趟不跑空”，左、右两侧面共车 9 刀。由于齿形槽顶部较宽，需补车 3 刀，共 12 刀完成蜗杆粗车。

5. 蜗杆的测量方法

蜗杆测量有 2 种方法：一种是用通用量具进行分项测量；另一种是用螺纹量规进行综合测量。

（1）大径测量

螺纹的大径有较大的公差，一般可用游标卡尺或千分尺测量。

（2）螺距测量

简单的测量方法是用钢直尺测量。测量时最好先测量 10 个螺距的长度，然后把该长度除以 10，得出一个螺距的数值。如果螺距较大，也可少测几个螺纹的螺距。对于细牙螺纹，用钢直尺测量比较困难，这时可用螺距规测量。测量时，螺距规应该放在工件的轴向平面内。如果螺距规上的牙型和工件上的牙型一致，被测螺距就是合格的。

（3）中径测量

螺纹中径是螺纹分项测量的主要项目，可用螺纹千分尺测量，所测得的千分尺读数就是该螺纹中径的实际尺寸。

（4）综合测量

在实际生产中，普通螺纹的现场测量使用螺纹量规，这是一种综合测量螺纹有关参数的方法。螺纹量规分为测量外螺纹的环规和测量内螺纹的塞规 2 种。使用螺纹量规测量螺纹时，如果量规的过端正好拧进去，但止端拧不进去，就说明被测螺纹的精度合格。

任务实施

练习工件如图 5－70 所示，零件材料是 45 号钢，毛坯规格为 ϕ45 mm×120 mm。

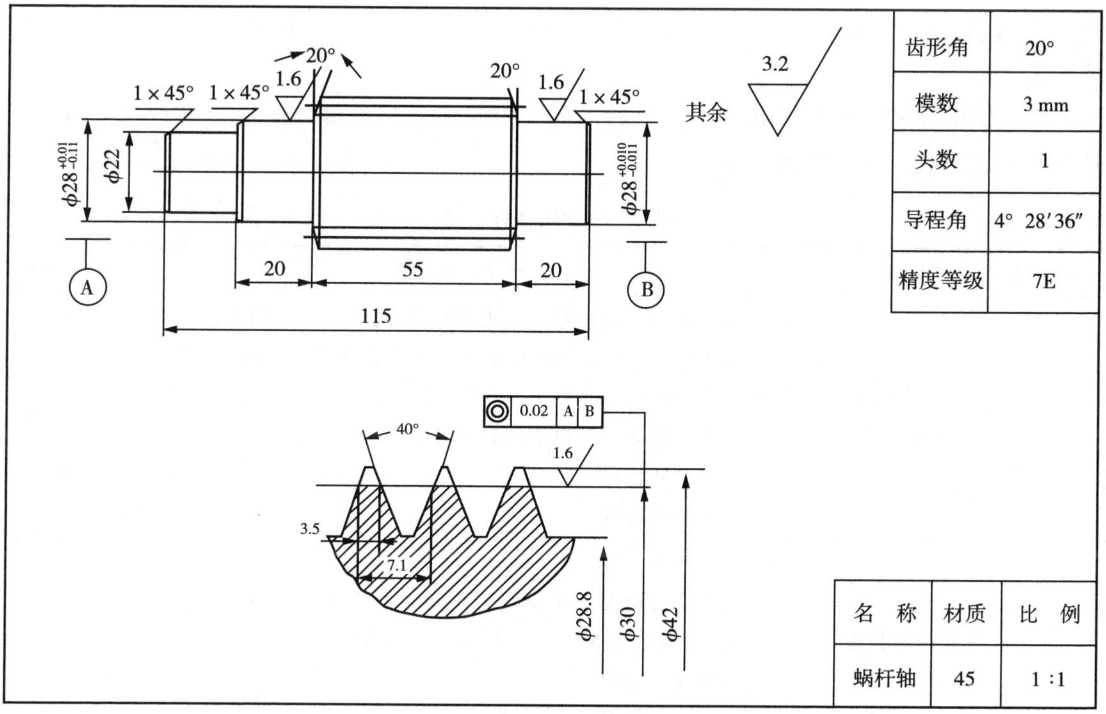

图 5－70　工件图

任务实施表见表 5－38 所列。

表 5－38　任务实施表

情境	蜗杆的车削加工					
学习任务	加工蜗杆				完成时间	
任务完成人	学习小组		组长		成员	
任务实施步骤及具体内容	（1）车平面，控制总长，钻中心孔。 （2）一夹一顶装夹工件，分别粗车 ϕ22 mm、长 15 mm，ϕ28 mm、长 20 mm，留精车余量 1 mm。 （3）掉头装夹，粗车 ϕ28 mm、长 20 mm，ϕ42 mm、长 55 mm，并倒角 2×20°，留精车余量 0.5 mm。					

（续表）

任务实施步骤及具体内容	(4) 两顶尖装夹，精车蜗杆外径 ϕ42 mm。 (5) 精车蜗杆至尺寸要求。 (6) 精车 ϕ28+0.01−0.011 mm 至尺寸，长 20 mm，并倒角 1×45°。 (7) 掉头两顶尖装夹，精车 ϕ28+0.01−0.011 mm、长 20 mm 和 ϕ22 mm、长 15 mm，至尺寸。并控制蜗杆长 50 mm。 (8) 倒角 1×45°。 (9) 检查。

分析评价

每位学生完成一件后，卸下工件，教师仔细检测尺寸是否符合图样要求；学生填写任务评价表，见表 5-39 所列。

表 5-39 任务评价表

序号	评价类别	评价内容及要求	配分
1	价值观与素养达成	1. 课堂状态是否良好，是否有睡觉、游戏等不良行为。 2. 训练过程中着装是否规范，是否认真研究、实践，等待时间是否积极学习、思考，是否有睡觉、游戏、聊天、打闹行为。 3. 卫生、机床保养每单元保持状况。 4. 纪律遵守情况。 5. 团队协作情况。	30%
2	知识与技能	1. 课堂作业完成情况。 2. 实践学习情况：操作是否规范，程序是否正确，是否有刀具损伤、操作事故记录及量具损伤记录。 3. 团队任务完成情况。 4. 技能考核情况：完成时间、质量。	50%
3	创新与提高	1. 创新学习效果、创新设计情况：外形是否新颖、结构是否合理、工艺分析是否正确、加工效果是否良好。 2. 总结报告完成情况：是否详细具体。 3. 个人进步情况：思想、知识、技能。	20%

知识拓展

坚守——冀中装备集团石煤机公司车工王景峰

三百六十行，行行出状元。王景峰（图 5-71）就是坚守在生产一线，靠过硬的技术成为大国工匠和全国劳模的。

王景峰是冀中能源机械装备集团石煤机公司的一名普通车工，优秀共产党员，车工高级技师。从入厂至今，他始终坚守在生产第一线，立足车工岗位为企业奉献，实现个人价值。他善于加工细长轴、薄壁件、外形复杂等加工难度大、尺寸要求严的产品，是名副其实的能工巧匠。

图 5－71　工作中的王景峰

每行都有每行的关键技术和难点。王景峰操作的是普通车床。在普通车床加工蜗杆就是关键技术。加工普通蜗杆难，加工特殊模数蜗杆就更难。这没难住王景峰！一种蜗杆模数由于机床挂轮表上没有相应数值无法加工。为解决难题，他凭借多年经验自制一件齿数为 77 的齿轮，啃下这块硬骨头，完成新产品试制，解决燃眉之急不说，而且解决了在普通车床加工各种模数和特殊模数的单头和多头蜗杆问题，为同行业生产加工各种类型单头、多头蜗杆找到了突破口。

工作中，王景峰勤于动脑，进行小改小革。这些“小改革”看着似乎不大，但对企业来说都是“真金白银”。他改进了“深孔小径盲孔车刀杆”：用废料制作成小径刀杆，由于刀杆部分细长，切削时受力较大易产生震动，他经过反复琢磨试验，将刀杆部分做成一定锥度加强刀杆刚性，提高切削速度。他还用废旧中心钻磨制小刀头为车间节约刀具消耗成本。他制作薄壁工件定位套提高效率，制作主轴定位块使短小工件加工定位更方便快捷。小改小革积少成多，为企业创造了可观的效益。他自己也从小改小革中培养了责任心，提高了技能。

这些年，王景峰毫无保留地将经验传授给徒弟，技术上不保守，谁有难题都会帮着解决。为把技术传给青年人，他亲自示范，精心指导，所带的十多名徒弟，都成为生产骨干、技术能手。他的徒弟参加省市级青工比赛成绩显著，有 3 人获集团技术能手，2 人在省级技能比武中进入前十。他多次被评为“优秀导师”。

作为全国劳模，他团结带动职工为企业排忧解难，他在企业的坚守也赢得了回报：先后两次获“河北省‘五一’劳动奖章”，并获得“河北省青年岗位能手”“河北省技术能手”“河北省能工巧匠”、河北省“突出贡献技师”称号；2018 年以后，荣誉更是逐级上升，他被评为全国技术手、全国煤机大工匠提名奖、河北省特等劳动模范、中国机械工业劳动模范和全国劳动模范。

钢铁是这样炼成的，劳模是靠坚守炼成的。王景峰在一线靠初心的坚守、匠心的坚守成为职工学习的榜样和名副其实的大国工匠。

（原标题：《一线工人王景峰　用创新书写奋斗之歌》，来源：央视网）

课后习题

一、选择题

（1）米制梯形螺纹的牙型角为（　　）。

A. 29°　　B. 30°

C. 40°　　D. 60°

（2）梯形内螺纹车刀的装夹与普通内螺纹车刀（　　）。

A. 相似　　B. 相当

C. 相近　　D. 相同

（3）梯形螺纹的精度及一般技术要求与普通三角形螺纹相比（　　）。

A. 普通三角螺纹比较高　　B. 梯形螺纹比较高　　C. 要求一样

（4）高速钢梯形螺纹粗车刀的刀尖角应（　　）。

A. 略小于螺纹牙型角　　B. 略大于螺纹牙型角　　C. 等于螺纹牙型角

（5）高速钢梯形螺纹粗车刀的径向前角应为（　　）。

A. 10°～15°　　B. 0　　C. 负值

（6）梯形螺纹精车刀的纵向前角应取（　　）。

A. 正值　　B. 0°　　C. 负值

（7）梯形螺纹粗、精车刀（　　）不一样大。

A. 仅刀尖角　　B. 仅纵向前角　　C. 刀尖角和纵向前角

（8）标准梯形螺纹的牙型为（　　）。

A. 20°　　B. 30°　　C. 60°

（9）蜗杆蜗轮适用于（　　）运动的传递机构中。

A. 减速　　B. 增速　　C. 等速

（10）精车蜗杆的切削速度应选为（　　）。

A. 13～20 m/min　　C. 大于 5 m/min　　B. 小于 5 m/min

（11）在精车米制蜗杆时，车刀两侧刀刃之间的夹角应磨成（　　）。

A. 30°　　B. 40°

C. 42°　　D. 45°

二、判断题

（1）米制梯形螺纹的牙型角为30°。（　　）

（2）高速钢梯形螺纹精车刀的前端切削刃不参加切削。因此，不能车削梯形螺纹的底径，只能车削两侧面。（　　）

（3）硬质合金梯形螺纹车刀适合车削一般精度的梯形螺纹。（　　）

（4）梯形螺纹的配合是以中径尺寸定心的。（　　）

（5）梯形螺纹是标准螺纹。（　　）

（6）梯形螺纹的公称尺寸是指内螺纹的外径尺寸。（　　）

（7）精车梯形螺纹两侧面时，车刀的后角应取大些（8°～12°），而粗车时应取小些（5°～7°）。（　　）

（8）高速钢梯形螺纹粗车刀车削钢料时，车刀的在径向前角必须取0°。（　　）

（9）梯形内螺纹大径的上偏差是正值，下偏差是零。（　　）

（10）梯形螺纹的轴向断面形状是一个等边三角形。（　　）

（11）高速切削梯形螺纹时应采用左右进刀法车削。（　　）

（12）梯形螺纹是应用很广泛的传动螺纹，一般作为传动零件，其精度要求较低。（　　）

（13）Tr30x6－8e与Tr50x6－8e的螺纹升角是相同的。（　　）

（14）梯形螺纹螺距小于4 mm和精度要求不高的工件，可用一把梯形螺纹车刀，取较小背吃刀量进给车削成形。（　　）

（15）对于精度要求较高的梯形螺纹，一般采用高速钢车刀低速切削法。（　　）

（16）蜗杆蜗轮常用于传递两轴交错60°的传动。（　　）

（17）车削模数小于5 mm的蜗杆时，可用分层切削法。（　　）

（18）粗车蜗杆时，为了防止3个切削刃同时参加切削而造成“扎刀”现象，一般可采用左右切削法车削。（　　）

（19）用三针和单针测量法，都可以测量蜗杆分度圆直径。（　　）

三、问答题

（1）常用的三角形螺纹的种类有哪些？牙型上各有哪些特点？

（2）三角形螺纹车刀的几何角度有什么特点？高速钢螺纹车刀与硬质合金车刀成形车刀有哪几种，它们的结构特点是什么？

（3）螺纹车刀径向前角对螺纹牙型有什么影响？

（4）螺纹车刀的安装要求有哪些？

（5）常用车削三角形螺纹的进刀方法有哪几种，各适用于什么场合？

（6）什么叫乱扣？车螺纹时，产生乱扣的原因是什么？如何预防车螺纹时的乱扣现象？

（7）在丝杠螺距为12 mm的车床上，车螺距为2 mm、3.5 mm、4 mm、5 mm时，是否会产生乱扣?

(8) 车削 M20、M28×2.5 的内螺纹，试求车螺纹前的底孔直径各是多少。

四、技能实训题（真题）

如图 5-72 所示，按照要求在规定时间内完成蜗杆轴的车削操作（材料：45 号钢；毛坯尺寸：50 mm×160 mm；时间：300 min）。

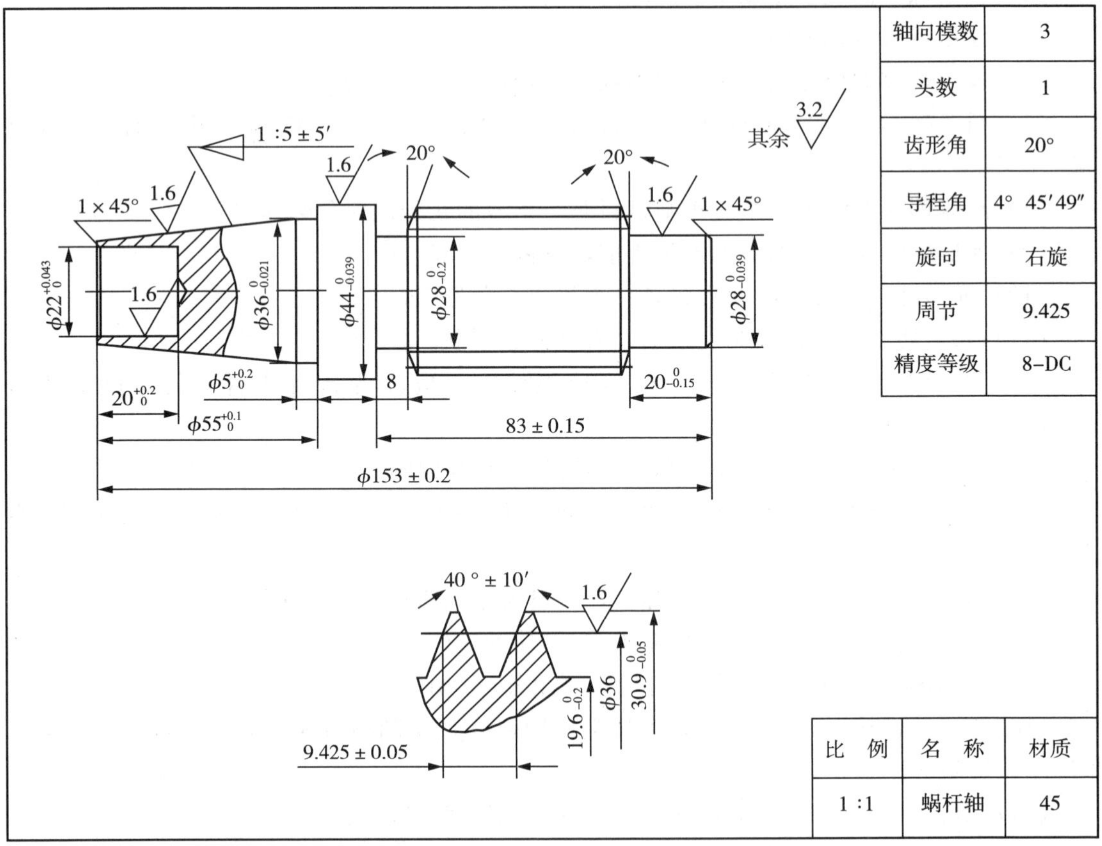

图 5-72 工件图

普通三角螺纹的加工

第六章　套类零件的车削加工

学习目标

1. 知识目标：
(1) 熟悉套类零件的含义和分类
(2) 熟悉车削套类零件常用的刀具及其使用方法
(3) 掌握套类零件的装夹方法
(4) 掌握检测套类零件常用量具的使用方法
(5) 掌握钻孔、扩孔、车孔、铰孔、内沟槽和端面沟槽的车削加工方法
2. 能力目标：
(1) 具备对麻花钻及扩孔钻的刃磨和修磨技能
(2) 具备钻孔及扩孔的基本操作技能
(3) 具备对车孔刀的选择及刃磨技能
(4) 具备车孔及铰孔的基本操作技能
3. 素质目标：
(1) 培养学生对车削加工的兴趣
(2) 培养学生良好的职业行为规范
(3) 培养学生严格执行工作规范和安全文明操作规程的职业素养

情景导入

套类零件一般由内外圆柱面、端面、台阶面及倒角和槽等表面组成。其主要特点是内外圆柱面和端面间的几何精度要求较高。通常内孔与轴配合，起支承或导向作用。加工套类零件的内孔时，在排屑、冷却和测量等方面比车削外圆要困难。

任务一　套类零件概述

任务描述

1. 了解套类零件的类型及用途；
2. 掌握套类零件的几种加工方法、装夹特点及精度要求；

3. 掌握工件的安装方法；

4. 了解套类零件的检验工具。

知识链接

1. 套类零件的类型（图 6－1）

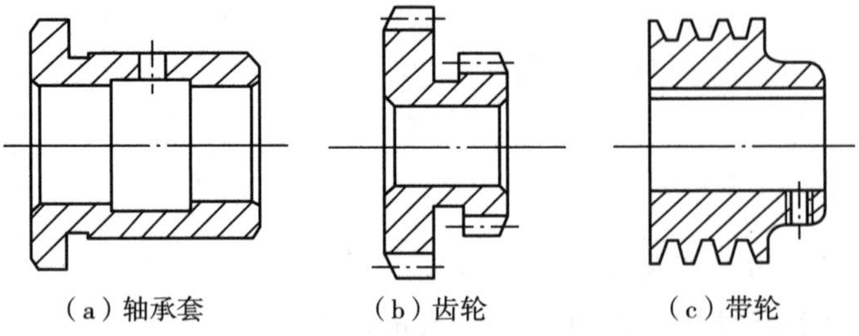

图 6－1　带圆柱孔零件

2. 套类零件的技术要求（图 6－2）

（1）形状精度

（2）位置精度

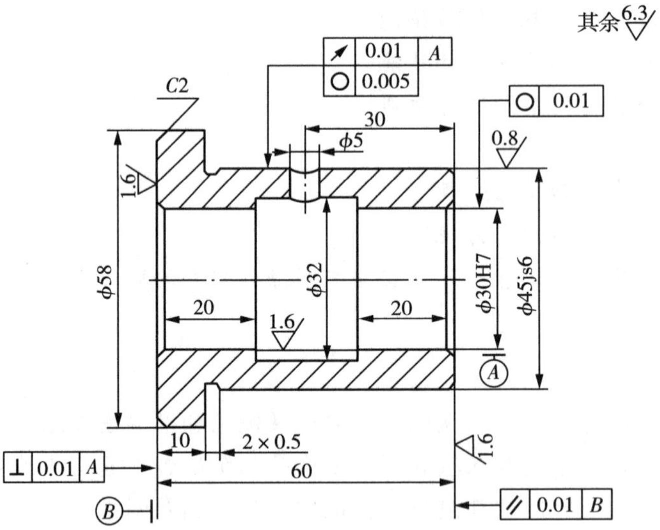

图 6－2　轴承套

3. 套类零件在车床上的加工方法

可分为钻孔（包括扩孔、锪孔、钻中心孔）、车孔和铰孔等。

4. 套类零件的加工特点

（1）孔加工观察切削情况很困难。

（2）刀杆尺寸由于受孔径和孔深的限制，不能做得太粗，又不能太短，因此刚性很差。

(3) 排屑和冷却困难。

(4) 圆柱孔的测量比外圆的测量困难。

5. 保证套类零件技术要求的方法

(1) 工件的安装

车孔的工件一般用三爪自定心卡盘或四爪单动卡盘装夹。

(2) 保证同轴度和垂直度的方法

1) 在一次装夹中加工内外圆和端面，如图 6－3 所示。

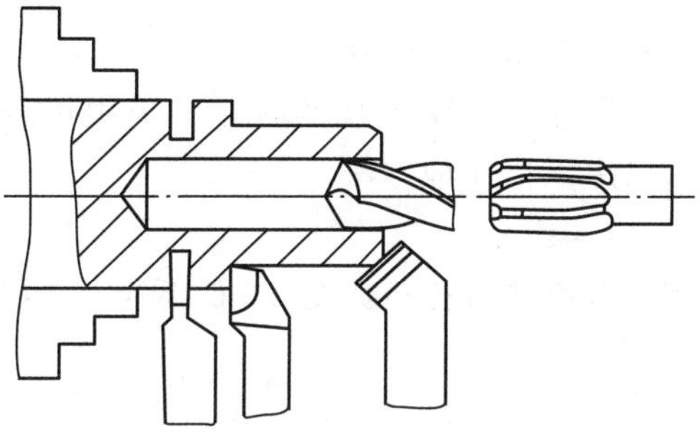

图 6－3　一次装夹中加工工件

2) 以内孔为基准保证位置精度一般可用心轴，如图 6－4 所示，以内孔作为定位基准来保证工件的同轴度和垂直度。

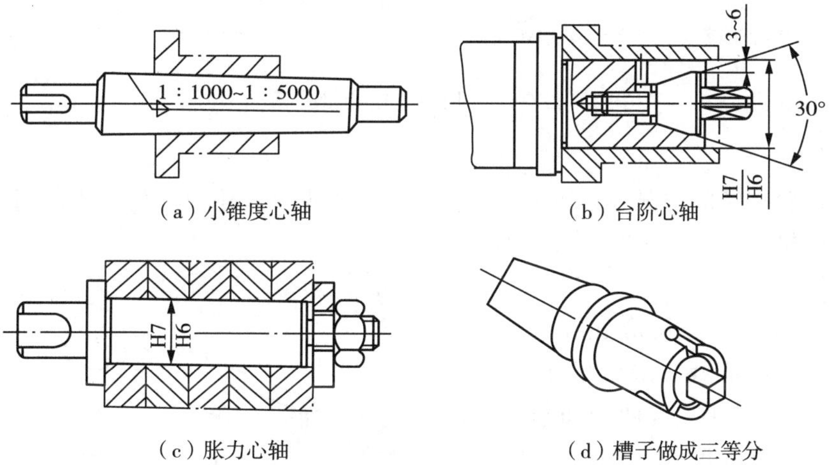

图 6－4　常用心轴

3) 以外圆为基准保证位置精度。以外圆为基准时，一般应用软卡爪装夹工件，如图 6－5所示。

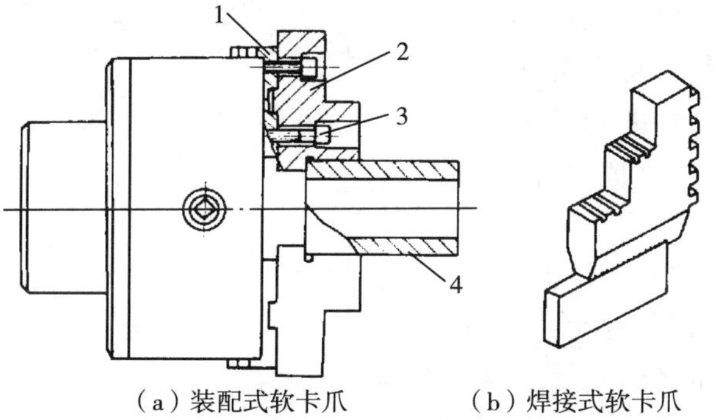

图 6－5　应用软卡爪盘装夹工件

6. 套类零件的检验

(1) 尺寸精度的检验

孔的尺寸精度要求较低时，可采用钢直尺、内卡钳或游标卡尺测量。精度要求较高时，可以用以下几种方法。

1) 内卡钳。

用内卡钳测量孔径如图 6-6 所示。

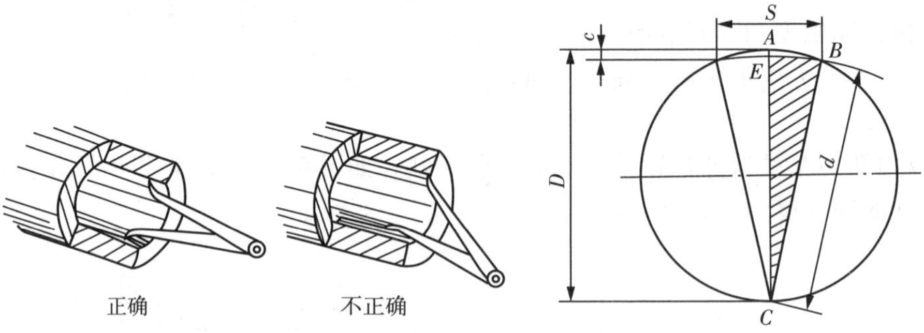

图 6-6 用内卡钳测量孔径

2) 塞规。

用塞规检验孔径的情况，如图 6-7 所示。当过端进入孔内，而止端不进入孔内，说明工件孔径合格。

3) 内径千分尺。

测量时，内径千分尺应在孔内摆动，在直径方向应找出最大尺寸，轴向应找出最小尺寸。这两个重合尺寸，就是孔的实际尺寸。

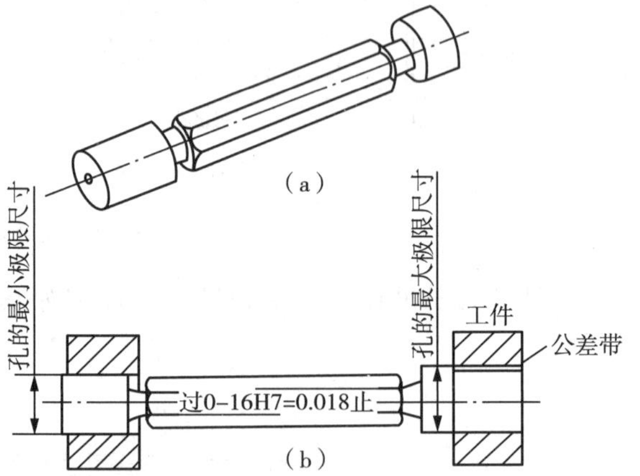

图 6-7 塞规及其使用

(2) 形状精度的检验

在车床上加工的圆柱孔，其形状精度一般仅测量孔的圆度和圆柱度（一般测量锥度）两项形状偏差。当孔的圆度要求不很高时，在生产现场可用内径百分表（或千分表）在孔的圆周上各个方向进行测量。测量结果的最大值与最小值之差的一半即为圆度误差。

(3) 位置精度的检验

1) 径向圆跳动的检验方法。

一般套类工件测量径向圆跳动时，都可以用内孔作基准，即把工件套在精度很高的心轴上，用百分表（或千分表）来检验，如图 6-8 所示。百分表在工件转一周中的读数差，就是径向圆跳动误差。

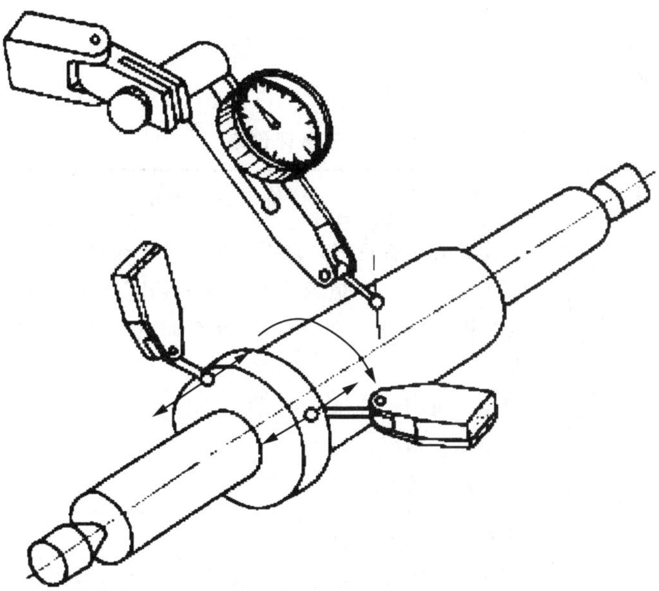

图 6－8　用百分表测量径向圆跳动的方法

2）端面圆跳动的检验方法。

检验套类工件端面圆跳动的方法：先把工件安装在精度很高的心轴上，利用心轴上极小的锥度使工件轴向定位，然后把杠杆式百分表的圆测头靠在所需要测量的端面上，转动心轴，测得百分表的读数差，就是端面圆跳动误差。

任务实施

组织学生进行一次参观活动，带领学生参观车削套类零件生产现场、产品零件等。

1. 参观前的安全准备工作：查阅资料，了解由于不遵守安全操作规程所引发的事故，引起学生的注意，做到文明参观。

2. 参观时统一听从教师指挥，在加工现场，站在安全区域内仔细观察；不得随意触摸各种机床，在车间里不得大声喧哗和嬉戏打闹。

3. 在教师的指导下，对套类零件加工生产进行观察，并通过网络查找车削的资料。

任务实施表见表 6－1 所列。

表 6－1　任务实施表

情境	认识套类零件					
学习任务	参观车削套类加工				完成时间	
任务完成人	学习小组		组长		成员	
任务实施步骤 及 具体内容						

分析评价

学生填写任务评价表，见表 6-2 所列。

表 6-2 任务评价表

序号	评价类别	评价内容及要求	配分
1	价值观与素养达成	1. 课堂状态是否良好，是否有睡觉、游戏等不良行为。 2. 训练过程中着装是否规范，是否认真研究、实践，等待时间是否积极学习、思考，是否有睡觉、游戏、聊天、打闹行为。 3. 卫生、机床保养每单元保持状况。 4. 纪律遵守情况。 5. 团队协作情况。	30%
2	知识与技能	1. 课堂作业完成情况。 2. 实践学习情况：操作是否规范，程序是否正确，是否有刀具损伤、操作事故记录及量具损伤记录。 3. 团队任务完成情况。 4. 技能考核情况：完成时间、质量。	50%
3	创新与提高	1. 创新学习效果、创新设计情况：外形是否新颖、结构是否合理、工艺分析是否正确、加工效果是否良好。 2. 总结报告完成情况：是否详细、具体。 3. 个人进步情况：思想、知识、技能。	20%

知识拓展

金牌蓝领——董日中

董日中（图 6-9），是湘潭电机集团有限公司的车工，这个平凡工人的身后留着一长串闪光的足印：全国青年岗位能手、全国电工行业十佳青年岗位能手、全国技术能手、机械工业突出贡献技师、优秀党员……十几项省级以上的荣誉集于这位普通工人身上，足见他的不凡，同事们都称他为“金牌蓝领”。董日中参与集团公司 20 多项新产品试制，攻克 26 项技术难关，独创 5 项新加工方法，配合完善 9 种生产工艺。他提出技术革新和合理化建议 100 多项，发表 QC 成果 10 多项，产品质量合格率达 100%。他经常这样说：“一个产品设计得再完美，终归是纸上的，没有工人做出来，它仍然没有价值。”从一名普通的技校毕业生成长为高级技师，正是因为坚守着一份专注和执着，数十年如一日的坚持学习，董日中才完成了一次次的飞跃。用两句民谚概括董日中再合适不过了：“技多不压身”“艺高人胆大”。

图 6-9　工作中的董日中

（原标题：《党代表董日中：不为年薪 10 万所动　坚守生产一线》，来源：湖南省政府门户网站）

任务二　钻孔和扩孔

任务描述

1. 了解麻花钻的结构类型；
2. 了解钻孔和扩孔的方法；
3. 掌握麻花钻的各刀面倾角、使用方法及刃磨；
4. 掌握钻孔和扩孔的工具选择和使用方法。

知识链接

1. 麻花钻的组成

（1）麻花钻的结构

麻花钻的结构，如图 6-10 所示。

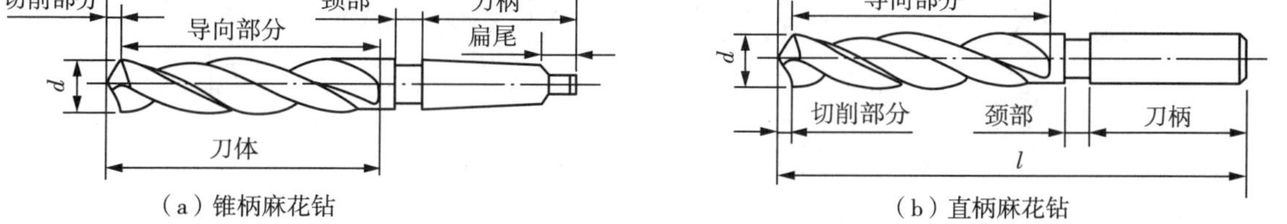

（a）锥柄麻花钻　（b）直柄麻花钻

图 6-10　麻花钻的结构

(2) 麻花钻切削部分的结构

麻花钻与车刀的对比，如图 6－11 所示；麻花钻切削部分的结构，如图 6－12 所示。

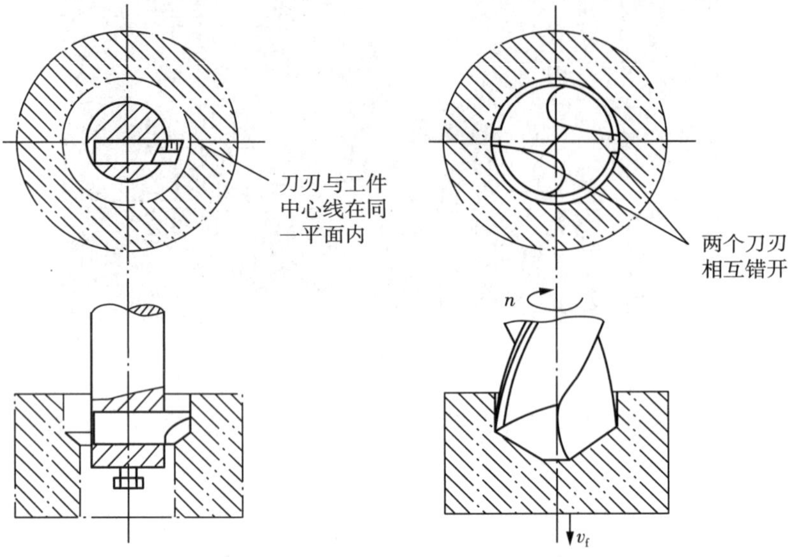

图 6－11　麻花钻与车刀的对比

(3) 麻花钻的主要刀具角度

麻花钻的主要刀具角度，如图 6－13 所示。

1) 螺旋角 β。

2) 顶角 2ϕ。

3) 横刃斜角 ϕ。

4) 前角 γ_o。

5) 后角 α_o和侧后角 α_f。

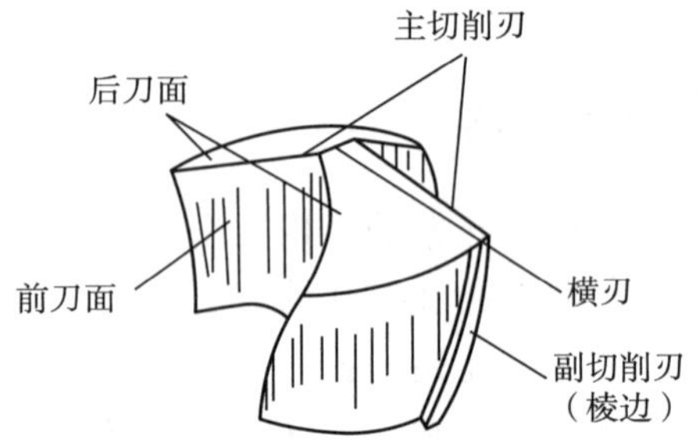

图 6－12　麻花钻切削部分的结构

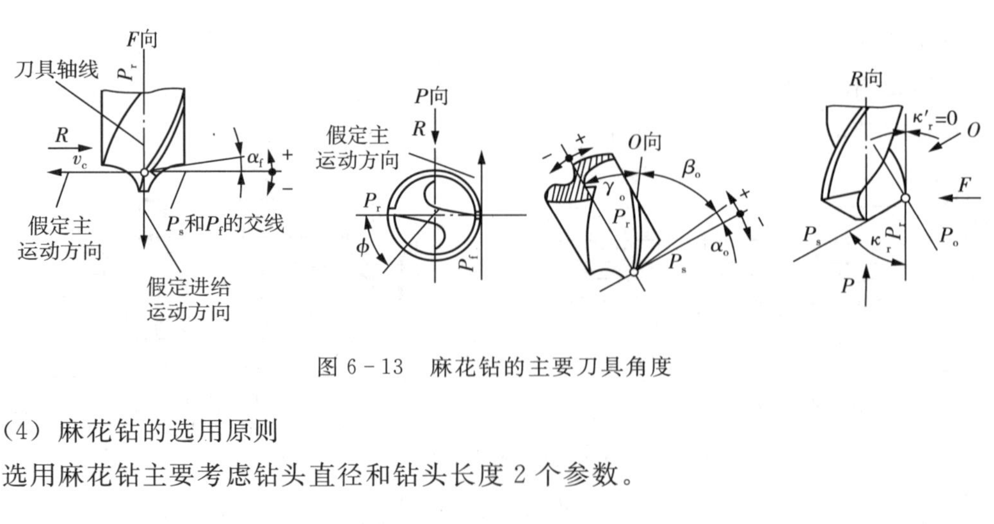

图 6－13　麻花钻的主要刀具角度

(4) 麻花钻的选用原则

选用麻花钻主要考虑钻头直径和钻头长度 2 个参数。

对于精度要求不高的孔，可以使用麻花钻直接钻出，选择麻花钻直径的主要依据是被加工孔的直径。

对于精度要求较高的孔，钻孔后还要进行扩孔、铰孔等后续加工。在选择麻花钻直径时，应为后续加工留下必要的加工余量。

选择长度时，应使钻头的导向部分略长于孔的深度。此外，不宜选太长或太短的麻花钻。麻花钻太长时，其刚度下降；太短时排屑困难，且不能加工通孔。

2. 麻花钻的刃磨要求和修磨（图 6－14～图 6－16）

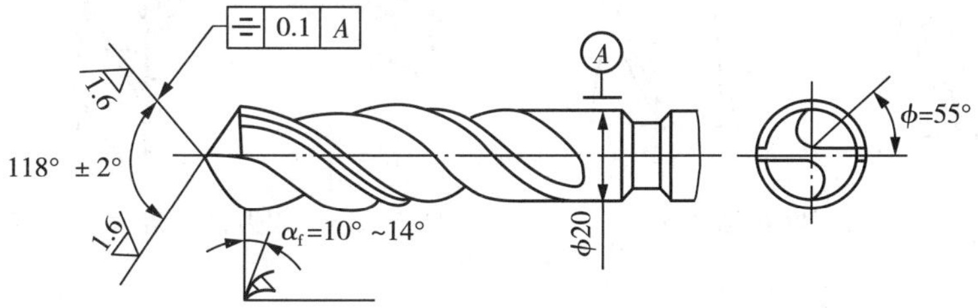

图 6－14　麻花钻的刃磨要求

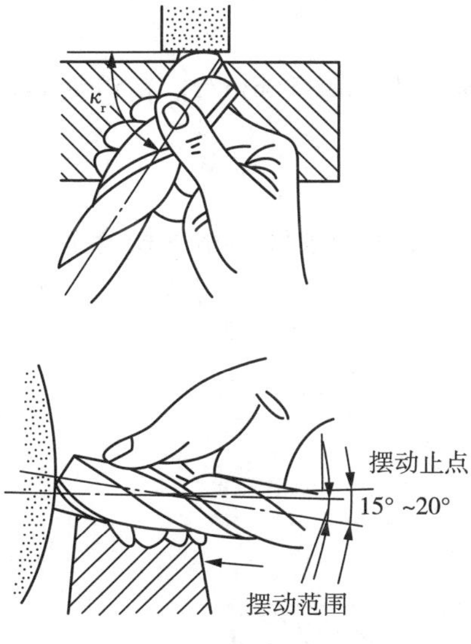

图 6－15　手握麻花钻的方法

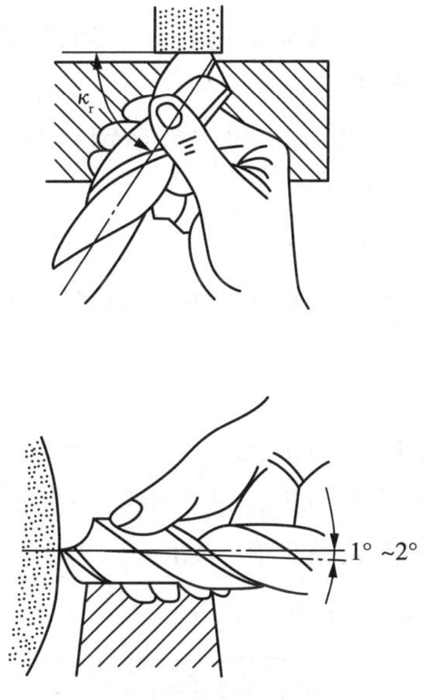

图 6－16　刃磨主切削刃和后刀面

注意事项：

（1）刃磨前仔细检查砂轮，如果发现砂轮眼中磨损，要及时修整后再刃磨。

（2）刃磨时钻头的主切削刃要始终保持水平，同时，钻尾不要高出水平面，以免磨出负后角。

（3）刃磨过程中，为了防止钻头退火，不要把钻头过分紧贴在砂轮上，同时，还应该经常把钻头浸入水中冷却。

钻头的检查，如图 6－17、图 6－18 所示。

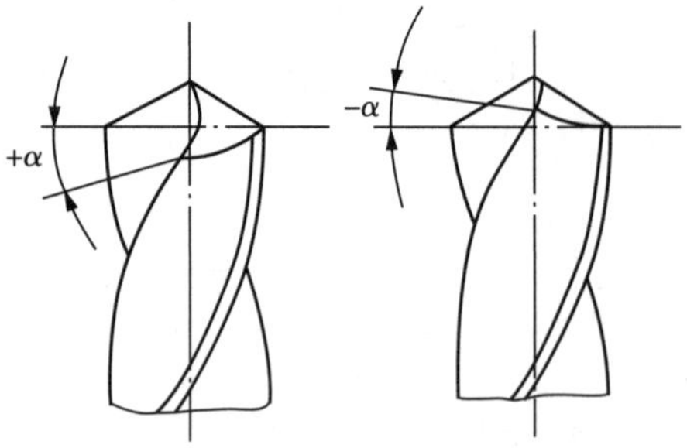

图 6－17 目测麻花钻的角度

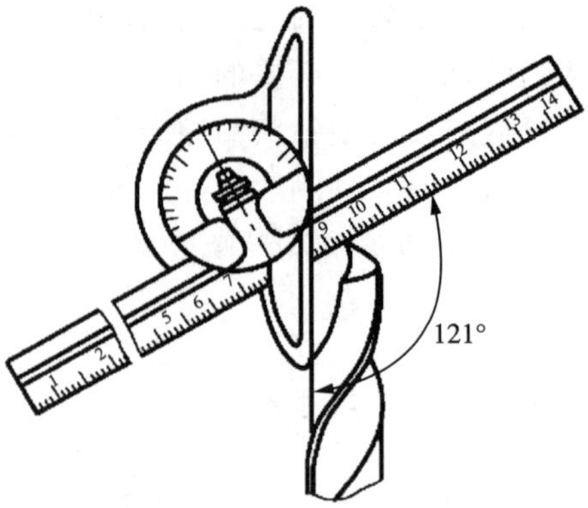

图 6－18 用万能角度尺检查麻花钻角度

3. 钻孔时的切削用量和切削液

（1）背吃刀量 a_p

（2）切削速度 v_c

使用高速钢钻头钻钢料时，切削速度一般为 20～40 m/min；钻铸铁时，应稍低些。

（3）进给量 f

使用直径 30 mm 的钻头钻钢料时，进给量选 0.1～0.35 mm/r；钻铸铁时，进给量选 0.15～0.4 mm/r。

（4）切削液

一般用煤油；钻削铸铁、黄铜、青铜时，一般不用切削液；钻削镁合金时，切忌用切削液。

4. 扩孔

（1）用麻花钻扩孔

用大直径的钻头将已钻出的小孔扩大。

（2）用扩孔钻扩孔（图 6－19）

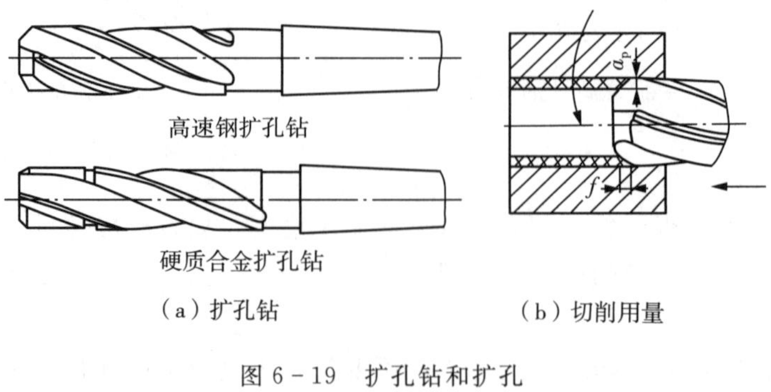

图 6－19 扩孔钻和扩孔

（3）圆锥形锪钻（图 6－20）

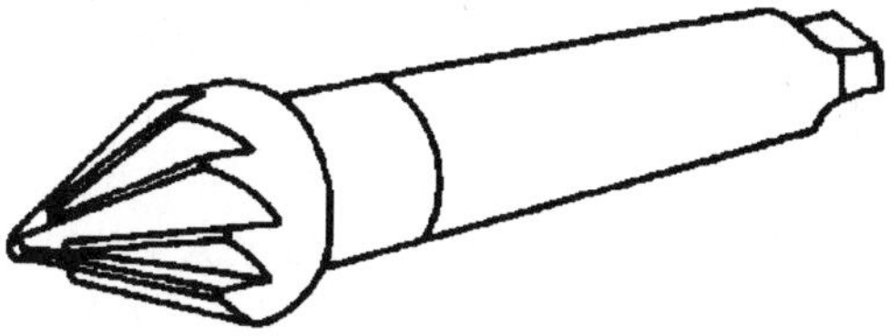

（a）60° 锪钻

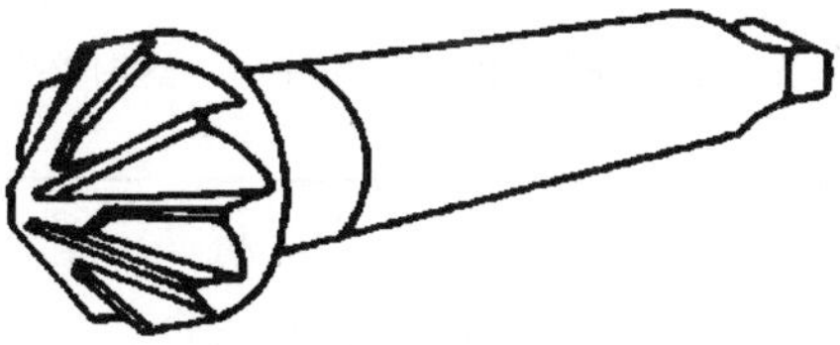

（b）120° 锪钻

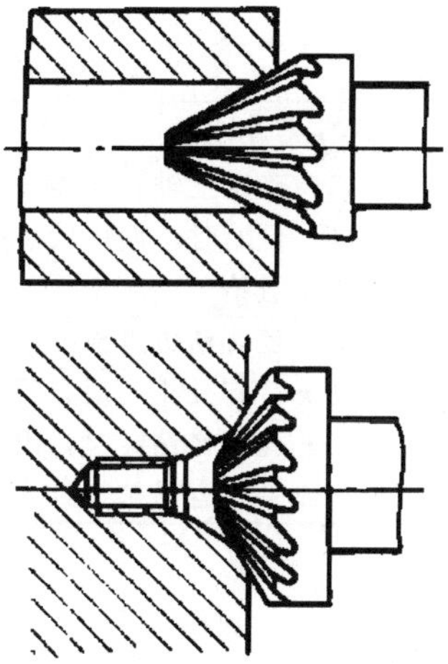

（c）锪钻工作情况

图 6－20　圆锥形锪钻

任务实施

钻孔和扩孔练习。

1. 基本要求

（1）先在车床上按照如图 6－21 所示完成钻孔加工；

（2）然后用 d=20 mm（或者 19.7 mm）的扩孔钻扩孔加工；

（3）工件材料：HT150。

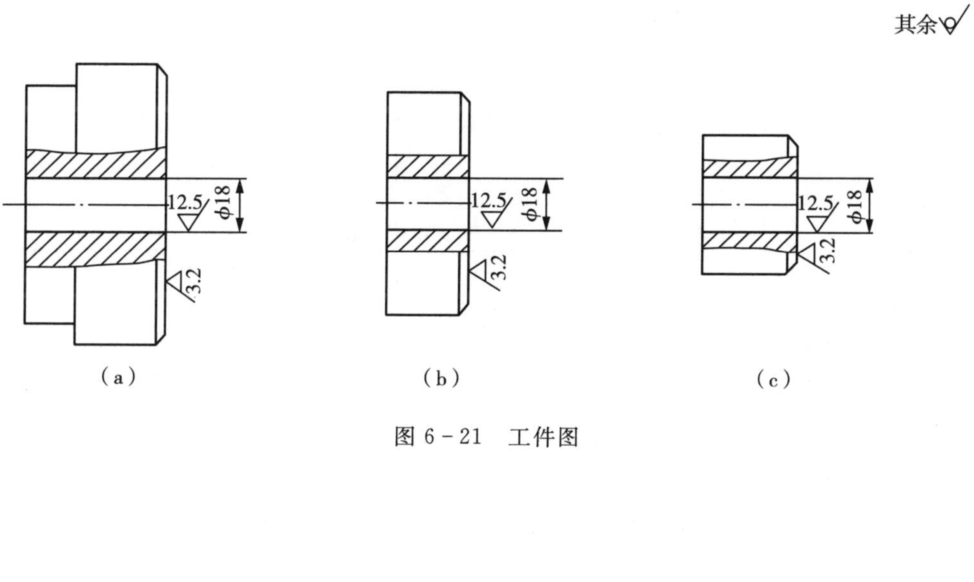

（a）　　（b）　　（c）

图 6－21　工件图

2. 任务实施表，见表 6－3 所列。

表 6－3　任务实施表

情境	钻孔和扩孔				
学习任务	钻孔和扩孔			完成时间	
任务完成人	学习小组		组长		成员
任务实施步骤及具体内容	(1) 确定主轴转速为 360 r/min。 (2) 开始时，使用较小的进给量，以免钻头摆动，当钻头切入工件后，使用正常进给量进给。 (3) 随着钻头进给的深入，由于排屑和散热困难，要多次将钻头从孔中退出，使其充分冷却并排屑后，再继续钻孔。 (4) 孔即将钻穿时，由于横刃先穿出，轴向阻力突然减小，这时必须降低进给速度，否则钻头容易被工件卡死。				

分析评价

每位学生完成任务后，填写任务评价表，见表 6－4 所列。

表 6－4　任务评价表

序号	评价类别	评价内容及要求	配分
1	价值观与素养达成	1. 课堂状态是否良好，是否有睡觉、游戏等不良行为。 2. 训练过程中着装是否规范，是否认真研究、实践，等待时间是否积极学习、思考，是否有睡觉、游戏、聊天、打闹行为。 3. 卫生、机床保养每单元保持状况。 4. 纪律遵守情况。 5. 团队协作情况。	30%
2	知识与技能	1. 课堂作业完成情况。 2. 实践学习情况：操作是否规范，程序是否正确，是否有刀具损伤、操作事故记录及量具损伤记录。 3. 团队任务完成情况。 4. 技能考核情况：完成时间、质量。	50%
3	创新与提高	1. 创新学习效果、创新设计情况：外形是否新颖、结构是否合理、工艺分析是否正确、加工效果是否良好。 2. 总结报告完成情况：是否详细、具体。 3. 个人进步情况：思想、知识、技能。	20%

知识拓展

深孔加工技术

孔加工分为浅孔加工和深孔加工 2 类。一般规定孔深 L 与孔径 d 之比大于 5 的孔，即

$L/d>5$ 的孔称为深孔；$L/d<5$ 的孔称为浅孔。

深孔加工技术产生于枪炮管的制造过程。二战结束前的几个世纪中，深孔加工技术的发展和应用一直被局限于相对封闭的军工领域，并以其高难度、高成本和神秘性而闻名于制造业。20 世纪 50 年代，深孔加工技术被扩展应用于能源采掘、航空航天、发动机制造、机床汽车制造、石化及轻重化工、纺织机械、饲料机械、冶金、仪器仪表等广泛的产业领域。

欧洲部分国家、日、美等先进工业国，早在 20 世纪 50 年代就纷纷开展了深孔加工技术的学术和应用研究，20 世纪 60～70 年代形成了专业化的深孔刀具和深孔机床装备制造体系。少数跨国公司迄今仍垄断着世界深孔加工装备市场，如瑞典山特维克(SANDVIK)、德国 TBT 公司、BOTEK 公司等，使深孔加工技术成为制造技术门类中成本最为昂贵的技术之一。

深孔加工系统通常以深孔加工中所用的冷却、排屑装置来分类，可分为枪钻系统、BTA 系统、喷吸钻系统和 DF 系统。综合现有的深孔加工技术在机械制造领域的应用和发展，深孔加工技术的发展趋势朝着高、精、尖方面发展，将待加工深孔逐步向小尺寸、高精度推进。

任务三 车孔和铰孔

任务描述

1. 了解铰刀的分类和结构；
2. 掌握车孔的工具选择和使用方法；
3. 掌握铰孔的种类和铰刀的装夹、铰孔方法。

知识链接

1. 内孔车刀

(1) 内孔车刀的几何形状（图 6 - 22）

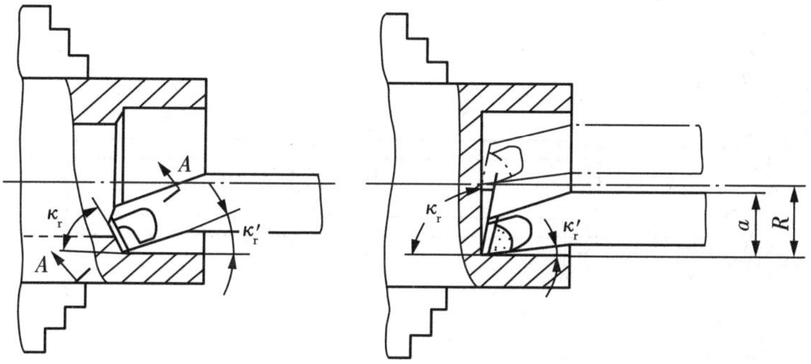

(a) 通孔车刀　　(b) 不通孔车刀

图 6 - 22 内孔车刀

（2）内孔车刀的结构形式

1）整体式内孔车刀如图 6－23 所示。

2）机夹式内孔车刀如图 6－24 所示。

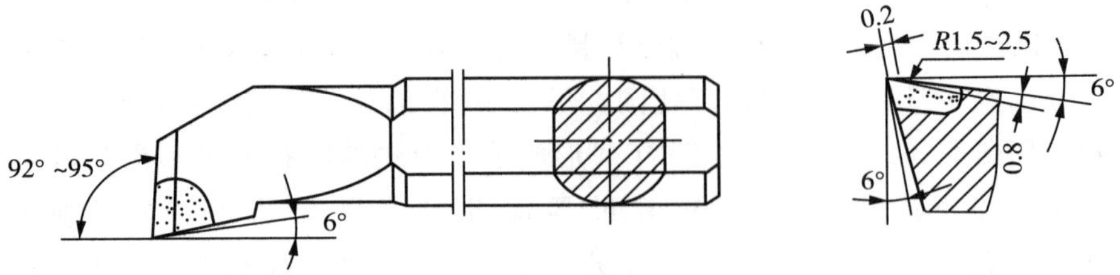

图 6－23　整体式内孔车刀

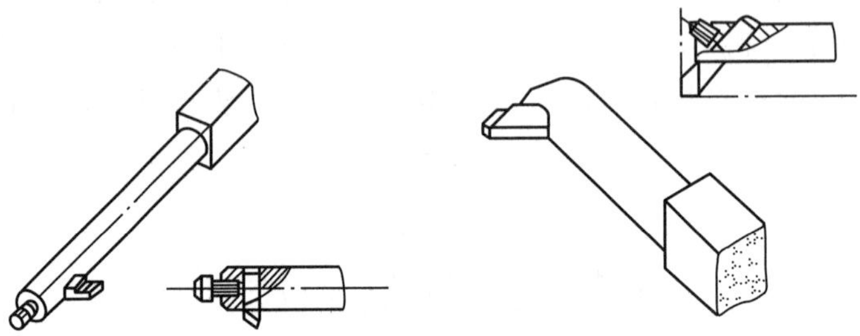

（a）通孔车刀　（b）盲孔车刀

图 6－24　机夹式内孔车刀

（3）内孔车削的加工特点

内孔车削按结构分为前排屑通孔车刀如图 6－25 所示，和后排屑盲孔车刀如图 6－26 所示。

1）车刀刚性差。

2）排屑问题。

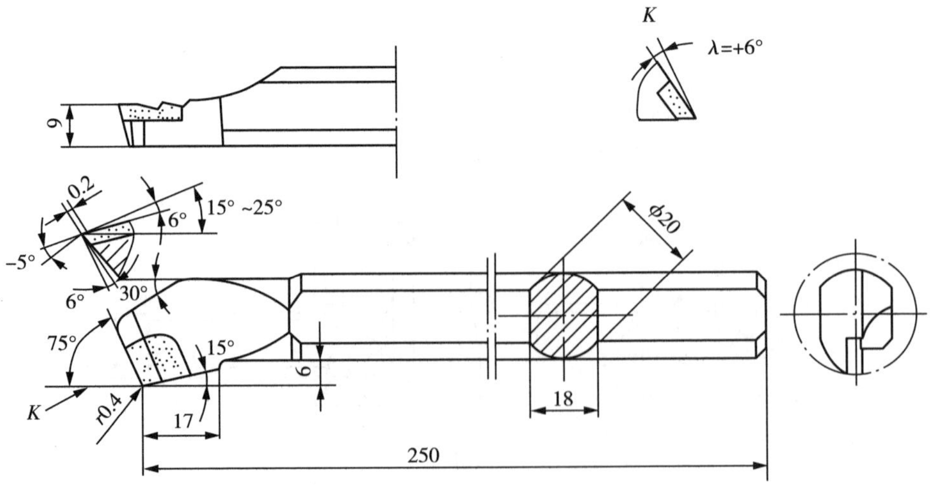

图 6－25　前排屑通孔车刀的结构

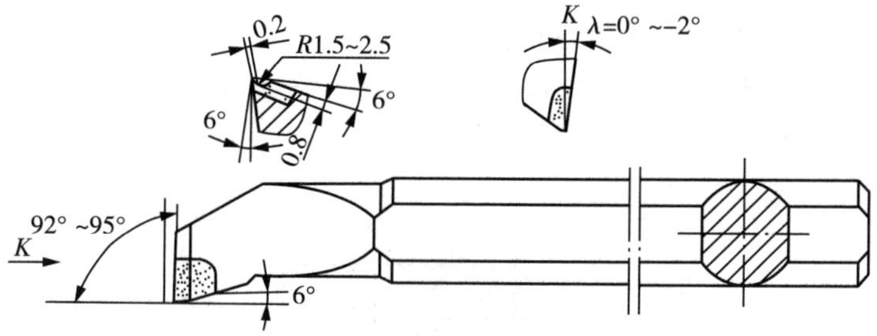

图 6-26　后排屑盲孔车刀的结构

2. 车孔的关键技术是解决内孔车刀的刚性和排屑问题

(1) 尽量增加刀杆的截面积。

(2) 刀杆的伸出长度尽可能缩短。

(3) 内孔车刀的后面一般磨成 2 个后角的形式。

(4) 通孔的内孔车刀最好磨成正刃倾角。

3. 铰孔

铰孔是使用铰刀从工件孔壁上切除微量金属层，以提高其尺寸精度并减小表面粗糙度的孔加工方法，是重要的孔精加工方法。

铰孔不能校正预制孔的位置误差。铰孔前一般要经过半精车孔或扩孔，一方面可以消除孔的垂直度误差，另一方面可以使铰孔时余量均匀，以获得光洁的表面。

(1) 铰刀的分类和结构

铰刀由工作部分、颈部和柄部组成，如图 6-27 所示。

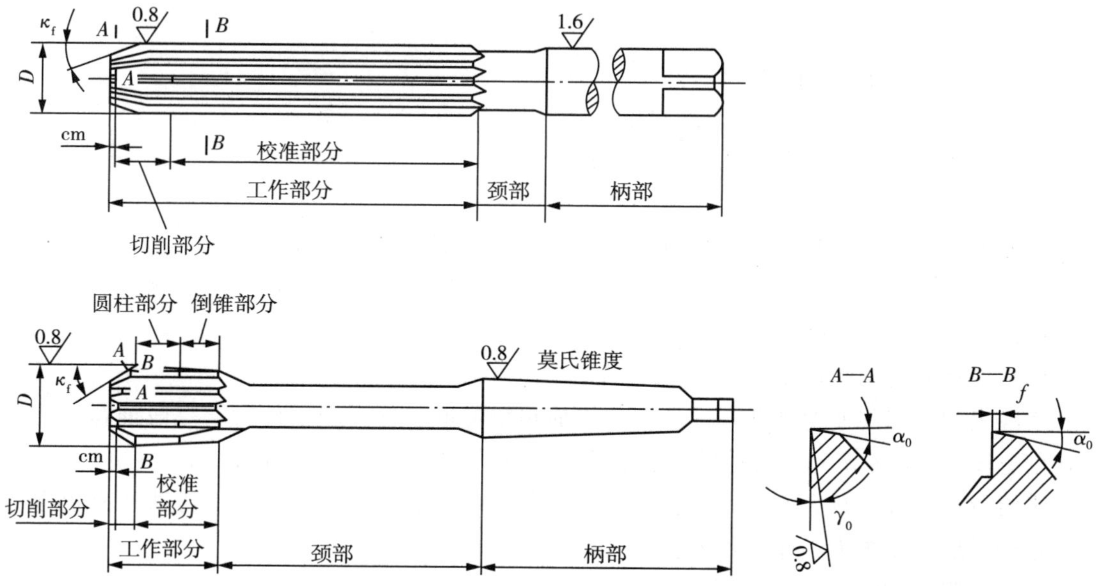

图 6-27　圆柱铰刀的结构

(2) 铰刀的安装

1) 直接通过钻夹头或过渡套筒安装在尾座中。

2) 将铰刀通过浮动套筒安装在尾座中，如图 6-28 所示。

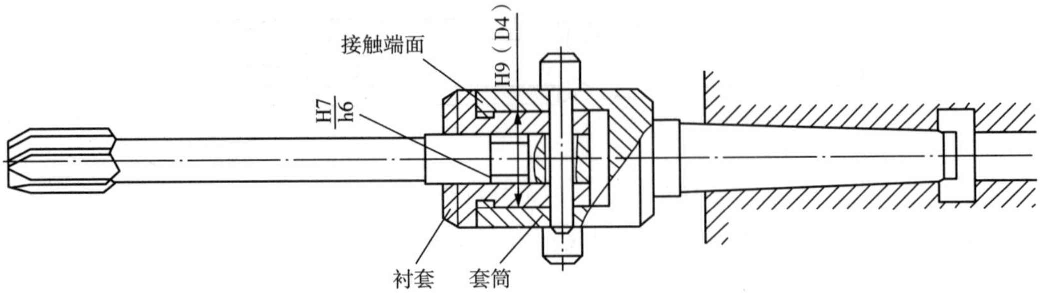

图 6-28 铰刀浮动安装

(3) 铰孔前孔的预加工

常用的加工方案有以下 2 种。

1) 对于精度等级 IT9 的孔。

直径在 10 mm 及以下时：钻中心孔—钻孔—铰孔。

直径在 10 mm 以上时：钻中心孔—钻孔—扩孔或车孔—铰孔。

2) 对于精度等级 IT7～IT8 的孔。

直径在 10 mm 及以下时：钻中心孔—钻孔—粗铰（或车孔）—精铰。

直径在 10 mm 以上时：钻中心孔—钻孔—扩孔或车孔—粗铰—精铰。

(4) 铰刀尺寸的选择

根据经验，铰刀公差通常按照下面的方案来确定。

上偏差＝2/3 被加工孔公差。

下偏差＝1/3 被加工孔公差。

例如，被铰孔尺寸及公差为 ϕ30 Hz（$^{+0.021}_{0}$）。

在选择铰刀时，其基本尺寸为 ϕ30 mm。

铰刀公差：

上偏差＝2/3×0.021＝0.014 mm。

下偏差＝1/3×0.021＝0.007 mm。

所以铰刀尺寸为 $\phi30^{+0.014}_{+0.007}$ mm。

(5) 铰孔时的切削用量

实践表明：切削速度越低，被铰孔的表面粗糙度就越低。铰钢件时，一般推荐铰孔时的切削速度 $v\leqslant5$ m/mim；铰铸铁和有色金属时可高些，可取 $v>5$ m/mim。

进给量可以选择较大数值，铰钢件时，可取 $f=0.2\sim1.0$ mm/r；铰铸铁和有色金属时，进给量还可以再大一些，可取 $f=0.4\sim1.5$ mm/r。

吃刀深度 ap 通常取铰孔余量的一半。

(6) 铰削余量的确定

铰孔时，应该合理确定加工余量。余量太小时，前一道工序留下的加工痕迹不能被完全去除，表面粗糙度高；余量太大时，切屑填塞在铰刀齿槽中，影响切削液进入切削区。

（7）铰孔时的冷却和润滑

在铰孔时，常常根据不同的被加工材料选取不同的切削液。

1）钢件和韧性材料：乳化液、极压乳化液。

2）铸铁件、脆性材料：煤油、煤油与矿物油的混合油。

3）青铜或铝合金：2 号锭子油或煤油。

任务实施

1. 车通孔

零件要求如图 6－29 所示，被加工孔的尺寸要求为 $D=\phi 10^{+0.036}_{0}$ mm，未注倒角 $C1$。材料：HT150。

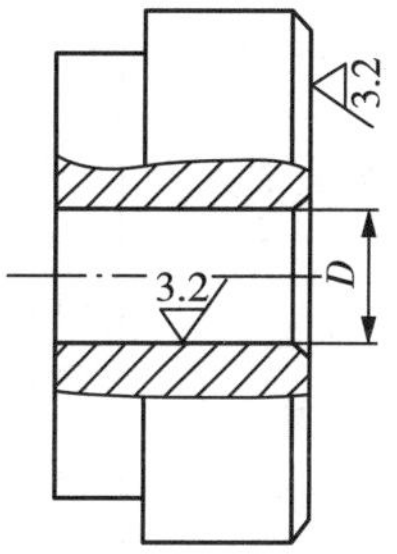

图 6－29　工件图

（1）任务实施表（表 6－5）

表 6－5　任务实施表

情境	车孔和铰孔					
学习任务	车孔和铰孔				完成时间	
任务完成人	学习小组		组长		成员	
任务实施步骤及具体内容	（1）车端面。 （2）钻孔。 （3）粗车内孔。 （4）精车内孔。 （5）倒角。 （6）检查工件。					

（2）注意事项

1）车孔时，中滑板进退刀方向与车外圆时相反。

2）精车内孔时，应保持切削刃锋利，否则容易导致让刀现象，车出锥孔。

2. 铰孔

按照如图 6－30 所示孔进行钻、扩、铰加工。

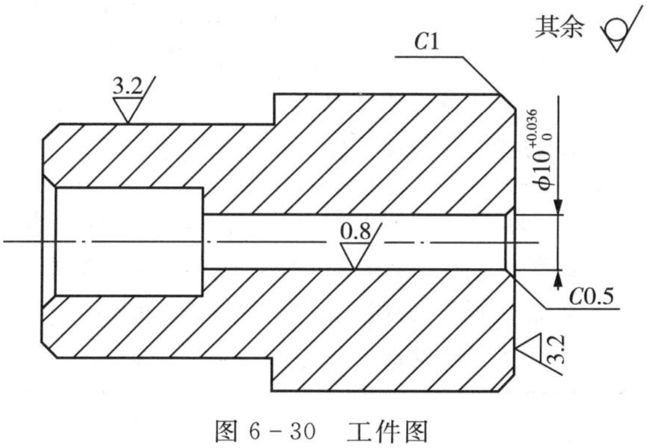

图 6－30　工件图

任务实施表见表 6－6 所列。

表 6－6　任务实施表

<table>
<tr><td>情境</td><td colspan="6">车孔和铰孔</td></tr>
<tr><td>学习任务</td><td colspan="4">车孔和铰孔</td><td>完成时间</td><td></td></tr>
<tr><td>任务完成人</td><td>学习小组</td><td></td><td>组长</td><td></td><td>成员</td><td></td></tr>
<tr><td>任务实施步骤及具体内容</td><td colspan="6">（1）夹持工件左端外圆，车平右端面。
（2）用中心钻钻孔、定位。
（3）用 ϕ9.5 mm 麻花钻钻通孔。
（4）用 ϕ9.8 mm 麻花钻扩孔。
（5）用 ϕ10 mm 机用铰刀铰孔至图示尺寸。
（6）倒角 C0.5。
（7）检查工件合格后卸下工件。</td></tr>
</table>

分析评价

每位学生完成任务后，填写任务评价表，见表 6－7 所列。

表 6－7　任务评价表

序号	评价类别	评价内容及要求	配分
1	价值观与素养达成	1. 课堂状态是否良好，是否有睡觉、游戏等不良行为。 2. 训练过程中着装是否规范，是否认真研究、实践，等待时间是否积极学习、思考，是否有睡觉、游戏、聊天、打闹行为。 3. 卫生、机床保养每单元保持状况。 4. 纪律遵守情况。 5. 团队协作情况。	30%
2	知识与技能	1. 课堂作业完成情况。 2. 实践学习情况：操作是否规范，程序是否正确，是否有刀具损伤、操作事故记录及量具损伤记录。 3. 团队任务完成情况。 4. 技能考核情况：完成时间、质量。	50%
3	创新与提高	1. 创新学习效果、创新设计情况：外形是否新颖、结构是否合理、工艺分析是否正确、加工效果是否良好。 2. 总结报告完成情况：是否详细、具体。 3. 个人进步情况：思想、知识、技能。	20%

知识拓展

车削要领

1. 车孔时，刀尖应该与工件中心等高或稍高，否则将会因为切削抗力将刀柄压低造成扎刀现象，并导致孔径扩大。

2. 尽量控制刀柄伸出刀架的长度，一般比被加工孔长 5～10 mm 为宜。

3. 车孔刀刀柄与工件轴线应基本平行，否则在切深后刀柄可能会碰到孔口。

4. 车孔时，切削用量要小于相同直径的外圆车削。车小孔或深孔时，切削用量应更小。

5. 根据孔要求的精度和表面质量等要求，车孔时可以分别采用粗车、半精车、精车等方法。一般要求的孔，可以分粗车和精车 2 个阶段完成；当车孔作为铰孔前的预加工工序时，可采用粗车加上半精车。

任务四　内沟槽的车削加工

任务描述

1. 加工端面槽和内沟槽切削用量的选择和确定；
2. 端面槽和内沟槽的车削方法；
3. 安全合理的加工。

知识链接

机器零件由于工作情况和结构工艺性的需要，有各种不同断面形状的内沟槽和端面沟槽。

1. 内沟槽的种类和作用

(1) 内沟槽的种类和作用（表 6－8）

表 6－8　内沟槽的种类和作用

种类	作用	示图
退刀槽	车内螺纹、车孔和磨孔时作退刀用或为了拉油槽方便，两端开有退刀槽。	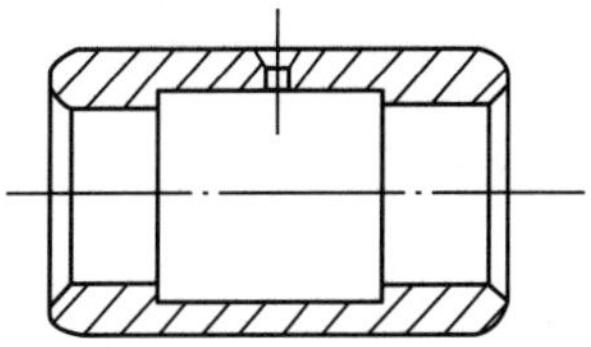

（续表）

种类	作用	示图
密封槽	在T形槽中嵌入油毛毡，防止轴上的润滑剂溢出。	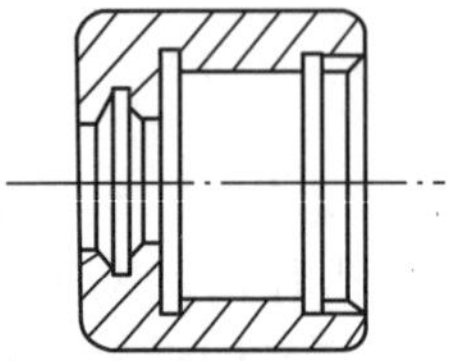
轴向定位槽	在轴承座内孔中的适当位置开槽放入孔用弹性挡圈，以实现滚动轴承的轴向定位。	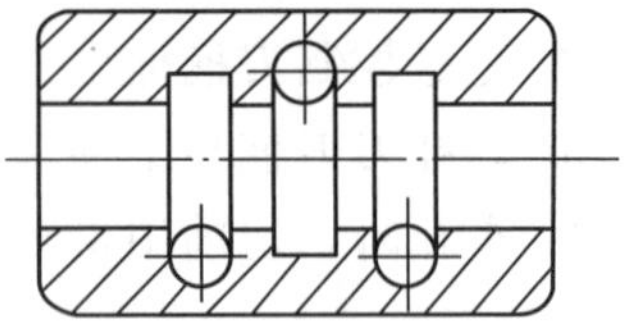
油气通道槽	在各种液压和气压滑阀中开内沟槽以通油或通气，这类沟槽要求有较高的轴向位置。	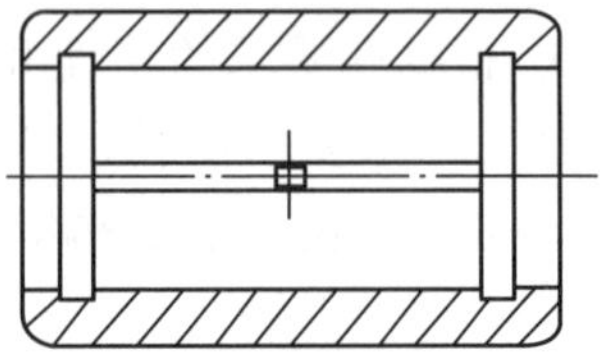

（2）端面槽的种类和作用（表6－9）

表6－9　端面槽的种类和作用

种类	作用	图示
端面直槽	常用于密封。	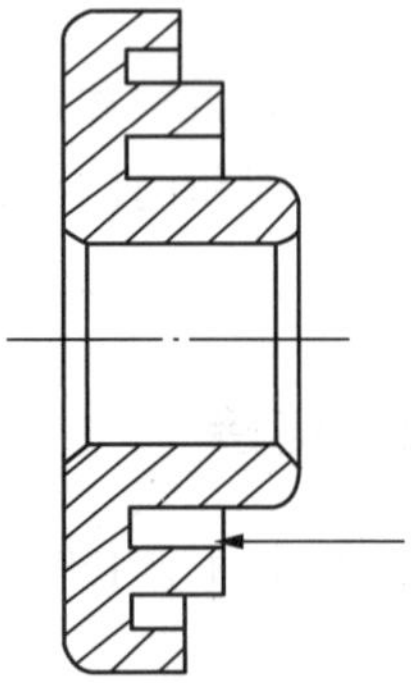
T形槽	在车床中脱板上车有T形槽，以便调整小滑板角度。	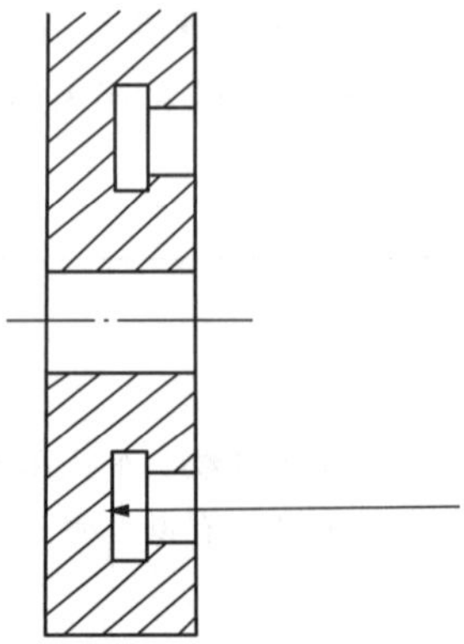

（续表）

种类	作用	图示
燕尾槽	在磨床砂轮接法兰盘上车有燕尾槽。法兰燕尾槽是一种机械连接方式，在工业设备和管道安装中经常使用。法兰燕尾槽和法兰配合使用能够配合紧密，确保设备或管道的稳定工作。	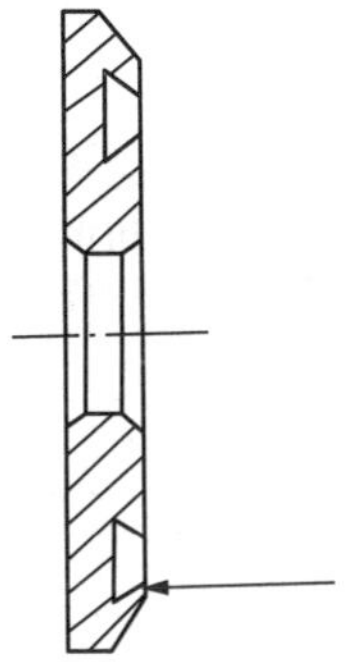

内沟槽车刀与切断刀的几何形状相似，只是装夹方向相反，且在内孔中车槽。加工小孔中的内沟槽车刀做成整体式内沟槽车刀，如图 6－31 所示。

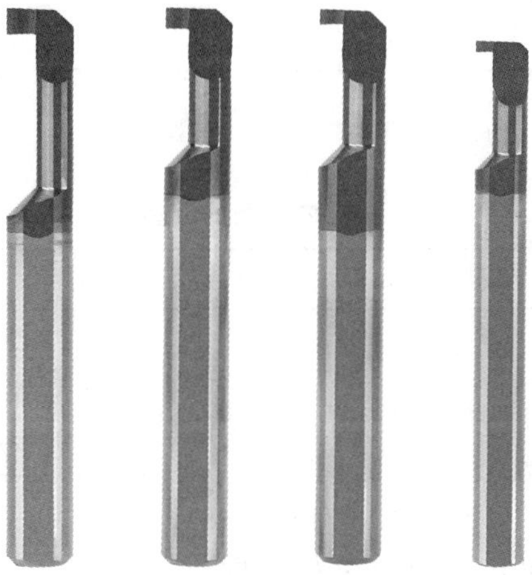

图 6－31　整体式内沟槽车刀

2. 车内沟槽方法

（1）车内沟槽的方法（表 6－10）

表 6－10　车内沟槽的方法

槽的内型	加工方法	图示
宽度较小和要求不高的内沟槽	用主切削刀宽度等于槽宽的内沟槽车刀，采用直进法一次车出。	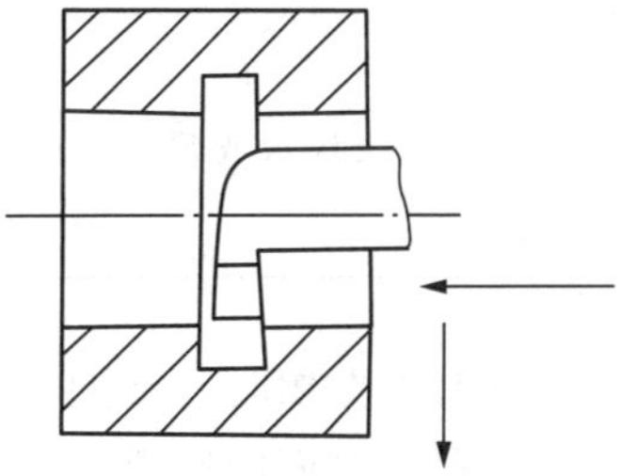

（续表）

槽的内型	加工方法	图示
要求较高或较宽的内沟槽	可采用直进法分几次车出。车时，槽壁和槽底留精车余量，根据槽宽、槽深进行精车。	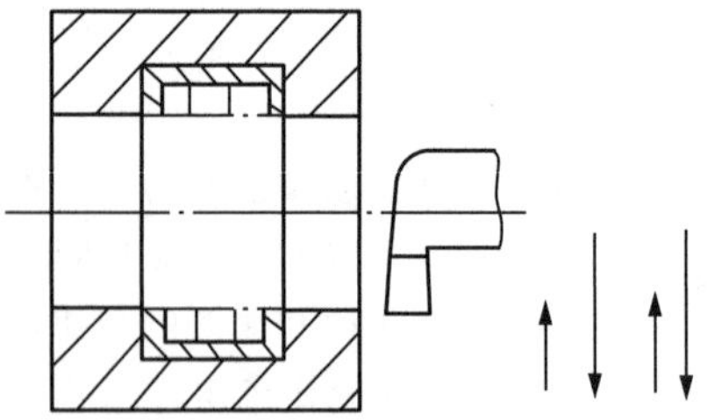
深度较浅，宽度很大的内沟槽	可先用内圆粗车刀先车出凹槽，再用内沟槽刀车沟槽两端垂直面。带箭头的直线为内沟槽车刀路线。	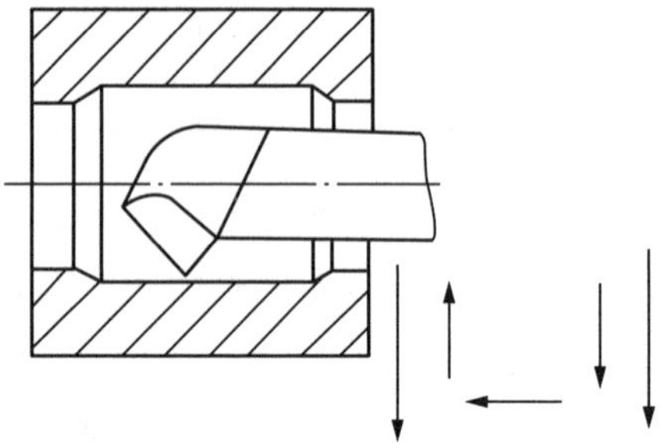

（2）内沟槽的测量方法（表 6 - 11）

表 6 - 11　内沟槽的测量方法

测量尺寸	测量量具和方法	图示
内沟槽的深度	一般用弹簧内卡钳测量。测量时，先将弹簧内卡钳收缩，放入内沟槽，然后调整卡钳螺母，使卡脚与槽底径表面接触。先测出内沟槽直径，然后将内卡钳收缩取出，恢复到原来尺寸，再用游标卡尺或外径千分尺测出内卡钳的张开尺寸。当内沟槽直径较大时，可用弯脚游标卡尺测量。	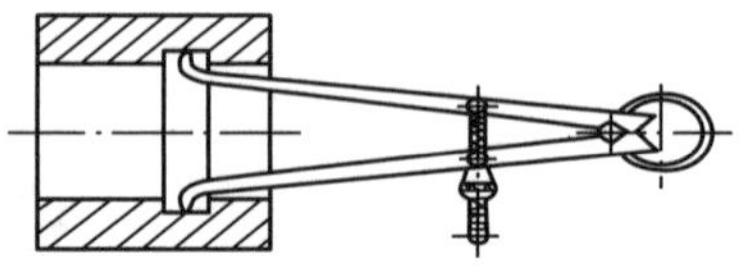 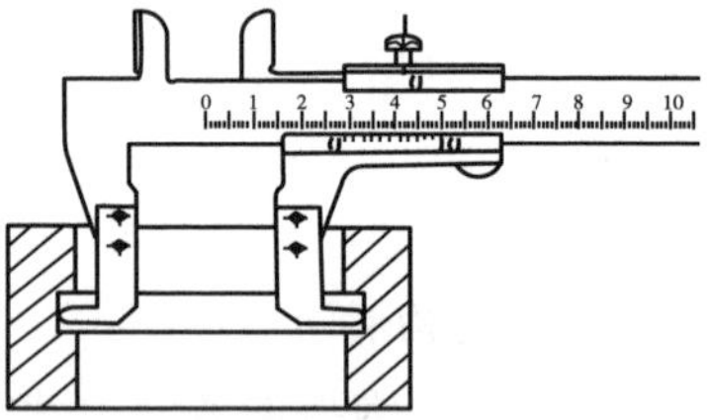
内沟槽的轴向尺寸	用钩形游标深度卡尺测量。	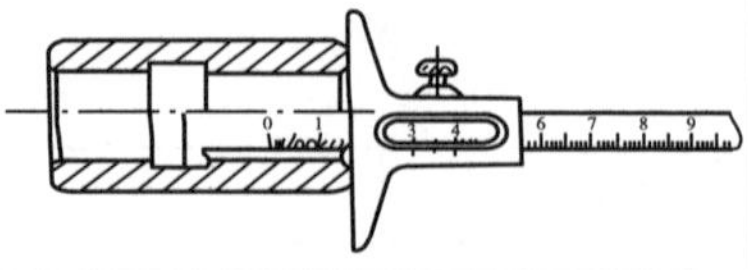
内沟槽的宽度	可用样板或游标卡尺（当孔径较大时）测量。	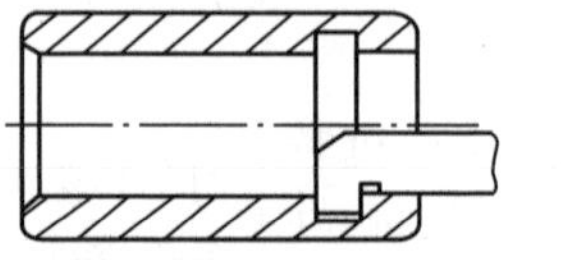

在端面上车直槽时，端面直槽车刀的几何形状是外圆车刀与内孔车刀的综合。其中，刀尖 a 处的副后刀面的圆弧半径 R 必须小于端面直槽的大圆弧半径，以防左副后刀面与工

件端面槽孔壁相碰，如图 6 - 32 所示。安装端面直槽车刀时，应注意使其主切削刃垂直于工件轴线，以保证车出的直槽底面与工件轴线垂直。

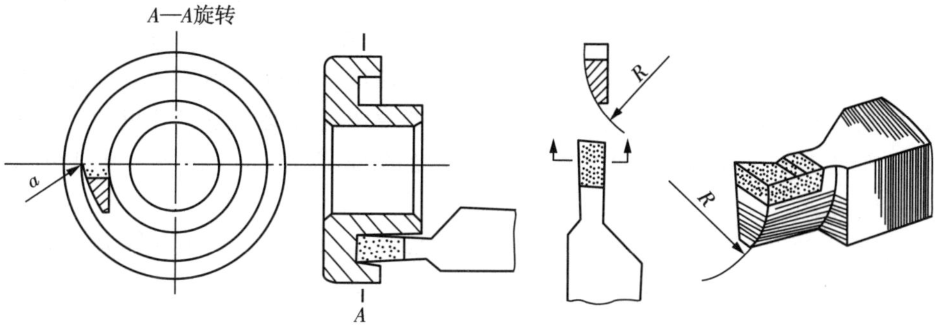

图 6 - 32　端面直槽车刀

3. 端面沟槽的测量

端面沟槽可选用游标卡尺、游标深度尺、样板等量具检测。

4. 加工工艺分析

（1）夹 $\phi38$ mm 的外圆加工内沟槽。

（2）加工端面槽。

5. 车内沟槽加工步骤

（1）装夹工件，找正，如图 6 - 33 所示。

（2）摇动大拖板和中拖板，使沟槽车刀的主切削刃轻轻地与孔壁接触，将中拖板刻度调至零位，如图 6 - 34 所示。

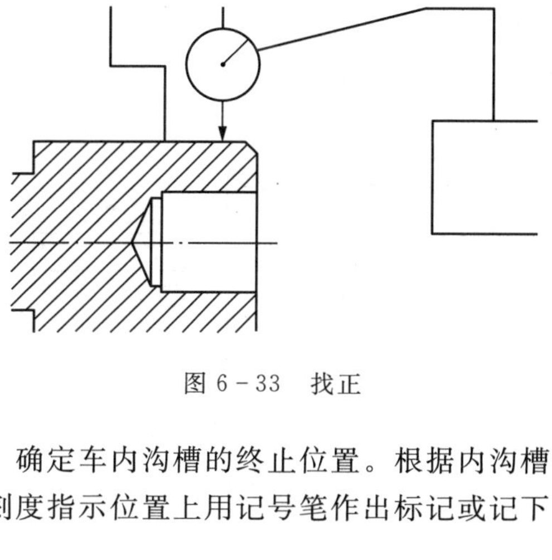

图 6 - 33　找正

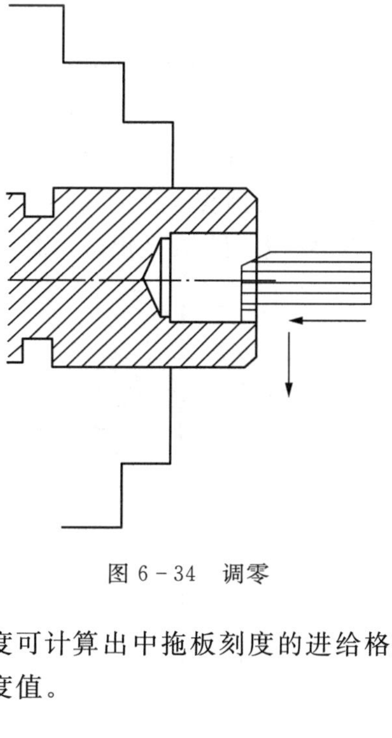

图 6 - 34　调零

（3）确定车内沟槽的终止位置。根据内沟槽深度可计算出中拖板刻度的进给格数，并在终止刻度指示位置上用记号笔作出标记或记下刻度值。

(4) 确定车内沟槽的退刀位置。使内沟槽车刀主切削刃离开孔壁 0.2～0.3 mm，并在中拖板刻度盘上标记退刀位置。

(5) 控制内沟槽的轴向位置尺寸，移动大拖板和中拖板，使内沟槽车刀副切削刃与工件端面轻轻地接触，如图 6－35 所示，此时将大拖板刻度调至零位。若内沟槽靠近孔口，需用小滑板刻度控制内沟槽轴向位置时，应先将小拖板刻度调整到零位，作为车内沟槽纵向的起始位置，接着向后移动中拖板待内沟槽车刀主切削刃退到不碰孔壁时，再移动大拖板，以便让车槽刀进入孔内。进入深度为内沟槽的轴向位置尺寸 20 mm 加上内沟槽车刀主切削刃的宽度。

(6) 启动车床，接着向后移动中拖板，待内沟槽车刀主切削刃退到不碰孔壁时，再移动大拖板，以便让车槽刀进入孔内。进入深度为内沟槽的轴向位置尺寸 20 mm 加上内沟槽车刀主切削刃的宽度，如图 6－36 所示。

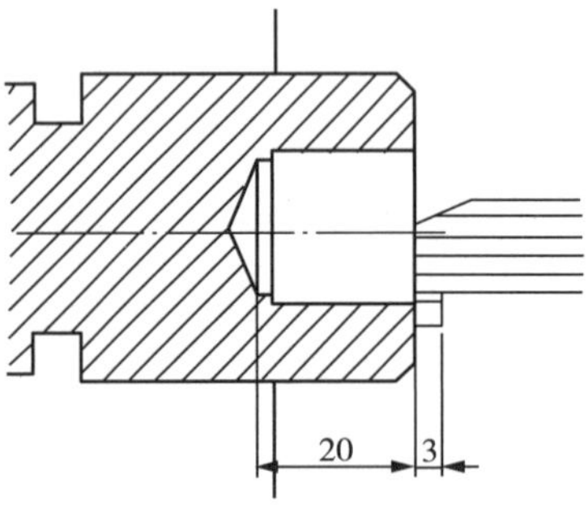

图 6－35　内沟槽车刀副切削刃与工件端面接触

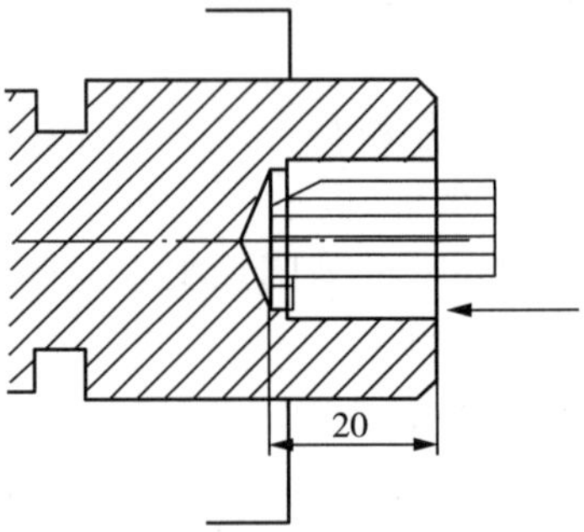

图 6－36　内沟槽车刀进入孔内

(7) 启动车床，转动中拖板手柄，使内沟槽车刀横向进给，其进给量不宜过大，为 0.1～0.2 mm/r。当中拖板刻度标示已进给到槽深尺寸时，车刀不要马上退出，应稍作停留，这样可使槽底经主切削刃修整后提高其表面粗糙度，如图 6－37 所示。

(8) 横向退刀时，要确认内沟槽车刀主切削刃已到达预先设定的退刀位置，才能纵向向外退出车刀，否则会因横向退刀不足就纵向退刀而将已车好的槽碰坏。若横向退刀过多，又可能会使刀柄与孔壁擦碰，而伤及内孔，如图 6－38 所示。

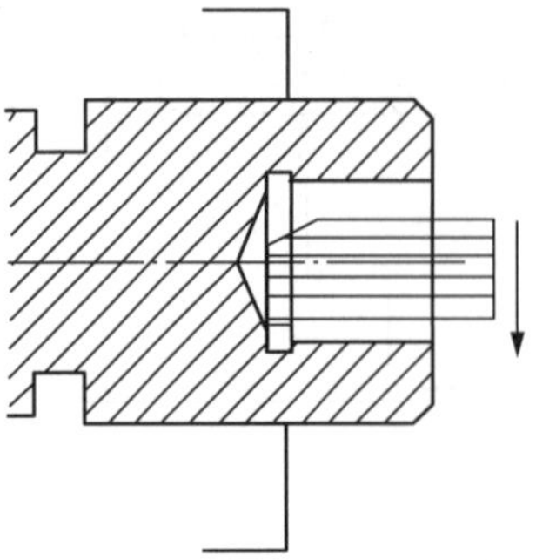

图 6－37　提高槽底表面粗糙度

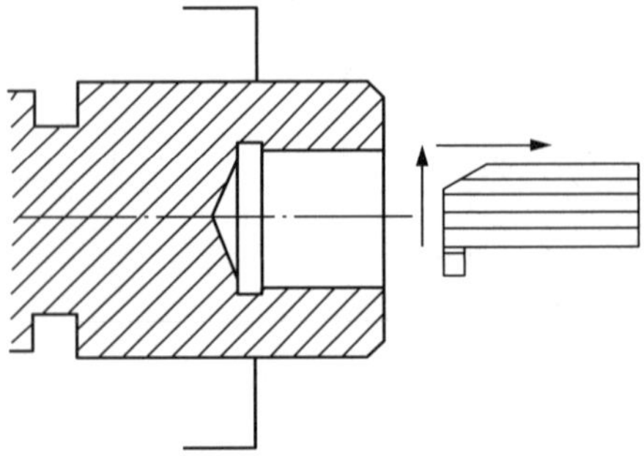

图 6－38　内沟槽车刀横向退刀

6. 车端面槽加工步骤

（1）移动大拖板和中拖板，使沟槽车刀的副切削刃轻轻地与 ϕ38 mm 外圆接触，将中滑板刻度调至零位，如图 6－39 所示。

（2）纵向退出端面槽车刀，如图 6－40 所示。

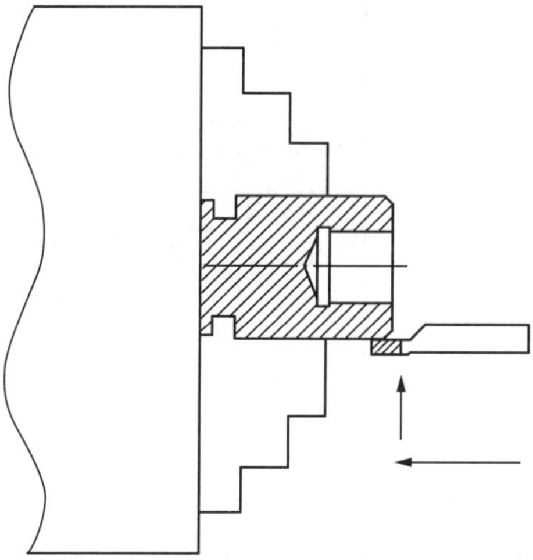

图 6－39　沟槽车刀副切削刃与外圆接触

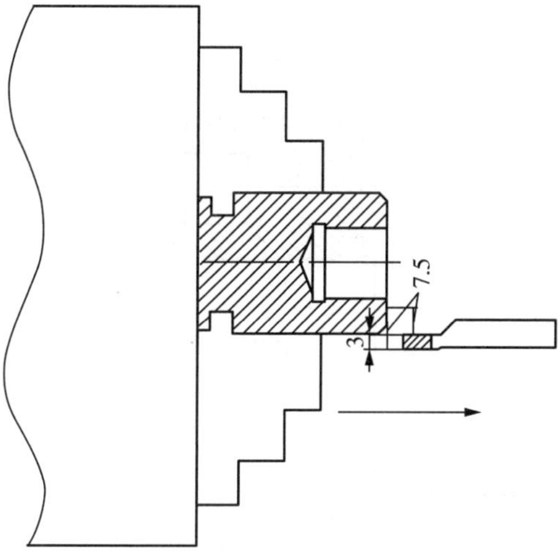

图 6－40　沟槽车刀纵向退刀

（3）控制端面槽的横向位置尺寸，中拖板横向进给 7.5 mm，如图 6－41 所示。

（4）控制端面槽的轴向位置尺寸，移动小拖板，使端面槽车刀主切削刃与工件端面轻轻地接触，如图 6－42 所示，此时将小拖板刻度调至零位。

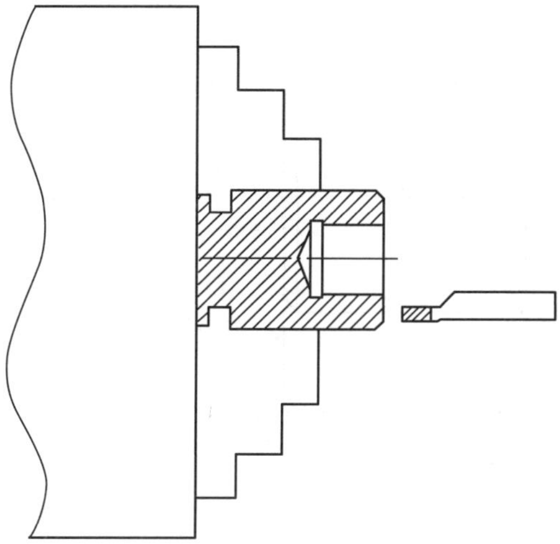

图 6－41　控制端面槽横向位置尺寸

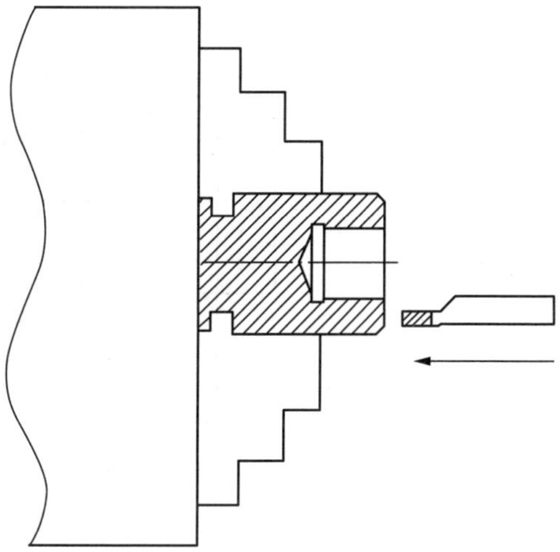

图 6－42　控制端面槽轴向位置尺寸

(5) 纵向移动小拖板进刀 2 mm，注意双手进给速度要匀速，如图 6-43 所示。

(6) 退刀，端面沟槽车至深度，稍作停留，小拖板纵向退出，如图 6-44 所示。

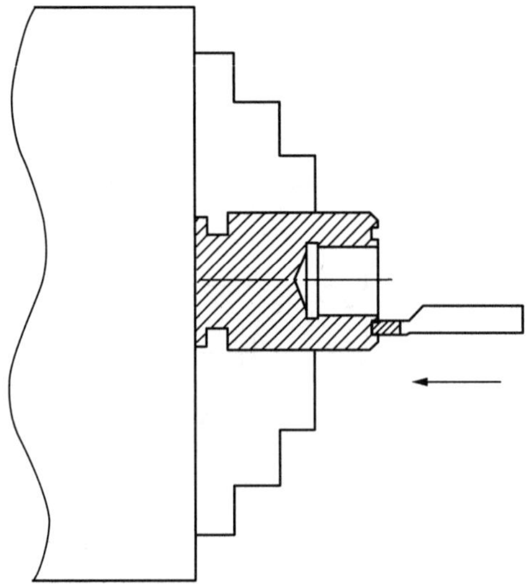

图 6-43　进刀

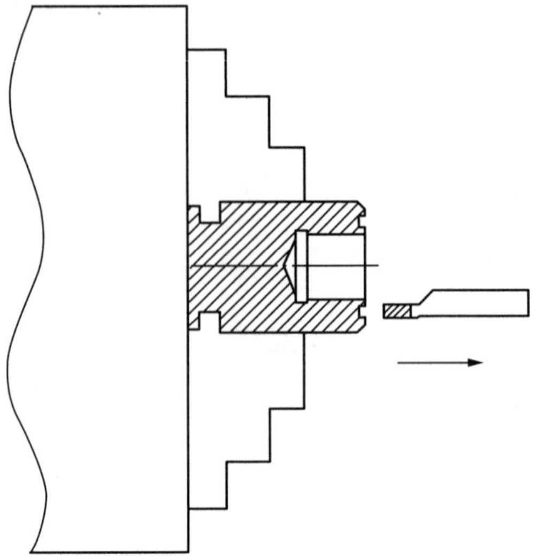

图 6-44　退刀

(7) 检测。

1) 检测内沟槽 3×2 及长度 20 尺寸。

2) 检测端面沟槽 3×2 的尺寸。

任务实施

内孔加工，图纸和参数如图 6-45 所示，材料为 45 号钢。

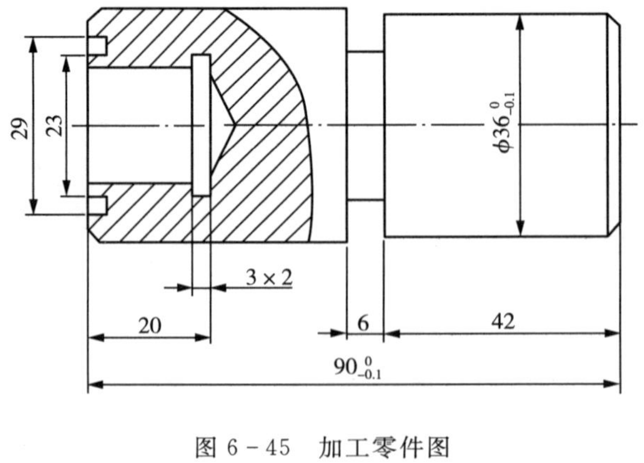

图 6-45　加工零件图

任务实施表见表 6-12 所列。

表 6-12　任务实施表

情境	内沟槽的车削加工					
学习任务	内孔加工				完成时间	
任务完成人	学习小组		组长		成员	
任务实施步骤及具体内容						

分析评价

每位学生完成任务后，填写任务评价表，见表 6-13 所列。

表 6-13　任务评价表

序号	评价类别	评价内容及要求	配分
1	价值观与素养达成	1. 课堂状态是否良好，是否有睡觉、游戏等不良行为。 2. 训练过程中着装是否规范，是否认真研究、实践，等待时间是否积极学习、思考，是否有睡觉、游戏、聊天、打闹行为。 3. 卫生、机床保养每单元保持状况。 4. 纪律遵守情况。 5. 团队协作情况。	30%
2	知识与技能	1. 课堂作业完成情况。 2. 实践学习情况：操作是否规范，程序是否正确，是否有刀具损伤、操作事故记录及量具损伤记录。 3. 团队任务完成情况。 4. 技能考核情况：完成时间、质量。	50%
3	创新与提高	1. 创新学习效果、创新设计情况：外形是否新颖、结构是否合理、工艺分析是否正确、加工效果是否良好。 2. 总结报告完成情况：是否详细、具体。 3. 个人进步情况：思想、知识、技能。	20%

知识拓展

用高技能实现“中国创造”——孟祥志

孟祥志（图 6-46），中国兵器北方华安工业集团有限公司的车工、高级技师，是中华技能大奖获得者，曾先后获得全国劳动模范、全国技术能手、全国五一劳动奖章、中央企业优秀共产党员、黑龙江省龙江大工匠及黑龙江省首席技师等荣誉称号，是国家级技能大师工作室带头人，享受国务院政府特殊津贴。参加工作30年来，孟祥志不断创新克难，发明创造了50多项车削特色操作法，获得国家发明专利6项、实用新型专利17项。他把多年从实践经验中总结出的“一种对称剖开薄壁铝筒件的加工方法”“深孔零件中心管的加工操作法”“支架类零件的加工操作法”等50多项车削特色操作法及实用案例进行整理，编著出版了《机械加工特色操作及实用案例》一书，对技术交流、经验传承及先进技术推广应用做出了重大贡献。

（原标题：《孟祥志：用高技能实现“中国创造”》，来源：中工网）

图6-46 工作中的孟祥志

课后习题

一、填空题

（1）铰刀由________、________和________组成。

（2）一般情况下，通常采用________、________、________和________等方法来加工内圆柱面。

（3）用钻头在实体材料上加工孔的方法称为________。

（4）麻花钻由________、________和________组成。

（5）常用的扩孔刀具有________、________等。

（6）扩孔精度一般可达________。

（7）内孔车刀可分为通孔车刀和________车刀2种。

（8）端面沟槽有________槽、________槽和________槽3种。

（9）以外圆为基准保证工件位置精度时，一般应用________卡爪装夹工件。

（10）当孔径精度要求较低时，可采用________和________测量孔径。

（11）在车床上加工圆柱孔时，其形状精度一般只测量________误差和________误差。

（12）套类工件位置精度要求有________、________、________及________。

二、判断题

（1）手用铰刀工作部分较短，主偏角较小。（　　）

（2）使用卡尺时，要擦净尺身测量面和工件被测表面。（　　）

（3）车刀歪斜装夹，会影响车刀前角和后角的大小。（　　）

（4）铰孔时的切削深度等于铰孔余量。（　　）

（5）铰孔时，切削速度越低，表面粗糙度值越小。（　　）

（6）使用硬质合金切断刀比使用高速钢切断刀，要选用较大的切削用量。（　　）

(7) 麻花钻顶角大时，主切削刃短、定心差，因而钻出的孔径容易扩大。(　　)

(8) 用麻花钻扩孔时，由于横刃不参加切削，轴向切削力小，进给省力，所以应适当加大进给量。(　　)

三、选择题

(1) 一般标准麻花钻的顶角为(　　)。

A. 120°　　B. 118°　　C. 90°

(2) 麻花钻的前刀面指(　　)。

A. 钻顶螺旋圆锥面　　B. 螺旋槽面　　C. 棱边

(3) 普通麻花钻靠近外缘处的前角为(　　)。

A. −54°　　B. 30°　　C. 0°

(4) 麻花钻的钻顶螺旋圆锥面是麻花钻的(　　)。

A. 主后刀面　　B. 副后刀面　　C. 切削平面

(5) 麻花钻的横刃斜角一般为(　　)。

A. 55°　　B. 118°　　C. 30°

(6) 麻花钻的顶角不对称，会使钻出的孔径(　　)。

A. 扩大　　B. 歪斜　　C. 扩大和不斜

(7) 在车床上钻孔时，工件转一周，钻头沿轴向移动的距离称为(　　)。

A. 切削速度　　B. 切削深度　　C. 进给量

(8) 麻花钻横刃太长，钻削时(　　)增大。

A. 主切削力　　B. 轴向力　　C. 径向力

(9) 钻孔是对孔的粗加工，精度一般为(　　)。

A. IT11～IT12　　B. IT7～IT8　　C. IT9～IT11

(10) 刃磨花钻时，一般只刃磨 2 个(　　)。

A. 主后面　　B. 螺旋槽面　　C. 棱边

(11) 麻花钻的工作部分包括切削部分和(　　)。

A. 劲部　　B. 导向部分　　C. 柄部

(12) 钻孔孔径偏大的主要原因是麻花钻的(　　)。

A. 后角太大　　B. 两切削刃的长度不等　　C. 横刃太长

(13) 车孔的精度一般可达(　　)。

A. IT11～IT12　　B. IT7～IT8　　C. IT9～IT11

(14) 车孔的表面粗糙度一般可达 Ra (　　)。

A. 1.6～3.2 μm　　B. 12.5～25 μm　　C. 6.3～12.5 μm

(15) 盲孔车刀的主偏角一般为(　　)。

A. 45°　　B. 90°　　C. 略大于 90°

(16) 铰刀的制造公差取孔公差的(　　)，且公差带处于孔公差带的中间位置。

A. 1/4　　B. 1/3　　C. 1/2

(17) 用高速钢铰刀时，铰孔余量一般取(　　)mm。

A. 0.08～0.12　　B. 0.05～0.08　　C. 0.15～0.20

(18) 铰孔时，为了减小表面粗糙度值，应选用(　　)。

A. 干切削　　B. 水溶性切削液　　C. 非水溶性切削液

(19) 铰孔前的内孔表面粗糙度不得大于 Ra (　　) μm。

A. 3.2　　B. 6.3　　C. 1.6

(20) 铰孔时的切削速度一般小于(　　)m/min。

A. 15　　B. 10　　C. 5

(21) 用新铰刀铰钢料时，可用(　　)，孔径不易扩大。当铰刀磨损到一定程度时，可用(　　)使孔稍微扩大些。

A. 乳化液　　B. 切削液　　C. 干切削

(22) 铰削铸铁时，选用的切削液应是(　　)。

A. 乳化液　　B. 切削液　　C. 煤油

(23) 孔的圆度误差可用(　　)测量。

A. 内径千分尺　　B. 内径百分表　　C. 内测千分尺

(24) 用塞规检验内孔尺寸时，如通端和止端均能进入孔内，说明孔径(　　)。

A. 合格　　B. 大了　　C. 小了

(25) 百分表用于测量工件的(　　)。

A. 表面粗糙度　　B. 同轴度　　C. 尺寸精度

四、简答题

(1) 麻花钻有哪些缺点?

(2) 麻花钻的修磨方法有哪些?

(3) 麻花钻横刃的修磨方法有哪些?

(4) 麻花钻前刀面的修磨原则是什么?

(5) 钻孔时孔径扩大，可能是什么原因造成的?

五、计算题

拟铰 Φ20 mm+0.021 mm 的孔，试计算铰刀尺寸。

典型零件的车削加工工艺

第七章　成形面与滚花的车削加工

学习目标

1. 知识目标：

（1）熟悉成形面和滚花的特点

（2）熟悉车削成形面和滚花零件常用的刀具及其使用

（3）掌握检测成形面和螺纹零件常用量具的使用方法

（4）掌握常见成形面和滚花的车削加工方法

2. 能力目标：

（1）具备操作车床加工成形面和滚花技能

（2）具备合理选择加工成形面和滚花操作方法的能力

（3）掌握识读成形面和表面修饰加工零件图并按图完成加工的能力；能够正确选择表面修饰的切削用量及切削液

3. 素质目标：

（1）培养学生对车削加工的兴趣

（2）培养学生良好的职业行为规范

（3）培养学生严格执行工作规范和安全文明操作规程的职业素养

情景导入

成形面和滚花的车削加工是车工实训的基本操作技能。通过本章的实训学习，学生将逐步学会滚花的车削技能，养成严谨求实的科学态度，为继续学习和发展奠定方法和技能基础。

任务一　圆球手柄的车削加工

任务描述

如图 7－1、图 7－2 和图 7－3 所示为成形面及表面修饰零件图。通过本任务的学习，利用车工的基本操作，按要求制作出零件，并对完成后的零件进行误差分析及加工质量的总结。

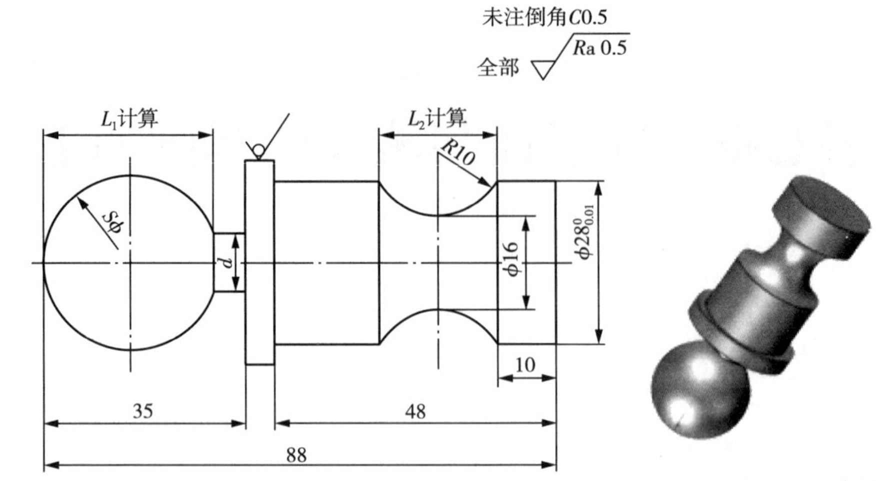

图 7－1　成形面零件

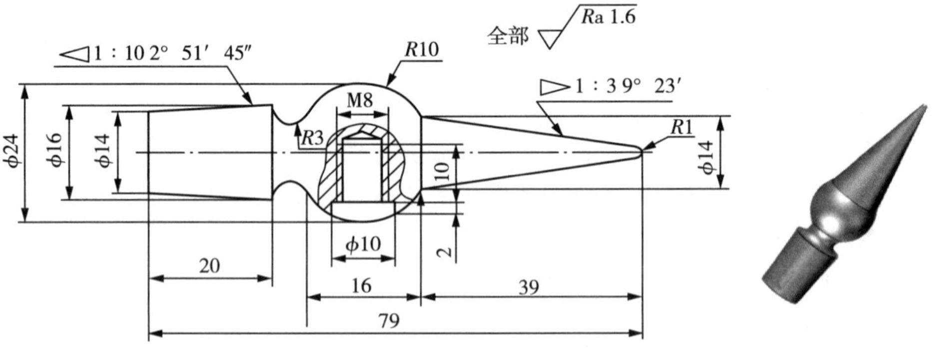

图 7－2　成形面及表面修饰零件（抛光）

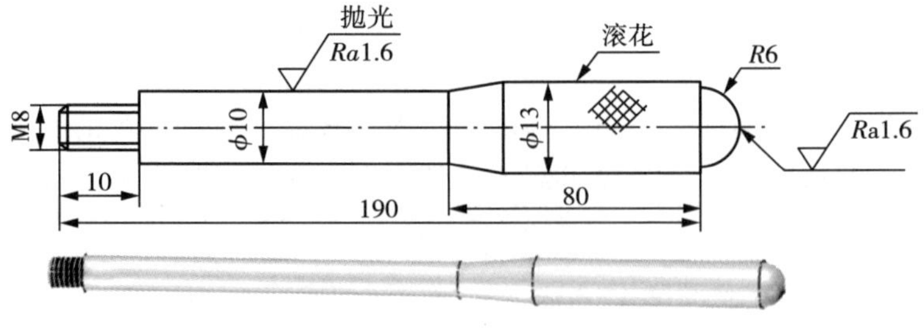

图 7－3　锤柄

知识链接

1．车成形面概述

零件的轴向剖面呈曲线形的表面叫成形面或特形面。球面、椭圆面、仿锤面、一般曲线绕轴线旋转一周得的几何面都是成形面。

成形面车削方法：双手控制法、成形刀车削法、仿形法和专用工具法。

2. 成形面的加工方法——双手控制法车削成形面

双手控制法是指用双手同时摇动小滑板和中滑板（或床鞍和中滑板），通过双手的协调动作，车出所要求的成形面的方法，如图 7－4 所示。该方法适于单件小批量生产。

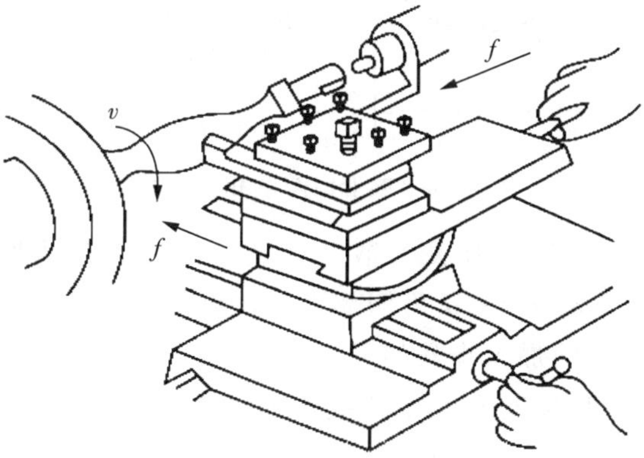

图 7－4　双手控制法车削成形面

方法 1：中滑板＋小滑板，小滑板不能连续进给，劳动强度大。

方法 2：床鞍＋中滑板，小滑板能连续进给，劳动强度小。

（1）双手控制法车削加工成形面的原理与特点

1）成形面车削基本原理：双手控制中小滑板或者控制中滑板和床鞍的合成运动，使刀尖的运行轨迹与零件表面素线（曲线）重合，以达到车成形面的目的。

用双手控制法车成形面时，首先要分析曲面各点的斜率，然后根据斜率确定纵向、横向进刀快慢，如图 7－5 为圆球面的速度分析。车 A 点时，横向进刀速度要慢，纵向进刀速度要快；车 B 点时，横向进刀速度和纵向进刀速度基本相同；车 C 点时，横向进刀速度要快，纵向进刀速度要慢。车削时的关键是双手摇动手柄的速度配合要恰当。

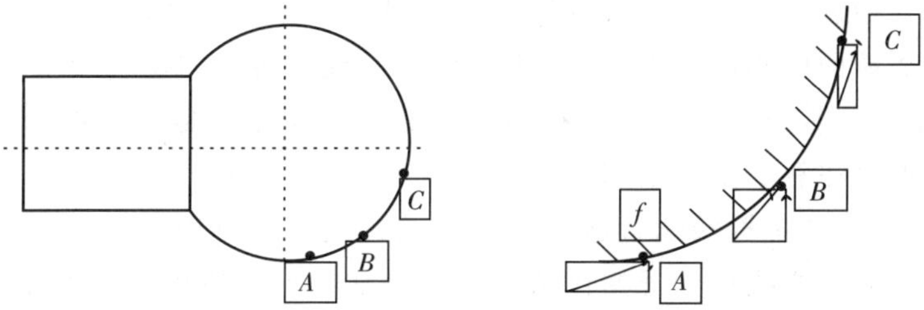

图 7－5　圆球面的速度分析

2）成形面特点：须多次合成运动进给，才能使车刀刀尖逐渐逼近要求的曲线，双手配合要协调，切削刃主要是刀尖刃，故劳动强度大，加工后需用细板锉及砂布抛光。

（2）双手控制法车削加工成形面的步骤

以图 7－6 所示零件的加工为例，介绍双手控制法车削加工成形面的步骤。加工时首先选用刀具并合理刃磨，要求车刀的主切削刃成圆弧形，用三爪自定心卡盘夹持工件。

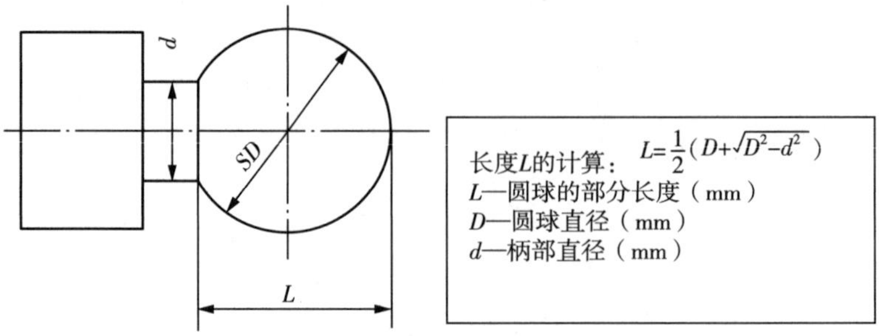

图 7-6　成形面车削相关计算

分析图样，计算成形面车削有关参数。计算公式中，L 为圆球部分长度，单位为 mm；D 为圆球直径，单位为 mm；d 为柄部直径，单位为 mm。

双手控制法车削成形面的加工步骤如下。

1）按圆球部分的直径和长度 L 车出两级外圆（D、d），均留 0.3～0.5 mm 余量，如图 7-7 所示。

2）确定圆球的中心位置。车圆球前，用直尺量出圆球中心，并用车刀刻划线痕，用 45°车刀在圆球部分的两侧车倒角，以减少加工余量，如图 7-8 所示。

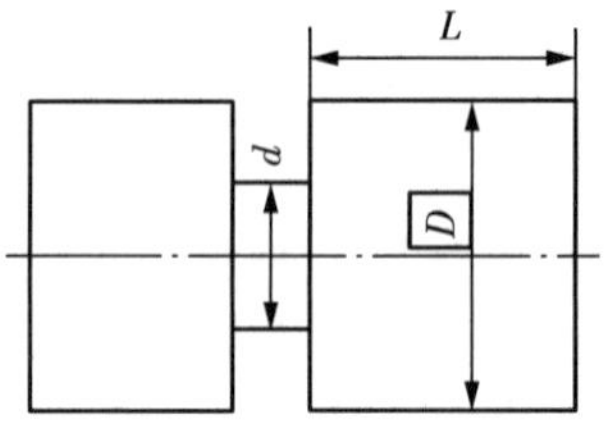

图 7-7　成形面车削步骤 1

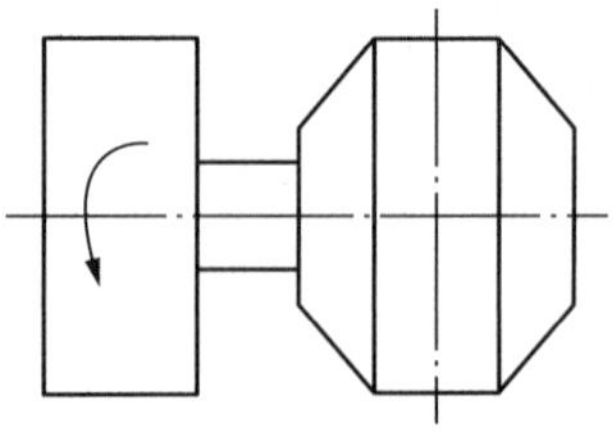

图 7-8　成形面车削步骤 2

3）粗车右半球。车刀进至离右半球中心 4～5 mm 接触外圆后，用双手同时移动中、小滑板，中滑板开始进给速度要慢，以后逐渐加快，小滑板则恰好相反；双手动作要协调一致，最后一刀离球面中心位置大概 1.5 mm，以保证有足够的切削用量。

4）粗车左半球。其车削方法与车右半球相似，不同之处是球柄部与球面连接处要用切断刀清根。清根时注意不要碰伤球面。

5）精车球面。提高主轴转速，适当减慢进给速度，车削时仍然由球中心向两半球进行，最后一刀从球的中心线痕处开始进给。注意日常检查，防止把球车废。

此外，车削时要选择合适的切削用量；认真、细致车削加工，边加工边用专用样板检测成形面，并用车刀修整；用细板锉、砂布修整、抛光。

（3）双手控制法车削加工成形面的注意事项

用双手控制法车削加工成形面时应注意：双手配合要协调、熟练，准确控制车刀切入深度，防止局部车小；需多次合成进给运动，才能加工成型；工件装夹时伸出尽可能短些，以增加刚性，否则采用两顶装夹，先车靠近尾座一端，再车靠近主轴一端；车刀最好从曲面高处向低处送进，先车靠近尾座的一端，再车靠近主轴的一端；车削复杂成形面时，分几个简单成形面逐一加工；无论分成多少个成形面，其检测基准应保持一致，先车直线部分，再车曲线部分；锉削修整时用力不宜过猛。

（4）成形面的检测

精度要求不高的成形面用样板检测，如图 7－9 所示。检测时，样板中心应对准工件中心，并依据样板与工件间的间隙大小来修整，最终使样板与工件曲面轮廓全部重合方可。

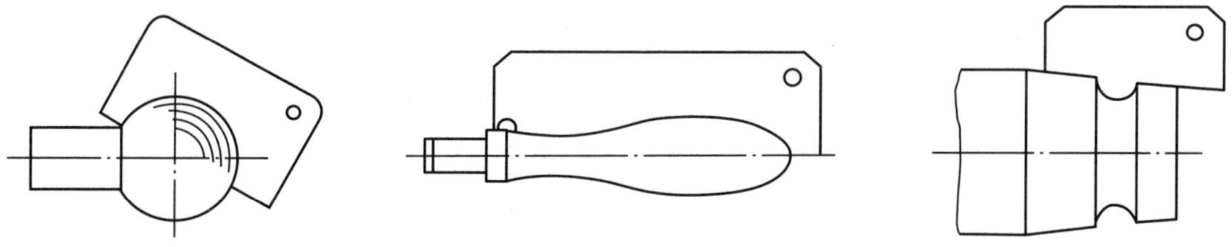

图 7－9　成形面样板检测法

3. 成形面的其他加工方法

（1）成形刀法车削成形面

基本原理：车刀切削刃形状与工件成形面轮廓形状相同。

用成形车刀车成形面，其加工精度主要靠刀具保证。注意，由于切削时成形刀与工件的接触面积较大，切削抗力也较大，易出现振动和工件移位，因此切削力要小些，工件必须夹紧。这种方法生产效率高，但刀具刃磨较困难，车削时容易振动。故其只用于批量较大的生产，车削刚性好、长度较短而且较简单的成形面。

（2）成形刀的种类（图 7－10～图 7－12）

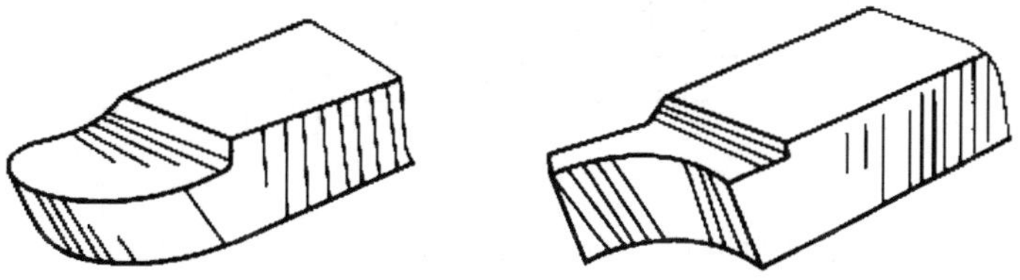

图 7－10　整体成形刀图

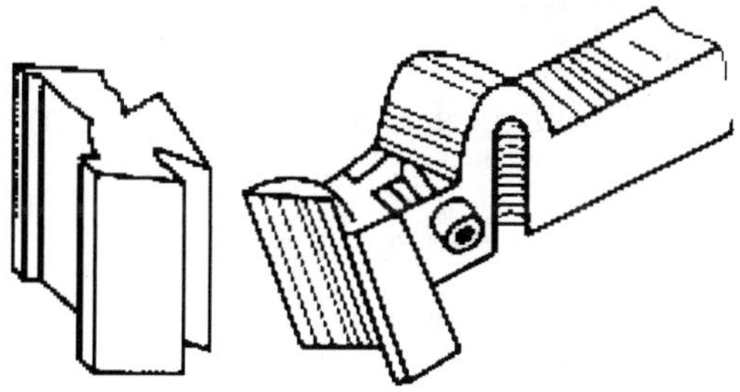

图 7－11　棱形成形刀

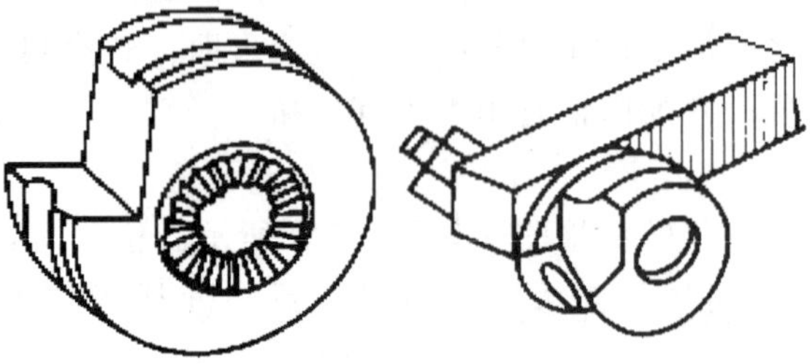

图 7-12　圆形成行刀

1）整体成形刀结构同普通车刀，重磨次数不多，如螺纹车刀、铲齿车刀、圆弧车刀等。

2）棱形成形刀外形为棱柱形，重磨次数多、刚性好，加工外成形表面。

3）圆形成形刀外形是回转体，制造方便、重磨次数多，可加工内、外成形表面。其应用普遍，加工精度高、刚性好。

（3）成形刀法车削加工成形面的步骤

成形刀法车削加工成形面如图 7-13 所示，步骤如下。

1）刃磨成形刀。合理刃磨以保持锋利的切削刃和刀刃形状，减小切削阻力。为了减小切削抗力，减小工件变形，减小振动以利于排屑，车刀前角应大些，一般为 15°～20°，后角为 6°～10°。

2）粗车成形面。采用双手控制法切去大部分切削余量。

3）精车成形面。采用成形刀单一进给车削。

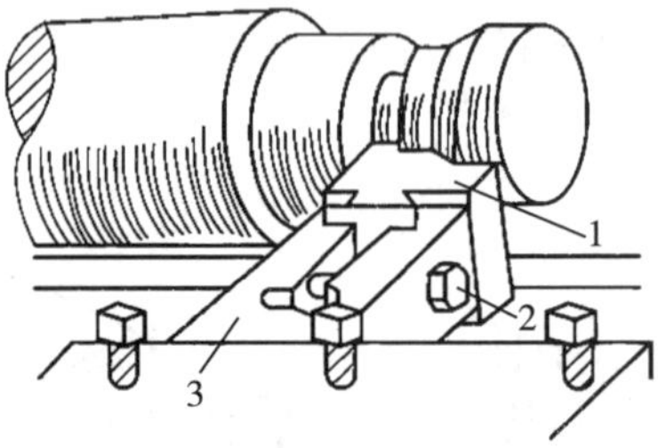

图 7-13　成形刀法车削加工成形面

1—成形面；2—紧固螺钉；3—中滑板

（4）成形刀法车削成形面的防振措施

采用成形刀法车成形面时，为了预防振动可采取以下措施。

1）车床要有足够的刚性，同时尽量将车床各部分间隙（尤其是主轴、中滑板、床鞍的运动间隙）调整得较小。

2）始终保持切削刃锋利和适当的正前角。

3）使成形刀切削刃与工件回转中心等高。

4）选用较小的走刀量和切削速度。

5）注意采用正确的润滑方法。

4. 仿形法车削成形面

（1）床鞍仿形法

仿形法原理：在车床上安装仿形装置，使车刀的运动轨迹和成形面素线一致。

床鞍仿形法车手柄成形面如图 7 - 14 所示。此时，刀架的横向滑板已经与丝杠脱开，其前端的拉杆装有滚柱，当大拖板纵向走刀时，滚柱即在靠模的曲线槽内移动，从而使车刀刀尖也随着做曲线移动，同时用小刀架控制切深，即可车出手柄的成形面。当靠模的槽是直槽时，将靠模扳转一定角度，即可用于车圆锥。

床鞍仿形法操作简单、生产率较高，但需制造专用靠模，故只用于大批量生产中车削长度较大、形状较为简单的成形面。

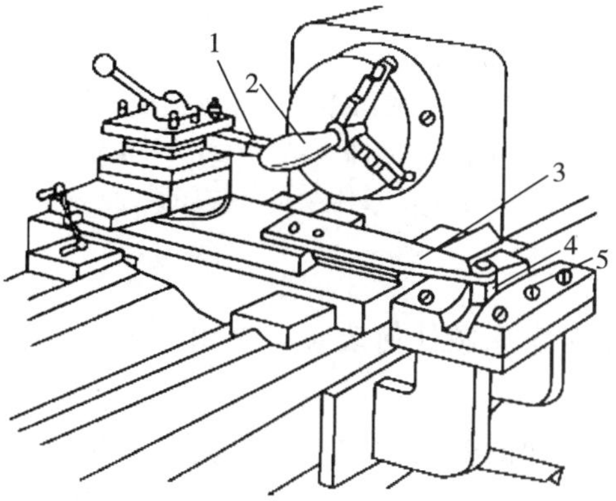

图 7 - 14　床鞍仿形法车手柄成形面

1—车刀；2—成形面；3—拉柱；4—滚柱；5—靠模

（2）尾座靠模仿形法

尾座靠模仿形法车成形面如图 7 - 15 所示。即把一个标准样件（靠模）装在尾座套筒内，在刀架上装一把长刀夹，长刀夹上装有圆头车刀和靠模杆。车削时，用双手操纵中、小滑板（或使用床鞍自动进给和用手操纵中滑板相配合）使靠模杆始终贴在标准件上，并沿标准件表面移动，圆头车刀就在工件上车出与标准件形状相同的成形面。此法应用广，但操作不便。

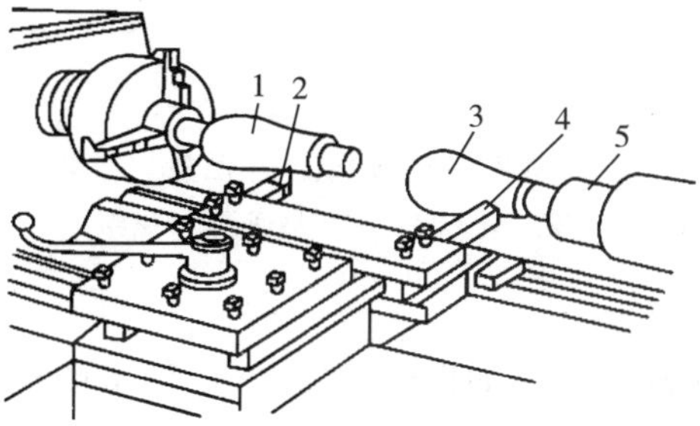

图 7 - 15　尾座靠模仿形法车成形面

1—成形面；2—车刀；3—靠模；4—靠模杆；5—尾座

(3) 横向靠模仿形法

横向靠模法车端面成形面时，与床鞍仿形法车手柄基本相同，只是将手柄靠模换成一个带有曲线槽的靠模，并将滚柱换成滚轮，如图 7－16 所示。

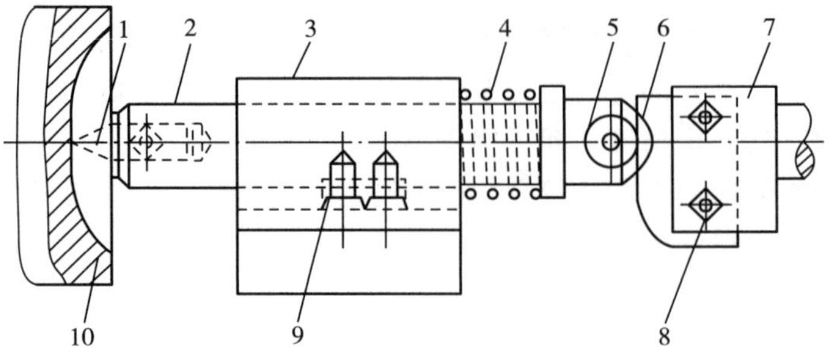

图 7－16 横向靠模法车端面成形面

1—车刀；2—刀杆；3—刀架；4—弹簧；5—滚轮；6—靠模；7—夹板；8—螺钉；9—键；10—工件

(4) 靠模车凸轮

采用靠模法车凸轮无须对车床做任何改装，仅用一副靠模夹具便可实现左、右凸轮的加工，采用杠杆式靠模刀架。

靠模夹具及杠杆式靠模刀架的安装：将靠模夹具的心轴夹持在车床的三爪卡盘内；先取下车床小刀架，装上杠杆式靠模刀架，用百分表找正刀架一面，使它与车床导轨平行，然后紧固两个环形 T 形槽螺钉，如图 7－17 所示。

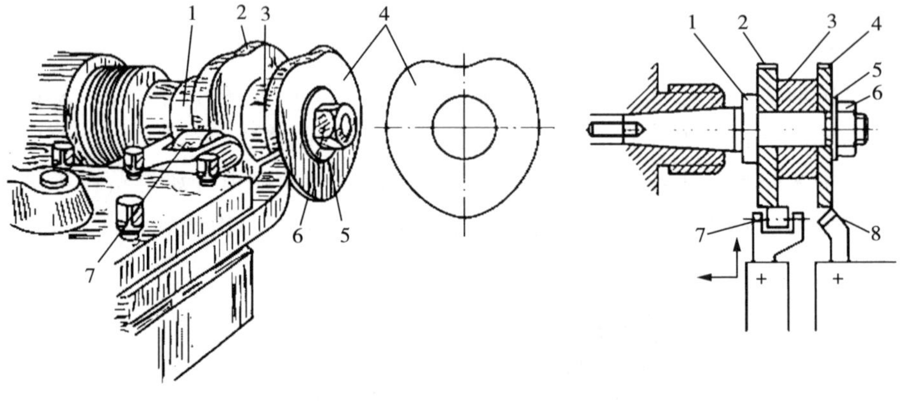

图 7－17 靠模法车凸轮

1—心轴；2—靠模；3—套圈；4—工件；5—垫圈；6—螺帽；7—宽轮子；8—车刀

5. 车成形面的工艺分析

椭圆球手柄加工工艺分析。加工如图 7－18 (a) 所示的椭圆球手柄，工艺路线如图 7－18 (b) ～图 7－18 (f) 所示。

三球手柄加工工艺分析。加工如图 7－19 (a) 所示的三球手柄，工艺路线如图 7－19 (b) ～图 7－19 (h) 所示。

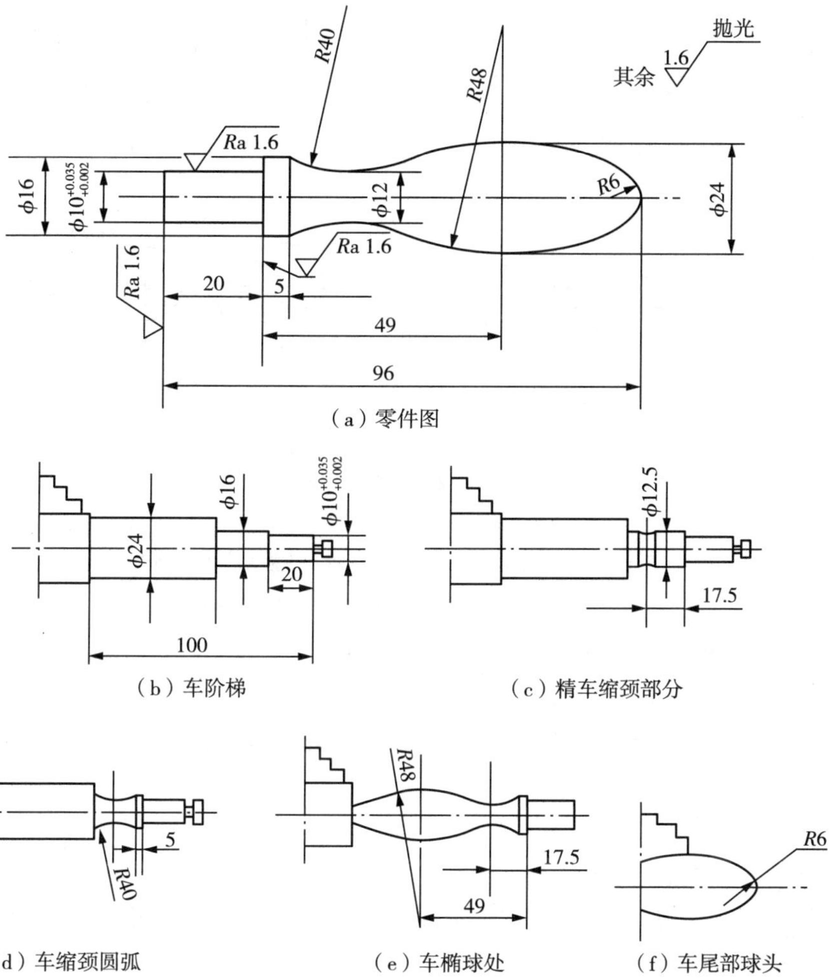

（a）零件图

（b）车阶梯　　（c）精车缩颈部分

（d）车缩颈圆弧　　（e）车椭球处　　（f）车尾部球头

图 7－18　椭圆球手柄加工工艺分析

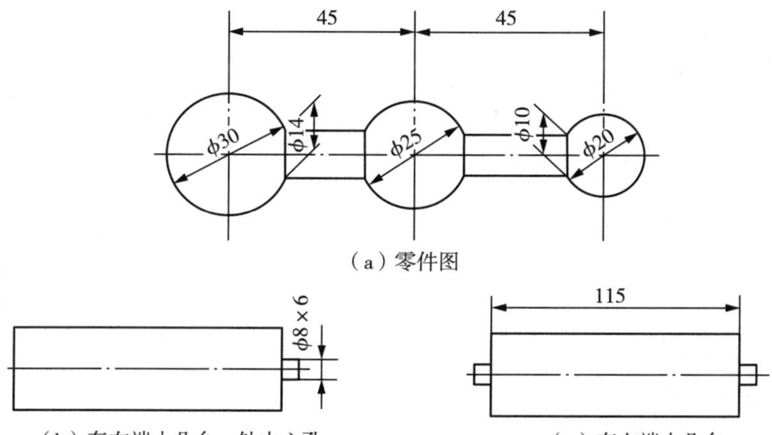

（a）零件图

（b）车右端小凸台，钻中心孔　　（c）车左端小凸台

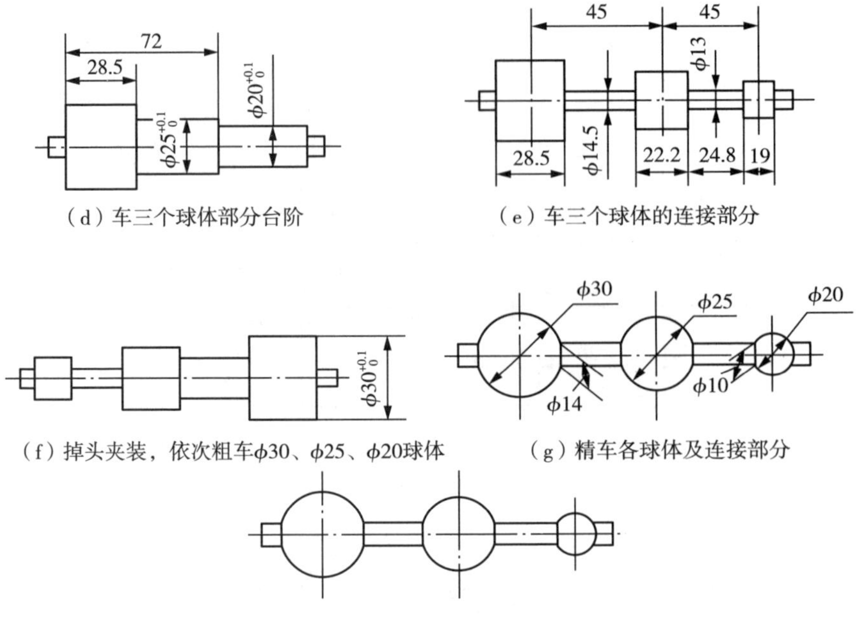

（d）车三个球体部分台阶

（e）车三个球体的连接部分

（f）掉头夹装，依次粗车$\phi 30$、$\phi 25$、$\phi 20$球体

（g）精车各球体及连接部分

（h）用铜皮包裹大、小球体，车去左、右小凸台

图 7－19　三球手柄加工工艺分析

6. 成形面车削加工的检测

精度要求不高的成形面用样板检测。检测时，样板中心应对准工件中心，并依据样板与工件的间隙大小来修整，最终使样板与工件曲面轮廓全部重合，如图 7－20 所示。

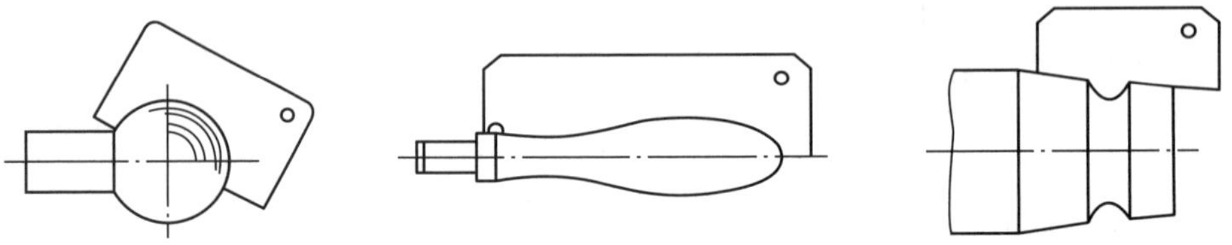

（a）检验球面

（b）检验手柄

（c）检验斜面圆弧

图 7－20　成形面样板检测法

精度要求高的成形面还需要用游标卡尺或千分尺通过被检测表面的中（轴）心线，并进行多方位测量，使其尺寸公差满足工件精度要求，如图 7－21 所示。

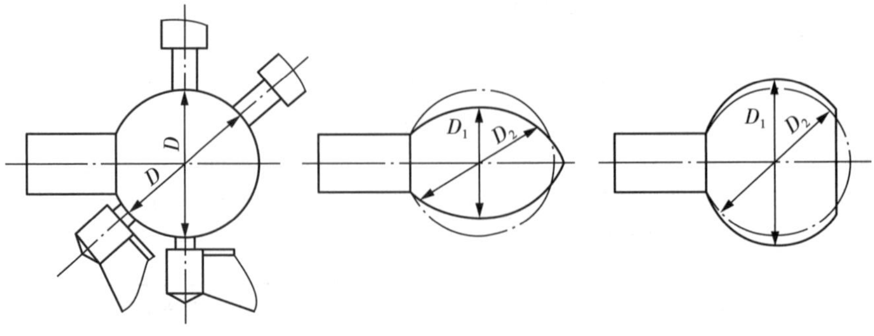

图 7－21　成形面游标卡尺、千分尺检测法

7. 车成形面的质量分析（表 7－1）

表 7－1 车成形面产生废品的原因及其预防

加工问题	产生原因	预防方法
成形面轮廓不正确	1. 用双手控制法车削时，纵横向进给配合不协调。 2. 用成形法车削时，成形刀刃磨不正确；没有对准车床主轴轴线，工件受切削力产生变形而形成误差。 3. 用仿形法车削时，靠模形状不准确，安装不正确或仿形转动机构中有间隙	1. 加强车削练习，使左右手的纵横向进给配合协调。 2. 仔细刃磨车削刀，车刀装夹高度正确，适当减小进给量。 3. 使靠模形状正确，安装正确，调整仿形机构间隙，使成形均匀
表面粗糙度不符合要求	1. 与车轴类工件时，不符合要求原因一样。 2. 材料切削性能差，未预热处理，车削困难。 3. 产生积屑瘤。 4. 切削液选用不当。 5. 车削痕迹较深，抛光未达到要求	1. 见轴类工件质量分析。 2. 工件间隙预热处理，改善切削性能。 3. 控制车削瘤的产生。 4. 正确选择切削液。 5. 先粗、精锉削，再抛光

任务实施

1. 任务要求

通过本课题的学习和训练，重点掌握工件和刀具的正确装夹；合理选择切削用量；正确使用刻度盘控制尺寸；掌握量具的合理选择和使用；按图样要求加工，完成图 7－1～图 7－3 所示成形面的加工。

2. 任务准备

（1）工件准备：卡盘扳手、刀架扳手。

（2）刀具准备：合理选择刀具（90°车刀？75°车刀？45°车刀？是左偏刀还是右偏刀？是粗车刀还是精车刀?）。

（3）根据“图样”选择工件的装夹方式（单夹式？一夹一顶？两顶式?）。

（4）依实际情况备料：45 钢 ϕ50 mm×90 mm；ϕ30 mm×85 mm；ϕ16 mm×185 mm（每人任选 1 件）。

（5）车床及其附件调整、试车。

3. 操作车床加工前工作

进入车间前：

（1）安全教育、工作安排与布置、分组；

（2）分配车床；

（3）分发工件、刀具、量具、工具。

进入车间后：

（1）配合车加工内外圆锥：操作示范；

（2）车床操作示范、刀具装夹及工件装夹示范；

（3）加工操作示范；

（4）车床日常保养说明。

查阅资料，复习、熟知并掌握成形面基本知识、特点；成形面锥的加工方法、步骤、要点；读懂图样，分析图样，依照图样要求准备：材料、刀具、量具、工具、夹具；加工前进行工艺分析，为保证加工质量采取必要的措施；加工中，切削用量、切削液的选用及相关注意事项和加工途中的必要测量；加工后，对所加工工件进行质量分析，找出质量不符合要求的原因和寻求解决方法，总结经验；对车床、工、量用具进行保养；复原。

4. 学生加工

（1）工件准备、刀具准备；

（2）车床空转、调试；

（3）切削用量选择；

（4）工件、刀具装夹；

（5）试车；

（6）正常加工。

5. 工件上交

（1）自检；

（2）组检；

（3）老师检测、考评；

（4）车床日常保养。

6. 卫生清理

7. 总结（集合训话）

8. 学生撰写实训报告，预习表面修饰加工知识

分析评价

成形面加工考核评分标准见表 7－2 所列。

表 7－2　成形面加工考核评分标准

项目	序号	技术要求	配分	评分标准	得分
工艺（15%）	1	工步正确完整	5	不规范每处扣 1 分	
	2	切削用量合理	5	每错一处扣 1 分	
	3	工艺规范合理	5	不合理每处扣 1 分	
机床操作（20%）	4	刀具选择安装正确	5	不合理每次扣 1 分	
	5	工件装夹正确	5	不合理每次扣 1 分	
	6	机床操作规范	5	不合理每次扣 1 分	
	7	零件加工不出错	5	出错全扣	

（续表）

项目	序号	技术要求	配分	评分标准	得分
工件质量（35%）	8	尺寸精度符合要求	25	不合格每处扣 1 分	
	9	表面粗糙度及形位公差符合要求	10	不合格每处扣 1 分	
文明生产（15%）	10	安全操作	5	出错全扣	
	11	机床维护与保养	5	不合格全扣	
	12	工作场所整理	5	不合格全扣	
相关知识及职业能力（15%）	13	机加基础知识	5	教师提问	
	14	自学能力	10	教师根据学员的学习情况、表达沟通能力、合作能力和创新能力酌情给分	
		表达沟通能力			
		合作能力			
		创新能力			

知识拓展

用专用工具车削成形面。

1. *利用圆筒形车刀车圆球面*

圆筒形车刀如图 7－22 所示。其车削部分是一个圆筒，前端磨斜 15°，形成一个圆的车削刃口，尾部和特殊刀柄应保持 0.5 mm 的配合间隙，并用销轴浮动连接，以自动对准圆球面中心。车成形面时，一般先用圆弧刀大致粗车成型，再将圆筒形车刀的径向表面中心调整到与车床主轴轴线成一个夹角 α，最后用圆筒形车刀把圆球面车削成型。

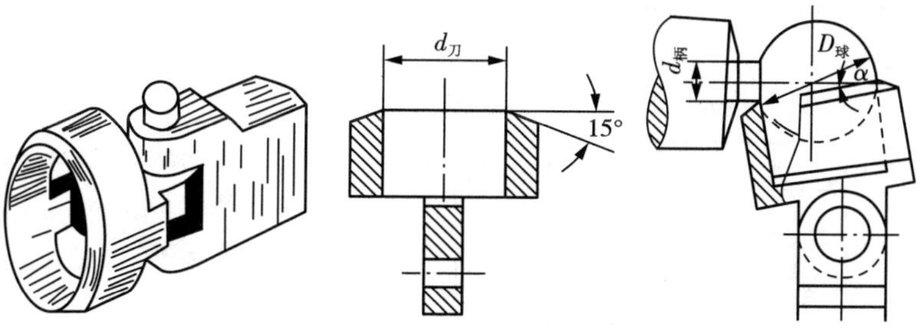

图 7－22　圆筒形车刀及其应用

（1）特点

圆筒形车刀简单方便、易于操作、加工精度高。

（2）应用

圆筒形车刀多用于车削青铜、铸铝等脆性材料的带柄圆球面。

2. 用铰链推杆车球面内孔

较大的球面内孔可用铰链推杆车削。球面内孔的工件装在卡盘中，在两顶尖间装夹刀柄，反装圆弧车刀，车床主轴仍在正转，刀架上安装推杆，推杆两端用铰链连接。当刀架纵向进给时，圆弧车刀在刀柄中转动，即可车出球面内孔。

3. 用蜗杆副车成形面

（1）车外成形面

必须使车刀刀尖的运动轨迹为一个圆弧。关键是保证顶尖做圆周运动，其轨迹的圆弧半径与成形面的圆弧半径相等，同时刀尖与工件回转轴线等高。

（2）车内成形面

把车床小滑板取下，装上成形面工具，将刀架装在圆盘上，圆盘下装蜗杆副，当转动手柄时，圆盘内的蜗杆就带动蜗轮使车刀绕着圆盘的轴线旋转，刀尖做圆周运动，即车出成形面。为了调整成形面半径，在圆盘上制出 T 形槽，使刀架在圆盘上移动，当刀尖调整得超过中心时，就可以车削内成形面。

任务二　滚花的车削加工

任务描述

图 7－23 和图 7－24 为带成形面及表面需修饰加工的零件。其技术要求为未注倒角 $C0.5$，未注表面粗糙度 $Ra6.3$，可使用砂布、锉刀。

要求通过成形面车削加工、表面修饰加工训练，掌握成形面车削方法及表面修饰加工方法，并能配合游标卡尺、千分尺、样板等测量工具，保证按要求加工出零件。

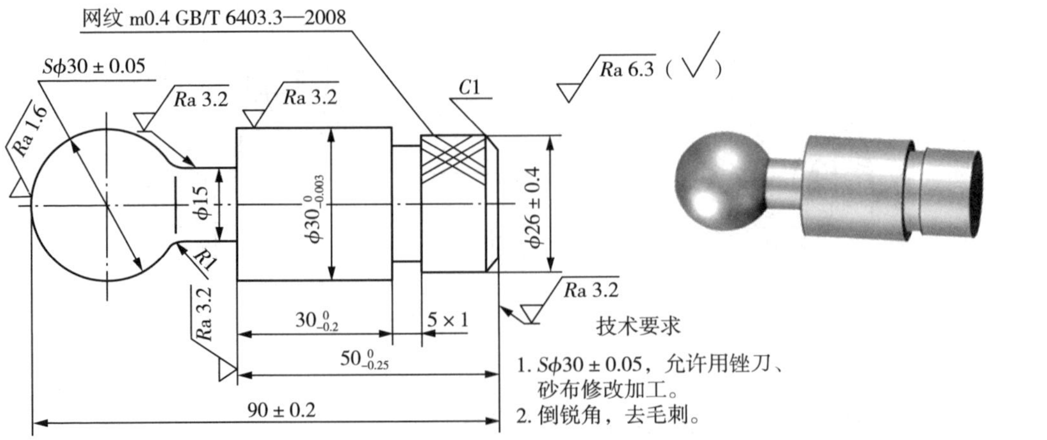

图 7－23　带成形面及需表面修饰加工的零件

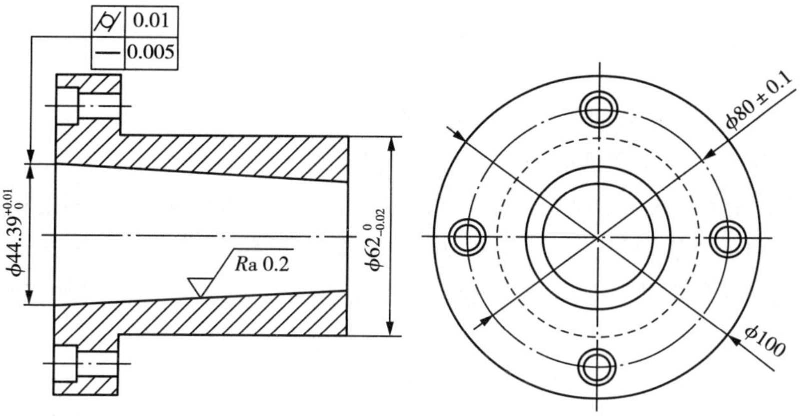

图 7－24　需修饰加工的零件

知识链接

1. 研磨

研磨指利用涂敷或压嵌在研具上的磨料颗粒，通过研具与工件在一定压力下的相对运动对加工表面进行的精整加工，如图 7－25 所示。研磨可用于加工各种金属和非金属材料，加工的表面形状有平面，内、外圆柱面和圆锥面，凸、凹球面，螺纹，齿面及其他成形面。加工精度为 $IT5$～$IT01$，表面粗糙度为 Ra 0.63～0.01。

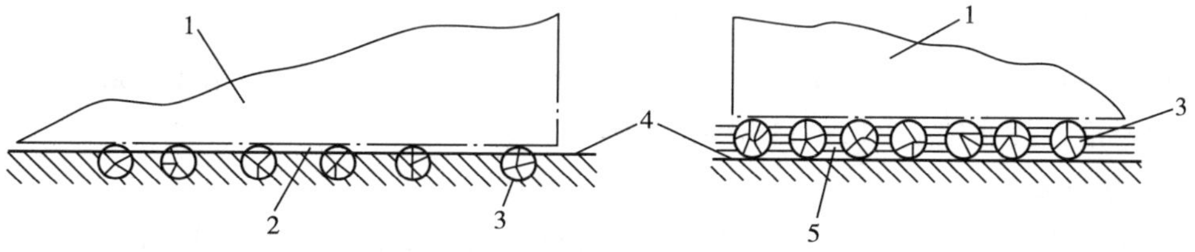

图 7－25　研磨示意图

1—工件；2—辅料（干研磨）；3—磨料；4—研具；5—辅料（湿研磨）

（1）研具材料

研具材料要比工件材料软，组织要均匀，最好有微小的孔，以使研磨剂嵌入研具工作表面，进而提高研磨质量。研具材料本身还要求有较好的耐磨性，以使研具尺寸、形状稳定，从而保证研磨后工件尺寸和几何形状精度。

常用研具材料如下。

1）灰铸铁：较理想、最常用，适于研磨各种淬火钢件。

2）铸造铝合金：一般用于研磨铜料。

3）硬木材：用于研磨软金属。

4）轴承合金（巴氏合金）：用于软金属的精研磨。

（2）研磨剂

研磨剂由磨料、研磨液和辅料混合而成。

1）磨料。

磨料在研磨中主要起切削作用。常用磨料如下。

① 金刚石粉末：适于研磨硬质合金刀具或工件。

② 碳化硼：硬度仅次于金刚石，适于硬度较高的工具钢和硬质合金材料的精研磨或抛光。

③ 氧化铬和氧化铁颗粒：该颗粒极细，适于表面粗糙度要求极小的表面最后抛光。

④ 碳化硅：绿色碳化硅用于研磨硬质合金、陶瓷、玻璃；黑色碳化硅用于研磨脆性或软材料。

⑤ 氧化铝：有人造和天然之分，广泛用于研磨碳钢和合金钢。

磨料粒度按颗粒大小分为 29 类，其中细粉标记为 12＃、14＃、16＃、20＃、24＃、30＃、36＃、46＃、60＃、70＃、80＃、100＃、120＃、150＃、180＃、240＃、280＃，微粉标记为 W40、W28、W20、W14、W10、W7、W5、W3.5、W2.5、W1.5、W1、W0.5。

2）研磨液。

加研磨液的目的是使微粉能均匀分布在研具表面，同时起冷却与润滑作用。常用的研磨液有 10 号机油、煤油和锭子油。

3）辅料。

加辅料的目的是使工件表面形成氧化膜，以加速研磨过程。常用的辅料有硬脂酸、油酸、脂肪酸和工业甘油。为了方便，一般工厂在微粉中加入油酸、混合脂及少量煤油配成研磨膏。

（3）研磨要求

研磨前对工件的要求为工件表面粗糙度必须达到 Ra 1.6～0.8，工件的几何形状误差不得超过 0.02 mm，工件应留有 0.005～0.03 mm 的研磨余量，工件被研磨表面最好淬硬。

研磨速度以线速度 v=10～15 m/min 为宜。

2. 研磨外圆

用研套（图 7－26）研磨外圆。研磨时将研套套在工件上，手持研具沿低速旋转的工件做匀速、缓慢的轴向移动，并经常添加研磨剂，直到尺寸和表面粗糙度均达到要求为止。

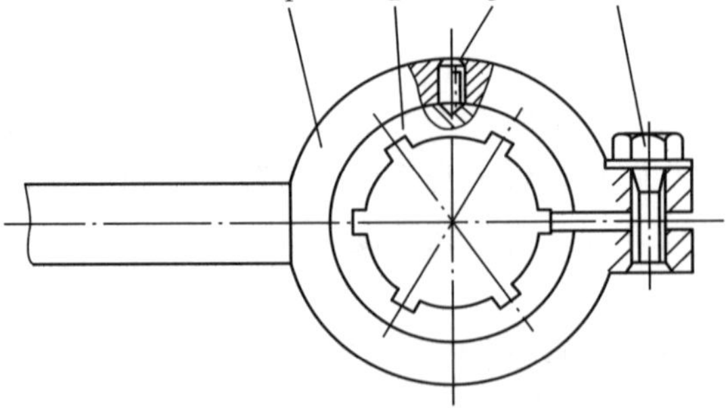

图 7－26 研套

1—夹箍；2—研套；3—螺钉；4—螺栓

3. 研磨内圆柱/锥孔

使用研棒（图 7－27）研磨内圆柱孔或内圆锥孔。使用两顶式装夹研棒做低速转动，将工件套在研棒上，并在套筒表面涂研磨剂，用手或夹具使工件沿轴线均匀地往复移动，直到内孔符合要求为止。研棒有粗、精之分，如图 7－28 所示。粗研棒的研磨部分设有储存研磨剂的沟槽；精研棒则是无沟槽的、较为光滑的圆柱体或圆锥体。无论是粗研棒还是精研棒，均与被研磨的内孔的锥度一致。

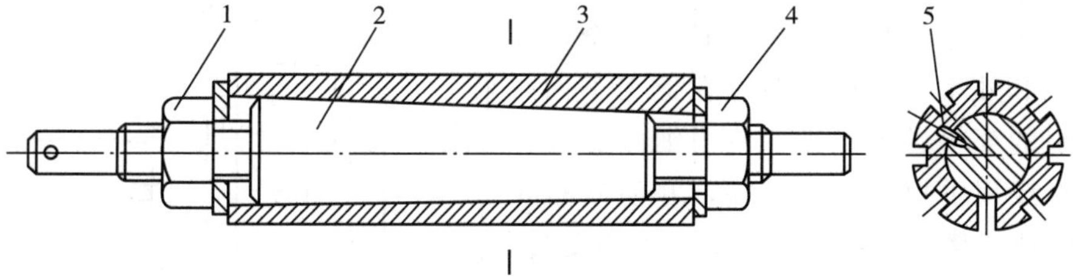

图 7－27　研棒

1、4—螺母；2—研棒；3—锥孔套筒；5—销钉

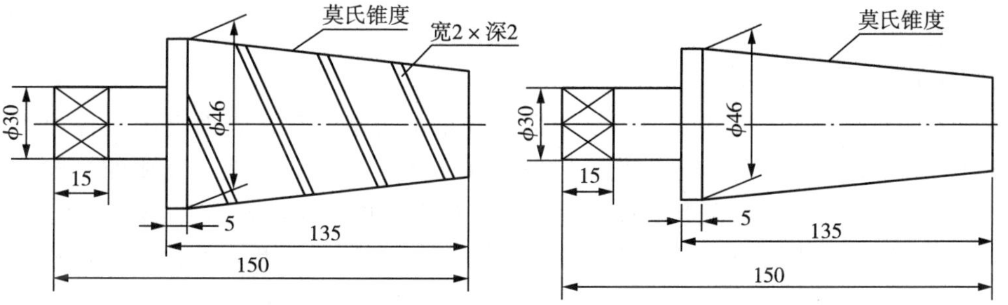

（a）粗研棒　（b）精研棒

图 7－28　粗、精研棒

4. 表面抛光

用双手控制法车成形面，由于进给不均匀，工件表面往往留下高低不平的痕迹，表面粗糙度难以达到要求。因此，车削完成的成形面还要用锉刀、砂布修整抛光。

（1）锉刀修光

锉刀修光如图 7－29 所示，即用钳工锉、整形锉在车床上修光。

锉刀通常选用扁锉或半圆锉如图 7－30 所示。锉纹粗细视工件表面具体情况而定。

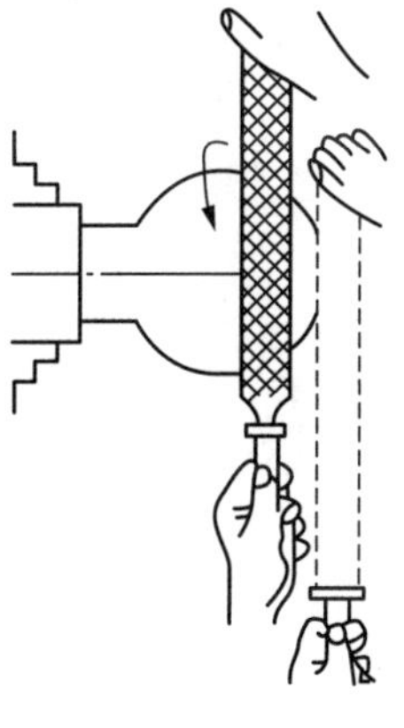

图 7－29　锉刀修光

（a）扁锉　（b）半圆锉

图 7－30　锉刀

锉削时，压力要均匀一致，推锉速度要慢，并适当做纵向移动，避免把工件锉扁或锉成节状；为防止锉屑滞塞在锉纹里损伤工件表面，锉削前可在锉齿表面涂上一层粉笔末，并经常用铜刷清理齿缝；合理选择车床主轴转速，防止转速过高而加速锉刀磨钝，缩短使用寿命。

（2）砂布抛光

砂布抛光如图 7－31 所示。砂布抛光时的车床转速要比车削时高。

根据工件表面痕迹合理选用从粗到细的砂布，选择较高的车床主轴转速。为了确保安全，提高抛光的质量和效率，应把砂布垫在锉刀下面，采用锉刀修整的姿势进行抛光；使用细砂布进一步抛光，可直接用手捏住砂布两端，并使砂布在工件上做纵向往复移动，要注意两手压力不要过猛，以防砂布撕裂而发生事故；严禁用砂布包裹工件进行抛光，以防发生严重事故；抛光内孔时，可将砂布顺时针绕在木棒上，放入孔内进行抛光，严禁用砂布绕在手指上抛光，以防发生严重事故。

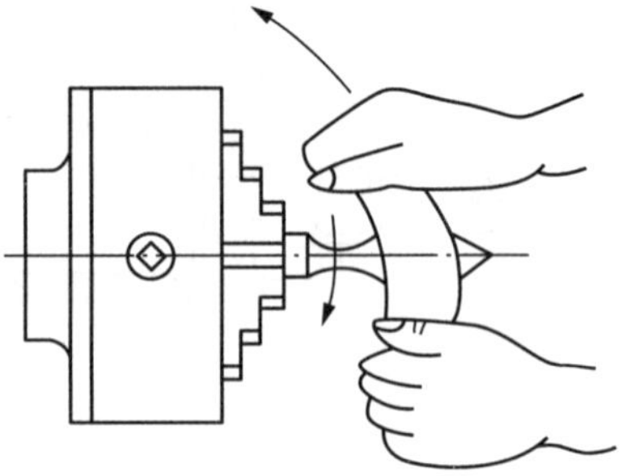

图 7－31 砂布抛光

5. 滚花

（1）滚花的定义和分类

各种工具和机器的手握部分为了便于握持和增加美感，常在表面上滚出各种的花纹，如千分尺的套管、铰杠扳手。这些花纹一般是在车床上用滚花刀滚压而成的，故称滚花。滚花是用滚花刀挤压工件，使其表面产生塑性变形而形成花纹，如图 7－32 所示。

按网纹不同，滚花可分为直纹滚花和网纹滚花。花纹又有粗、细之分，用模数 m 表示。滚花前工件表面粗糙度为 Ra 12.5 μm，滚花后工件直径较滚花前工件直径大 0.8～1.6 mm。

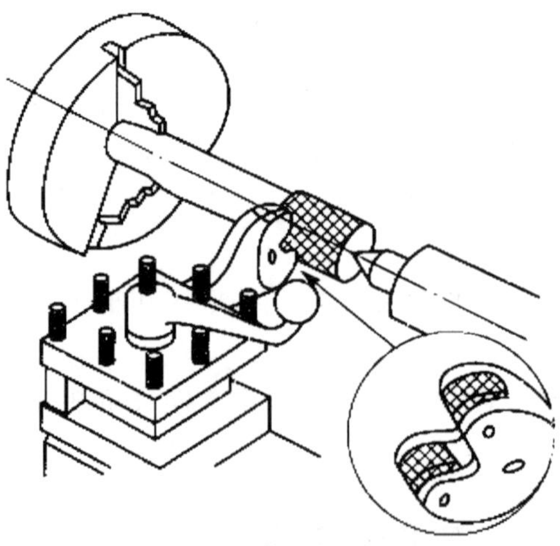

图 7－32 滚花

(2) 滚花刀

常用的滚花刀有单轮滚花刀、双轮滚花刀和六轮滚花刀。单轮滚花刀用来滚直纹花；双轮、六轮滚花刀用来滚网纹花，又名为花纹刀、滚花刀排。滚花刀的常用规格有0.3 mm、0.4 mm、0.5 mm、0.6 mm、0.8 mm、1.0 mm、1.2 mm、1.5 mm、1.6 mm、1.8 mm、2.0 mm。

(3) 滚花的标记

按国家标准《滚花》(GB/T 6403.3—2008) 规定，以模数 m＝0.3 mm 的直纹滚花为例，其完整标记：

直纹　m0.3　GB/T 6403.3—2008

以模数 m＝0.4 mm 的网纹滚花为例，其完整标记：

网纹　m0.4　GB/T 6403.3—2008

也可简化标记为网纹 0.3、网纹 0.4，如图 7 - 33 所示。

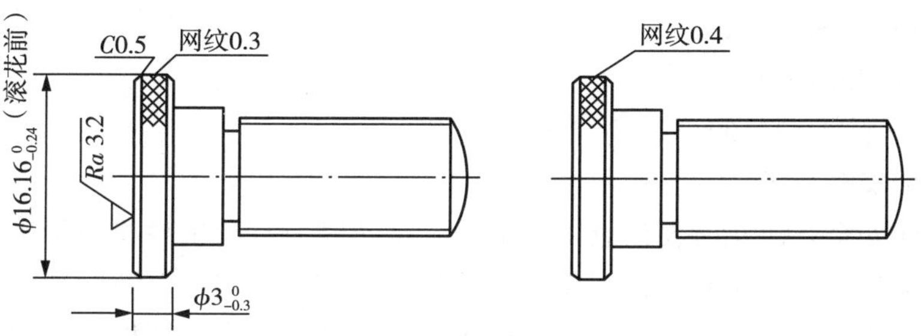

图 7 - 33　网纹标记

(4) 滚花的尺寸参数

滚花的花纹形状是假定工件直径为无穷大时花纹的垂直截面，如图 7 - 34 所示；滚花的尺寸参数见表 7 - 3 所列。

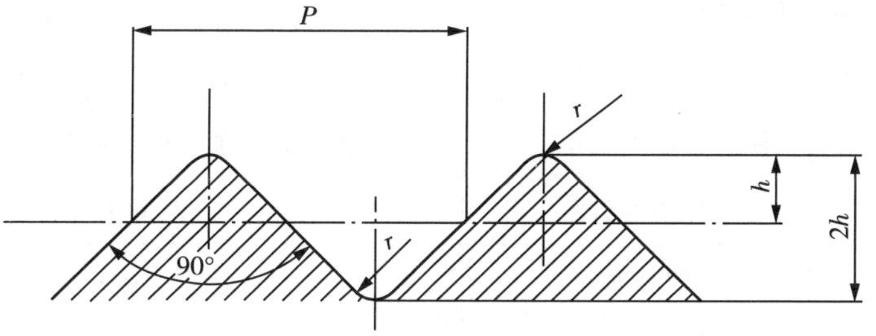

图 7 - 34　滚花花纹的形状

表 7 - 3　滚花的尺寸参数

模数 m	k	r	节距 P
0.2	0.132	0.06	0.628
0.3	0.198	0.09	0.942
0.4	0.264	0.12	1.257
0.5	0.326	0.16	1.571

(5) 滚花的方法和步骤

开始滚压时，必须使用较大的压力进刀，使工件表面刻出较深的花纹，否则易产生乱纹；为了减小开始滚压的径向压力，可以使滚轮表面 1/3～1/2 的宽度与工件接触，这样滚花刀容易压入工件表面；停车检测花纹符合要求后，方可纵向进刀；滚花时切削速度应低些，一般为 5～10 m/min，纵向进给量大些，为 0.3～0.6 mm/r；滚压时还需浇注切削液以润滑滚轮，并经常清除滚压产生的切屑；滚花时径向力很大，所用设备应刚度较高，工件必须装夹牢靠。为避免滚花时出现工件移位带来的精度误差，在车削带有滚花表面的工件时，滚花应安排在粗车之后、精车之前。

滚花具体步骤如下。

1) 分析工件。

2) 选择滚花刀。

3) 装夹滚花刀。

4) 选择滚花切削速度。

5) 开动机床开始滚花。

6) 倒角、去除毛刺后卸下工件。

(6) 滚花的安全技术

为保证操作安全，滚花时要注意以下事项：滚花时刀具和工件受力均大，因此刀具和工件均必须装夹牢固；滚花时不得用手或棉纱接触工件以防伤手，清除切屑用钢刷；车削带滚花工件时，通常粗车后滚花，校正工件再车其他部位；车削薄壁工件时，先滚花再钻孔、车孔，以减小工件变形；加工直纹滚花时，滚花刀的齿纹必须与工件轴线平行，否则滚压的花纹不直；滚花时发现乱纹，应立即退刀并检查出原因，及时纠正。滚花时产生乱纹的原因及纠正方法见表 7-4 所列。

表 7-4 滚花产生乱纹的原因和纠正方法

产生乱纹的原因	纠正方法
工件外圆周长不能被滚花刀节距 P 整除	外圆车小点，使其能被整除
滚轮与工件接触时，横进给压力太小	一开始就加大横进给量，使其压力增大
工件转速过高，滚轮与工件表面打滑	降低工件转速
滚轮转动不灵活或滚轮与小轴间隙太大	检查原因，调换小轴
滚轮齿部磨损或滚轮齿间有切屑嵌入	清除切屑或更换滚轮

任务实施

1. 任务要求

通过本课题的学习和训练，重点掌握工件和刀具的正确装夹；合理选择切削用量；正确使用刻度盘控制尺寸；掌握量具的合理选择和使用；按图样要求完成如图 7-1 和图 7-

2 所示零件的加工。

2. 任务准备

（1）工件准备：卡盘扳手、刀架扳手。

（2）刀具准备：合理选择刀具（90°车刀？75°车刀？45°车刀？是左偏刀还是右偏刀？是粗车刀还是精车刀?）。

（3）根据“图样”选择工件的装夹方式（单夹式？一夹一顶？两顶式?）。

（4）依实际情况备料：45 钢 ϕ35 mm×100 mm（每人 1 件）。

（5）车床及其附件调整、试车。

3. 操作车床加工前工作

进入车间前：

（1）安全教育、工作安排与布置、分组；

（2）分配车床；

（3）分发工件、刀具、量具、工具。

进入车间后：

（1）表面修饰加工（滚花、研磨、抛光）：操作示范；

（2）车床操作示范、刀具装夹及工件装夹示范；

（3）加工操作示范；

（4）车床日常保养说明。

查阅资料，复习、熟知并掌握成形面基本知识、特点；表面修饰的加工方法、步骤、要点；读懂图样，分析图样，依照图样要求准备：材料、刀具、量具、工具、夹具；加工前进行工艺分析，为保证加工质量采取必要的措施；加工中，切削用量、切削液的选用及相关注意事项和加工途中的必要测量；加工后，对所加工工件进行质量分析，找出质量不符合要求的原因和寻求解决方法，总结经验；对车床、工、量用具进行保养；复原。

4. 学生加工

（1）工件准备、刀具准备；

（2）车床空转、调试；

（3）切削用量选择；

（4）工件、刀具装夹；

（5）试车；

（6）正常加工。

5. 工件上交

（1）自检；

（2）组检；

（3）老师检测、考评；

（4）车床日常保养。

6. 卫生清理

7. 总结（集合训话）

8. 学生撰写实训报告，预习螺纹的基本知识

分析评价

工件加工考核评分标准见表 7－5 所列。

表 7－5　工件加工考核评分标准表

项目	序号	技术要求	配分	评分标准	得分
工艺（15%）	1	工步正确完整	5	不规范每处扣 1 分	
	2	切削用量合理	5	每错一处扣 1 分	
	3	工艺规范合理	5	不合理每处扣 1 分	
机床操作（20%）	4	刀具选择安装正确	5	不合理每次扣 1 分	
	5	工件装夹正确	5	不合理每次扣 1 分	
	6	机床操作规范	5	不合理每次扣 1 分	
	7	零件加工不出错	5	出错全扣	
工件质量（35%）	8	尺寸精度符合要求	25	不合格每处扣 1 分	
	9	表面粗糙度及形位公差符合要求	10	不合格每处扣 1 分	
文明生产（15%）	10	安全操作	5	出错全扣	
	11	机床维护与保养	5	不合格全扣	
	12	工作场所整理	5	不合格全扣	
相关知识及职业能力（15%）	13	机加基础知识	5	教师提问	
	14	自学能力	10	教师根据学员的学习情况、表达沟通能力、合作能力和创新能力酌情给分	
		表达沟通能力			
		合作能力			
		创新能力			

知识拓展

查找带滚花及需要研磨抛光的零件图，按图进行加工并保证加工质量符合图样要求。

课后习题

1. 什么是成形面，成形面有何特点？
2. 带有成形面的零件有何作用？
3. 成形面应如何加工？有哪几种方法？各有何特点？
4. 成形面的结构及形状、种类和应用？
5. 车削面车刀切削部分的几何形状及几何角度？
6. 成形面车刀如何装夹？

7. 车削成形面时切削用量选择多少为好？
8. 如何保证成形面的车削质量？
9. 什么是表面修饰加工，表面修饰加工有何特点？
10. 带有表面修饰加工的零件有何作用？
11. 表面修饰加工有哪几种方法，各有何特点？
12. 简述表面修饰的结构及形状、种类和应用。
13. 表面修饰加工如何操作？
14. 表面修饰加工的注意事项有哪些？
15. 如何保证表面修饰的质量？
16. 什么是滚花，滚花有何特点？
17. 滚花时要注意什么？

回转成形面的加工

第八章 车槽与切断

学习目标

1. 知识目标：
(1) 熟悉车槽刀的特点
(2) 熟悉车槽切削用量的选择方法
(3) 掌握沟槽的车削方法
(4) 掌握切断刀的特点和种类
2. 能力目标：
(1) 具备常见切断刀的刃磨和修磨技能
(2) 具备车槽刀的基本操作技能
3. 素质目标：
(1) 培养学生对车槽与切断的兴趣
(2) 培养学生良好的职业素养和行为规范
(3) 培养学生严格执行工作规范和安全文明操作规程的职业素养

情景导入

近年来，数控刀具的科技成果主要体现在研发一刀多切削功能、提高其刀刃切削性能方面，以适应高速（超高速）、硬质（含耐热、难加工）、干式、精细（超精）切削及高效率数控机加工切削技术要求。随着零件毛坯制造技术的进步，零件毛坯几何尺寸及切削余量控制越来越精确。而数控刀具新结构、新品种的研发主要集中在轻、中负荷切削范围内，并以专用孔加工、拉削、滚（挤、碾压）压、铣削及车削 5 类刀具的变革较为活跃，配套研发其相应刀片断屑槽型。

任务一 认识车槽刀与切断刀

任务描述

1. 熟练区分常见车槽刀的特点及其应用；

2. 能够判断外沟槽和斜沟槽的车削方法；
3. 掌握车槽切削用量的选择；
4. 掌握切断刀的刃磨。

知识链接

一、车槽刀

1. 车槽刀的特点

车槽刀与切断刀的几何形状、角度基本相同，只是刀宽等于槽宽、刀体长度稍大于槽深，如图 8－1 所示。

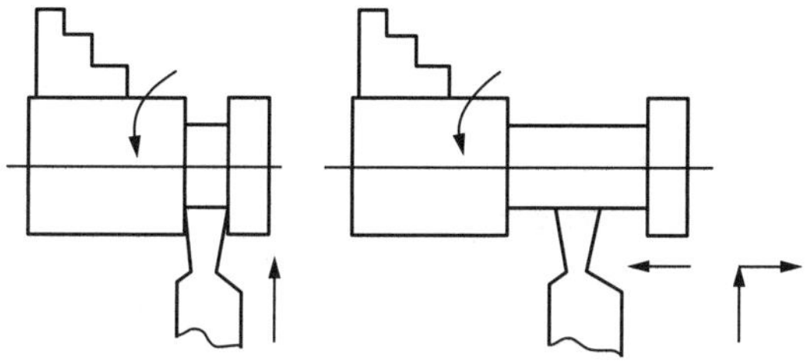

图 8－1　车槽刀

2. 外沟槽的车削方法

对于精度不高、宽度不宽的沟槽车削，刀宽等于槽宽一次车出。若有精度要求，则分两次进给，即分粗、精车车出。较宽的沟槽，可采用多次直进法车出。车较小圆弧槽时，用成形刀一次车出。车较小的梯形槽时，用成形刀一次车出。车较大的梯形槽时，先用直进法车出方形槽，再采用左右车削法完成。

要点：车槽刀装夹时应垂直于工件轴线，以保证车削质量。

3. 斜沟槽的车削方法

45°外沟槽：用 45°外沟槽专用车刀车削，车削时将小滑板转过 45°，用小滑板进给车出。

车圆弧沟槽：将刀体磨成相应的圆弧刀刃，直接车出。

车外端面沟槽：采用横向控制槽深，纵向控制深度的方法完成工件。

4. 沟槽刀检测和测量

精度低，用直尺测量；精度高，用样板、游标卡尺、千分尺测量。

5. 车槽切削用量的选择

a_p：等于刀体宽度 b。

高速钢刀：切钢料 $f=0.05\sim0.1$；切铸铁 $f=0.1\sim0.2$。

硬质合金刀：切钢料 $f=0.1\sim0.2$；切铸铁 $f=0.15\sim0.25$。

高速钢刀：切钢料 $V_c=30\sim40$ m/min；切铸铁 $V_c=15\sim20$ m/min。

硬质合金刀：切钢料 $V_c=80\sim120$ m/min；切铸铁 $V_c=60\sim100$ m/min。

二、切断刀

1. 切断刀的特点

因其切削时以横向进给为主，其前端的切削刃为主切削刃，两侧的切削刃为副切削刃，如图 8 - 2 所示。其结构为主切削刃较窄，刀体较长，刀体强度差。

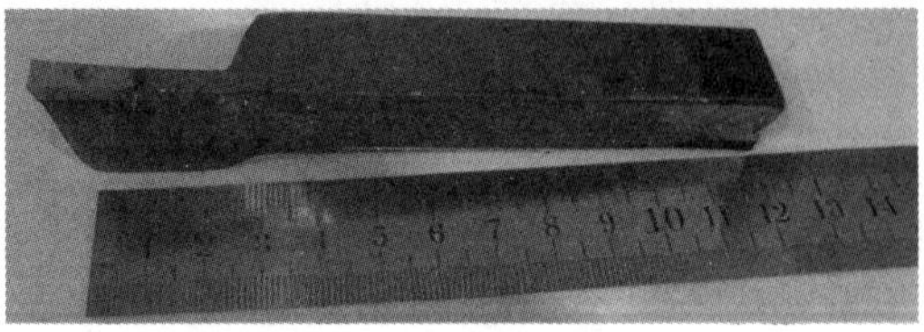

图 8 - 2　切断刀形状

2. 切断刀的种类

(1) 高速钢切断刀

高速钢切断刀的几何参数，如图 8 - 3 所示。

(俯一前宽后窄、左一上宽下窄)

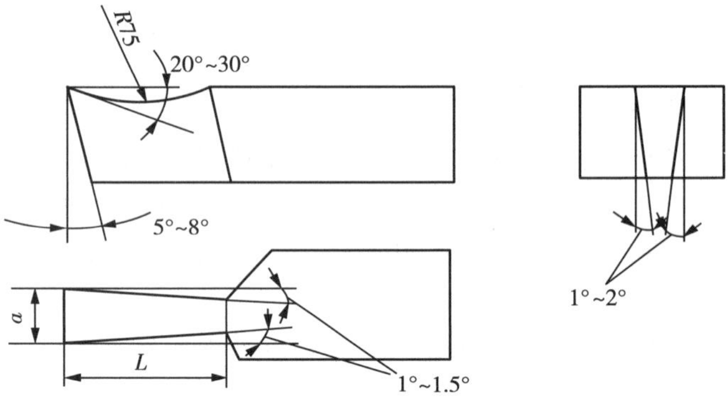

图 8 - 3　切断刀的几何形状

(2) 硬质合金钢切断刀

其主要参数与高速钢切断刀差不多，只是为了便于排屑，将主切削刃两侧倒角或磨成人字形，如图 8 - 4 所示。

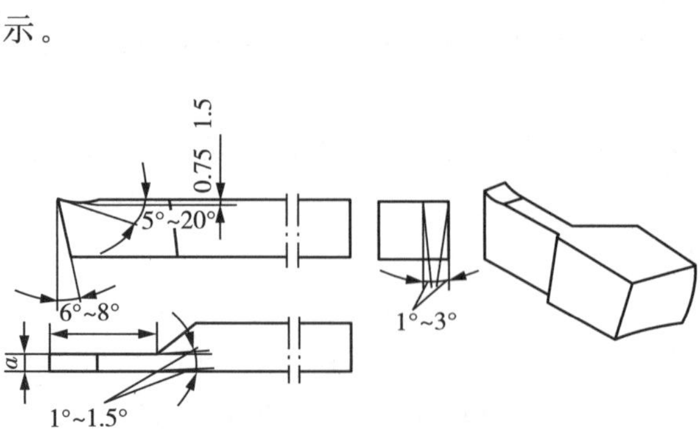

图 8 - 4　硬质合金钢切断刀的几何参数

为防止切削热导致刀片脱焊，在开始切削时即充分浇注切削液。

如果硬质合金切断刀的主切削刃采用平直刃，那么切断时的切屑和工件槽宽相等，切屑容易堵塞在槽内而不易排出。为使排屑顺利，可把主切削刃两边倒角或磨成人字形，为增加刀头的支撑刚度，常将切断刀的刀头下部做成圆弧形。

高速切断时，会产生大量的热量。为防止刀片脱焊，必须浇注充分的切削液，发现切削刃磨钝时，应及时刃磨。

（3）反切刀

适于切削直径较大时，由于刀头较长，刚性较差，容易产生振动场合的切断切槽。切断直径较大的工件时，由于刀头较长、刚度较低，很容易产生振动，这时可采用反向切断法，即工件反转，用反切刀切断。反向切断时，作用在工件上的切削力 Fc 与工件重力 G 方向一致，这样不容易产生振动；并且切屑向下排出，不容易在槽中堵塞。反切刃如图 8－5 所示。

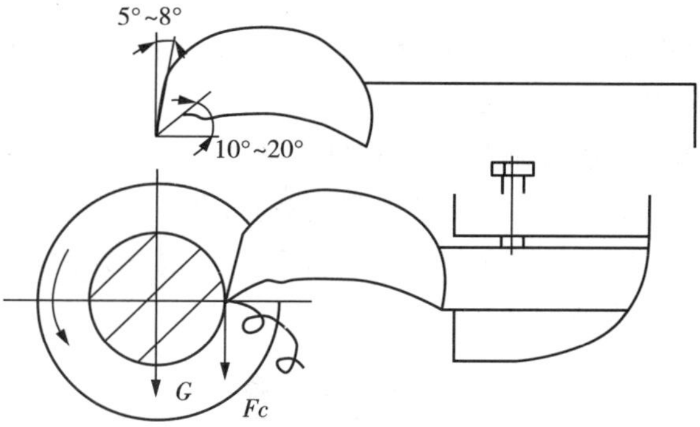

图 8－5　反切刀

（4）弹性切断刀

先将切断刀制成刀片，再装到弹性刀柄上，当进给量较大时，弹性刀柄受力变形，刀柄的弯曲中心在刀柄上面，刀头自动让刀，防止切断刀折弯或折断。弹性切断刀如图 8－6 所示。

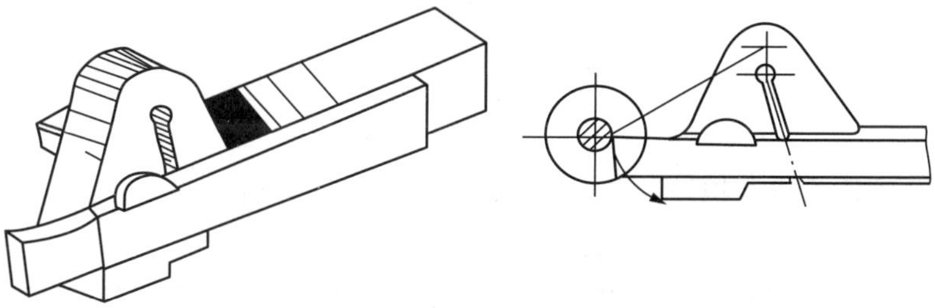

图 8－6　弹性切断刀

3. *切断刀的刃磨*

粗精磨前刀面保证前角；粗精磨两副后刀面保证两副偏角和两副后角及主刀刃宽度；粗精磨主后刀面保证主后角。

4. *切断刀的安装*

安装时，伸出不宜过长，切断刀中心与工件中心必须垂直，以保证两副偏角对称。切实心工件时，必须对准工件中心，否则易崩刃，甚至折断车刀，底面应平整，以保证两后副后角对称。

5. 切断切削用量的选择：要比车外圆小些，要依照工件材料、刀具材质合理选用

切削深度：切断时的切削深度等于切断刀刀体的宽度。

进给量：钢料 0.1～0.2 mm/r，铸铁 0.15～0.25 mm/r。

切削速度：

高速钢切断刀切断：钢料 30～40 m/min；铸铁 15～25 m/min。

硬质合金切断刀切断：钢料 80～120 m/min；铸铁 60～100 m/min。

任务实施

组织学生进行一次参观活动，带领学生参观刀具库及生产车间，重点了解车槽刀与切断刀的种类与特点等。

1. 参观前做好安全准备工作：查阅资料，了解由于不遵守安全操作规程所引发的事故，引起学生的注意，做到文明参观。

2. 参观时学生应统一听从教师指挥，在加工现场，站在安全区域内仔细观察；不得随意触摸各种机床，在车间里不得大声喧哗和嬉戏打闹。

3. 在教师的指导下，学生应对车槽刀和切断刀认真观察并做好笔记。

任务实施表见表 8－1 所列。

表 8－1 任务实施表

<table>
<tr><td>情境</td><td colspan="6">认识车槽刀与切断刀</td></tr>
<tr><td>学习任务</td><td colspan="4">参观车槽与切断加工</td><td>完成时间</td><td></td></tr>
<tr><td>任务完成人</td><td>学习小组</td><td></td><td>组长</td><td></td><td>成员</td><td></td></tr>
<tr><td>任务实施步骤
及
具体内容</td><td colspan="6"></td></tr>
</table>

分析评价

每位学生完成任务后，填写任务评价表，见表 8－2 所列。

表 8－2 任务评价表

序号	评价类别	评价内容及要求	配分
1	价值观与 素养达成	1. 课堂状态是否良好，是否有睡觉、游戏等不良行为。 2. 训练过程中着装是否规范，是否认真研究、实践，等待时间是否积极学习、思考，是否有睡觉、游戏、聊天、打闹行为。 3. 卫生、机床保养每单元保持状况。 4. 纪律遵守情况。 5. 团队协作情况。	30%

（续表）

序号	评价类别	评价内容及要求	配分
2	知识与技能	1. 课堂作业完成情况。 2. 实践学习情况：操作是否规范，程序是否正确，是否有刀具损伤、操作事故记录及量具损伤记录。 3. 团队任务完成情况。 4. 技能考核情况：完成时间、质量。	50%
3	创新与提高	1. 创新学习效果、创新设计情况：外形是否新颖、结构是否合理、工艺分析是否正确、加工效果是否良好。 2. 总结报告完成情况：是否详细、具体。 3. 个人进步情况：思想、知识、技能。	20%

知识拓展

车槽刀和切断刀的刃磨

矩形车槽刀和切断刀的几何形状相同，刃磨的方法基本相同，只是刀头部分的宽度和长度有区别，故有时车槽刀和切断刀可以通用。车槽和切断是车工的基本操作技能，掌握该技能的关键在于车槽刀和切断刀的刃磨。

在车刀刃磨过程中，需要注意的安全事项如下。

（1）刃磨高速钢切断刀时，应随时冷却，以防退火。硬质合金刀刃磨时不能水冷却，以防刀片碎裂。

（2）硬质合金车刀刃磨时，不能用力过猛，以防刀片烧结处产生高热脱焊，使刀片碎裂。

（3）刃磨高速钢切断刀时，不可用力过猛，以防打滑伤手。

（4）主刀刃与两侧副刀刃之间应对称平直。

任务二 车槽和切断

任务描述

1. 掌握轴上沟槽的种类；
2. 掌握切断的定义与方法；
3. 正确判断车槽、切断时的加工情况，能够处理一般突发事件。

知识链接

一、轴上的沟槽

外圆及轴肩上的沟槽，称为外沟槽。常用的外沟槽有外圆沟槽、45°外沟槽、外圆端面沟槽、圆弧沟槽。按其形状和作用可分为密封槽、V 形槽、卡环槽、退刀槽、越程槽。外沟槽的种类如图 8 - 7 所示。

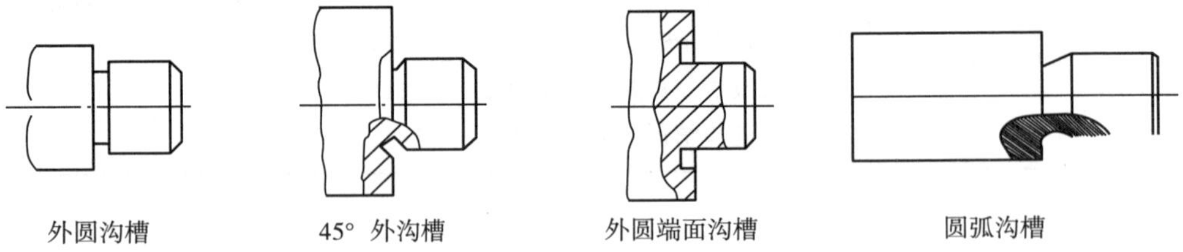

图 8 - 7　外沟槽的种类

轴沟槽的作用：退刀、越程、定位、密封、连接。

二、切断

切断：将棒料或工件切成两段或数段。

切断方法：一般采用正向切断法，即车床主轴正传，车刀横向进给进行车削。

切断刀以横向进给为主，前端的切削刃是主切削刃，两侧的切削刃是副切削刃。为了减少工件材料的浪费，应保证切断实心工件时能切到工件的中心。一般切断刀的切削刃宽度较窄，刀头较长，其刀头强度相对其他车刀较低，所以，在选择几何参数和切削用量时应特别注意。切断形式如图 8 - 8 所示。

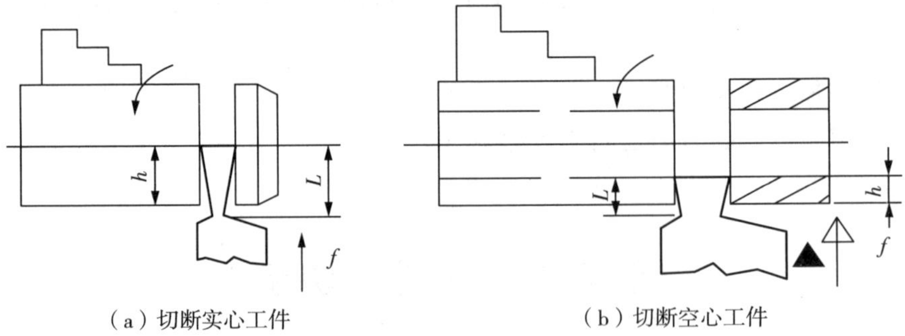

图 8 - 8　切断形式

切断关键技术是切断刀的几何参数的选择及其刃磨，以及选择合理的切削用量。

三、切断方法

1. 直进法

垂直于工件轴线方向进行切断，如图 8 - 9（a）所示。这种方法切断效率高，但对车床、切断刀的刃磨和安装都有较高的要求。

2. *左右借刀法*

切断刀在轴线方向反复地往返移动，随之两侧径向进给，如图 8 - 9（b）所示。其适用于切削系统刚性不足的情况。

3. *反切法*

工件反转，车刀反向装夹，如图 8 - 9（c）所示。其适用于较大直径工件的切断。

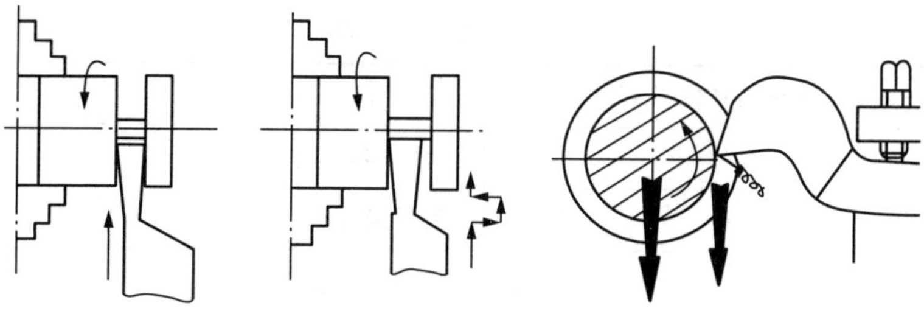

图 8 - 9　切断方法

四、车槽、切断加工时容易产生的问题及注意事项

（1）一夹一顶装夹时，通常采用轴向限位支持，随时注意后顶尖的松动情况，并及时调整，以防发生事故。

（2）顶尖支撑不可过紧或过松。过松，工件易跳动，形成椭圆，圆度误差大；过紧，易摩擦过热烧坏顶尖，工件易产生热变形，后顶尖要润滑。

（3）不得用手直接清除切屑。

（4）粗车多阶台工件时，阶台长度的余量一般只需留右端第一档。

（5）阶台处应注意保持长度尺寸的准确性。

（6）按要求检测形位公差。

任务实施

1. *任务内容*

车削端面、外圆、切槽、切断。

2. *任务要求*

（1）掌握车断工件的方法。

（2）掌握车削矩形槽的方法。

3. *任务准备*

工具：90°外圆车刀、45°外圆车刀、车槽刀、车断刀等。车槽与切断如图 8 - 10 所示。

量具：游标卡尺等。

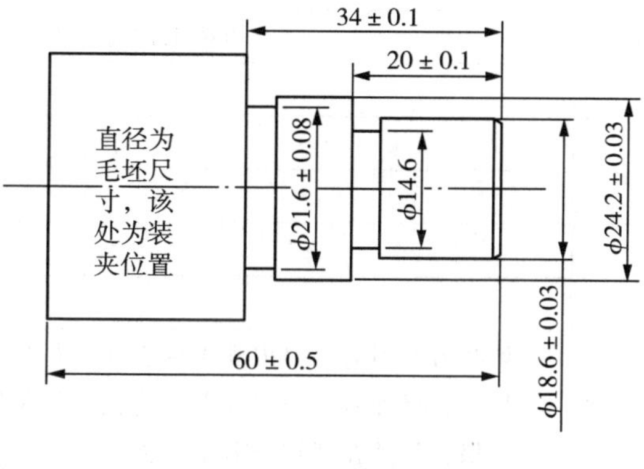

图 8 - 10　车槽与切断

设备：CA6140 车床等。

材料：长度约 30 mm 的 ϕ40 mm 的 45 号钢毛坯材料。

4. 任务实施

分析评价

每位学生完成任务后，填写任务评价表，见表 8 - 3 所列。

表 8 - 3 任务评价表

课　题	车槽与切断练习	时　间	
班　级		姓　名	
成绩评定		指导老师	

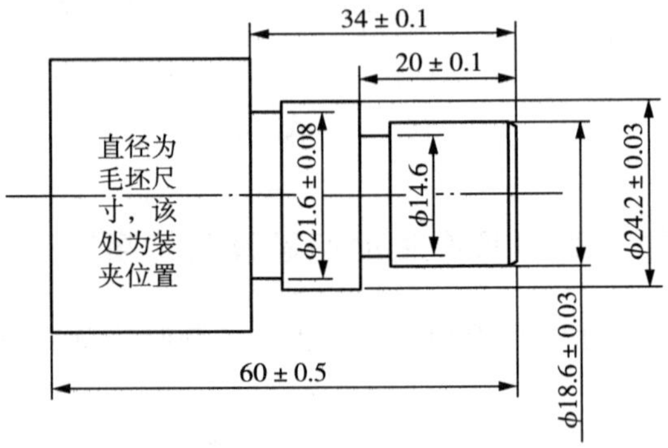

工　步	任务内容	刀　具
1	车削右端面	45°弯头刀
2	车削 ϕ24.2±0.03 mm，长度 34±0.1 mm； ϕ18.6±0.03 mm，长度 20±0.1 mm	90°外圆刀
3	切槽 ϕ21.6±0.08 mm，长度 34±0.1 mm； ϕ14.6±0.08 mm，长度 20±0.1 mm	车槽刀
4	倒角 2×45°	45°弯头刀
5	切断工件总长 60±0.5	切断刀
6		
7		
8		
9		
10		

注意事项	1. 切断刀对刀时，刀刃和工件表面平行。 2. 加工各尺寸时，记住大、中拖板起始位置。 3. 确保各尺寸在规定公差范围内。
要点记录	

知识拓展

车槽刀和切断刀的装夹

车槽刀的装夹：车槽刀装夹必须垂直于工件轴线，否则车出的槽壁可能不平直，影响车槽的质量；装夹车槽刀时，可用90°角尺检查车槽刀的副偏角。

切断刀装夹是否正确，对切断工件能否顺利进行、切断的工件平面是否平直有直接影响。切断刀的装夹，必须注意以下2点。

（1）切断实心工件时，切断刀的主刀刃必须严格对准工件的回转中心，主刀刃中心线与工件轴线垂直。

（2）刀杆不宜伸出过长，以增强切断刀的刚性和防止振动。

第九章　复杂零件的装夹与车削加工

学习目标

1. 知识目标：

(1) 熟悉细长轴的车削加工方法、步骤、要点及质量控制；掌握轴类工件装夹的方法

(2) 掌握偏心件的结构特点、作用及其相关计算

(3) 熟悉利用四爪卡盘加工偏心件及曲轴的操作技能

(4) 掌握细长轴的特点、作用及加工方法、要点

2. 能力目标：

(1) 了解固定顶尖和活动顶尖的优缺点

(2) 具有分析问题、解决问题及应变的能力

(3) 熟练利用中心架、跟刀架、鸡心夹加工零件的方法、要点及操作技能

3. 素质目标：

(1) 培养学生具有质量意识、安全意识和环境保护意识

(2) 培养学生具有耐心细致、严肃认真的工作态度

(3) 培养学生的团队协作能力、自我学习能力

(4) 培养学生具有严谨的工作作风和良好的职业道德

情景导入

车削加工中，经常会遇到一些外形较为复杂和结构较为特殊的工件，如轴承座、壳体、偏心件、薄壁工件等。对于这些特殊的工件加工，需要采取特殊的装夹方法和加工方法，才能满足车削加工的要求。

任务一　复杂零件的装夹

任务描述

切削加工时，工件必须在机床夹具中定位和夹紧，使它在整个切削过程中始终保持正确的位置。

根据轴类工件的形状、大小和加工数量不同，使用不同的方法装夹工件。

知识链接

1. 用三爪自定心卡盘装夹

自定心卡盘的 3 个卡爪是同步运动的，能自动定心，工件装夹后一般不需找正。

优点：自定心卡盘装夹工件方便、省时。

缺点：夹紧力没有单动卡盘大。

适用于装夹外形规则的中、小型工件。

2. 用单动卡盘（俗称四爪卡盘）装夹

缺点：卡盘找正比较费时。

优点：夹紧力较大。

适用于装夹大型或形状不规则的工件。

单动卡盘可装成正爪或反爪 2 种形式，反爪用来装夹直径较大的工件。

3. 用两顶尖装夹

对于较长或必须经过多道工序才能完成的轴类工件，为保证每次安装时的精度可用两顶尖装夹工件。

优点：两顶尖装夹工件方便，不需找正，装夹精度高。

缺点：用两顶尖装夹工件，必须先在工件端面钻出中心孔，夹紧力较小。

适用于形位公差要求较高的工件，以及大批量生产的情况。

（1）中心孔的形状和作用（图 9－1）

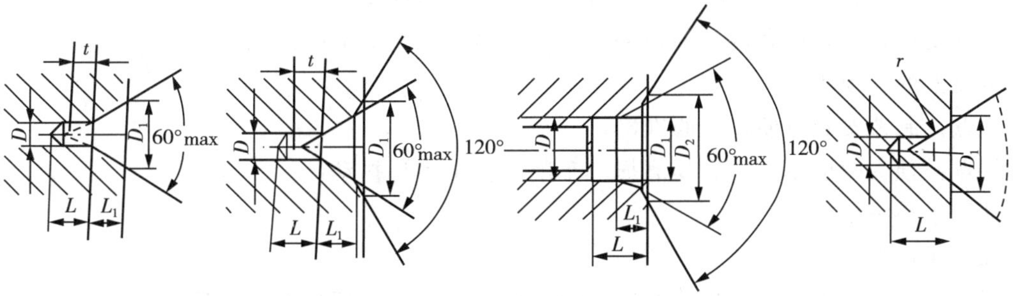

图 9－1　中心孔

1）A 型中心孔由锥孔和圆柱孔两部分组成，圆锥孔的圆锥角为 60°。

适用：不需要多次装夹或不保留中心孔的工件。

2）B 型中心孔是在 A 型中心孔的端部再加 120°的圆锥面。

适用：多次装夹加工的零件。

3）C 型中心孔是在 B 型中心 60°锥孔后加一短圆柱孔，后面有一内螺纹。

适用：需要把其他零件轴向固定在轴上，或需将零件吊挂放置的。

4）R 型中心孔的形状与 A 型中心孔相似，只是将 A 型中心孔的 60°圆锥改成圆弧面。

适用：精度要求较高的工件。

(2) 中心钻折断的原因

1) 中心钻轴线与工件旋转中心不一致，使中心钻受到一个附加力而折断。

2) 工件端面没车平，或中心处留有凸头，使中心钻不能准确地定心而折断。

3) 切削用量选用不合适，如工件转速太低而中心钻进给太快，使中心钻折断。

4) 中心钻磨钝后强行钻入工件也易折断。

5) 没有浇注充分的切削液或没及时清除切屑，以致切屑堵塞而折断中心钻。

(3) 用两顶尖装夹工件时的注意事项

1) 车床主轴线应在前后顶尖的连线上，否则车出的工件会产生锥度。

2) 在不影响车刀切削的前提下，尾座套筒应尽量伸出短些，以增加刚性，减少振动。

3) 中心孔形状应正确，表面粗糙度要小。

4) 由于中心孔与顶尖间产生滑动磨擦，如果后顶尖用固定顶尖，应在中心孔内加工业润滑脂（黄油）。

5) 两顶尖与中心孔的配合必须松紧合适。

4. 用一夹一顶装夹

用两顶尖装夹工件虽然精度高，但刚性较差，影响切削用量的提高。因此，车削一般轴类工件，尤其是较重的工件，不能用两顶尖装夹，而用一端夹住、另一端用后顶尖顶住的装夹方法。这种方法较安全，能承受较大的轴向切削力，因此应用很广泛。

5. 顶尖

顶尖的作用是定中心，承受工件的质量和切削力。顶尖分为前顶尖和后顶尖 2 类。

(1) 前顶尖

随同工件一起旋转，与中心无相对运动，不发生摩擦的一种顶尖。前顶尖的类型有 2 种，一种是插入主轴锥孔内的前顶尖，另一种是夹在卡盘上的前顶尖。

卡盘上的前顶尖：

优点：制造安装方便，定心准确。

缺点：顶尖硬度不高，容易磨损，车削过程中容易抖动。

适用于小批量生产。

(2) 后顶尖

插入尾座套筒锥孔中的顶尖叫后顶尖，后顶尖有固定顶尖和回转顶尖 2 种。

1) 固定顶尖、硬质合金固定顶尖

优点：刚性好，定心准确，切削时不易产生振动。

缺点：工件与中心孔之间有相对滑动，易磨损，产生高热，不能高速车削。

适用于低速加工精度要求较高的工件。

2) 回转顶尖

优点：能在很高的转速下正常工作。

缺点：回转顶尖存在一定的装配累积误差，以及当滚动轴承磨损后，会使顶尖产生跳动，从而降低加工精度。

适用于高速车削精度不高的工件。

任务实施

1. 要求

通过本课题的学习和训练，重点掌握工件和刀具的正确装夹；合理选择切削用量；正确使用刻度盘控制尺寸；掌握量具的合理选择和使用；按图样要求加工台阶轴。

2. 准备

(1) 工件准备：卡盘扳手、刀架扳手。

(2) 刀具准备：合理选择刀具（90°车刀？75°车刀？45°车刀？是左偏刀还是右偏刀？是粗车刀还是精车刀?）。

(3) 根据“图样”选择工件的装夹方式（单夹式？一夹一顶？两顶式?）。

(4) 依实际情况备料：45 钢 ϕ37 mm×150 mm（每人各 1 件；加工如图 9－2 所示的零件）。

(5) 车床及其附件调整、试车。

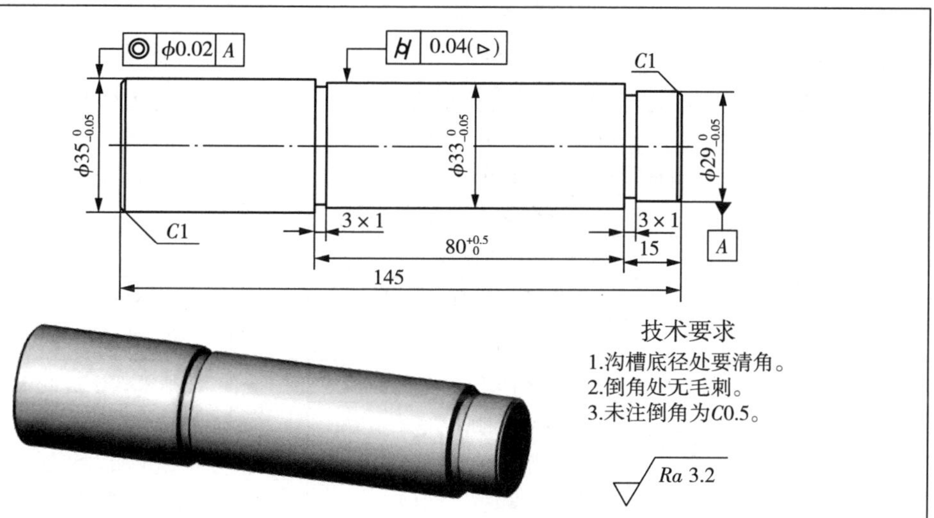

工件名称		台阶轴	
材料	45钢	备料	φ40×150

图 9－2　台阶轴

3. 操作车床加工前工作

进入车间前：

(1) 安全教育、工作安排与布置、分组。

(2) 分配车床。

(3) 分发工件、刀具、量具、工具。

进入车间后：

(1) 台阶轴加工操作示范。

(2) 车床操作示范、刀具装夹及工件装夹示范。

(3) 加工操作示范。

分析评价

1. 台阶轴加工考核评分标准见表 9－1 所列。
2. 台阶轴车削工艺方案、操作知识。
3. 考勤、学习态度、团队合作精神、质量意识和安全文明意识。

表 9－1　台阶轴加工考核评分标准

项目	序号	技术要求	配分	评分标准	得分
工艺（15%）	1	工步正确完整	5	不规范每处扣 1 分	
	2	切削用量合理	5	每错一处扣 1 分	
	3	工艺规范合理	5	不合理每处扣 1 分	
机床操作（20%）	4	刀具选择安装正确	5	不合理每次扣 1 分	
	5	工件装夹正确	5	不合理每次扣 1 分	
	6	机床操作规范	5	不合理每次扣 1 分	
	7	零件加工不出错	5	出错全扣	
工件质量（35%）	8	尺寸精度符合要求	25	不合格每处扣 1 分	
	9	表面粗糙度及形位公差符合要求	10	不合格每处扣 1 分	
文明生产（15%）	10	安全操作	5	出错全扣	
	11	机床维护与保养	5	不合格全扣	
	12	工作场所整理	5	不合格全扣	
相关知识及职业能力（15%）	13	机加基础知识	5	教师提问	
	14	自学能力	10	教师根据学员的学习情况、表达沟通能力、合作能力和创新能力酌情给分	
		表达沟通能力			
		合作能力			
		创新能力			

知识拓展

薄壁件壁厚很薄，径向刚度很小，在加工过程中受到切削力、切削热及夹紧力等因素的影响极易变形，导致各项技术要求难以保证。如果采用普通装夹方式，则会产生很大的变形而无法保证加工精度。因此，加工薄壁件首先要考虑工件的装夹方式。

（1）采用工艺夹头装夹，如图 9－3 所示。

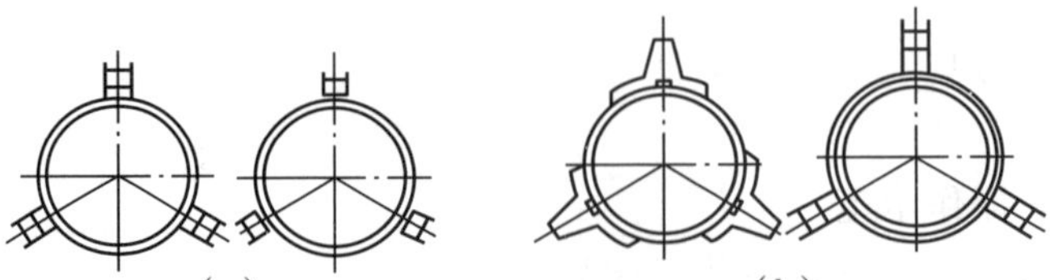

图 9－3　采用工艺夹头装夹

（2）在坯料上预留一定的夹持长度，待工件完成内孔、外圆及端面的加工后切掉，如图 9－4 所示。

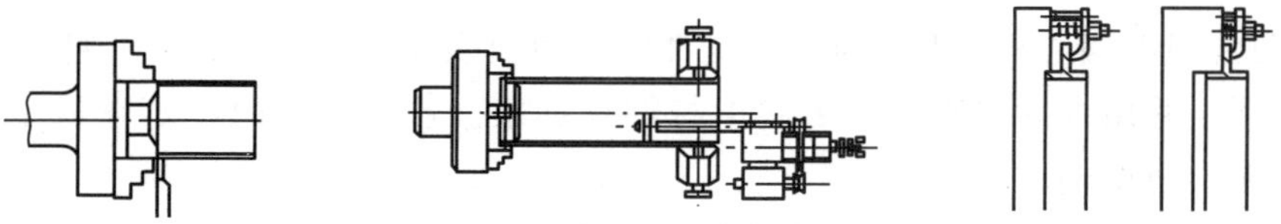
（a）　（b）　（c）

图 9－4　预留夹持长度装夹

任务二　偏心件的车削加工

任务描述

外圆与外圆、内孔与外圆的轴线平行但不重合的零件，称作偏心零件。外圆与外圆的偏心零件叫偏心轴，外圆与内孔的偏心零件叫偏心套，如图 9－5 所示。

图 9－5　偏心轴、套

知识链接

1. 车削偏心零件的原理

把所要加工的偏心部分的轴线找正到与车床主轴轴线重合，但应根据工件的数量、形状、偏心距的大小和精度要求，相应地采用不同的装夹方式进行车削加工。

2. 偏心工件的划线方法、步骤

（1）偏心件的划线方法

如图 9－6 所示，偏心轴的划线及操作步骤如下。

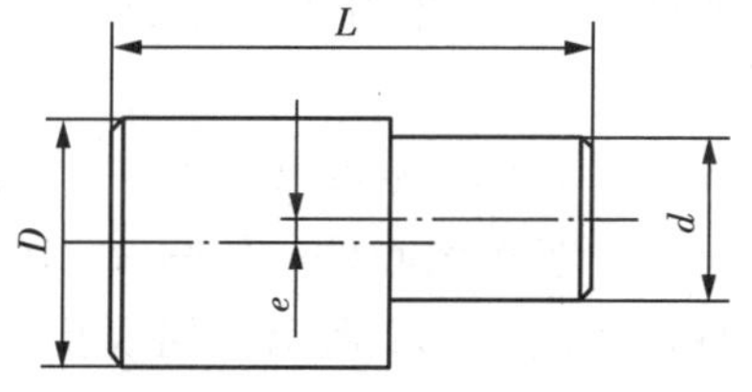

图 9－6　偏心轴

1）先把工件毛坯车成圆轴，使其直径等于 D，长度等于 L，在轴的两端面和外圆上涂色，然后把它放在 V 形架上进行划线，用划针先在工件端面和外圆上划一组与工件等高的水平线。

2）把工件转动90°，用90°角尺对齐已划好的端面线，在端面和外圆上划另一组水平线。

3）用两脚规以偏心距e为半径，在工件的端面上取偏心距e值，作出偏心点。以偏心点为圆心作圆，并用样冲在所划出的线上打好样冲眼。这些样冲眼应打在线上不能歪斜，否则会产生偏心距误差。

4）把划好的工件装在四爪单动卡盘上，在装夹时调节卡盘的两爪呈不对称位置，另外两爪呈对称位置，工件偏心圆线在卡盘中央。

5）先在床面上放好小平板和划线盘，使针尖对准偏心圆线，找正偏心圆，然后把针尖对准外圆水平线。自左至右检查水平线是否水平，把工件转动90°，先用同样的方法检查另一条水平线，然后紧固卡脚，复查工件装夹情况。

6）将工件找正后，把四爪再拧紧一遍，即可进行车削。在初切削时，进给量要小、切削深度要浅，等工件车圆后，切削用量可以增加，否则就会损坏车刀或使工件移位。

（2）偏心工件划线的注意事项

1）划线用的显示剂应均匀涂一薄层。

2）划线时，按操作规程缓慢有序划线，划线平板上要涂机油。

3）样冲尖要刃磨均匀，圆且尖；打样冲时，样冲应与所标线条垂直。

3. 偏心工件的车削方法

（1）四爪单动卡盘（图9－7）装夹车削偏心工件

工件数量少、长度较短，不便于在两顶尖上装夹时，可用四爪单动卡盘装夹车削偏心工件。在四爪上车削偏心件时，必须按已划好的偏心和侧素线找正，使偏心轴线与车床主轴线重合，工件装夹后即可车削。

原理：在装夹工件时，使四爪卡盘对称的2个爪与主轴轴心线偏移一个中心距e，即工件在装夹时偏移了一个中心距e。主轴正常转动时，工件的轴心线就偏移了主轴轴心线，加工得到的工件即是偏移量为e的偏心件。

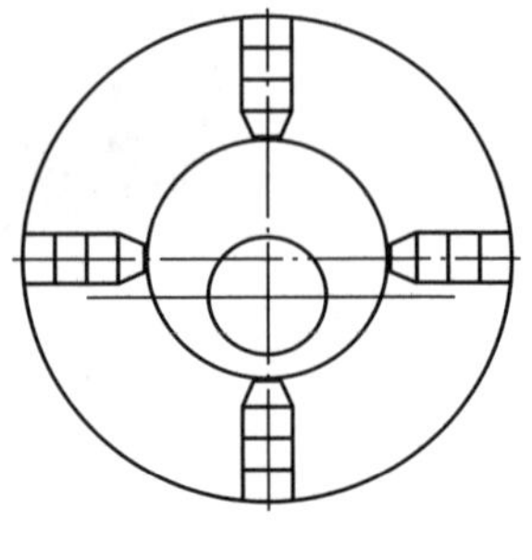

图9－7　四爪卡盘车偏心轴

按划线找正车削偏心工件：装夹找正工件，装夹前应调整好卡爪，使其两两对称且间距稍大于工件直径；夹持工件15～20 mm，在工件外圆垫铜片（厚度为偏心距）；划线；车偏心件（轴）；用刀尖在工件轴线上刻线；粗车偏心圆直径；检查偏心距；精车偏心外圆。

找正时，先用划线初步找正，如图9－8所示；再用百分表进一步校正偏心距，如图9－9所示；粗车偏心件，如图9－10所示；检查偏心件，如图9－11所示；粗车偏心件得到零件，如图9－12所示。划线找正：先用划线初步找正；再用百分表进一步找正。

注意事项：在四爪卡盘上车削偏心轴时，必须按已划好的偏心和侧素线找正，使偏心轴线与车床主轴线重合，将工件正确装夹后即可车削。

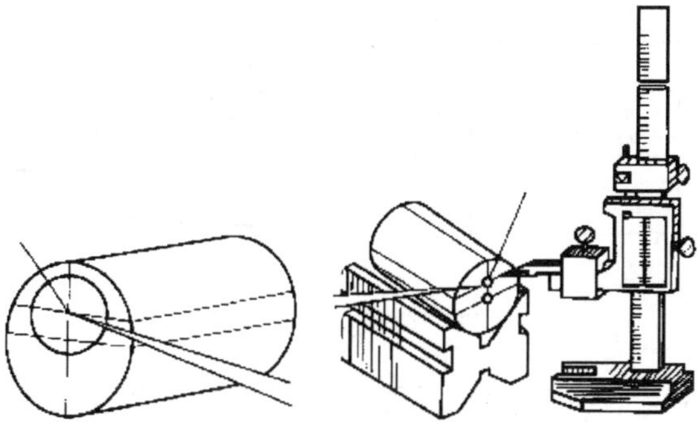

图 9-8　划线找正

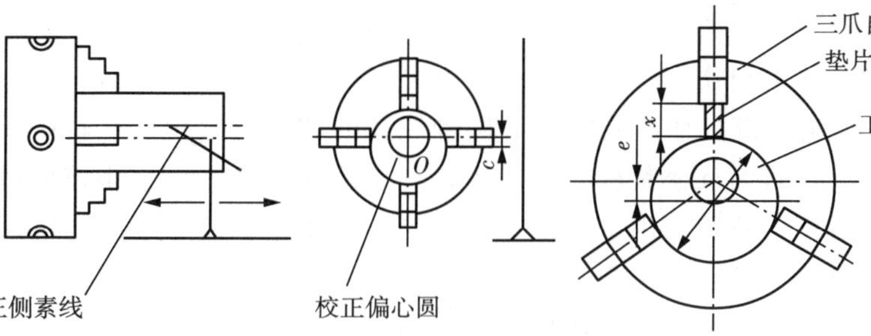

图 9-9　用百分表找正

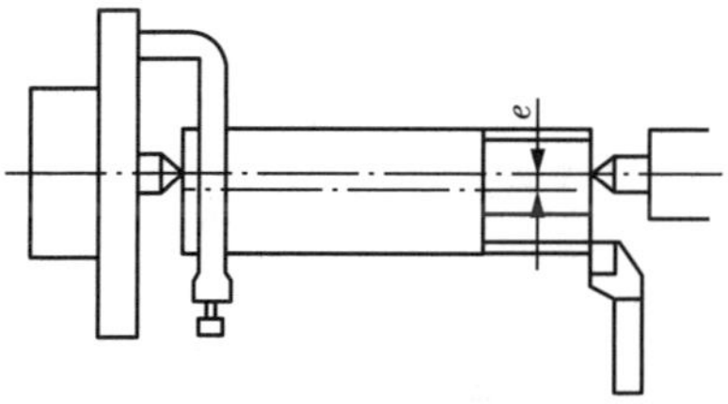

图 9-10　粗车偏心件

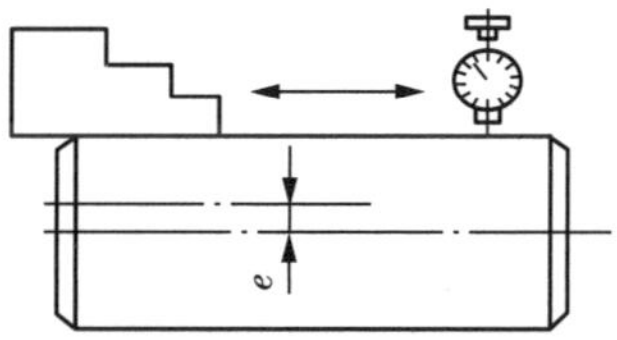

图 9-11　用百分表检测偏心件

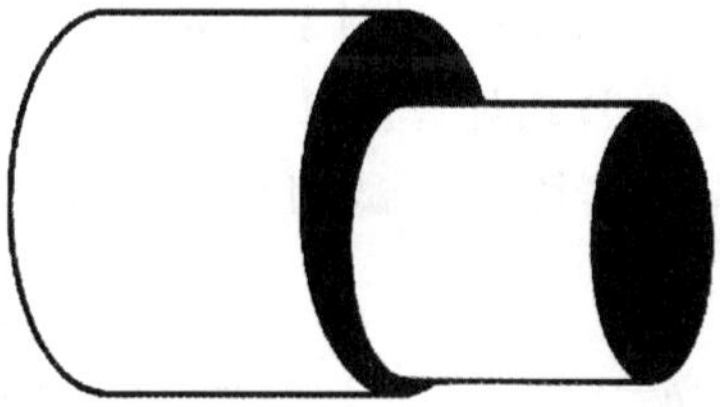

图 9-12　粗车偏心件得到的零件

（2）在两顶尖间车偏心工件

一般较长的偏心轴只要两端面能钻中心孔，有鸡心夹头的装夹位置，都应该用两顶尖装夹车偏心件的方法。这种方法的优点是偏心中心孔已钻好，无须花费时间找到偏心，且定位精度较高。如图 9-13 所示为用两顶尖装夹偏心件。

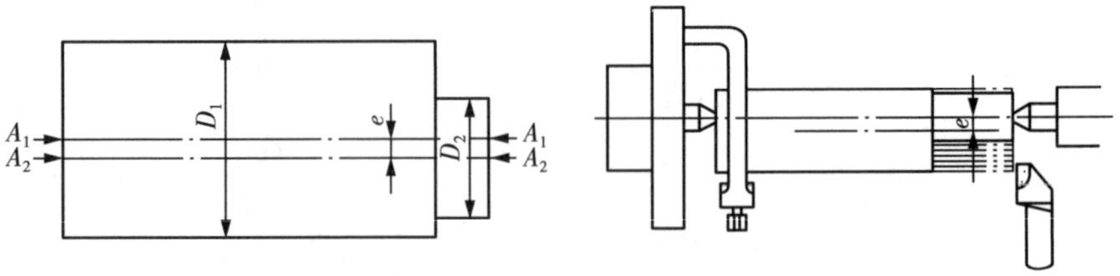

图 9-13 两顶尖轴装夹偏心轴

原理：在装夹工件时，使四爪卡盘对称的 2 个爪与主轴轴心线偏移一个中心距 e，即工件在装夹时偏移了一个中心距 e。主轴正常转动时，工件的轴心线就偏移了主轴轴心线，加工得到的工件即偏移量为 e 的偏心件。

操作方法：首先找正工件的轴线，再依偏心距找出偏心轴线，然后打偏心轴线的样冲，最后钻偏心轴线的中心孔。

注意事项：要保证基准圆中心孔和偏心圆轴线孔的钻孔位置精度，否则无法保证偏心距精度；顶尖与轴线孔的接触松紧程度要适当，且加注润滑油，以减小彼此磨损；断续车削偏心轴时，应选用较小的切削用量，初次进刀时一定要从离偏心最远处切入。

（3）用三爪自定心卡盘装夹车削偏心工件

适于长度较短、形状简单、加工数量较多的偏心工件加工。

原理：在三爪中之任意卡爪与工件接触之间，垫上一块预先选好的垫片，使工件轴线与主轴轴线产生位移，并且使工件位移量等于偏心距。

偏心距的计算：

$$x=1.5e+K\ (K=1.5\Delta e)$$

垫片厚度：

$$x=1.5e+-K\quad K=1.5\Delta e$$

式中：x——垫片厚度；e——偏心距；Δe——试切后，实测偏心距误差；

K—偏心距修正值（正负按实际测量结果）。

例如，车削偏心距 $e=2$ mm 的工件，试计算偏心垫片厚度 x。

解：先不考虑修正值，按近似公式计算垫片厚度 x：$x=1.5e=1.5\times2=3$ mm。

先垫入 3 mm 厚的垫片进行试切削，试切后检查其实际偏心距。如实测偏心距为 2.04 mm，则偏心距误差：

$$\Delta e=e-e_{测}=2-2.04=-0.04\ \text{mm}$$

$$K=1.5\Delta e=1.5\times(-0.04)=-0.06\ \text{mm}$$

则垫片厚度的正确值：$x=1.5e+K=3-0.06=2.94$ mm

偏心工件的装夹如图 9-14 所示。

车偏心件注意事项：应选择较硬的材料做垫块；装夹时，工件轴线不能歪斜；精度要求高的工件，必须按上述方法进行计算，多次试车。

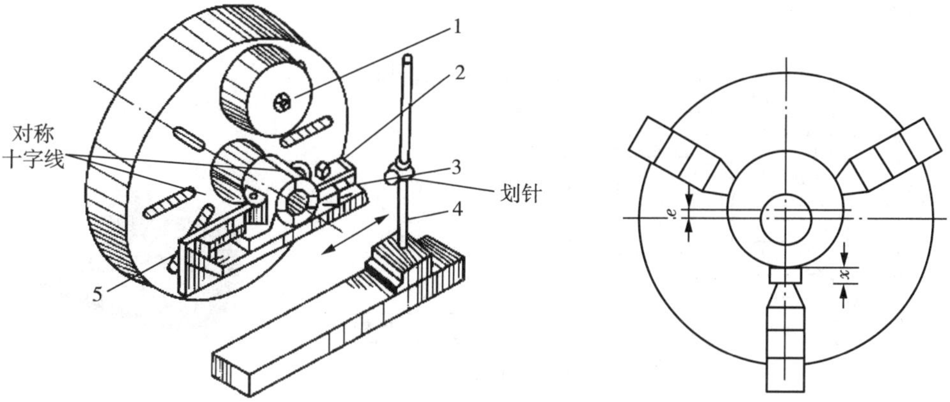

图 9-14　偏心工件装夹

（4）其他方法车削偏心轴

1）双重卡盘安装车削偏心工件。

将三爪卡盘装夹在四爪卡盘上，并移动一个偏心距。加工偏心工件时，只要把工件安装在三爪卡盘上就可以车削。

此法第一次校正困难，加工一批零件的其余零件时则不用校正偏心距，因此适于加工成批零件。但其切削用量较低，车削时尽量用尾座顶尖顶持，以防意外事故发生。

此法只适于车削长度较短、偏心距不大、精度要求不高的偏心工件，使用偏心卡盘装夹车削偏心工件。

偏心卡盘的偏心距可用量块或百分表控制，因此可以获得很高的精度。该卡盘调整方便、通用性强，是一种较理想的车偏心件夹具。

2）用专用夹具装夹车削偏心工件：适于加工数量较多、偏心距精度要求较高的偏心工件，如图 9-15 所示。

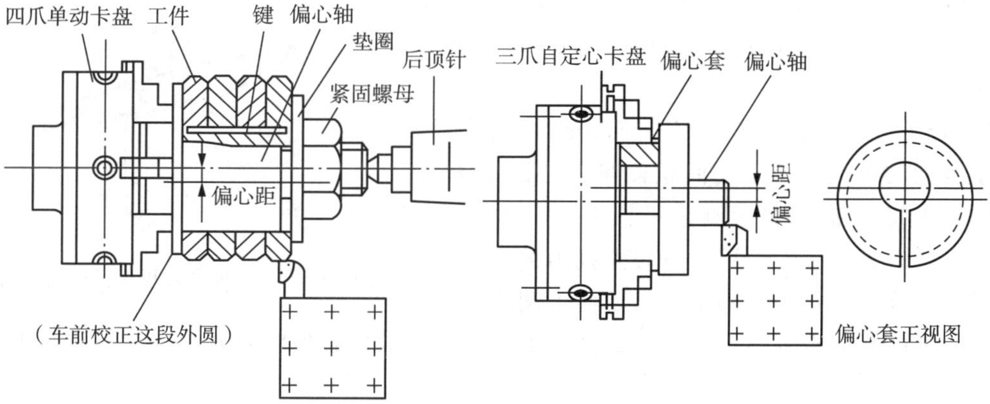

图 9-15　专用夹具装夹车削偏心件

4. 车削如图 9-16 所示偏心套

（1）图样分析

（2）车削步骤

（3）检验

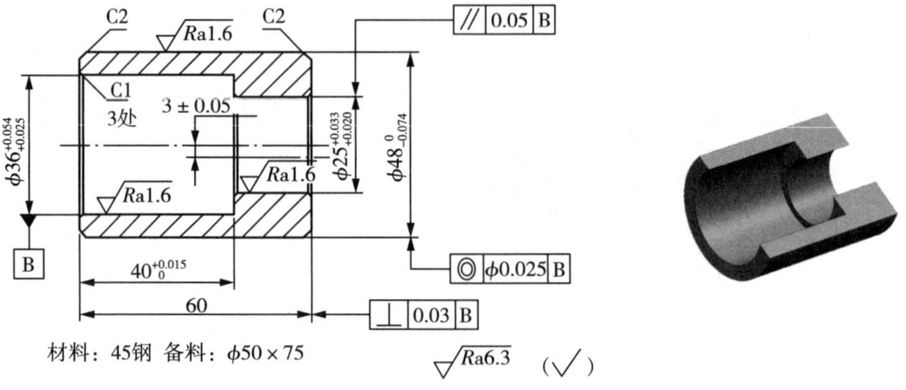

图 9 - 16　偏心套

注意事项：为了保证两孔轴线的平行度，应在外圆侧素线 90°方向交叉校正。

5. 测量和检查偏心距的方法

偏心距的检查方法通常有以下 2 种。

（1）在两顶尖间检测偏心距

对于两端有中心孔、偏心距较小、不易放在 V 形架上测量的轴类零件，可放在两顶尖间测量偏心距，如图 9 - 17 所示。检测时，使百分表的测量头接触在偏心部位，用手均匀、缓慢地转动偏心轴，百分表上指示出的最大值与最小值之差的一半就等于偏心距，即（max－min）/2。偏心套的偏心距也可以用类似上述方法来测量，但必须先将偏心套套在心轴上，再在两顶尖间检测。

（2）在 V 形架上检测偏心距

1）当工件无中心孔或工件较短、偏心距 $e<5$ mm时，可将工件外圆放置在 V 形架上，转动偏心工件，通过百分表读数最大值与最小值之间差值的一半确定偏心距。

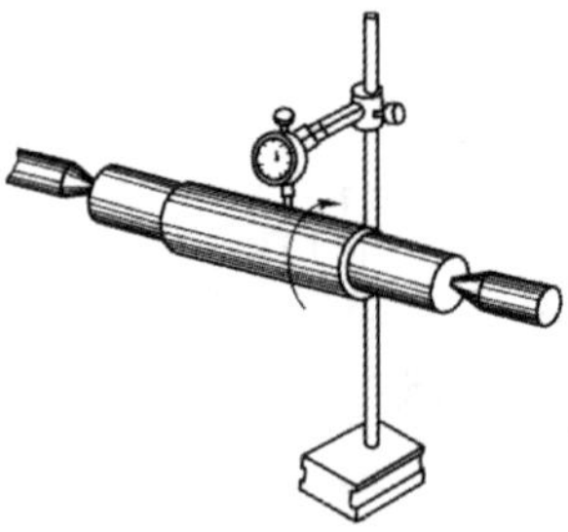

图 9 - 17　在两顶尖间直接检测偏心距

2）若工件的偏心距较大（$e \geqslant 5$ mm），因受百分表测量范围的限制，可采用间接测量偏心距的方法。测量时，先将 V 形架置于测量平板上，工件放在 V 形架中，转动偏心工件，用百分表先找出偏心工件的偏心外圆最高点，将工件固定，然后使可调整量规平面与偏心外圆最高点等高，再按下式计算出偏心工件的偏心外圆到基准外圆之间的最小距离 a。

$$a = D/2 - d/2 - e$$

式中，

a：偏心外圆到基准外圆之间的最小距离，单位为 mm；

D：基准圆直径的实际尺寸，单位为 mm；

d：偏心圆直径的实际尺寸，单位为 mm；

e：工件的偏心距，单位为 mm。

选择一组量块，使之组成的尺寸等于 a，并将此组量块放置在可调整量规平面上，水平移动百分表，先测量基准外圆最高点，得一读数 A；继而测量量块上表面得到另一读数 B；比较这 2 个读数，看其误差值是否在偏心距误差的范围内，以确定此偏心工件的偏心距是否满足要求。

任务实施

1. 要求

通过本课题的学习和训练，重点掌握工件和刀具的正确装夹；合理选择切削用量；正确使用刻度盘控制尺寸；掌握量具的合理选择和使用；按图样要求加工。

2. 准备

（1）工件准备

卡盘扳手、刀架扳手。

（2）刀具准备

合理选择刀具（90°车刀？75°车刀？45°车刀？是左偏刀还是右偏刀？是粗车刀还是精车刀？）。

（3）根据“图样”选择工件的装夹方式（单夹式？一夹一顶？两顶式？）。

（4）依实际情况备料：45 钢 ϕ35 mm×70 mm（每人各 1 件；加工出如图 9－18 所示零件）。

（5）车床及其附件调整、试车。

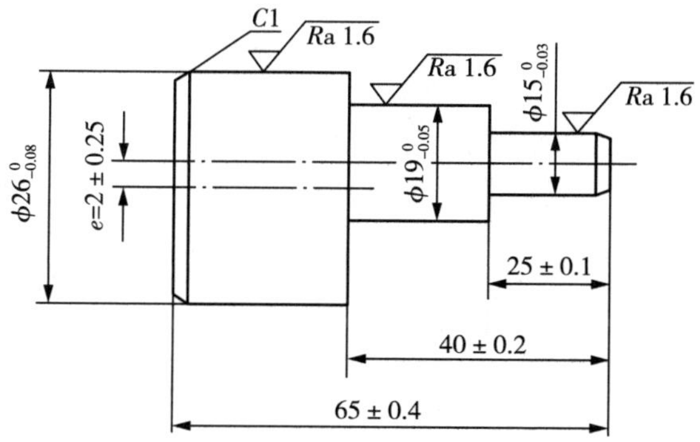

图 9－18　任务工件

3. 操作车床加工前工作

进入车间前：

（1）安全教育、工作安排与布置、分组。

（2）分配车床。

（3）分发工件、刀具、量具、工具。

进入车间后：

（1）偏心轴、套加工操作示范。

（2）车床操作示范以及刀具装夹、工件装夹示范。

（3）加工操作示范。

（4）车床日常保养说明。

分析评价

1. 偏心轴加工考核评分标准见表 9－2 所列。
2. 偏心轴车削工艺方案、操作知识。
3. 考勤、学习态度、团队合作精神、质量意识和安全文明意识。

表 9－2 偏心件加工考核评分标准

<table>
<tr><th>项目</th><th>序号</th><th>技术要求</th><th>配分</th><th>评分标准</th><th>得分</th></tr>
<tr><td rowspan="3">工艺
（15%）</td><td>1</td><td>工步正确完整</td><td>5</td><td>不规范每处扣 1 分</td><td></td></tr>
<tr><td>2</td><td>切削用量合理</td><td>5</td><td>每错一处扣 1 分</td><td></td></tr>
<tr><td>3</td><td>工艺规范合理</td><td>5</td><td>不合理每处扣 1 分</td><td></td></tr>
<tr><td rowspan="4">机床操作
（20%）</td><td>4</td><td>刀具选择安装正确</td><td>5</td><td>不合理每次扣 1 分</td><td></td></tr>
<tr><td>5</td><td>工件装夹正确</td><td>5</td><td>不合理每次扣 1 分</td><td></td></tr>
<tr><td>6</td><td>机床操作规范</td><td>5</td><td>不合理每次扣 1 分</td><td></td></tr>
<tr><td>7</td><td>零件加工不出错</td><td>5</td><td>出错全扣</td><td></td></tr>
<tr><td rowspan="2">工件质量
（35%）</td><td>8</td><td>尺寸精度符合要求</td><td>25</td><td>不合格每处扣 1 分</td><td></td></tr>
<tr><td>9</td><td>表面粗糙度及形位公差符合要求</td><td>10</td><td>不合格每处扣 1 分</td><td></td></tr>
<tr><td rowspan="3">文明生产
（15%）</td><td>10</td><td>安全操作</td><td>5</td><td>出错全扣</td><td></td></tr>
<tr><td>11</td><td>机床维护与保养</td><td>5</td><td>不合格全扣</td><td></td></tr>
<tr><td>12</td><td>工作场所整理</td><td>5</td><td>不合格全扣</td><td></td></tr>
<tr><td rowspan="5">相关知识
及职业能力
（15%）</td><td>13</td><td>机加基础知识</td><td>5</td><td>教师提问</td><td></td></tr>
<tr><td rowspan="4">14</td><td>自学能力</td><td rowspan="4">10</td><td rowspan="4">教师根据学员的学习情况、表达沟通能力、合作能力和创新能力酌情给分</td><td rowspan="4"></td></tr>
<tr><td>表达沟通能力</td></tr>
<tr><td>合作能力</td></tr>
<tr><td>创新能力</td></tr>
</table>

知识拓展

使用花盘车削偏心工件，如图 9－19 所示。

适用于加工长度较短、偏心距较大，精度要求不高的偏心孔工件。先将工件外圆、两端面加工至要求后，在一端面上画好偏心孔的位置，然后用压板均布地把工件装夹在花盘上，用划针盘校正后压紧，即可车削。

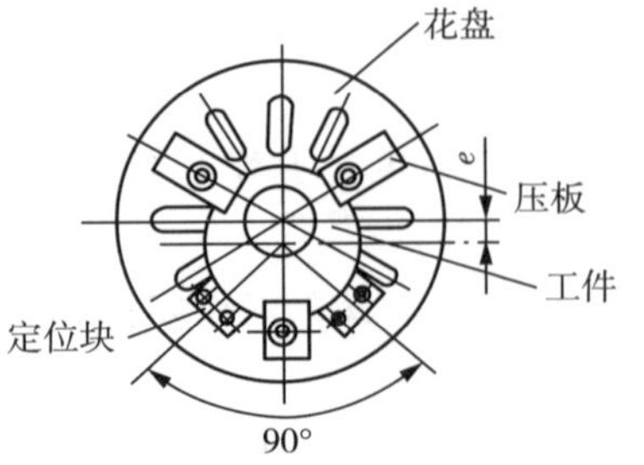

图 9－19 花盘车削偏心工件

任务三　细长轴的车削加工

任务描述

细长轴就是长径比（L/d）大于 25 的轴类零件。

车削加工细长轴的特点：细长轴的外形不复杂，本身刚性差（L/d 越大，刚性越差），车削时由于切削力、重力、切削热等影响，容易发生弯曲变形，产生振动、锥度、腰鼓形和竹节形等缺陷，难以保证加工精度。

细长轴车削加工的关键：增加工件的刚性；如图 9－20 所示为细长轴车削加工及力学分析。

细长轴车削时，增加工件刚性的方法：采用中心架、跟刀架予以辅助支撑。

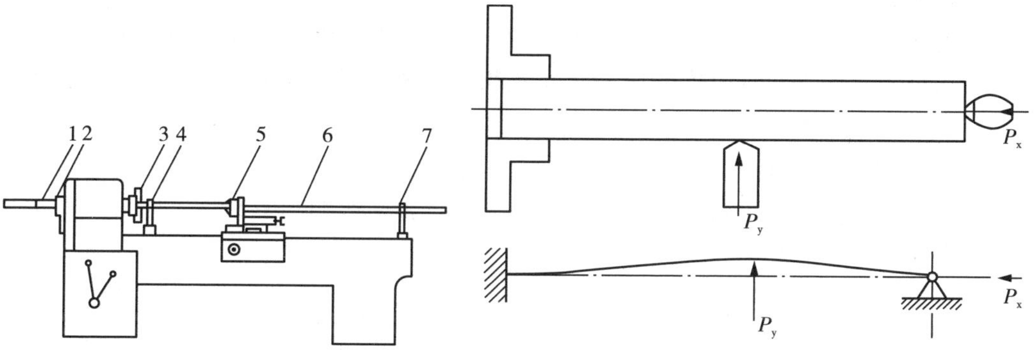

图 9－20　细长轴车削加工及力学（模型）分析

1—无缝钢管；2—钢管夹持器；3—切削盘；4、7—滚轮托架；5—工件夹持器；6—工件

知识链接

1. 中心架（图 9－21）及其使用方法

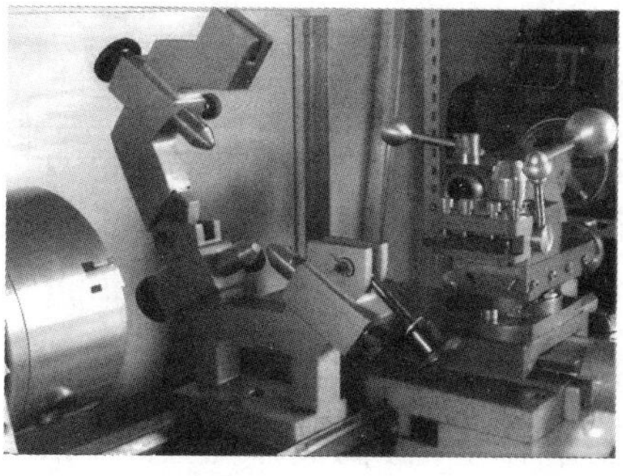

图 9－21　中心架

使用中心架车削细长轴的方法：关键是使中心架与工件表面接触的三个支撑爪所决定圆的圆心与车床的回转中心重合。车削时，工件采用一夹一顶或两顶式装夹，中心架安装在工件的中间部位并固定在床身上，如图 9－22 所示。

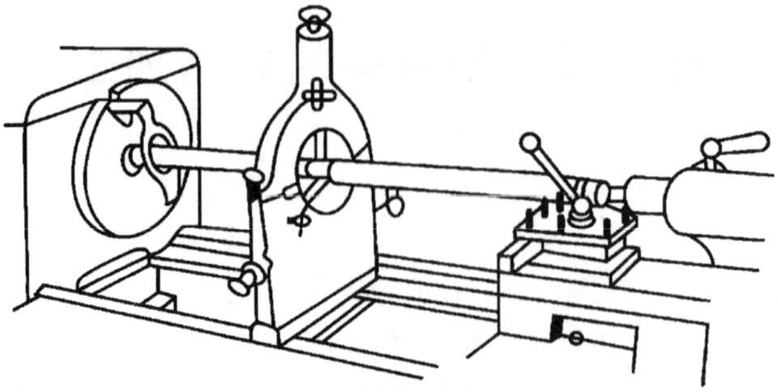

图 9-22 中心架的应用

中心架直接支撑在工件中间可使工件的长径比减小一半，刚性增加好几倍。轴间要车削出支撑爪沟槽，其表面粗糙度小于或等于 1.6 μm、圆度误差小于 0.05 mm；车削时，支撑爪与沟槽接触面要涂润滑油（脂）。

中心架配以过渡套筒支撑工件适于车削某段不需要加工细长轴或者加工不适于在中段车沟槽、表面不规则的工件（安装中心架处有花键、键槽等）或毛坯时，车削细长轴。过渡套筒的外圆圆度误差在 0.01 mm 之内。

2. 跟刀架的使用方法

跟刀架的支撑爪与工件的接触压力应调整适当，否则影响加工精度。跟刀架的应用如图 9-23 所示。

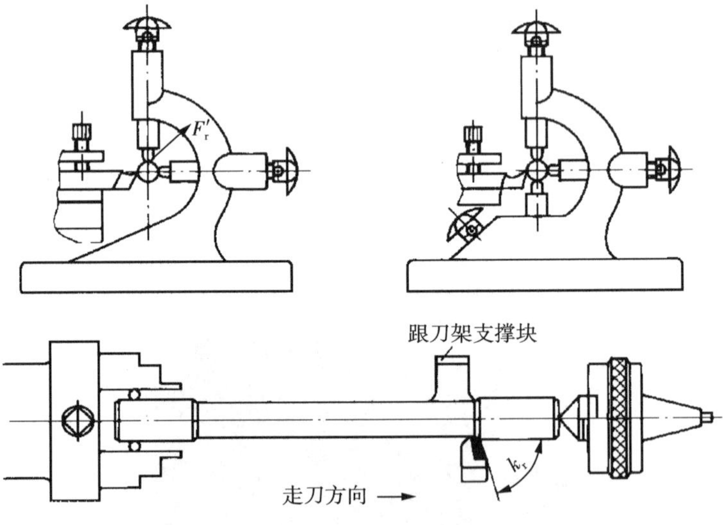

图 9-23 跟刀架应用实例

(1) 跟刀架支撑爪的调整方法

在已加工表面上，调整支撑爪与车刀的支撑位置。一般是使支撑爪位于车刀的后面，两者间距小于 10 mm。调整跟刀架支撑爪时，先调整后支撑爪（调整时，综合运用手感、耳听、目测等方法控制支撑爪，轻微接触外圆为止）；再调整外支撑爪，调整到上述同样感觉为止。要求每个支撑爪都能与轴保持相同的合理间隙，使轴可以自由转动。车削时应经常对各支撑爪与工件的接触情况进行跟踪、监视、检查，并及时注油润滑。

（2）跟刀架支撑爪的修正

一般在本身车床上修正。先将跟刀架固定在床鞍上，用内孔车刀（可调刀杆）装夹在卡盘上，调整跟刀架支撑爪；然后使车刀转动，以床鞍作纵向进给车削支撑爪的支撑面，使三个支撑面构成的圆的直径基本等于工件支撑轴颈直径。

3. 细长轴的车削方法

关键技术：工件热变形及刀具的几何角度对工件精度的影响。

（1）热变形工件伸长的计算

$$\Delta L=\alpha_1 L\Delta t$$

α_1—工件材料的线膨胀系数（1/℃）；L—工件的总长（mm）；Δt—工件升高的温度（℃）。

（2）针对热变形采取措施

用一夹一顶式装夹；使用弹性回转顶尖来补偿工件热变形伸长；如图 9－24 所示，采取反向进给方法；充分浇注切削液。

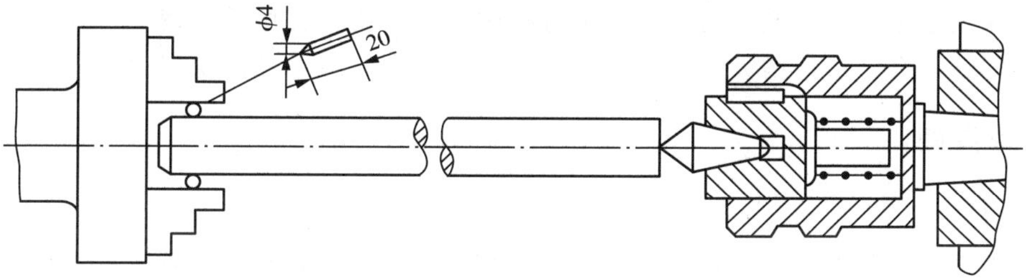

图 9－24　细长轴车削加工装夹

（3）合理选择车刀的几何形状

$K_\gamma=80°\sim93°$，$\gamma_0=15°\sim30°$，前刀面应磨有 $R1.5\sim R3$ 圆弧形断屑槽。选择正的刃倾角，通常 $\lambda_s=3°\sim10°$；为减小径向切削力，$\gamma_\varepsilon<0.3$ mm，倒棱宽度选小些，一般为 $0.5f$；选择红硬性和耐磨性好的刀具材料（如 YT15、YT30、YW1 等）。细长轴车削加工工件装夹及进刀如图 9－25 所示。

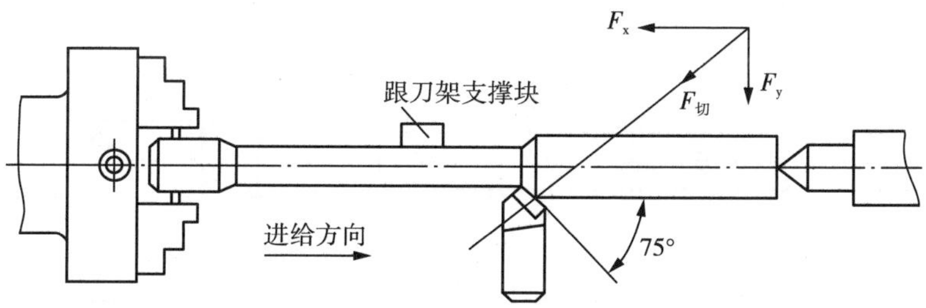

图 9－25　细长轴车削加工装夹及进刀

4. 车细长轴的注意事项

（1）必须调整尾座中心，使之与车床主轴中心同轴。

（2）车削过程始终浇注切削液。

（3）车削时随时注意顶尖的松紧程度。

（4）粗车时选择好第一次切削深度，将工件毛坯一次车圆。

（5）车削过程中，随时注意支撑爪与工件表面的变化情况，并视具体情况随时作出相应调整。

（6）车削过程中，随时注意工件已加工表面的变化情况。当发现有竹节形、腰鼓形等缺陷，及时排查原因，采取应对措施。如果发现缺陷越来越明显，应立即停车。

5. 容易出现的缺陷及预防措施

（1）竹节形

正确调整跟刀架支撑爪，不可支得过紧；采取接刀车削时，必须使车刀刀尖和工件支撑基准圆略微接触，接刀时切削深度加深 0.01～0.02 mm；粗车时如出现竹节形，可调整中滑板手柄，相应适当增加切削深度，以减小工件外径，或微调跟刀架支撑爪，使支撑力减小，以防竹节继续产生；调整车床床鞍、滑板相应的间隙，以消除进给时的让刀现象。

（2）腰鼓形

是因为工件刚性差，以及跟刀架支撑爪与工件表面接触不一致，支撑磨损而产生间隙，当车至中部时，由于径向切削力使工件的轴线压向车床回转轴线的外侧，发生弯曲变形，切削深度逐渐减小而成。为此，车削过程中要随时调整支撑爪，使其圆弧面的轴线与车床主轴轴线重合，适当增大车刀主偏角，使车刀锋利，减小径向切削力。

任务实施

1. 要求

通过本课题的学习和训练，重点掌握工件和刀具的正确装夹；合理选择切削用量；正确使用刻度盘控制尺寸；掌握量具的合理选择和使用；按图样要求加工。

2. 准备

（1）工件准备

卡盘扳手、刀架扳手。

（2）刀具准备

合理选择刀具（90°车刀？75°车刀？45°车刀？是左偏刀还是右偏刀？是粗车刀还是精车刀?）。

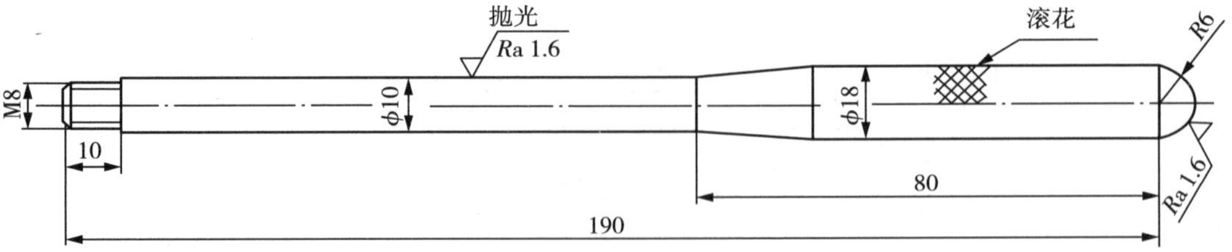

图 9-26　操作手柄

（3）根据“图样”选择工件的装夹方式（单夹式？一夹一顶？两顶式?）。

（4）依实际情况备料：45 钢 ϕ16 mm×200 mm（每人各 1 件；加工出如图 9-26 所示零件）。

（5）车床及其附件调整、试车。

3. 操作车床加工前工作

进入车间前：

（1）安全教育、工作安排与布置、分组。

（2）分配车床。

（3）分发工件、刀具、量具、工具。

进入车间后：

（1）细长轴加工操作示范。

（2）车床操作示范，以及刀具装夹、工件装夹示范。

（3）加工操作示范。

分析评价

1. 细长轴加工考核评分标准见表 9－3 所列。

2. 细长轴车削工艺方案、操作知识。

3. 考勤、学习态度、团队合作精神、质量意识和安全文明意识。

表 9－3　细长轴加工考核评分标准

项目	序号	技术要求	配分	评分标准	得分
工艺（15%）	1	工步正确完整	5	不规范每处扣 1 分	
	2	切削用量合理	5	每错一处扣 1 分	
	3	工艺规范合理	5	不合理每处扣 1 分	
机床操作（20%）	4	刀具选择安装正确	5	不合理每次扣 1 分	
	5	工件装夹正确	5	不合理每次扣 1 分	
	6	机床操作规范	5	不合理每次扣 1 分	
	7	零件加工不出错	5	出错全扣	
工件质量（35%）	8	尺寸精度符合要求	25	不合格每处扣 1 分	
	9	表面粗糙度及形位公差符合要求	10	不合格每处扣 1 分	
文明生产（15%）	10	安全操作	5	出错全扣	
	11	机床维护与保养	5	不合格全扣	
	12	工作场所整理	5	不合格全扣	
相关知识及职业能力（15%）	13	机加基础知识	5	教师提问	
	14	自学能力	10	教师根据学员的学习情况、表达沟通能力、合作能力和创新能力酌情给分	
		表达沟通能力			
		合作能力			
		创新能力			

知识拓展

采用反向进给方法车削

反向进给就是车削时床鞍带动车刀由主轴箱向尾座方向运动。反向进给时工件所受的轴向切削分力使工件受拉（与工件伸长变形方向一致），由于细长轴左端通过钢丝圈固定在卡盘内，右端支撑在弹性回转顶尖上，可以自由伸缩、不易产生弯曲变形，而且还能使工件获得较高的加工精度和较小的表面粗糙度值。

课后习题

1．加工如图 9－27 所示偏心轴。

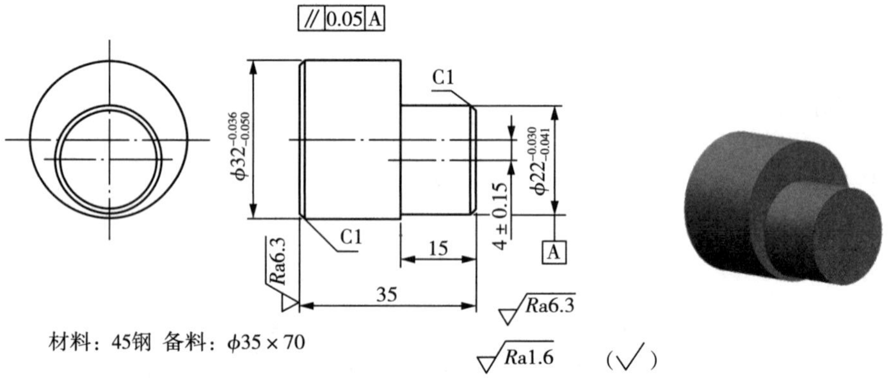

图 9－27　偏心轴

2．加工如图 9－28 所示细长轴。

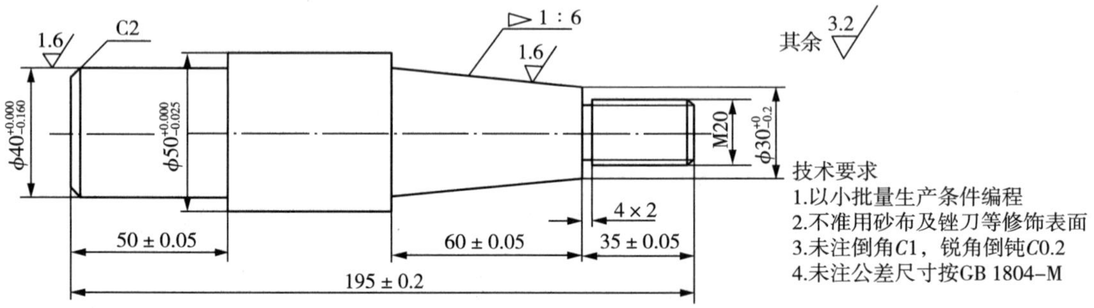

图 9－28　细长轴

附录一　普通车床的一般故障与调整

车床工业为中小企业机械加工提供先进的技术与高效的设备，使企业机械加工的生产能力和工艺水平得到提高。车床是生产中常见的机械生产加工装备，它集电力电子技术、电机技术、自动化控制技术、传感技术、自动检测技术、计算机控制技术、机床、液压及气压传动技术和加工工艺等于一体，是机电一体化的典型产品。

作为自动化设备，车床性能优越，具有高精度、高效率和高适应性的特点，但也十分容易发生故障。一般而言，车床在机械加工车间约占机床总数的一半，这主要是因为它的应用范围很广，可以加工各种回转表面，包括端面、外圆、内圆、锥面等，它甚至还可以加工螺纹、回转沟槽、回转成型面和滚花等。由于加工零件众多，车床的工艺范围又广，其中以卧式车床使用最为普遍，如 CA6140 型卧式车床。

车床结构简单，主要组成部件一般有床身、床头箱、变速箱、进给箱、光杆、丝杆、溜板箱、刀架、床腿和尾架等。它的工作原理主要是依靠主运动和进给运动，通过车刀和工件的相对运动，使被加工的部件毛坯被切削成具备一定几何形状、尺寸和表面质量的零件。然而，普通车床在使用过程中，很可能会出现一些故障，若不及时排除就会直接影响生产的进行，并使车床的精度和使用寿命迅速下降。因此，对车床进行故障诊断与维修是非常重要的。导致车床发生故障的因素主要有以下几种：机械锈蚀、机械磨损失效、电子元器件老化、插件接触不良、电流电压波动、温度变化、机床本身有隐患或灰尘等。为了提高车床的使用效率，我们有必要认真分析、总结其发生故障的原因，这对普通车床的合理、安全的使用、维护和检修具有一定的借鉴和参考意义。

1. 造成车床使用故障的原因

故障的表现形式是多种多样的，发生的原因也由很多因素综合形成。普通车床使用过程中常见的故障，就其性质大概可以分为车床本身运转不正常与车床加工工件产生缺陷 2 大类。造成车床使用故障的原因具体可以分为以下几种。

（1）零部件质量问题：车床本身的机械部件、电器元件等因自身质量原因而在工作中失灵，或者有些零件发生严重磨损，精度超差甚至已经损坏。

（2）安装和装配精度较差：车床安装、装配主要涉及溜板刮配，床身装配，溜板箱、进给箱及主轴箱的安装等，任何部分出现差错都有可能降低车床的精度。

（3）日常维护和保养不当：车床维护、保养的好坏可以直接影响工件的加工质量和生产效率。保养的内容主要是清洁、润滑和进行必要的调整，维护则是使车床保持良好状态、延长使用寿命、提高生产效率所必须进行的日常工作。

（4）使用不合理：不同的车床有着不同的技术参数，反映了其不同的加工范围和加工能力。如果在使用过程中没有严格按车床的加工范围和本工种操作规程来操作，就不能保证车床的合理使用。

2. 车床使用故障的类型及解决方法

车床的故障类型很多，按发生故障的部件不同，可分为主机故障和电气故障；按性质的不同，可分为车床本身运转不正常和加工零件产生缺陷；按发生故障的系统部位不同，可分为电气系统故障、机械系统故障、液压（气压与液压大致相同）系统故障。

（1）轴承类故障

传动轴是车床实现机械加工的核心部件。它在工作时承载着主要的载荷，所以是最容易发生故障的车床部件之一。如果车床主轴上单向推力球轴承等零部件产生损坏，机床用户可以准确地诊断并很快更换。如果传动轴断裂，机床用户一般可采用改大其直径尺寸、改进其内部结构、针对现场机床转速不同重新布局齿轮等方法来解决问题。

（2）主轴发热导致故障

在车床上，主轴一般都与滚动轴承或滑动轴承组装成一体，并以很高的转速旋转，从而产生较大热量。主轴轴承是主轴箱内的主要热源，如果它制造的热量没有及时排出，将导致轴承过热，使车床相应部位温度升高，从而产生热变形，严重时会使主轴与尾架不等高。这不仅影响车床本身精度和加工精度，而且会把轴承甚至主轴烧坏。

主轴过热的原因：主轴轴承间隙过小使摩擦力和摩擦热增加；在长期的全负荷车削中，主轴刚性降低，发生弯曲，传动不平稳而发热。

排除该故障时应注意：要调整主轴轴承间隙使之合适；应控制润滑油的供给，疏通油路；尽量避免车床承担长期负荷。

（3）车床振动导致故障

车床在加工过程中产生振动是不可避免的，但是当振动十分剧烈时，不仅会降低被加工物品的加工精度，影响生产率，还可能加剧车床磨损，使刀具耐用度下降，这对硬质合金、陶瓷等制作的脆性刀具尤为明显。

车床振动的原因：工作时螺栓松动，安装不正确；胶带等旋转件的跳动太大，引起车床振动；主轴中心线的径向摆动过大。

排除该故障时应注意：调整并紧固地脚螺栓；磨削刀具以保持切削性能；校正刀尖安装位置，使其略高于工作中心；校正胶带轮等旋转件的径向圆跳动；设法调整减小主轴摆动，若无法调整，可采用角度选配法来减小主轴摆动。

（4）噪声剧烈导致故障

噪声是车床发生故障的先兆。因此，正确分析噪声产生的原因，对迅速找出故障并排除故障至关重要。车床开动之后，由于各运动副之间作旋转或往复直线运动，周期性地接触和分开，所以它们之间因相互运动会产生一定的振动。一般而言，噪声会随着温度的升高、负荷和磨损的增大、润滑不良等而增大。

故障的排除方法：可按运动副的接触情况调整、修复或更换零部件，使轴恢复应有的精度等；检查并疏通不畅通的管道，使需要润滑的部位有适量、清洁、符合规定要求的润滑油等。

（5）刀架出现常见故障

对于刀架的常见故障，如果刀盘不动，可能出现的问题是机械卡阻、刀架电机烧坏或接触器、控制继电器损坏。现场应逐步排查故障原因，缩小故障范围，准确定位故障。如果刀盘上某刀位连续回转不停，一般是某刀位对应的霍尔元件损坏所致，将其更换即可解决。如果刀盘换刀时不到位或过位，一般是磁钢位置在圆周方向相对霍尔元件太靠前或太靠后所致，可在刀架锁紧状态下用内六方扳手先松开磁钢盘，再转动适当角度，使磁钢与霍尔元件位置相对即可。

（6）溜板箱自动进给手柄容易脱开的故障

导致溜板箱自动进给手柄容易脱开的原因：脱落蜗杆的弹簧压力不够；蜗杆托架上的控制板与杠杆的倾角改变，迫使进给箱的移动手柄跳开或交换齿轮脱开。

相应故障的排除方法：调整脱落蜗杆的弹簧压力，使脱落蜗杆在正常负荷下不脱落；焊补控制板并将挂钩处修锐；调整弹簧，若定位孔磨损可铆补后重新打孔。

（7）床鞍下沉故障

普通车床经过较长时间使用后，常常会发生床鞍下沉的现象，导致车床工作不正常，严重影响车床工作效率，甚至造成车床丧失工作能力。

造成床鞍下沉的主要原因：床身导轨面磨损，床鞍下导轨面磨损。在日常修理及床鞍下沉不严重时，无须修复机床导轨，通常可改变纵走刀小齿轮技术参数及溜板箱上纵向移动刻度盘刻度，以改善纵走刀小齿轮与床身齿条的啮合状况。这种方法具有简便易操作、技术难度较小、修理周期较短等优点，不过其修理效果是有限的。在床鞍下沉严重或机床大修时，应采用恢复床鞍高度的方法。

（8）机械漏油故障

漏油同样是日常工作中经常出现的车床故障之一。它不仅会浪费油料，造成直接经济损失，还会影响车床的工作性能；同时，长期渗漏也会对车床的安装带来不良后果，甚至影响日后的工作。出现这种问题应该尽快处理，以免造成严重后果。

3. 车床的维护保养策略

（1）为了保证车床在工作时正常运转，有效预防和减少车床各类故障的发生，成为车床的维护保养的日常工作之一。

（2）应定期检修车床极易发生故障或故障发生率较高的零部件、系统，如润滑系统等，尽量在早期发现故障的端倪，并及时检修维护，从而将故障消除，保障车床的正常运行。

（3）技术人员在日常的维护保养中，要检查有可能发生故障的零部件，更重要的是要及时对车床的各个子系统、子模块进行功能测试，并进行系统地清理和维护，以提高各个零部件的工作可靠性，从日常维护保养做起，实现车床使用寿命的最大化。

（4）技术员要做好维护保养及故障检修的记录工作，应详细记录从故障发生、分析判断到排除全过程中出现的各种问题及采取的所有措施，还要记录涉及的相关参数和软件。

总之，普通车床的故障原因是多方面的，车床故障原因及其排除方法是在长期实践中总结出来的，又经实践证明具有良好的经济和社会效益，因而具有较强的实用性与可行性。普通车床常见的机械故障在各种工作中经常会发生，工作人员只有熟练地掌握了车床的工作原理，具有丰富的现场经验，才能较快地找到故障，从而判断原因，并在最短的时间内将其排除。技术人员还应对自己的工作进行总结，并尝试摸索、学习自主修复和保养车床，从而将故障诊断与预防式检修相结合，最终真正实现车床使用寿命的最大化。

附录二　车工国家职业标准

1. 职业概况

1.1　职业名称

车工。

1.2　职业定义

操作车床，在工件旋转表面进行切削加工的人员。

1.3　职业等级

本职业共设五个等级，分别为：初级（国家职业资格五级）、中级（国家职业资格四级）、高级（国家职业资格三级）、技师（国家职业资格二级）、高级技师（国家职业资格一级）。

1.4　职业环境

室内，常温。

1.5　职业能力特征

具有一定的学习和计算能力；具有一定的空间感和形体知觉；手指、手臂灵活，动作协调。

1.6　基本文化程度

初中毕业。

1.7　培训要求

1.7.1　培训期限

全日制职业技术学校教育，根据其培养目标和教学计划确定。晋级培训期限：初级不少于 420 标准学时，中级不少于 350 标准学时，高级不少于 280 标准学时，技师不少于 245 标准学时，高级技师不少于 175 标准学时。

1.7.2　培训教师

培训初级、中级、高级的教师应具有本职业技师及以上职业资格证书或相关专业中级及以上专业技术职务任职资格；培训技师的教师应具有本职业高级技师职业资格证书或相关专业高级专业技术职务任职资格；培训高级技师的教师应具有本职业高级技师职业资格证书 2 年以上或相关专业高级专业技术职务任职资格。

1.7.3　培训场地设备

满足教学需要的标准教室和具有相应机床设备及必要的刀具、工具、夹具、量具及机床辅助设备的场地。

1.8　鉴定要求

1.8.1　适用对象

从事或准备从事本职业的人员。

1.8.2　申报条件

——初级（具备以下条件之一者）

（1）经本职业初级正规培训达规定标准学时数，并取得结业证书。

（2）在本职业连续见习工作 2 年以上。

（3）本职业学徒期满。

——中级（具备以下条件之一者）

（1）取得本职业初级职业资格证书后，连续从事本职业工作 3 年以上，经本职业中级正规培训达规定标准学时数，并取得结业证书。

（2）取得本职业初级职业资格证书后，连续从事本职业工作 5 年以上。

（3）连续从事本职业工作 7 年以上。

（4）取得经人力资源和社会保障行政部门审核认定的、以中级技能为培养目标的中等及以上职业学校本职业（专业）毕业证书。

——高级（具备以下条件之一者）

（1）取得本职业中级职业资格证书后，连续从事本职业工作 4 年以上，经本职业高级正规培训达规定标准学时数，并取得结业证书。

（2）取得本职业中级职业资格证书后，连续从事本职业工作 6 年以上。

（3）取得高级技工学校或经人力资源和社会保障行政部门审核认定的、以高级技能为培养目标的高等职业学校本职业（专业）毕业证书。

（4）取得本职业中级职业资格证书的大专及以上本专业或相关专业毕业生，连续从事本职业工作 2 年以上。

——技师（具备以下条件之一者）

（1）取得本职业高级职业资格证书后，连续从事本职业工作 5 年以上，经本职业技师正规培训达规定标准学时数，并取得毕结业证书。

(2) 取得本职业高级职业资格证书后，连续从事本职业工作 7 年以上。

(3) 取得本职业高级职业资格证书的高级技工学校本职业（专业）毕业生和大专以上本专业或相关专业的毕业生，连续从事本职业工作 2 年以上。

——高级技师（具备以下条件之一者）

(1) 取得本职业技师职业资格证书后，连续从事本职业工作 3 年以上，经本职业高级技师正规培训达规定标准学时数，并取得毕结业证书。

(2) 取得本职业技师职业资格证书后，连续从事本职业工作 5 年以上。

1.8.3 鉴定方式

分为理论知识考试和技能操作考核。理论知识考试采用闭卷笔试等方式；技能操作考核采用现场实际操作方式。理论知识考试和技能操作考核均实行百分制，成绩皆达 60 分及以上者为合格。技师、高级技师还须进行综合评审。

1.8.4 考评人员与考生配比

理论知识考试考评人员与考生配比为 1∶15，每个标准教室不少于 2 名考评人员；技能操作考核考评员与考生配比为 1∶8，且不少于 3 名考评员；综合评审委员不少于 3 人。

1.8.5 鉴定时间

理论知识考试不少于 90 min；技能操作考核时间：初级不少于 90 min，中级不少于 120 min，高级不少于 210 min，技师不少于 300 min，高级技师不少于 210 min，综合评审时间不少于 30 min。

1.8.6 鉴定场所、设备

理论知识考试在标准教室里进行；技能操作考核在具有必要的车床、刀具、工具、夹具、量具、量仪以及机床附件的场所进行。

2. 基本要求

2.1 职业道德

2.1.1 职业道德基本知识

2.1.2 职业守则

(1) 遵守法律法规和有关规定。

(2) 爱岗敬业、具有高度的责任心。

(3) 严格执行工作程序、工作规范、工艺文件和安全操作规程。

2.2 基础知识

2.2.1 机械制图与机械识图知识

(1) 机械零件制图方法，各种符号表达的含义。

(2) 识读轴、套、圆锥、三角螺纹及圆弧等简单零件图。

2.2.2　公差配合与技术测量知识

(1) 尺寸公差、未注尺寸公差、形位公差及表面粗糙度标注方法及含义。

(2) 识别零件加工部位的技术要求。

2.2.3　数学知识

(1) 工厂常用计算。

(2) 平面几何关于角的一些基本概念。

2.2.4　常用金属材料与热处理知识

(1) 常用金属材料与表示方法。

(2) 常用非金属材料知识。

(3) 识别工件材料材质的方法。

(4) 材料退火、正火、淬火、调质的知识。

2.2.5　机械加工工艺基础知识

(1) 金属切削加工方法及常用设备知识。

(2) 机械加工工艺规程制定知识。

2.2.6　钳工相关基础知识

(1) 划线知识。

(2) 钳工操作知识：钻、扩、绞孔，攻、套螺纹。

(3) 锯削、锉削知识。

2.2.7　电工知识

(1) 通用设备常用电器的种类及用途。

(2) 电气控制基础知识。

(3) 机床安全用电知识。

2.2.8　安全文明生产与环境知识

(1) 现场文明生产要求。

(2) 安全操作与劳动保护知识。

(3) 环境保护知识。

2.2.9　液（气）压知识

(1) 液压阀、油缸、液压泵基础知识。

(2) 机械手液压系统、液压系统控制卡盘及真空卡盘的知识。

2.2.10　相关法律法规知识

《中华人民共和国劳动法》相关知识。

3. 工作要求

本标准对初级、中级、高级、技师和高级技师的技能要求依次递进，高级别涵盖低级别。

3.1 初级

职业功能	工作内容	技能要求	相关知识
一、轴类零件加工	(一)普通卧式车床的使用、维护与保养	1. 能操作机床的各部手轮及手柄,变换主轴转速、螺距及进给量 2. 能对车床各部润滑点进行润滑 3. 能对卡盘、床鞍、中小滑板等进行调整和润滑保养	1. 机床名称、机床部件及操作手柄名称 2. 车床传动路线知识 3. 机床切削用量基本知识 4. 机床润滑图标 (含润滑油种类)
	(二)常用量具的识读、使用及保养	能使用游标卡尺、外径千分尺、万能角度尺、深度游标卡尺等,对轴类零件进行测量	1. 游标卡尺、外径千分尺、万能角度尺的结构、刻线、原理及测量方法 2. 量具的维护知识与保养方法
	(三)车刀的刃磨与装夹	1. 能根据需求选择车刀刀头形式 2. 能根据工件材料选择刀具材料 3. 能对 90°、45°、75°右偏刀及切断刀、三角形螺纹车刀进行刃磨和装夹 4. 能使用车削轴类零件的可转位车刀 5. 能使用砂轮机刃磨刀具 6. 能使用中心钻加工中心孔	1. 常用刀具材料的牌号 2. 常用刀具的装夹及刃磨方法 3. 常用的可转位车刀型号的标记方法 4. 刀具静止参考系的名称和角度 5. 砂轮机安全技术操作要求 6. 中心钻的选择及使用知识 7. 切屑种类及断屑措施
	(四)短光轴、3~4 个台阶的轴类零件加工	1. 能对零件进行装夹 2. 能制定短光轴、3~4 个台阶的普通轴类(台阶轴、销钉、拉杆、双头螺栓等)零件的加工步骤,进行加工,并达到以下要求: (1) 轴颈公差等级:IT9 (2) 同轴度公差等级:8~9 级 (3) 表面粗糙度:$Ra3.2\ \mu m$ (4) 未注公差等级:粗糙 c 级 (5) 未注同轴度公差等级:L 级 (0.5 mm) 3. 能进行滚花加工及抛光加工	1. 短光轴、3~4 个台阶的轴类零件图,图上各种符号表达的含义及技术要求 2. 工序余量的相关标注 3. 工件定位的基本原理及定位方法 4. 台阶轴的车削方法 5. 台阶轴切削用量的选择 6. 滚花加工及抛光加工知识 7. 滚花刀的模数知识 8. 表面粗糙度样块识别 9. 公差表的知识

（续表）

职业功能	工作内容	技能要求	相关知识
二、套类零件加工	（一）车直孔	1. 能对麻花钻进行刃磨 2. 能对内孔刀进行刃磨 3. 能在车床上进行钻孔、扩孔、铰孔 4. 能制定短衬套等直孔套类、法兰盘类、轮类零件的车削加工顺序 5. 能使用心轴对直孔套类零件进行装夹 6. 能用内径百分表或塞规测量孔径 7. 能车削直孔套类、轮类、盘类零件，并达到以下要求： （1）轴颈公差等级：IT9 （2）孔径公差等级：IT10 （3）表面粗糙度：$Ra3.2\ \mu m$ （4）圆柱度公差等级：8～9 级	1. 麻花钻头几何形状的刃磨方法 2. 内孔刀的型式、用途、装夹及刃磨知识 3. 钻孔、扩孔、铰孔加工及铰刀选用方法 4. 冷却液知识 5. 直孔套类零件的装夹和车削方法 6. 直孔加工切削用量的选择 7. 车内孔的关键技术要点 8. 标准心轴的相关知识及自制心轴的方法 9. 自制塞规知识 10. 内径百分表测量工件的方法
	（二）车台阶孔、平地盲孔及内沟槽	1. 能对内孔 1～3 个台阶的套类（轴承套等）零件制定车削加工顺序 2. 能对内沟槽进行加工和测量 3. 能对加工平底盲孔时的平底麻花钻进行刃磨 4. 能对加工平底为盲孔的 90°内孔车刀进行刃磨和装夹 5. 能对台阶孔、平底盲孔的直径与深度进行加工和测量	1. 麻花钻 180°顶角刃磨知识 2. 内沟槽种类及内沟槽车刀刃磨知识 3. 台阶孔、平底盲孔的加工技术 4. 台阶孔、平底盲孔及内沟槽的测量技术 5. 套类零件内、外圆同轴度的定义及工艺保证措施
三、圆锥面加工	（一）标准锥度与锥角加工	1. 能用转动小滑板法车削标准圆锥内外圆锥面 2. 用涂色法检验圆锥面时，接触面≥65％ 3. 能用百分表和试棒调整尾座中心，并能用偏移尾座法车削锥体工件 4. 能用靠模装置车削锥体工件 5. 能刃磨大角度直刀刃，用宽刃刀法精车圆锥面	1. 车削圆锥面的有关计算 2. 锥度量规的使用知识 3. 锥度加工切削用量的选择 4. 尾座偏移法车削锥体工件时的偏移量计算 5. 转动小滑板车削、靠模车削圆锥面的方法 6. 宽刃刀刃磨及研磨方法 7. 车削圆锥面时产生质量问题的原因及其解决办法

（续表）

职业功能	工作内容	技能要求	相关知识
	（二）零件结构性设计的任意圆锥角加工	1. 能按图样计算所需角度 2. 能迅速确定小滑板的旋转方向和角度 3. 能使用万能角度尺或角度样板透光测量圆锥面，检测角度的正确性 4. 能车削内、外圆锥面并达到以下要求： （1）圆锥角公差等级：AT9 （2）表面粗糙度：$Ra3.2\ \mu m$ （3）圆锥面对测量基准的跳动公差：IT9	1. 用几何角度的知识测定小滑板的旋转方向和角度的有关知识 2. 万能角度尺中的角尺、直尺的变换技术 3. 万能角度尺、角度样板的使用方法
四、成形曲面加工	（一）用双手控制法车削成形曲面	1. 能刃磨车削内、外圆弧曲面的成型刀具 2. 能车削球面、曲线手柄等成形曲面 3. 能用半径规及曲线样板测量圆度及轮廓度 4. 能用锉刀、砂布对成形面进行修整、抛光	1. 刃磨内、外圆弧刀的知识 2. 计算圆弧曲线知识 3. 半径规及曲线样板的使用方法 4. 用双手控制法车削圆弧曲面的进给方法 5. 锉刀锉纹及砂布粒度的知识 6. 成形曲面加工切削用量的选择
	（二）成形圆弧刀对光滑曲面的加工	1. 能用曲线样板或半径规等量具刃磨刀具 2. 能用成形圆弧刀对光滑曲面进行车削，并测量圆弧曲面的轮廓	圆弧刀的刃磨技术
	（三）靠模法对光滑曲面的加工	1. 能用靠模板方法车削成形曲面 2. 能用尾座装夹样板仿形车削成形曲面	1. 靠模板的应用知识 2. 标准样件的安装
五、螺纹及蜗杆加工	（一）米制普通螺纹（M）加工	1. 能刃磨螺纹车刀 2. 能根据工件螺距标注值，按照进给箱铭牌调整变换手柄位置 3. 能用丝锥、板牙攻、套螺纹 4. 能使用螺纹环规及塞规对螺纹进行综合检验 5. 能低速或高速车削普通螺纹（60°），并达到以下要求： （1）普通螺纹精度：7～8 级 （2）表面粗糙度：$Ra3.2\ \mu m$	1. 普通螺纹的种类、用途及有关计算方法 2. 螺纹基本牙型及公差带知识 3. 普通螺纹标记及常用 M5～M24 螺距知识 4. 普通螺纹车刀几何参数 5. 普通螺纹车削方法 6. 攻、套螺纹前螺纹底径与杆径的计算方法 7. 攻、套螺纹方法 8. 螺纹环规及塞规的结构及使用方法 9. 车削螺纹切削用量的选用
	（二）英制螺纹加工	能按英制牙数变换手柄位置并车削 55°牙型角螺纹	1. 螺纹代号与标记 2. 螺纹基本牙型、尺寸计算及公差表的查阅知识

（续表）

职业功能	工作内容	技能要求	相关知识
六、车床设备维护、保养与调整	（一）卡盘清洗与修复	1. 能在主轴上装卸三爪自定心卡盘和四爪单动卡盘 2. 能对三爪自定心卡盘零部件进行拆装清洗 3. 能根据装夹需要，更换正、反卡爪 4. 能对三爪卡盘内口的装夹面进行修复	1. 四爪卡盘的结构和形状 2. 三爪自定心卡盘拆装知识 3. 三爪自定心卡盘的规格
	（二）滑动部位清洗与调整	1. 能对床鞍、中小滑板、转盘、尾座等结构不拆卸进行清洗保养和间隙调整 2. 能对方刀架拆卸进行清洗和保养 3. 能对丝杠、光杠、变向操纵杠三杠进行清洗保养	1. 床鞍、中小滑板、尾座等结构调整点和清洗部位知识 2. 方刀架结构拆装和清洗知识 3. 三杠的作用原理

3.2　中级

职业功能	工作内容	技能要求	相关知识
一、轴类零件加工	（一）带锥度的多台阶轴类零件加工	1. 能制定工件装夹顺序及加工顺序 2. 能刃磨正、反切削刀具 3. 能加工带锥度的多台阶轴类（齿轮轴、花键轴等）零件，并达到以下质量要求： （1）轴颈公差等级：IT7～IT8 级 （2）表面粗糙度：$Ra1.6 \sim 3.2\ \mu m$ （3）圆柱度公差等级：8 级 （4）轴向长度公差等级：IT10 （5）未注尺寸公差等级：中等 m 级	1. 带锥度的多台阶轴类零件图 2. 轴类零件装夹中六点定位原理的应用 3. 针对工件材料性质，选择切削用量，保证表面粗糙度的方法 4. 台阶轴各台阶长度尺寸换算 5. 正、反切削下料长度及道具的准备 6. 形位公差的基础知识 7. 多台阶轴加工工艺过程 8. 轴类材料热处理方法与表示方法

（续表）

职业功能	工作内容	技能要求	相关知识
	（二）细长轴加工	1. 能对细长轴进行装夹 2. 能使用中心架、跟刀架，并对支承爪进行修整 3. 能分析车细长轴时出现的弯曲、竹节形、多边形、锥度、振动等工件缺陷产生的原因并采取措施消除工件表面变形等缺陷 4. 能解决细长轴在加工中热变形伸长问题 5. 能刃磨和装夹车细长轴的车刀 6. 能车削细长轴，并能达到以下要求： （1）长径比：$l/D \geqslant 20$ （2）尺寸公差等级：IT8 （3）圆度公差等级：8 级 （4）圆跳动公差等级：8 级 （5）表面粗糙度：$Ra3.2\ \mu m$	1. 细长轴进行装夹方法 2. 车细长轴时出现的弯曲、竹节形、多边形、锥度、振动等产生的原因及处理办法 3. 金属切削过程、切削力的分解及影响切削力的因素 4. 机屑瘤对细长轴加工的影响 5. 细长轴热变形伸长量的计算 6. 选择车刀几何形状的知识 7. 细长轴切削用量的选择 8. 细长轴形位公差检测知识
二、套类零件加工	（一）有色金属材料的套类、盘类零件加工	1. 能针对工件材料选择对应牌号刀具，对刀具进行刃磨和装夹 2. 能选用相应的冷却润滑液 3. 能解决工件热变形、残余应力变形、装卡变形等问题 4. 能借料找正解决铸造缺陷 5. 能对有色金属套类工件进行加工并达到以下要求： （1）轴径公差等级：IT8 （2）孔径公差等级：IT9 （3）表面粗糙度：$Ra3.2\ \mu m$	1. 车削有色金属铸造材料的车刀牌号 2. 外圆、内孔车刀及麻花钻等刀具的刃磨方法 3. 套类有色金属铸造材料变形的复映规律及解决变形的方法 4. 能够根据工件的尺寸、精度及材料的性质等因素选择切削用量
	（二）薄壁套加工	1. 能用通用夹具，配合以相应的措施装卡工件，以减少变形，保证精度 2. 能用自制的锥体心轴、螺纹心轴、花键心轴等专用夹具装夹工件 3. 能车削薄壁套，并达到以下要求： （1）轴径公差等级：IT8 （2）孔径公差等级：IT9 （3）圆柱度公差等级：9 级	1. 薄壁套类零件六点定位原理的运用 2. 夹紧力大小的确定 3. 夹紧力方向的确定 4. 夹紧力作用点的确定 5. 车床典型轴向夹紧机构 6. 薄壁套零件圆柱度保证的方法 7. 薄壁套切削用量的选择

（续表）

职业功能	工作内容	技能要求	相关知识
三、螺纹及蜗杆加工	（一）米制普通螺纹精加工	1. 能低速精车普通螺纹（M） 2. 能使用螺纹千分尺测量螺纹中径 3. 能使用三针测量螺纹中径 4. 能精车削普通螺纹并达到以下要求： （1）普通螺纹公差等级：6 级 （2）表面粗糙度：*R*a1.6 μm	1. 螺纹千分尺的结构、原理及使用、保养方法 2. 三针测量螺纹中径的方法及千分尺读数的计算方法 3. 螺纹精车切削用量的选择
	（二）管螺纹加工	1. 能车削英制非密封管螺纹 G（55°） 2. 能车削英制一般密封管螺纹 R（55°）：R1（圆锥外螺纹）与 Rp（圆柱内螺纹），R2（圆锥外螺纹）与 Rc（圆锥内螺纹） 3. 能攻丝美制密封圆锥管螺纹 NPT（60°） 4. 能车削一般密封米制管螺纹 ZM（60°）	1. 管螺纹标记 2. 螺纹基本牙型及尺寸计算、公差带的选用 3. 管螺纹车削时的吃刀方法 4. 查阅各种管螺纹的基本牙型、基本尺寸和公差表知识
	（三）美制螺纹加工	能车削美制统一螺纹 UN（60°）	1. 美制统一螺纹标记 2. 螺纹基本牙型、尺寸计算及公差带知识
	（四）米制梯形螺纹 Tr（30°）加工	1. 能根据螺纹升角刃磨螺纹车刀的前角和后角 2. 能用三针和单针测量螺纹中径 3. 能用梯形螺纹塞规综合检验梯形内螺纹 4. 能车削单线或双线梯形螺纹，并达到以下要求： （1）梯形螺纹公差等级：8 级 （2）表面粗糙度：*R*a1.6 μm （3）牙型半角误差：±20′	1. 米制梯形螺纹标记 2. 梯形螺纹牙型尺寸及角度的计算方法 3. 梯形螺纹车刀角度几何参数的选择原则 4. 梯形螺纹车刀的刃磨与装夹 5. 双线梯形螺纹的分线方法 6. 梯形螺纹切削时的吃刀方法 7. 三针及单针测量螺纹中径的方法 8. 梯形螺纹切削用量的选择

（续表）

职业功能	工作内容	技能要求	相关知识
	（五）矩形螺纹加工	1. 能刃磨和装夹矩形螺纹车刀 2. 能车削矩形螺纹 3. 保证表面粗糙度要求：$Ra1.6\ \mu m$	1. 矩形螺纹标记 2. 矩形螺纹车刀的几何角度和刃磨要求 3. 矩形螺纹切削用量的选择 4. 矩形螺纹车削时的吃刀方法
	（六）米制锯齿形螺纹B（3°/30°）加工	1. 能刃磨和装夹齿形螺纹切刀 2. 能车削锯齿形螺纹 3. 能测量齿形角 4. 能达到表面粗糙度 $Ra1.6\ \mu m$ 的要求	1. 米制锯齿形螺纹标记 2. 锯齿形螺纹车刀几何参数的选择原则 3. 锯齿形螺纹切削用量的选择 4. 锯齿形螺纹车削时的吃刀方法
	（七）单线蜗杆加工	1. 能按角度样板、角度尺刃磨蜗杆车刀 2. 能按蜗杆齿廓装夹车刀 3. 能车削轴向齿廓蜗杆和法向齿廓蜗杆 4. 能用齿厚卡尺测量法向齿厚 5. 能车削单线蜗杆，并达到以下要求： （1）蜗杆公差等级：9级 （2）表面粗糙度：$Ra1.6\ \mu m$ （3）分度圆直径对测量基准的圆跳动≤0.05 mm	1. 蜗杆齿形的计算 2. 蜗杆的种类、用途及加工工艺 3. 蜗杆车刀的几何形状 4. 蜗杆车刀的刃磨要求 5. 车刀的装夹 6. 交换齿轮的选择 7. 单线蜗杆切削用量的选择
四、偏心件及曲轴加工	（一）偏心轴、套加工	1. 能对偏心部位划线及找正 2. 能用三爪卡盘加垫片装夹偏心轴、套 3. 能在两顶尖间装夹偏心轴、套 4. 能在偏心夹具上装夹偏心轴、套 5. 能用四爪卡盘找正装夹偏心轴、套 6. 能选择工件配重 7. 能对偏心轴、套进行车削和测量，并达到以下要求： （1）偏心距公差等级：IT9 （2）轴颈公差等级：IT7 （3）孔径公差等级：IT8 （4）轴心线平行度：8级 （5）表面粗糙度：$Ra1.6\ \mu m$	1. 偏心轴、套零件图样表达方法 2. 偏心轴、套件的加工特点 3. 在平台、V形架及方箱上进行划线的方法 4. 偏心垫片的厚度计算 5. 在三爪自定心卡盘上车削偏心轴、套的方法 6. 在四爪单动卡盘上车削偏心轴、套的找正方法 7. 在两顶尖间车削偏心轴、套的方法 8. 在双重卡盘上装夹、车削偏心轴、套 9. 在V形架、两顶尖间检测偏心距的方法及有关计算 10. 轴心线平行度的检测方法 11. 车削偏心轴、套时产生质量问题的原因及预防方法

（续表）

职业功能	工作内容	技能要求	相关知识
	（二）单拐曲轴加工	1. 能对单拐曲轴进行划线、钻中心孔、装夹及配重 2. 能对单拐曲轴制定加工顺序 3. 能对单拐曲轴进行车削和测量，并达到以下要求： （1）轴颈公差等级：IT8 （2）偏心距公差等级：IT11 （3）曲柄颈开档公差等级：IT10 （4）圆柱度公差等级：8 级 （5）主轴颈对基准线的圆跳动：8 级 （6）主轴颈与主轴颈轴线之间的平行度：8 级 （7）表面粗糙度：$Ra1.6\ \mu m$	1. 图样上曲轴的表达方式 2. 单拐曲轴的结构特点 3. 在平台、V 形架及方箱上进行划线的方法 4. 曲轴的装夹和配重方法 5. 曲轴所用车刀的结构特点和装夹要求 6. 预防曲轴产生变形的措施 7. 使用专用夹具车削曲轴工件的方法 8. 在两顶尖间车削曲轴工件的方法 9. 单拐曲轴切削用量的选择 10. 单拐曲轴检测偏心距的方法及有关计算 11. 主轴颈、曲柄颈平行度的检测方法 12. 车削曲轴时产生质量问题的原因及预防方法
五、矩形、非整圆孔加工	（一）矩形零件加工	1. 能检测四爪卡盘、花盘平面的端面全跳动 2. 能在工件平面上划轮廓线，并能按划线找正工件 3. 能利用正、反爪加工平板类工件的两平行面 4. 能找正和检测平板类工件平行度到达：7～8 级 5. 在四爪卡盘的四卡爪夹平板时，受力点之外的悬空部位能够采取措施减少振动和变形 6. 能在四爪卡盘上加工六面体，保证其对称面平行、相邻面垂直 7. 能在四爪卡盘或花盘上进行六面体工件上孔的加工，并保证孔轴线与各面的垂直或平行	1. 用百分表检测端面全跳动的操作方法 2. 利用卡盘平面、正、反爪台阶面定位装夹工件的方法 3. 利用卡尺、塞规、内卡钳等量具找正工件平面与卡盘平面平行的方法 4. 四爪卡盘装夹板类工件时，悬空部位支承的方法 5. 在四爪卡盘上找正六面体各面平行度或垂直度的方法 6. 在四爪卡盘、花盘上使用穿通螺栓、压板、定位挡铁的方法

（续表）

职业功能	工作内容	技能要求	相关知识
	（二）非整圆孔零件加工	1. 在零件上能够划十字线、圆线和田字检测线，并按线找正 2. 能在四爪卡盘上加工非整圆孔零件的两平行端面 3. 能在四爪卡盘上加工非整圆孔零件的内孔面，并使其孔轴线与端面垂直 4. 能在花盘上装夹并车削非整圆孔零件上的平行孔 5. 能检测非整圆孔零件上的平行孔距	1. 保证各平行孔的平行度和孔对端面垂直度的方法 2. 非整圆孔零件两平行孔距的检测方法
六、大型回转表面加工	（一）大型轴类零件加工	1. 能制定带有沟槽、螺纹、锥面、球面及其他曲面的大型轴类零件的加工顺序 2. 能在大型卧式车床上装夹大型轴类零件 3. 能车削带有沟槽、螺纹、锥面、球面及其他曲面的大型轴类零件并达到以下要求： （1）轴颈公差等级：IT7 （2）轴向长度尺寸公差等级：IT9 （3）表面粗糙度：$Ra1.6\ \mu m$	1. 识读带有沟槽、螺纹、锥面、球面及其他曲面的大型轴类零件加工技术要求 2. 车削大型轴类零件进行吊装定位的知识 3. 装夹大型轴类零件的注意事项 4. 车削大型轴类零件切削用量的选择 5. 产生质量问题的原因及预防方法
	（二）大型套类、盘类零件加工	1. 能制定带有沟槽、螺纹、锥面、球面及其他曲面的大型套类、轮、盘类零件的加工顺序 2. 能在卧式车床上装夹大型套类及轮、盘类零件 3. 能使用立式车床车削大型轮盘类、套类、壳体类零件，并达到以下要求： （1）轴颈公差等级：IT7 （2）孔径公差等级：IT8 （3）轴向长度尺寸公差等级：IT9 （4）表面粗糙度：$Ra1.6\ \mu m$ 4. 能使用圆柱量棒（或钢球）、外径千分尺和量块等经过换算间接测量内、外锥体	1. 识读有沟槽、螺纹、锥面、球面及其他曲面的大型套类、轮、盘类零件的加工技术要求 2. 车削大型套类、轮、盘类零件进行吊装定位的知识 3. 装夹大型套类、轮、盘类零件的注意事项 4. 车削大型套类、轮、盘类零件切削用量的选择 5. 在立式车床上测量圆锥面的方法 6. 产生质量问题的原因及预防方法

（续表）

职业功能	工作内容	技能要求	相关知识
七、车床设备维护、保养与调整	（一）滑动面拆装清洗	能对床鞍前后导轨压板及防尘垫、中小滑板、转盘、尾座等进行拆装、清洗、调整和保养	床鞍前后导轨压板及防尘垫、中小滑板、转盘、尾座等拆装知识
	（二）一级保养	1. 能诊断本车床一般小故障，并加以解决 2. 能进行一级保养，能合理使用所需的工具	1. 本车床一般小故障的排除方法 2. 机床典型零部件的结构知识 3. 一级保养的步骤与方法
	（三）摩擦离合器的调整	能够调整摩擦离合器的间隙	1. 多片式摩擦离合器的结构及操纵装置 2. 摩擦离合器、制动器的联动结构
	（四）制动装置调整	能调整制动带的松紧程度并视情况更换新的制动带	1. 制动装置的功用 2. 制动器的操纵装置 3. 制动带的更换方法
	（五）开合螺母机构调整	能在螺距不均时，对开合螺母机构进行调整	1. 开合螺母的功用 2. 开合螺母机构的结构
	（六）挂轮间隙调整	能调整齿轮啮合时的间隙	挂轮架的结构

3.3　高级

职业功能	工作内容	技能要求	相关知识
一、套筒及深孔加工	（一）复杂套筒（滑动轴承、液压缸等）零件加工	1. 能分析及解决加工中产生的变形、振动等问题 2. 对同轴度、圆柱度要求较高且工件较短的薄壁套筒，能够在一次装夹中将内、外圆及端面加工完毕 3. 能对深孔的长套筒零件进行工艺分析，装夹工件并选择刀具、附具 4. 能对大型薄壁套筒零件装夹、校正	—

（续表）

职业功能	工作内容	技能要求	相关知识
一、套筒及深孔加工	（一）复杂套筒（滑动轴承、液压缸等）零件加工	5. 能对内孔进行精镗、珩磨 6. 能加工复杂套筒类零件，并达到以下要求： （1）孔径公差等级：IT7 （2）长套筒圆度、圆柱度公差等级：6～7级 （3）内孔表面粗糙度：*R*a2.5～0.16 μm （4）轴颈公差等级：IT7 （5）外径表面粗糙度：*R*a5～0.63 μm	1. 能够根据工件的材料、形状、尺寸及壁厚等结构特点，选择加工方案 2. 加工以外圆或以内孔为基准的薄壁套筒夹具的制作方法 3. 较长薄壁套筒深孔加工时一夹一托方式的注意事项 4. 均匀夹紧力机构的典型结构 5. 薄壁套筒进行精加工的方法 6. 大型薄壁套筒的装夹、校正方法 7. 车削复杂套筒时切削用量的选择
	（二）深孔加工	1. 能选用深孔钻加工刀具并进行装夹 2. 能解决深孔加工中的排屑、冷却、润滑 3. 能选用群钻，浮动镗、浮动铰刀等先进孔用刀具进行深孔加工 4. 能使用深孔珩磨工具加工细长深孔 5. 能车削深孔并达到以下要求： （1）长径比：L/D≥5 （2）孔径公差等级：IT7 （3）表面粗糙度：*R*a1.6 μm （4）圆柱度公差等级：IT7 6. 能检验深孔	1. 制定深孔加工步骤的方法 2. 深孔钻的种类、特点及选择、安装、调整方法 3. 深孔加工时切削用量的选择方法 4. 深孔车削过程的特点 5. 深孔浮动铰刀的结构 6. 深孔加工刀具的排屑方法 7. 深孔加工时工件与刀具的运动形式 8. 深孔检验的量具及方法 9. 深孔珩磨工具的特点 10. 产生质量问题的原因及预防方法
二、螺纹及蜗杆加工	（一）长丝杠加工	1. 能编制长丝杠加工顺序 2. 能在普通车床上对长丝杠进行装夹 3. 能在普通车床上车削长丝杠（长度≥2 m），并达到以下要求： （1）丝杠公差等级：8级 （2）表面粗糙度：*R*a1.6 μm 4. 能对长丝杠进行检验	1. 车削长丝杠切削用量的选择 2. 预防长丝杠变形的措施 3. 长丝杠检测误差的分析

（续表）

职业功能	工作内容	技能要求	相关知识
	（二）多线螺纹及蜗杆加工	1. 能制定多线螺纹和蜗杆的加工顺序 2. 能刃磨和装夹车削多线螺纹及多线蜗杆车刀 3. 能车削三线以上螺纹 4. 能车削双线以上蜗杆 5. 能用三针、齿厚游标卡尺测量蜗杆	1. 车削三线以上螺纹的工艺知识 2. 能够对多线螺蜗杆牙形不同直径尺寸处的不同导程角进行计算 3. 分线方法 （1）轴向分线法 （2）圆周分线法 4. 三针测量多线螺纹的方法及计算 5. 分线精度的测量方法 6. 三线以上内螺纹车削时的不利因素 7. 精度检验及误差分析
三、偏心件及曲轴加工	（一）双偏心零件的加工	1. 能用三爪自定心卡盘加垫片找正在轴向截面内对称的双偏心中心线 2. 能用四爪单动卡盘装夹找正双偏心零件 3. 能车削双偏心外圆和双偏心孔，并达到以下要求： （1）偏心距公差等级：IT8 （2）轴颈公差等级：IT6 （3）孔径公差等级：IT7 （4）对称度公差等级：8级 （5）偏心轴线对基准轴线平行度：7级 （6）表面粗糙度：$Ra1.6\ \mu m$	1. 双偏心轴、套的安装、调整 2. 双偏心零件的测量方法
	（二）四拐曲轴加工	1. 能对四拐以下（含四拐）曲轴进行划线、钻中心孔装夹 2. 能加工四拐曲轴并达到以下要求： （1）轴颈公差等级：IT6	1. 用一夹一顶或两顶尖装夹四拐曲轴的方法 2. 用偏心夹板装夹四拐曲轴的方法 3. 用偏心卡盘装夹四拐曲轴的方法 4. 用偏心夹具装夹四拐曲轴的方法

（续表）

职业功能	工作内容	技能要求	相关知识
	（二）四拐曲轴加工	（2）主轴颈、曲轴径开档公差等级：IT9 （3）表面粗糙度：$Ra1.6\ \mu m$ （4）圆柱度公差等级：6 级 （5）曲轴颈对基准轴线的圆跳动：6 级 （6）曲轴颈相互角度误差：$\pm 20'$ （7）曲轴颈与主轴颈轴线之间的平行度：7 级 （8）曲轴颈的偏心距公差等级：IT8 3. 能测量多拐曲轴	5. 粗、精车各轴颈的先后顺序原则 6. 四拐曲轴的加工方法 7. 减少多拐曲轴车削变形的方法 8. 曲轴颈与主轴颈轴线之间平行度的检测方法 9. 曲轴颈夹角的检测方法 10. 产生质量问题的原因及预防方法
	（三）缺圆块状零件的加工	1. 能对缺圆块状工件进行画线 2. 能对缺圆块状工件进行装夹和加工 3. 能对缺圆块状工件进行检测	1. 能够掌握缺圆块状零件（镶嵌块）的结构特点 2. 缺圆块状零件加工线计算 3. 加工缺圆块状工件线时，切削用量的选择 4. 在花盘上加工缺圆块状零件的方法 5. 能够设计夹具批量检测加工缺圆块状零件并进行夹具误差分析计算 6. 内、外缺圆测量的方法
四、箱体孔加工	（一）齿轮减速箱体类加工加工	1. 能进行箱体划线 2. 能在花盘、角铁上对箱体零件进行装夹 3. 能进行立体交叉孔及多孔工件的装夹与调整 4. 能车削箱体平行孔、同轴孔、立体交叉孔并达到以下要求： （1）孔距公差等级：IT9 （2）孔径公差等级：IT6～IT7 （3）孔中心线相互垂直度：8 级 （4）位置度：0.01 mm （5）表面粗糙度：$Ra1.6\ \mu m$ 5. 能测量各箱体孔的尺寸及相互位置精度	1. 识读箱体孔的技术要求： （1）轴承孔的尺寸精度要求 （2）轴承孔相互位置精度要求 2. 齿轮减速箱定位基准的选择原则 3. 箱体平行孔、同轴孔、立体交错孔装夹、车削和测量方法

（续表）

职业功能	工作内容	技能要求	相关知识
	（二）涡轮减速箱体类加工	1. 能装夹涡轮减速箱体并保证涡轮和蜗杆孔的垂直中心距要求 2. 能对涡轮箱体孔进行加工、测量，并达到以下要求： （1）孔距公差等级：IT9 （2）孔径公差等级：IT6～IT7 （3）孔中心距相互垂直度：8级 （4）位置度：0.1 mm （5）表面粗糙度：$Ra1.6\ \mu m$	1. 涡轮箱体划线技术 2. 涡轮箱体加工时定位基准的选择 3. 涡轮箱体垂直中心距的测量方法
	（三）锥齿轮座类加工	1. 能利用花盘、角铁车削垂直相贯孔 2. 能用花盘、角铁、组合夹具限位孔距	垂直相贯孔垂直度的限位方法
五、组合件加工	（一）对称平分两半体零件（上下轴衬）加工	1. 能在对称平分半体上进行划线 2. 能组合两半体工件 3. 能进行两半体的对称平分找正，车削对称半圆孔	1. 校正端面平分线的方法 2. 校正端面及侧母线平分线对机床导轨面平行度的方法 3. 车削两半体工件对称半圆孔的方法 4. 两半体对称半圆孔半径尺寸的测量方法
	（二）模具加工	1. 能用合模与分模的方式进行组合加工 2. 能车削橡胶模具、锻造模具、铸造模具等	1. 制定组合加工工艺方案的方法 2. 产品对型腔的设计要求
	（三）组合轴、套件加工	1. 能车削内外圆锥、偏心、螺纹四件以下（含四件）的组合工件 2. 能组装整体加工和检验	1. 分析和解决组合工件加工中产生的质量问题 2. 解决车削组合工件时的关键问题： （1）根据工艺确定基准零件 （2）安排组合工件的加工顺序和制定加工工艺卡 3. 车削基准零件时的注意事项 4. 保证组合件装配精度要求的方法

（续表）

职业功能	工作内容	技能要求	相关知识
六、车床维护、保养与调整	（一）润滑油的供给	1. 能清洗油箱、滤油器、主轴箱体、进给箱体 2. 疏通油泵及油路，使主轴箱体、进给箱体内部充分润滑，注入并足量供给润滑油	1. 油泵供油润滑系统知识 2. 油号及油标知识
	（二）安全离合器的调整	能用旋具将溜板箱左侧盖板打开，调整弹簧压力到适当的松紧程度	安全离合器短的调整知识

3.4 技师

职业功能	工作内容	技能要求	相关知识
一、轴类零件加工	（一）高精度、大型传动轴类零件加工	1. 能对高精度的大尺寸（尺寸大于 500 mm）直径的轴类零件进行直接测量和间接测量 2. 能对高精度、大型传动轴类零件，按技术要求进行加工 3. 能使用涂层刀具、特殊形状及特殊材料刀具等新型刀具 4. 能对大型传动轴类外表面进行砂带磨削 5. 能对大型轴类外表面进行滚压加工 （1）轴颈公差等级：IT7～IT5 （2）轴颈表面粗糙度：$Ra0.8\ \mu m$ （3）未注尺寸公差等级：中等 m～精密 f 级	1. 大尺寸的轴类零件直接测量和间接测量的方法 2. 大型传动轴类零件的特点及加工方法 3. 延长车刀使用寿命的方法 4. 新型刀具材料的种类、特点及应用 5. 在车床上砂带磨削工具及磨削方法 6. 在车床上滚压加工常用工具及滚压方法
	（二）机床主轴类零件的加工	1. 能对轴径公差等级为 IT7～IT5 的机床主轴类进行车削加工 2. 能采用锥堵或锥堵心轴的中心孔作为定位基准	1. 主轴类零件的特点及加工方法 2. 保证空心主轴技术要求的措施 3. 安装工艺锥堵或锥堵心轴的注意事项 4. 精密机床主轴的加工工艺及深孔，螺纹在加工顺序中的安排方法

（续表）

职业功能	工作内容	技能要求	相关知识
二、套类零件加工	（一）复杂、多件套加工	1. 能对4件及4件以上组合件的复杂多件套（未含轴件）进行工件加工和组装，并保证装配图上的技术要求 2. 能用正弦规检测锥体角度	1. 复杂套件的加工工艺 2. 正弦规的使用方法及测量、计算方法
	（二）复杂形体的有色金属超薄套加工	1. 能编制机械加工工序卡进行加工 2. 能自制夹具，粗、精加工复杂形体的有色金属超薄壁套的内、外圆及端面	1. 有色金属薄壁件编制工艺卡的方法 2. 薄壁件加工时的装夹方式及注意事项 3. 有色金属超薄套切削用量的选择 4. 工件防变形、防振动的措施
三、螺纹及蜗杆加工	（一）复杂螺纹的加工	1. 能在普通车床上车削渐深螺纹、平面螺纹、不等距螺纹及变齿厚蜗杆 2. 能检验平面螺纹及变齿厚蜗杆	1. 能够识读平面螺纹、不等距螺纹及变齿厚蜗杆工作图 2. 加工平面螺纹及不等距螺纹时所用传动装置的工作原理及其结构 3. 平面螺纹、不等距螺纹及变齿厚蜗杆车削加工顺序的制定方法 4. 平面螺纹、不等距螺纹及变齿厚蜗杆的加工方法 5. 平面螺纹、不等距螺纹及变齿厚蜗杆的检验方法
	（二）大模数滚刀加工	能车削大模数滚刀	1. 大模数滚刀的特点 2. 大模数滚刀车削方法的确定
四、偏心件及曲轴加工	（一）三偏心孔加工	能车削三个以上偏心孔的高难度工件，并达到以下要求： （1）偏心距公差等级：IT9 （2）孔径公差等级：IT6 （3）表面粗糙度：$Ra1.6\ \mu m$	1. 三偏心孔工件的装夹方法 2. 检验三个偏心距的方法
	（二）曲轴加工	能车削六拐以上的曲轴，并达到以下要求： （1）偏心距公差等级：IT9 （2）轴径公差等级：IT6 （3）表面粗糙度：$Ra1.6\ \mu m$	六拐以上曲轴的车削方法

（续表）

职业功能	工作内容	技能要求	相关知识
五、复杂形体零件加工	（一）轴承座类零件加工	1. 能装夹并车削全焊接钢结构水冷式轴承座零件 2. 能在工装夹具上检测轴承孔与定位基准底平面的平行度 3. 加工部位轴线对定位基准面的精度要求： （1）平行度、垂直度公差等级：8级 （2）孔径公差等级：IT6	1. 工艺尺寸链的计算方法 2. 全焊接钢结构水冷式轴承座毛坯划线技术 3. 能够运用工艺尺寸链控制轴承座孔对定位基准底平面的尺寸精度 4. 检测孔轴线对底平面平行度要求的方法 5. 车削与铣、刨等加工工序穿插进行的工艺路线
	（二）薄板类零件加工	1. 能加工各种材质的薄板类零件 2. 能自制加工薄板的专用夹具，进行工件的装夹	1. 薄板专用夹具的制造方法 2. 薄板精车刀的选择及工件的冷却方法，解决加工薄板时的振动、热变形、切削力引起的凸起或塌陷、翘曲等技术难点的方法
	（三）畸形零件加工	1. 能使用四爪单动卡盘装夹、找正畸形零件 2. 能使用花盘、角铁等机床附件进行零件装夹 3. 能在花盘、角铁上使用导向定位挡铁进行定位 4. 能采取一定的工艺措施，按要求加工垂直的有立体中心距尺寸要求的十字交叉孔 5. 能确定立体交叉孔及多孔工件的装夹方式和调整方法 6. 能加工十字孔、偏心凸轮、十字轴、十字座、连杆、叉架等畸形零件	1. 畸形零件划线技术 2. 角铁、导向定位挡块进行定位、夹紧的方法

（续表）

职业功能	工作内容	技能要求	相关知识
六、数控技术	（一）数控程序编制	能手工编制车削端面、外圆、内孔、内外圆锥面、圆弧、普通螺纹的加工程序	手工编制的各种功能代码及基本代码的使用方法
	（二）输入程序	1. 能手工输入程序 2. 能进行程序的编辑与修改	1. 数控车床操作面板各功能键及开关的用途和使用方法 2. 手工输入程序的方法 3. 程序的编辑与修改的方法
七、车床维护、保养与调整	（一）卧式车床精度检验	1. 能进行卧式车床几何精度及工作精度的检验 2. 能分析产品质量，排除机床故障 3. 能分析并排除普通车床常见的气路、液路、机械故障 4. 能对大修后的机床进行精度检验、试车和调试 5. 能对新车床进行试车和调试	1. 机床几何精度和工作精度检验的内容和方法 2. 车削加工中消除或减少加工误差的知识 3. 常见车床液（气）路及机械故障点 4. 能分析和认识卧式车床误差对加工质量的影响
	（二）机床主轴间隙的调整	能进行机床主轴精度检验： （1）主轴轴向窜动误差≤0.01 mm （2）主轴径向跳动误差：近点≤0.005 mm，远点（300 mm 以上）≤0.02 mm （3）调整后应进行一小时的高速空运转实验，主轴轴承温升不得超过 70℃	1. 熟悉卧式车床主轴结构，调整主轴间隙和判别调整方向的知识 2. 普通卧式车床主轴部件结构图 3. 机床主轴精度检验及调整方法
八、培训指导	（一）指导操作	能指导本职业初级、中级、高级车工进行实际操作	实际操作的演示与指导
	（二）理论培训	1. 能讲授本职业技术理论知识 2. 能讲授本职业毛坯及余量技术理论	1. 培训教学的基本方法 2. 毛坯及余量基础知识

（续表）

职业功能	工作内容	技能要求	相关知识
九、管理	（一）质量管理	1. 能配合检验员认真检验本机床产品及其他产品 2. 能具备观察、判断、测量、试验的验收能力，判断产品的合格、返工、返修、报废、让步等层次，给出符合性报告 3. 能具备操作过程中质量分析与控制的能力	1. 质量管理知识 2. 相关质量检测技术方法
	（二）生产管理	1. 能组织有关人员协同作业 2. 能协调部门领导进行调度及人员的管理	生产管理基本知识

3.5 高级技师

职业功能	工作内容	技能要求	相关知识
一、技术攻关与工艺能力	（一）难加工材料加工	1. 能车削高锰钢、高强度钢、不锈钢、高温合金、钛合金等能加工材料 2. 能解决难加工材料工件在车削加工中的技术难点 3. 难加工材料的高精度工件加工精度： （1）直径公差等级：IT6 （2）表面粗糙度：$Ra0.8\ \mu m$	1. 难加工材料机械加工工序卡编制知识 2. 难加工材料知识 3. 车削难加工材料的刀具知识
	（二）特型面加工	1. 能设计夹具装夹特型面 2. 能设计专用加工装置车削椭圆轴、孔，车削双曲面轧辊轴，车削凸轮、盘绕弹簧、车削油槽，车削多边形等	1. 特型面专用夹具、专用加工装置机械加工工艺规程编制知识 2. 特型面专用夹具装夹工件的方法 3. 特型面专用加工装置加工工作方法
	（三）工艺装备的准备	1. 能设计并制造车床用的夹具 2. 能根据工件加工要求设计并制造成形刀具及专用刀具 3. 能够应用和推广车工新知识	1. 车床夹具的设计及使用知识 2. 成形刀具及专用车刀的设计与制造知识

（续表）

职业功能	工作内容	技能要求	相关知识
二、车床改造	（一）识图、绘图与资料查询	1. 能读懂常用车床的装配图 2. 能绘制车床复杂工装的装配图 3. 能测绘复杂零件图 4. 能用计算机绘制平面图	1. 车床装配图的识读和画法 2. 车床复杂工装装配图的画法 3. 零件图的测绘方法 4. 计算机绘制图形知识 5. 翻译（英文或其他语种）本工种技术资料所需的外语知识 6. 英制与美制螺纹标准等资料查询
	（二）车床维护与改造	1. 能挖掘开发设备潜力，弥补设备加工能力不足 2. 能对现有设备更新改造，进行技术革新与技术改造，提高机床精度	1. 开发设备潜力，弥补设备能力不足时进行机床改造的技术知识 2. 进行技术革新、技术改造所需的专业知识 3. 提高机床精度的机床操作系统改造知识 4. 车床检验技术
	（三）车床扩大使用	1. 能在卧式车床上磨削工件 2. 能在车床上研磨工件 3. 能在车床上镗削、铣削工件	1. 在车床上磨削工件的方法，磨削工具、工艺要求 2. 在车床上研磨工件的方法、研磨原理、材料、研磨剂 3. 在车床上镗削工件的方法 4. 在车床上铣削工件的方法
三、产品质量分析	（一）分析影响尺寸精度的因素	1. 能分析试切法、调整法、定尺寸刀具法、自动控制法造成误差的影响因素并采取改进措施 2. 能进行尺寸精度质量的检验	1. 试切法、调整法、定尺寸刀具法、自动控制法影响尺寸精度的因素 2. 消除尺寸误差，采取改进措施的方法 3. 尺寸精度长度、角度通用检验方法
	（二）分析影响形状精度的因素	1. 能分析机床主轴回转误差，机床导轨的导向误差，成形运动轨迹间几何位置关系误差，刀具的刃磨、安装、磨损误差，并采取改进措施 2. 能进行形状精度的测量	1. 机床主轴回转误差，机床导轨的导向误差，成形运动轨迹间几何位置关系误差的影响因素 2. 影响刀具的刃磨、安装、磨损误差的因素 3. 消除形状误差，采取改进措施的途径 4. 形状精度误差的检测方法

（续表）

职业功能	工作内容	技能要求	相关知识
三、产品质量分析	（三）分析影响形状精度的因素（受热、受力、应力）	能分析工艺系统热变形、受力变形、残余应力引起变形的误差，并采取改进措施	1. 工艺系统热变形、受力变形、残余应力引起变形及形行位误差影响形状精度的因素 2. 消除误差，采取改进措施的途径 3. 形位公差与尺寸公差的关系
	（四）分析影响位置精度的因素	1. 能分析工件装夹引起的位置误差并采取改进措施 2. 能进行位置精度的测量	1. 工件装夹引起的位置误差的因素 2. 消除位置误差，采取改进措施的途径 3. 位置精度误差的检测方法
	（五）分析影响切削加工表面粗糙度的因素	1. 能分析影响切削加工表面粗糙度的因素，并采取改进措施 2. 能进行表面粗糙度的目测法、触觉法测量	1. 保证表面粗糙度措施 2. 表面粗糙度目测法、触觉法的原理与特点
四、数控技术	（一）对刀	1. 能进行试切对刀，建立工件坐标系 2. 能正确修正刀补值	试切对刀方法
	（二）试运行	能使用程序试运行、单程序段运行及自动运行等切削运行方式	程序的各种运行方法
	（三）轴类零件的加工	能在数控车床上加工外圆、内孔、台阶、沟槽、圆锥面、普通螺纹等	数控车床操作方法
	（四）排除故障	能排除急停、超程等报警信息所反映的故障	数控车床的报警信息的内容及解除办法
五、培训指导	（一）指导操作	能指导本职业初级、中级、高级车工和车工技师进行实际操作	实际操作的演示与指导
	（二）理论指导	能指导本职业初级、中级、高级车工和车工技师进行理论讲授	1. 编制培训讲义的知识与方法 2. 本行业四新技术的发展状况 3. 精密加工和纳米加工、高速切削的知识

（续表）

职业功能	工作内容	技能要求	相关知识
六、管理	（一）质量管理	1. 能在本职工作中，把好质量关，杜绝人为因素、机械故障、毛坯缺陷、违规操作、环境污染与杂乱所造成的质量问题 2. 以工艺卡为指导文件，与检验员密切配合，进行质量数据整理、分析和评价，填写工序质量分析表，向有关人员提出可行性意见	1. 根据相关质量标准，参与、建立和改进质量管理体系 2. 质量分析与控制方法
	（二）生产管理	1. 根据工艺文件参与编制作业计划，并管理生产 2. 能提出节约资源、保护环境的措施	1. 参加生产计划编制、生产管理的知识 2. 节约资源、保护环境的新知识、新技术 3. 承组技术知识

4. 比重表

4.1　理论知识

项目		初级（%）	中级（%）	高级（%）	技师（%）	高级技师（%）
基本要求	职业道德	5	5	5	5	5
	基础知识	20	15	15	15	15
相关知识	轴类零件加工	25	15	—	18	—
	套类零件加工	10	15	—	10	—
	圆锥面加工	15	—	—	—	—
	成形面加工	5	—	—	—	—
	螺纹及蜗杆加工	15	20	20	10	—
	车床设备维护、保养与调整	5	5	5	7	—
	偏心件及曲轴加工	—	5	20	10	—
	矩形体、非整圆孔加工	—	10	—	—	—
	大型回转表面加工	—	10	—	—	—

（续表）

项目		初级（%）	中级（%）	高级（%）	技师（%）	高级技师（%）
相关知识	套筒及深孔加工	—	—	5	—	—
	箱体孔加工	—	—	15	—	—
	组合件加工	—	—	15	—	—
	复杂形体零件加工	—	—	—	13	—
	培训指导	—	—	—	5	5
	管理	—	—	—	5	8
	技术攻关与工艺能力	—	—	—	—	18
	数控技术	—	—	—	2	5
	车床改造	—	—	—	—	14
	产品质量分析	—	—	—	—	30
合计		100	100	100	100	100

4.2 技能操作

项目		初级（%）	中级（%）	高级（%）	技师（%）	高级技师（%）
相关知识	轴类零件加工	30	15	—	10	—
	套类零件加工	10	15	—	30	—
	圆锥面加工	15	—	—	—	—
	成形面加工	10	—	—	—	—
	螺纹及蜗杆加工	25	30	25	5	—
	车床设备维护、保养与调整	10	10	5	10	—
	偏心件及曲轴加工	—	10	15	13	—
	矩形体、非整圆孔加工	—	10	—	—	—
	大型回转表面加工	—	10	—	—	—
	套筒及深孔加工	—	—	15	—	—
	箱体孔加工	—	—	15	—	
	组合件加工	—	—	25	—	—
	复杂形体零件加工	—	—	—	20	—
	培训指导	—	—	—	5	10
	管理	—	—	—	5	10
	技术攻关与工艺能力	—	—	—	—	30
	数控技术	—	—	—	2	3
	车床改造	—	—	—	—	20
	产品质量分析	—	—	—	—	27
合计		100	100	100	100	100

附录三　常用车床型号与技术参数

在现代机械制造业中，机床的重要性不言而喻，可以说它是广大机械制造工厂的生产主力，因此也有工作母机的美誉。对于大多数车床，专业人士通过主要参数来进行就能基本得出结论。从车床相关参数，大家能够大致了解这款产品的性能。

CA6150 普通车床技术参数

床身最大工件回转直径	500 mm	模数螺纹种数	39
床身上最大工件长度	1000～1500 mm	径节螺纹种数	37 种
刀架最大工件回转直径	300 mm	径节螺纹范围	1～96（牙/寸）
最大车削长度	1400 mm	主轴中心线至刀具支承面距离	26 mm
主轴中心至床身平面导轨距离	250 mm	刀杆截面尺寸	25 mm×25 mm
主轴孔直径	48 mm	刀架转盘回转角度	±90°
主轴孔前端锥度	莫氏 6 号	下刀架的最大横向行程	320 mm
顶尖锥度	莫氏 5 号	下刀架刻度环每转动一格刀架的行程	—
主轴正转时转速级数	24 级	上刀架最大行程	140 mm
主轴正转时转速范围	10 ～ 1400 r/min	上刀架刻度环每转动一格刀架的行程	—
主轴反转时转速种数	12 种	溜板箱刻度环每转一格溜板的行程	1 mm
主轴反转时转速范围	14～1580 r/min	床尾顶尖套筒的直径	75 mm
床鞍刀架纵横向进给量级数	54 级	顶尖套筒的行程	150 mm
主轴每转刀架的纵向标准进给量范围	0.02～3.2 mm/r	顶尖套筒的锥度	莫式 5 号
主轴每转刀架的纵向细进给量范围	0.01～0.02 mm/r	顶尖的锥度	莫式 5 号
主轴每转刀架的纵向粗进给量范围	3.2～6.4 mm/r	主电机功率	7.5 kW

（续表）

主轴每转刀架的横向标准进给量范围	0.01～1.6 mm/r	快速电机功率	250 W
主轴每转刀架的横向细进给量范围	0.005～0.08 mm/r	机床重量	2000～2500 kg
主轴每转刀架的横向粗进给量范围	1.6～3.2 mm/r	机床尺寸（工件长度 1000 mm）	2668 mm×1037 mm×1312 mm
床鞍刀架纵向快动速度 m/min	4 m/min	机床尺寸（工件长度 1500mm）	3168 mm×1037 mm×1312 mm
公制螺纹种数	44 种	工作精度（圆度）	≤0.01 mm
公制螺纹范围	1～192 mm	工作精度（圆柱度）	0.03 mm/300 mm
英制螺纹种数	20 种	工作精度（平面度）	0.02 mm/ϕ300 mm
英制螺纹每寸牙数	2～24 英寸/牙	工作精度（粗糙度 Ra）	1.6～6.3 μm
模数螺纹种数	39 种	—	—

C6132A 普通卧式车床技术参数

中心高	175 mm	刀架横向最大行程	240 mm
床身上最大回转直径	350 mm	小刀架最大行程	140 mm
最大工件长度	500 mm	纵向刻度值	0.5 mm / 格（丝杠每转进给量 100 mm/r）
刀架最大行程（纵向）	400 mm	横刀架刻度值	0.05 mm（4 mm/r）手轮每转行程
刀架上最大工件回转直径	190 mm	小刀架刻度值	0.05 mm（3 mm/r）手轮每转行程
马鞍槽内最大工件回转直径	—	刀架回转角度范围	±45°
花盘前马鞍有效长度	—	主轴中心线至支承面距离	22 mm
棒料直径	45 mm	刀杆截面尺寸（高×宽）	20 mm×20 mm

（续表）

通孔直径	46 mm	纵向进给量	0.04～2.16 (mm/r) 138 种
锥孔	莫氏 6 号锥度	横向进给量	0.02～1.08 (mm/r) 138 种
转速 50 Hz（60 Hz）	25～1600 r/min (30～2000 r/min) 正反各 12 种	主轴中心线到方刀架侧面最大距离	205 mm
公制	0.45～20 (mm/r) 30 种	主电机	YD132M－8/4 B5TH 3/4.5KW
英制	80～1 3/4 牙/1 英寸	主电机转速 50 Hz（60 Hz）	750/1500 (r/min)
模数	0.25～10 mm 25 种	冷却泵电机	AYB－20TH 0.115 kW
径节	3 1/2（3.5）	净重	1200 kg
外形尺寸	1700 mm×900 mm×1200 mm	主传动三角皮带型号规格	A －1900 mm

C512A 单柱立式车床技术参数

工作台直径	1030 mm	上刀架水平快速移动速度	2000 mm/min
工件最大直径	1250 mm	上刀架垂直快速移动速度	1500 mm/min
工件最大高度	900 mm	侧刀架水平快速移动速度	2000 mm/min
工件最大重量	2 t	侧刀架垂直快速移动速度	1500 mm/min
上刀架最大车削直径	1250 mm	横梁快速移动速度	1000 mm/min
侧刀架最大车削直径	1120 mm	主电机功率	22 kW
工作台变速级数	12 级	主电机转速（r/min）	1470
工作台变速范围	7.5～150 r/min	快速行程电机功率	3 kW
进给量级数	8 级	上刀架刀杆最大尺寸	30 mm×30 mm
进给量范围	0.05～2.0 mm/r（8 级）	侧刀架刀杆最大尺寸	40 mm×40 mm
上刀架垂直行程	630 mm	机床外形尺寸	2450 mm×2175 mm×3800 mm

（续表）

上刀架水平行程	690 mm	机床重量	10 t
侧刀架垂直行程向上	650 mm	工作精度圆度	≤0.02 mm
侧刀架垂直行程向下	220 mm	工作精度圆柱度	≤0.03 mm/300 mm
侧刀架水平行程	600 mm	工作精度平面度	≤0.03 mm（ϕ630 mm）
横梁下端面至工作台台面的距离最大	960 mm	工作精度（粗糙度 Ra）	≤1.6 μm
横梁下端面至工作台台面的距离最小	230 mm	—	—
上刀架回转角度向左	40°	—	—
上刀架回转角度向右	40°	—	—

附录四 普通车床维护保养守则

为了使机床保持良好状态，除了发生故障应及时修理外，坚持经常的维护保养是十分重要的。坚持定期检查，经常维护保养，可以把许多故障隐患消灭在萌芽之中，防止或减少事故的发生。

1. 日常保养

(1) 课前保养

1) 擦净机床外露导轨及滑动面的尘土。

2) 按规定润滑各部位。

3) 检查各手柄位置。

4) 空车试运转。

(2) 课后保养

1) 打扫场地卫生，保证机床底下无切屑、无垃圾，保持工作环境干净。

2) 将铁屑全部清扫干净。

3) 擦净机床各部位，保持各部位无污迹、各导轨面（大、中、小）无水迹。

4) 各导轨面（大、中、小）和刀架加机油防锈。

5) 清理工、量、夹具，干净归位；部件归位。

6) 每个工作班结束后，应关闭机床总电源。

2. 各部位定期保养

(1) 床头箱

1) 拆洗滤油器。

2) 检查主轴定位螺丝，调整适当。

3) 调整摩擦片间隙和刹车阀。

4) 检查油质保持良好。

5) 清洗换油。

6) 检查并更换必要的磨损件。

(2) 刀架及拖板

(3) 挂轮箱

1) 拆洗挂轮及挂轮架，并检查轴套有无晃动现象。

2) 安装时调整好齿轮间隙，并注入新油脂。

3) 检查并更换必要的磨损件。

（4）尾座

1）拆洗尾座各部。

2）清除研伤毛刺，检查丝扣、丝母间隙。

3）安装时要求达到灵活可靠。

4）检查、修复尾座套筒锥度。

5）检查，并更换必要的磨损件。

（5）走刀箱、溜板箱

1）清洗油线，注入新油。

2）走刀箱及溜板箱整体拆下清洗检查，并更换必要的磨损件。

参考文献

[1] 陈世全，李旭才．车削加工技术［M］．北京：外语教学与研究出版社，2016.

[2] 张云龙，刘小兰．车削加工技术［M］．北京：化学工业出版社，2016.

[3] 余心明，李相富．车削加工与技能训练［M］．武汉：华中科技大学出版社，2018.

[4] 杨冰．车削加工技术［M］．北京：机械工业出版社，2016.

[5] 张升国．车工技术与技能［M］．北京：中国水利水电出版社，2015.

[6] 薛岩．机械加工精度测量及质量控制［M］．北京：化学工业出版社，2020.

[7] 罗爱玲，张四聪．工程制图［M］．西安：西安交通大学出版社，2016.

[8] 刘晓青．车工实训指导教程［M］．北京：机械工业出版社，2023.

[9] 柳燕君，范梅梅．机械制图［M］．北京：高等教育出版社，2023.

[10] 李永强．机械工程图学　第2版［M］．上海：同济大学出版社，2022.

[11] 唐克中，郑镁．画法几何及工程制图　第6版［M］．北京：高等教育出版社，2023.

图书在版编目（CIP）数据

机械加工实训：车削加工/甘婧，潘明志主编. --合肥：合肥工业大学出版社，2025.
ISBN 978-7-5650-6646-7

Ⅰ. TG51

中国国家版本馆 CIP 数据核字第 2024G4U219 号

机械加工实训

——车削加工

甘　婧　潘明志　主编　　　　责任编辑　许璘琳　毛　羽

出　版	合肥工业大学出版社	版　次	2025 年 8 月第 1 版
地　址	合肥市屯溪路 193 号	印　次	2025 年 8 月第 1 次印刷
邮　编	230009	开　本	787 毫米×1092 毫米　1/16
电　话	职业教育出版中心：0551-62903120	印　张	19.75
	营销与储运管理中心：0551-62903198	字　数	456 千字
网　址	press. hfut. edu. cn	印　刷	安徽联众印刷有限公司
E-mail	hfutpress@163. com	发　行	全国新华书店

ISBN 978-7-5650-6646-7　　　　定价：49.80 元

如果有影响阅读的印装质量问题，请联系出版社营销与储运管理中心调换。